U0280292

大语言模型

基础与前沿

熊涛◎著

人民邮电出版社

北京

图书在版编目（CIP）数据

大语言模型：基础与前沿 / 熊涛著. -- 北京：人
民邮电出版社，2024.4
ISBN 978-7-115-63488-7

Ⅰ．①大… Ⅱ．①熊… Ⅲ．①自然语言处理 Ⅳ．
①TP391

中国国家版本馆CIP数据核字（2024）第007650号

内 容 提 要

本书深入阐述了大语言模型的基本概念和算法、研究前沿以及应用，涵盖大语言模型的广泛主题，从基础到前沿，从方法到应用，涉及从方法论到应用场景方方面面的内容。首先，本书介绍了人工智能领域的进展和趋势；其次，探讨了语言模型的基本概念和架构、Transformer、预训练目标和解码策略、上下文学习和轻量级微调、稀疏专家模型、检索增强型语言模型、对齐语言模型与人类偏好、减少偏见和有害性以及视觉语言模型等内容；最后，讨论了语言模型对环境的影响。

本书内容全面、系统性强，适合高年级本科生和研究生、博士后研究人员、讲师以及行业从业者阅读与参考。

◆ 著　　　熊　涛
责任编辑　秦　健
责任印制　王　郁　焦志炜
◆ 人民邮电出版社出版发行　　北京市丰台区成寿寺路 11 号
邮编　100164　　电子邮件　315@ptpress.com.cn
网址　https://www.ptpress.com.cn
北京九州迅驰传媒文化有限公司印刷
◆ 开本：787×1092　1/16
印张：17　　　　　　　　2024 年 4 月第 1 版
字数：409 千字　　　　　2025 年 2 月北京第 7 次印刷
定价：118.00 元
读者服务热线：**(010)81055410**　印装质量热线：**(010)81055316**
反盗版热线：**(010)81055315**

前言

理解语言和通过语言进行交流的能力是人类互动的重要组成部分。长期以来这种能力被认为是人类智力的标志。近年来，随着自然语言处理和深度学习技术的不断进步，人们对开发大语言模型（Large Language Model，LLM）的兴趣激增。ChatGPT 是一种可以生成类人文本的大语言模型，一经推出便风靡全球。GPT-4 模型的问世进一步激发了人们对大语言模型的热情，其对语言处理和人工智能的潜在影响不容小觑。

大语言模型的快速发展激发了我写这本书的灵感。随着语言模型变得越来越强大和复杂，向读者全面介绍这些模型的基础知识和前沿发展变得至关重要。在本书中，我希望解释大语言模型背后的基本概念，并探索该领域的最新趋势和发展。

鉴于大语言模型对社会的重大影响，我感到写这本书的时间很紧迫。这些模型有可能彻底改变我们的交流、学习和工作方式。它们可以提高我们对复杂问题的理解、促进决策并增强我们的创造力。然而，大语言模型也会引发道德问题，如隐私、偏见和责任。因此，必须了解这些模型的潜力和局限性，才能借助它们的力量来获得更大的利益。我关注的不仅仅是过去和现在。我还想激励读者展望未来，探索大语言模型的前沿领域。未来几年我们可以期待哪些新的突破？这些模型将如何发展并适应新的挑战和领域？会出现哪些新的应用和用例？

第 1 章概述了 LLM 的辩论、争议和未来发展方向。第 2 章讨论了语言模型和分词的基础知识。第 3 章深入阐释了 Transformer 架构。第 4 章深入分析了 LLM 的预训练，涉及预训练目标和解码策略，而第 5 章探讨了这些模型的上下文学习和轻量级微调。第 6 章～第 9 章介绍了 LLM 领域的一些进展，包括并行、稀疏专家模型、检索增强型语言模型，以及根据人类偏好调整语言模型。第 10 章探讨了 LLM 如何帮助减少偏见和有害性，这是人工智能领域一个日益重要的方面。第 11 章将重点转移到视觉语言模型上，探讨如何将视觉信息整合到语言模型中。第 12 章阐释了语言模型对环境的影响，包括能源消耗、温室气体排放等问题。

本书是为自然语言处理、机器学习以及人工智能领域的学生、研究人员及从业者精心打造的。对于 LLM 对社会的影响和潜在价值感兴趣的人士（包括政策制定者、教育工作者及记者），本书同样有用。随着大语言模型的不断发展和对人工智能未来趋势的塑造，我衷心希望这本书能够成为对这一充满挑战且发展迅速的领域感兴趣的人士的宝贵资源。

写书从来都不是孤军奋战，在此我要向所有在整个写作过程中支持我的人表示最深切的感谢。首先，我要感谢我的家人，感谢他们坚定不移的爱、支持和耐心。他们的鼓励和理解对我投入必要的时间和精力来完成这本书至关重要。

我也感谢我的导师和合作者，他们为我提供了宝贵的见解和反馈。我还要感谢大语言模型领域的研究人员、工程师等，感谢他们的奉献和贡献，是他们启发和指导了我的工作。我还要感谢出版社的编辑及制作团队为本书的出版所付出的不懈努力。

最后，我要感谢本书的读者，感谢你们对大语言模型主题的兴趣和参与。你们的热情是我撰写这本书的动力。我希望这本书能成为一份宝贵的资源，并激励人们在这个令人兴奋和快速发展的领域进一步研究和发展。

熊涛

资源与支持

资源获取

本书提供如下资源：

- 书中彩图；
- 本书思维导图；
- 本书参考文献电子版；
- 异步社区 7 天 VIP 会员。

要获得以上资源，您可以扫描下方二维码，根据指引领取。

提交错误信息

作者和编辑尽最大努力来确保书中内容的准确性，但难免会存在疏漏。欢迎您将发现的问题反馈给我们，帮助我们提升图书的质量。

当您发现错误时，请登录异步社区（https://www.epubit.com），按书名搜索，进入本书页面，点击"发表勘误"，输入错误信息，点击"提交勘误"按钮即可（见下图）。本书的作者和编辑会对您提交的错误信息进行审核，确认并接受后，您将获赠异步社区的 100 积分。积分可用于在异步社区兑换优惠券、样书或奖品。

图书勘误		📝 发表勘误
页码： 1	页内位置（行数）： 1	勘误印次： 1
图书类型： ● 纸书 电子书		

添加勘误图片（最多可上传4张图片）

+

提交勘误

全部勘误　　我的勘误

与我们联系

我们的联系邮箱是 contact@epubit.com.cn。

如果您对本书有任何疑问或建议，请您发邮件给我们，并请在邮件标题中注明本书书名，以便我们更高效地做出反馈。

如果您有兴趣出版图书、录制教学视频，或者参与图书翻译、技术审校等工作，可以发邮件给我们。

如果您所在的学校、培训机构或企业，想批量购买本书或异步社区出版的其他图书，也可以发邮件给我们。

如果您在网上发现有针对异步社区出品图书的各种形式的盗版行为，包括对图书全部或部分内容的非授权传播，请您将怀疑有侵权行为的链接发邮件给我们。您的这一举动是对作者权益的保护，也是我们持续为您提供有价值的内容的动力之源。

关于异步社区和异步图书

"**异步社区**"是由人民邮电出版社创办的 IT 专业图书社区，于 2015 年 8 月上线运营，致力于优质内容的出版和分享，为读者提供高品质的学习内容，为作译者提供专业的出版服务，实现作者与读者在线交流互动，以及传统出版与数字出版的融合发展。

"**异步图书**"是异步社区策划出版的精品 IT 图书的品牌，依托于人民邮电出版社在计算机图书领域 40 余年的发展与积淀。异步图书面向 IT 行业以及各行业使用 IT 技术的用户。

目录

第1章

大语言模型：辩论、争议与未来发展方向

大语言模型（Large Language Model，LLM）可以说是过去 10 年中最重要的机器学习（Machine Learning，ML）创新。新一代的大语言模型，如 ChatGPT 和 GPT-4 模型（OpenAI，2023b），已经发展为极具影响的产品，以其前所未有的能力在世界范围内掀起了一场风暴，它可以生成类似人类的文本、对话，在某些情况下还可以进行类似人类的推理。

LLM 有广泛的潜在应用，可以提高各种行业的效率。例如，在医疗保健领域中，GPT-4 模型和其他 LLM 可以分析大量的医疗数据，为诊断和治疗提供更明智的决策；在金融领域中，LLM 可以通过分析市场趋势和预测股票价值发挥作用；在市场营销领域中，像 GPT-4 模型这样的 LLM 可以提供个性化的建议和广告素材；在教育领域中，GPT-4 模型可以为学生量身定制学习计划。

LLM 的另一个重要应用是解释蛋白质的氨基酸序列，这有助于加深我们对这些基本生物成分的理解。LLM 在理解 DNA 和化学结构方面也有帮助。此外，LLM 还被整合到机器人技术中，为软件开发人员提供帮助。例如，DeepMind 的 Gato（Reed et al，2022）——一个基于 LLM 的模型，通过对 600 多个独特任务的训练，让机械臂学会了如何堆积木。这种多功能性使 LLM 能够在游戏或聊天机器人动画等不同的环境中有效运行。LLM 是一种多功能的工具，可以自动执行各种任务，包括数据录入、内容创建和客户服务等。通过这种方式，员工可以得到解放，从而专注更高层次的职责，最终提高使用 LLM 的企业的效率和生产力。

LLM 正在迅速地向前发展。GPT-4 模型是这一领域的新发展成果之一，它拥有一系列有别于之前的模型的新颖功能。由于 GPT-4 模型具有从文本、图像和音频等不同输入中学习的能力，因此它具有高度的适应性和全面性。凭借先进的推理和逻辑思维能力，它可以处理需要更高级认知技能方面的复杂任务。此外，GPT-4 模型改进了记忆和微调过程，使其能够更好地理解对话或文本的上下文，并轻松地为特定任务定制人工智能模型。它还改进了多语言能力，能够处理和理解多种语言。

在本章中，我们将探索 LLM 的迷人世界。LLM 是人工智能研究领域的一项重大发展，它使得机器能够执行各种语言任务，并取得了令人印象深刻的成果。我们将探索这个新时代的曙光，并围绕 LLM 在意识方面的潜力展开讨论。我们还将讨论 LLM 的层次结构、具身化（embodiment）和落地（grounding）的作用，以及 LLM 中的世界模型、沟通意图和系统性的重要性。最后，我们将着眼于 LLM 研究的未来发展方向，考虑其进一步发展和应用的潜力，同时探讨具有意识的机器所涉及的伦理问题。

1.1　新时代的曙光

人工智能（Artificial Intelligence，AI）的最终目标是创造出能够以类似于人类交流的

方式进行对话的机器。这些机器被称为自然语言理解（Natural Language Understanding，NLU）系统。它们被视作人工智能的顶峰，因为语言被认为是人类智慧的缩影。在人工智能和自然语言处理（Natural Language Processing，NLP）中，NLU 研究经历了乐观和失望的交替时期（Bowman et al，2022）。然而，最近在 NLU 技术方面取得的进展让人们对创造出能像人类一样交谈的机器重拾信心。

这些系统被称为大语言模型、大型预训练模型或基础模型（foundation model）。它们是具有数十亿个参数（权重）的深度神经网络，在庞大的自然语言语料库中进行"预训练"。这些语料库包括海量的 Web 数据、在线图书和其他包含 TB 级数据的数据集。在训练过程中，这些神经网络的任务是利用一种称为"自监督学习"的方法预测输入句子的隐藏部分。由此产生的网络是一个复杂的统计模型，能够反映出训练数据中单词和短语之间的关系。

得益于新一代的 NLU 系统，人们对于创造"会说话的机器"的信心空前高涨。ChatGPT 是迄今为止非常先进的会话智能体（agent），其优势确实令人印象深刻。这可以从下面的例子中得到证明。

问：给定一串数字 1、11、21、1211，下一个数字是什么？

答（ChatGPT 于 2023 年 3 月 24 日测试）：序列中的下一个数字是 111221。要想知道这个数字是如何得到的，可以看看数列中的上一个项：1211。这个项可以理解为"一个 1，一个 2，两个 1"，从而得出数列的下一个项：111221。这个项可以理解为"三个 1，两个 2，一个 1"。

序列的模式是每一项都描述了前一个项。例如，第四项描述第三项，即计算第三项中每个数字出现的次数，然后将这些数字写成一个新数字。

所以，为了找到序列中的第五项，我们需要计算在第四项（1211）中每个数字出现的次数，即"一个 1，一个 2，两个 1"。然后，我们将其写成序列的下一个项：111221。

问：李先生有 4 个儿子。每个儿子都有一个妹妹。李先生有多少个孩子？

答（ChatGPT 于 2023 年 3 月 28 日测试）：李先生有 5 个孩子。

这个谜题是一个典型的诡计问题，它基于这一事实：问题的措辞可以有不同的解释。

初看上去，问题似乎是在问李先生共有多少个儿子，也就是 4 个。然而，问题接着指出，每个儿子都有一个妹妹，这意味着李先生的孩子中只有一个女孩。因此，李先生的孩子总数是 4 个儿子加 1 个女儿，等于 5 个孩子。

问：两年前，我的年龄是弟弟的三倍。三年后，我的年龄将是弟弟的两倍。我们现在各自的年龄是多少？

答（ChatGPT 于 2023 年 3 月 28 日测试）：假设你现在的年龄是"x"，你弟弟现在的年龄是"y"。

从第一条信息中，我们知道，两年前，你是"x-2"岁，你弟弟是"y-2"岁。我们还知道，当时你的年龄是你弟弟的三倍，所以我们可以建立以下方程：

x-2=3(y-2)

展开这个方程可以得到：

x-2=3y-6

> x=3y-4
>
> 从第二条信息中，我们知道，三年后，你将是"x+3"岁，你弟弟将是"y+3"岁。我们被告知，届时你的年龄将是你弟弟的两倍，所以我们可以建立以下方程：
>
> x+3=2(y+3)
>
> 展开这个方程可以得到：
>
> x+3=2y+6
>
> x=2y+3
>
> 我们现在有两个方程和两个未知数。我们可以通过代入法，用一个变量来求解另一个变量：
>
> 3y-4=2y+3
>
> y=7
>
> 将 y=7 代入任一方程，我们就可以解出 x：
>
> x=2y+3=17
>
> 因此，你现在 17 岁，你弟弟 7 岁。两年前，你 15 岁，你弟弟 5 岁；三年后，你 20 岁，你弟弟 10 岁。

如上所示，大语言模型能够通过解决数学和推理问题来回答人类的问题，同时还能为其答案提供解释。此外，这些模型还能生成语法正确、语义连贯、文体流畅的文本。ChatGPT 的表现前所未有，而且现在已经被公众广泛使用。人们可以用各种语言与 ChatGPT 互动。因此，这些基于大语言模型的系统的能力给人留下了这样的印象：它们对自然语言有类似人类的理解，并表现出智能行为。

1.2　LLM 有意识吗

LLM 的流行和影响力的飙升并非没有受到怀疑和批评。一些哲学家、认知科学家、语言学家、人工智能从业者就 LLM 是否有可能实现语言理解展开了激烈的辩论。2022 年对自然语言处理界活跃的研究人员进行的一项调查显示，这场辩论存在明显分歧。其中一项调查询问受访者是否同意关于 LLM 原则上能不能理解语言的说法："只要有足够的数据和计算资源，一些只针对文本进行训练的生成模型（即语言模型）可以在某种非琐碎的意义上理解自然语言"。在 480 名受访者中，基本上一半（51%）表示同意，另一半（49%）表示不同意（Michael et al，2022）。

1.2.1　理解 LLM 的层次结构

对 LLM 及其行为的理解存在一个层次结构，可以将其分为 4 个不同的层次。

- 还原主义：一些研究人员认为，由于 LLM 是纯粹的数学构造，只能进行矩阵乘法和其他数字计算，因此缺乏理解、思考和意义。
- 没有理解的能力：尽管 LLM 的规模巨大，但它可以产生与人类认知功能相当的结果，而无须理解手头的任务。
- 认真对待 LLM 的涌现：了解 LLM 的一种更微妙的方法是探索它们表现出意识的潜力。通过研究这些模型的行为模式，可以创建一个新的人工智能心理学领域。

- 朴素拟人主义：有些人认为，因为LLM像人类一样使用语言，所以它们拥有类似人类的品质。然而，这种观点过于简单化，没有考虑到真正的人类认知的复杂性。

1.2.2 意识是否需要碳基生物学

根据目前的理解，语言模型作为纯粹的计算系统，缺乏意识所需的碳基生物学的基本特征。此外，一些研究人员如 Block（2009）断言，意识依赖特定的电化学过程，而人工智能等硅基系统缺乏这种过程。如果这些观点成立，这将意味着所有硅基人工智能都不可能具有意识。

但也有一种反驳。人类的意识和思维与物质的大脑，特别是其神经元、突触和其他活动有着错综复杂的联系。这意味着心灵和身体之间不存在幽灵般的脱离关系。神经科学家和心灵哲学家已经驳斥了心灵是独立于大脑而存在的虚无实体的观点。我们必须认识到，大脑的运作是人类认知、感知和行为的基础。心灵不是控制身体的独立实体，而是大脑复杂神经活动的产物。这一认识得到了神经科学的广泛研究的支持。研究表明，每一次有意识的体验都与特定的大脑活动模式相对应。

尽管如此，在某些哲学和宗教传统中，身心分离的观念仍然存在。然而，这些说法受到越来越多证据的挑战，这些证据证明了心灵和大脑的相互联系。

1.2.3 具身化与落地

"中文房间"实验是美国哲学家 John Searle 于 1980 年首次提出的一个在现代哲学中颇具影响力的思想实验（Searle，1980）。在实验中，Searle 设想自己在一个房间中，房间中有一套操作中文符号和汉字的指令。尽管 Searle 不懂中文，但他还是按照指令操作，并产生了连贯的中文句子，可以让外人相信房间中有一个讲中文的人。

然而，Searle 认为，这种产生可理解的句子的能力并不等同于对语言的真正理解。在他看来，通过编程让计算机以类似的方式对汉字做出反应，只能产生一种理解的表象，而没有真正理解。这一结论对"图灵测试"的有效性提出了挑战，因为"图灵测试"评估的是机器表现出类似人类智能的能力。Searle 认为，问题的关键在于计算机只能根据预先设定的规则操纵符号，而不能真正掌握意义或语义。该实验表明，真正的理解不仅仅涉及语法，而计算机无法复制真正理解所涉及的认知过程。

Harnad（1990）主张，人工智能系统需要落地于环境，才能从根本上拥有意义、理解力和意识。Bender and Koller（2020）在文章 "Climbing towards NLU: On Meaning, Form, and Understanding in the Age of Data" 中深入探讨了语言模型，如 GPT-3 模型（Brown et al，2020）或 BERT 模型（Devlin et al，2018）能否真正理解语言的问题。他们研究了形式和意义之间的关系，强调了语言的有形方面（如代表语言的符号和标记）即形式。另外，意义指的是这些形式如何与现实世界中的物体和事件相关联。根据 Bender and Koller（2020）的观点，仅仅依靠观察语言表达的共现的模式无法了解意义的真正本质。他们利用 Searle 的"中文房间论证"的改进版来支持这一论断。原因是，意义在本质上是与语言形式和语言之外的具体或抽象事物的交际意向之间的关系联系在一起的。因此，像 GPT-3 这样的基础模型的功能仅仅是"随机鹦鹉"，它们根据概率信息从庞大的训练数据中随机组合语言形式的序列，而没有真正涉及意义（Bender et al，2021）。

此外，Bisk et al（2020）认为，基础模型的主要制约因素是它们完全依赖语言数据进行学习，而人类是通过具身化、落地和社会互动等方式在世界中的体验来习得语言的。由于这些模型缺乏人类所拥有的对语境的理解，因此无法获得对语言的真正理解，而不仅仅是词汇的共现。因此，尽管这些模型能有效地模仿语言的使用方式，但它们仍然缺乏像人类那样理解和利用语言的能力。

语言落地指的是词语的意义来自它们与我们现实世界经验的联系。在此背景下，语言的社会性也很关键，因为语言只有在与他人交流的社会环境中才有意义。将我们理解语言的方式模板化可以增强我们对"语言落地"的理解。当我们阅读或聆听语言时，大脑会触发一连串的联系经验，促进我们对文本的理解。例如，当听到"猫"这个词时，我们的脑海中立即浮现出猫的形象和行为，以及之前与其他动物如狗的接触。这个过程往往是自动的、下意识的，尤其是当我们匆忙地使用语言时。

儿童习得语言的方式是语言落地的有力例证。典型例子是婴儿通过利用他们周围环境的各种提示来习得语言。他们存在于一个物理世界中，接受来自多方面的感官输入，如聆听针对他们的讲话，观察其他人之间的互动，以及自己尝试说话。婴儿积累了大量的数据，但这些数据并不仅仅来自文本，他们还需要其他感官输入。相比之下，语言模型只能获得词元序列，其能力仅限于识别这些序列中的模式，而没有任何实际经验。

意识和理解需要感官和具身化，这一观点正受到人们的质疑。有人认为，即使是一个缺乏感官和身体的系统，如"桶中大脑"这一思想实验，也可以拥有有意识的思维，尽管有其局限性。同样，一个没有配备感官的人工智能系统可以进行数学推理，思考自身的存在，甚至可能分析世界。此外，语言模型的训练数据中隐含的连贯性概念表明，数据偏向于真实的主张或能够形成连贯世界观的主张。这种规律性在句子内部、句子之间，以及在跨文档和文档集合之间都是很明显的。尽管现今的语言模型可能还不会完全受益于这种结构，但是未来的模型很可能能够隐含地表征一个丰富而详细的世界图景。

关于人类的语言习得，需要注意的一点是，婴儿学习语言的典型方式可能并不包括人类的全部经验。虽然视觉落地对语言学习可能有帮助，但它不是语言学习的必要条件，其他感官输入如听觉、触觉、嗅觉和味觉等也是如此。定义人类成功学习语言的必要和充分的输入是一项具有挑战性的任务。

落地论的另一个局限性是其狭隘的意义概念，即它只基于语言与世界之间的关系。虽然指称能力（referential competence）很重要，但它不是意义的唯一方面。Marconi（1997）区分了指称能力和推理能力，前者涉及将词语与世界联系起来的能力，后者涉及词语如何与其他词语相关的知识。这两种能力是相互关联的，但也是有区别的，甚至在神经认知层面也是如此（Calzavarini，2017）。例如，某人可能有关于布偶猫的知识，但不能指称它们；而另一个人也许能够识别贵宾犬，但缺乏关于其起源或分类的知识（Lenci，2023）。Piantasodi and Hill（2022）也有类似的观点，认为词汇项的意义来自它与更广泛概念框架中其他元素的关系。

词汇语义学领域的一个主流观点认为，分析大量语料库中的词汇共现模式可以产生词汇的语义表征。这一概念被 Firth（1957）简明扼要地表述为"你可以通过一个词的伙伴来了解它"。在日常生活中，理解一个词的一个重要方面依赖于一个人对通常与之相伴的词的熟悉程度。这主要是由于我们对世界上的事件、实体和行动的了解都是通过语言接触而获得的，如阅读和听别人说话。

认知科学的最新发展正在挑战"落地在意义中的作用"的传统观点，转而提倡"多元表征"（representational pluralism）的观点。根据这一观点，所有概念都是由经验表征和语言表征组成的，但它们的相对重要性是不同的。语言具身化假说的支持者，如 Dove（2023），认为语言模拟在概念的形成中起着重要作用。因此，语言的共现以及其他多模态的经验有助于意义的形成（Lenci，2018）。依靠从语境中提取的统计分布的基础模型，已被证明在先天性视觉障碍者学习视觉属性的过程中发挥了重要作用（Lewis et al，2019b）。这表明，纯文本的基础模型，即使缺乏指称知识，也能对意义有一定的理解。Piantasodi and Hill（2022）认为，这类似于一个人可以知道"土豚"（aardvark）这样的单词的含义，但无法指出其指称对象。Bi（2021）在其研究中提出了一种基于模型的技术，通过分析阅读自然句子时诱发的大脑活动，初步展示了检测经验和语言习得知识的方法。

基础模型的新进展致力于通过整合图像和动作等不同来源的信息来解决落地问题。例如，视觉语言模型（我们将在第11章中深入讨论）落地于环境的图像，而语言动作模型（Ahn et al，2022）则落地于可执行的动作。如图1-1所示，语言决策模型可以通过提示、传统的生成模型、计划、最优控制和强化学习等手段将基础模型落地实际决策场景。CLIP（Radford et al，2021）和 DALL·E2（Ramesh et al，2022）分别是可以从图像生成文本和从文本生成图像的模型。GPT-4 作为一个多模态模型，可以结合不同的模态，通过接触"语言之外的世界"，在一定程度上解决落地问题。图1-2展示了 DeepMind 的 MIA（Multimodal Interactive Agent，多模态互动智能体）。在3D的"游戏屋"（Playhouse）环境中，人类和智能体使用模拟的化身进行互动。这个环境由各种房间组成，房间中有家庭用品、儿童玩具、容器、架子、家具、窗户和门，所有这些都是随机排列的。物体和空间的多样性使得互动涉及物体关系的推理、空间推理、参照物的模糊性、构造、支持、遮挡、部分可观察性和隔离。智能体可以在"游戏屋"中移动、操纵物体，并相互交流。因此，尽管 Bender and Koller（2020）提出的落地问题对于强调基础模型与多模态数据的整合很重要，但这并不构成反对基础模型的明确论据。

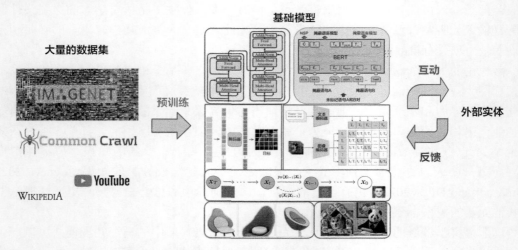

图 1-1 语言决策模型基于大量的数据进行预训练，
通过与外部实体互动和接收反馈来完成特定的任务（图片来源：Yang et al，2023a）

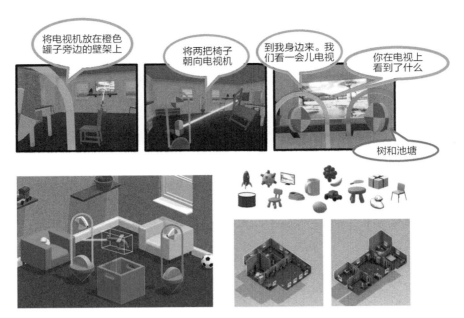

图 1-2　模拟的"游戏屋"环境中的互动（图片来源：Team et al，2021）

从人类的角度来看，语言模型是一种极端情况，因为它们缺乏许多典型的人类能力，却拥有一种超人类的能力。因此，人类很难想象成为这样的智能体会是什么样子。因此，人类对语言模型的直觉也许并不可靠。

1.2.4　世界模型

LLM 是学习世界模型或仅仅是表面统计呢

LLM 是一种数学模型，可以生成人类文本中的词元的统计分布。这些词元可以是单词、单词的一部分或单个字符，其中包括庞大的公共语料库中的标点符号。LLM 能够生成可能的单词序列，并能够回答与之相关的具体问题。正如 Shanahan（2022）所论证的，从根本上说，基本 LLM 的知识是有限的，因为它主要进行序列预测。虽然它有时可以生成命题序列，但命题序列和真理之间的特殊联系只有在人类提出问题或为模型的训练提供数据时才会显现。LLM 并不像人类那样认为命题序列是特殊的，它缺乏准确理解真假的能力。有人可能会说，LLM 对哪些词通常跟在其他词后面有一种感觉，与意向性立场无关。但根据 Shanahan（2022）的说法，这并不等同于仅仅通过预测"美国北部的国家是"后面跟的是"加拿大"就知道加拿大在美国的北部。将这两个概念混为一谈，犯了一个重大的类别错误。

根据 Bender and Koller（2020）的观点，LLM 在实现"人类模拟"理解方面是一条死胡同。在语言语义学领域，Bender 和 Koller 的观点被广泛接受。这种观点可以追溯到 20 世纪中期的逻辑学和语言学研究，并由 Lewis（1976）进一步加强。Lewis 认为"不处理真理条件的语义学就不是语义学"。

大多数最新的 LLM 都将 Transformer 纳入其架构中，这对于有效地模拟句子或文档中的词元之间的长程依赖关系尤其有利。Transformer 被认为是一个通用的函数近似器，能够在给定足够的训练数据和计算资源的情况下，对任何连续函数进行近似，并达到所需的准确度。因此，Transformer 具有高度的通用性，能够学习自然语言数据中的复杂模式，如单词之间的句法和语义关系，并利用这些知识来产生连贯而有意义的文本。

因此，至少在理论上，像 Transformer 这样的神经网络系统有可能开发出深层次的、稳健的世界模型。随着时间的推移，这有可能使得预测任务取得更好的表现。因此，为了尽量减小这些系统的预测误差，需要对世界有全面的了解。例如，在讨论纽约市的地铁系统时，一个完善的地铁系统模型将极大地提高预测的准确性。这意味着，充分优化各种模型的预测误差，应该会产生稳健的世界模型（Chalmers，2023）。事实上，Goldstein et al（2022）发现，GPT 等自回归语言模型遵循的重要计算原理与大脑相类似，后者在处理自然语言时会进行下一个单词的预测。大脑用上下文嵌入来表征单词，这些嵌入包含了语言上下文的各种句法、语义和语用（pragmatic）属性。需要注意的是，语用属性的一个方面是理解他人话语的本意，而不仅仅是理解字面意思。分布式学习是一种有效的知识归纳机制，因为语言旨在用于交流我们对世界的体验，并将这些体验的相关方面编码在语言结构中。Louwerse 的"符号相互依赖假说"支持这一观点。相关体验不仅包括具身性的维度，还包括语用性和社会性的维度，这些维度都可以从共现数据中复原。在最近的一项研究中，Hu et al（2022）系统地调查了基础模型的语用能力，如识别间接言语行为以及理解隐喻和讽刺等。他们发现，这些模型解决了其中的一些能力，其准确性接近于人类。这项研究并没有表明神经语言模型拥有"语用理解能力"，而是表明对语言形式方面的经验可能足以推导出许多类似人类的行为模式。这与认知证据相一致，表明语言理解并不总是需要构建高度结构化的语义表征或复杂的推理过程。根据句子处理的"足够好"模型，可以使用简单的表面启发式方法来构建表征，以完成特定语言理解任务。这种启发式方法可能包括与特定沟通意图或语义维度密切相关的分布线索，神经语言模型善于从语言输入中学习这些线索，并利用这些线索来高效地解决沟通任务。

主要问题不是语言模型是否有可能拥有世界模型和自我模型，而是这些模型目前是否存在于 LLM 中。这是一个经验调查问题。虽然相关证据还不完善，但可解释性研究表明，LLM 可以拥有强大的世界模型。例如，研究人员 Li et al（2022）训练 LLM 玩黑白棋游戏，结果表明，LLM 建立了一个游戏棋盘方格的内部模型，并以此来决定下一步棋。Li et al（2022）的研究表明，在某些自然语言环境中，预先存在的 Transformer 拥有隐式生成世界语义近似表征的能力。此外，人们还在努力确定在语言模型中如何被表征以及在哪里被表征（Akyürek et al，2022a；Jiang et al，2020）。

1.2.5 沟通意图

当今的语言模型似乎并不具备沟通意图（Shanahan，2022；Bender and Koller，2020）。它们对提示做出反应时没有任何刻意的意图，而且经常产生不连贯或相互矛盾的输出。它们的行为可以用数学方法来解释，但这些解释并没有考虑到任何意图的成分，这就强化了它们缺乏意向的想法。正如 Andreas（2022）所指出的，它们充其量只能对特定文件的语言模式进行建模，从而生成与特定人或智能体相一致的文本。然而，生成文本背后的潜在意图仍然缺失。一般来说，LLM 没有任何有意义的事情可言，因为它们的训练目标是最大限度地提高下一个掩蔽词的预测准确性，而不是生成现实世界中特定目标的文本。LLM 并不具备任何有意义的理解能力，即使人们采用有意图的立场，也无法理解它所收到的询问来自人类，或者人类是其回复的接收者。因此，LLM 对这个人既不了解也不理解。它没有能力理解这个人的询问，也没有能力理解它的回答可能对其信仰产生的影响。

此外，由于缺乏沟通意图，LLM 在尝试自动生成长段落的文本时，往往难以生成连贯一致的文本。例如，当提示 LLM 完成一个句子时，它会生成一两句基本合理的续句。但是，当提示继续时，它就开始生成错误或误导性的句子。虽然这些句子在语法上都是正确的，但是 LLM 缺乏任何更广泛的意义或沟通意图。因此，随着与人类生成的提示的距离增加，模型生成的文本最终变得不连贯（Mahowald et al，2023）。

全局工作空间理论（Global Workspace Theory，GWT）作为人类和灵长类动物获取认知的功能模型，已经得到广泛认可（Dehaene，2014）。正如 Baars（1993）所指出的，全局工作空间的概念在涉及保留和操作抽象信息的任务中特别有价值。因此，正如 Mashour et al（2020）所讨论的，在全局工作空间的背景下进行广播与通常所说的工作记忆之间存在着密切的关联。工作记忆可以被有意识地操纵，在面对争相进入工作空间的潜在干扰因素时，需要有意识地努力维持信息。

目前的标准 LLM 缺乏明确的全局工作空间。然而，有可能扩大这些模型以纳入这样一个工作空间。当前，关于多模态语言模型的研究越来越多，这些模型使用工作空间来协调各种模态。这些模型包含不同形式的数据的输入和输出模块，如文本、图像或声音，这些数据可以在高维空间中表征。为了连接这些模块，需要一个低维空间作为接口。这个接口类似于全局工作空间。基于注意力的感知器架构（Jaegle et al，2021）已被证明在注意力控制和工作记忆任务中表现出与认知科学文献（Juliani et al，2022）中预期的 GWT 一致的经验行为。研究人员已经开始将这些模型与意识联系起来。Goyal et al（2021）提出，多个神经模块之间的全局工作空间瓶颈可以模仿缓慢的有意识推理的某些功能。

总之，为人类赋予意图的过程错综复杂、模棱两可。意向性所需的基本认知要素仍未确定，这使得确定人工智能系统为展示意向性所应达到的基准变得困难重重。即将推出的语言模型有可能通过尚未发现的机制来展示意向性。

1.2.6　系统性和全面泛化

除了落地论以外，在自然语言理解的框架下，系统性论也是经常讨论的针对神经网络的另一种批判。落地论关注的是这些系统用来学习的数据源，而系统性论关注的是它们能够泛化的类型。

考虑到猪是一种通常不会飞的动物，我们可以将它与一种会能飞的动物进行对比。如图 1-3 所示，通过在头脑中将猪不会飞的属性替换为会飞的能力，我们就可以掌握"飞猪"这一概念。这种符号操作的心理过程称为"意义构成"。从根本上说，意义构成原则认为，我们有能力将世界中离散的元素（如实体、属性和动作）概念化，并以一种有意义的方式将这些元素进行组合。这种意义的特点是，在努力解释特定语言表达的人的头脑中具有一致的表征。根据 Pelletier（1994）的语义构成原则〔有时被称为"弗雷格原则"

图 1-3　会飞的猪

（Frege's Principle）〕，一个句子整体的意义（其句法是复杂的）完全取决于其句法部分的意义以及这些部分的组合方式。

人类语言的一个重要方面是生产力，即产生和解释无限多的表达方式的能力。要做到这一点，人类有能力超越他们所接触的具体数据，实现概括。一些研究人员认为，新一代的 LLM 系统表现出与人类类似的生产力，这表明它们已经学会了支配自然语言的一般规则和原则。然而，包括 Berent and Marcus（2019）在内的其他研究人员则认为，目前的 LLM 缺乏人类认知的一个关键特征：有能力做出适用于某个类别的任何成员的全面概括，无论其与训练项目是否相似。这是因为人类的学习机制允许形成抽象类别，对所有成员一视同仁，并使用变量进行代数操作。与之不同的是，神经语言模型只能对与训练数据相似的新数据项实现泛化，这就限制了它们的生产力，只能进行类比性概括。因此，它们无法学习对自然语言理解至关重要的系统化概括。系统性论类似于 Fodor and Pylyshyn（1988）针对早期神经网络的联结主义模型提出的论点。他们认为，人类认知和语言的特点是系统性和构成性，这两者是相互依存的属性。系统性是指产生和理解具有内在联系的句子的能力，而构成性是指一个词汇项应该对它出现的每个表达作出同样的贡献。识别句子之间的系统关系和词汇项意义的能力，对于掌握自然语言背后的概括能力至关重要。

Berent and Marcus（2019）认为，只有将内部结构化的表征与变量相结合的系统，如符号化的系统，才能解释系统性和全面概括性。他们认为，用缺乏内部结构的向量表征信息的神经网络不能解释人类认知的关键方面——系统性和构成性。最近在简化或人工语言数据上训练的神经语言模型实验显示，虽然神经语言模型具有泛化能力，但它们无法以系统性的方式进行泛化。虽然基础模型习得了关于事件及其可信参与者的知识，但这些知识往往非常依赖特定的词汇模式，缺乏与人类认知相同的概括能力。

然而，系统性论假定自然语言的基本属性是构成性、系统性和全面概括性，这一点受到一些语言学现象的挑战。自然语言的准构成性（Rabovsky and McClelland，2020）和由基础模型学习的上下文嵌入所捕捉到的上下文敏感性与系统性论相矛盾。此外，语言中普遍存在的非系统性和半规则过程也削弱了全面概括性的论据。自然语言的特点是，基于与先前所见范例的相似性，实现类比概括的部分生产力（Goldberg，2019）。因此，虽然神经语言模型在努力实现构成性和系统性泛化，但它们同样偏离了这些属性，并能够捕捉到自然语言的重要方面（Lenci，2023）。

根据 Lenci（2023）的观点，依赖分类表征的计算模型，如系统性支持者所倡导的符号模型，在解释语言概括的部分生产性和准构成性方面面临困难。另外，神经语言模型的连续表征在解决由类比过程、相似性和梯度所引起的语言能力问题方面具有潜力。虽然语言模型的主要关注点不是会话，而是一般的智能，但是它们在作诗、玩游戏、回答问题和提供建议等不同领域表现出与领域一样的能力，尽管并非完美无缺。

关于意识的讨论，以领域通用（domain-general）的方式使用信息被认为是意识的一个重要指标。因此，语言模型的通用性越来越强，这表明人类已经向意识迈进了一步，虽然它与人类智能相比仍有差距。尽管如此，语言模型的通用能力为这个概念提供了一些初步支持。

1.3　未来发展方向

根据 Mahowald et al（2023）的研究，推理知识有 4 种类型——形式推理（如逻辑推理和问题解决）、世界知识（包括物体、事件、属性、参与者和关系的知识）、情景建模（创建从语言输入中提取的故事表征并跟踪其随时间演变的能力）和社会推理（在使用语言的同时考虑对话者的心理状态和共享知识）。正如 Mahowald et al（2023）和 Kauf et al（2022）等其他研究评估的证据所展示的，在某种程度上，许多 LLM 在其中许多领域的表现仍然不如人类。

目前在网络自然文本语料库上训练 LLM，以预测上下文中的单词为目标的方法，不足以诱导功能性语言能力（functional linguistic competence）的涌现。这种方法偏向于低层次的输入属性，缺乏常识性知识，限制了模型的泛化能力，而且需要大量的数据。然而，最近的例子，如 Minerva、InstructGPT（Ouyang et al，2022）和 ChatGPT，都显示了通过调整训练数据和（或）目标函数而改进的结果。这些模型在专门的语料库上进行微调，并使用额外的技巧，如基于人类反馈的强化学习。Mahowald et al（2023）认为，一个成功的现实世界语言使用模型需要包括问题解决者、落地体验者、情境建模者、实用推理者和目标设定者，因此，它应该是一个包含领域通用和特定领域（domain-specific）成分的通用智能模型。这可以通过在具有不同目标函数的数据集上训练模块化模型来实现。

由于语言并不能表达知识的所有方面，因此我们很难从中获得完整的信息。这是一种被称为"报告偏差"（reporting bias）的现象造成的（Gordon and Van Durme，2013），即说话者可能会省略他们认为听众已经知道的信息。报告偏差是 Grice 的数量准则（maxim of quantity）的结果，它表明，交流应该具有足够的信息量，但不能过度。Paik et al（2021）的研究表明，与草莓等单一颜色相关概念的颜色信息在语言生成中的表现力很差。此外，神经语言模型对物体的典型视觉属性（如形状）的了解有限，而更大的模型并不一定能改善这一局限性（Zhang et al，2022a）。然而，这种局限性可能是由于纯文本基础模型缺乏落地，若为它们提供语言之外的信息，就像多模态模型那样，有助于缓解这个问题。归根结底，基础模型缺乏将从文本中获得的知识恰当地表征和组织成适当结构并使用这些结构来解决语言理解任务的能力。因此，挑战不在于获得它们所训练的数据中无法获得的特定信息，而在于开发能够更好地利用从文本中习得信息的模型（Lenci，2023）。

为了衡量在创建能够以类似人类的方式使用语言的语言模型方面所取得的进展，建立评估形式语言能力和功能语言能力的基准至关重要。这种区分有助于在讨论语言模型时消除混淆，也可以消除"语言能力强等于思维能力强"和"思维能力差等于语言能力差"（Mahowald et al，2023）等错误观念。目前，已经有几个可用于评估语言模型的形式语言能力的基准（Gauthier et al，2020），但还需要更多的测试来评估语言的核心特征，如层次和抽象。然而，至今还没有评估功能语言能力的单一基准，而且针对功能语言能力子集（如常识性推理）的数据集可能会被语言模型利用有缺陷的启发式方法所操纵。尽管如此，我们仍有可能区分基于词共现的技巧和真正的推理能力。对语言模型的形式语言能力和功能语言能力进行全面、单独的评估，有助于创建在这两个领域都很出色的模型。最终，语言模型应该能够解决需要各方面语言能力的复杂任务，但在目前的早期阶段，重要的是关注可以分离的特定技能，以便更好地了解模型的缺点（Mahowald et al，2023）。

根据 Villalobos et al（2022）的分析，高质量语言数据很快就会耗尽，可能在 2026 年之前。然而，低质量语言数据和图像数据的耗尽时间预计会晚得多，低质量语言数据的耗尽时间为 2030 年至 2050 年，图像数据的耗尽时间为 2030 年至 2060 年。这项研究表明，除非数据效率得到显著提高或出现替代数据源，否则严重依赖海量数据集的机器学习模型的持续扩展可能会减速。

人工智能研究的一个新领域旨在使 LLM 能够产生自己的训练数据，并利用它来提高性能。虽然人类从外部来源习得知识，如阅读书籍，但我们也可以通过分析和反思内部信息来产生独特的想法和见解。同样，LLM 可以利用它们在训练过程中吸收的大量书面数据（如维基百科、新闻文章和图书）来创造新的书面内容并进一步提升自己的能力。

最近的研究表明，LLM 可以通过生成一组问题和答案、过滤最佳输出和微调仔细挑选的答案来进行自我改进（Huang et al，2022）。这种方法在各种语言任务（包括用于评估 LLM 性能的基准）上取得了先进的性能。此外，研究人员还开发了能生成自然语言指令的 LLM，然后 LLM 根据这些指令进行自我微调，从而显著提高性能（Wang et al，2022e）。Sun et al（2022）认为，如果 LLM 在回答问题之前背诵它对某一主题的了解，它就能提供更准确和更复杂的回答。这与人类在分享自己的观点之前反思自己的信念和记忆相类似。

将 LLM 与人类大脑相类比，可以减轻人们对 LLM 生成自己的数据是循环论证的担忧。人类也会摄入大量数据，这些数据会改变人类大脑中的神经连接，从而产生人类大脑或任何外部信息源中都没有的新见解。同样，如果 LLM 能够生成自己的训练数据，就可以解决阻碍人工智能发展的迫在眉睫的数据短缺问题。如果 LLM 能够生成自己的训练数据并继续自我完善，这将是人工智能的一个重大飞跃。

人们普遍认为 ChatGPT 和 GPT-4 等模型将取代流行的搜索引擎，成为主要的信息来源。然而，这种想法过于乐观，因为如今的 LLM 会产生不准确和误导性的信息。尽管 LLM 的功能强大，但也存在"幻觉"问题，即它们会犯一些错误，如推荐不存在的图书或提供不正确的概念解释。

目前，人们正在努力通过创新来减轻 LLM 在事实方面的不可靠性，使它们能够从外部来源检索信息，并为它们生成的信息提供参考文献和引文。我们将在第 8 章中回顾这一领域的一些新发展。

当代大语言模型的多功能性和强大功能令人印象深刻。与基于 LLM 的顶级对话智能体（如 ChatGPT）进行讨论，可能会令人非常信服，以至于人们最终会将它们拟人化。这里可能有一些复杂而微妙的东西在起作用。语言模型最近取得的进展表明，当足够大的模型在丰富的文本数据上进行训练时，就会涌现非同寻常和意想不到的能力。

即使大语言模型本质上只能进行序列预测，但它们在学习时可能发现需要更高层次解释的新兴机制。这些更高层次的术语可能包括"知识"和"信念"。我们知道，人工神经网络可以高度准确地逼近任何可计算的函数。因此，在参数、数据和计算能力足够的情况下，如果随机梯度下降法是优化精确序列预测目标的最佳方式，那么随机梯度下降法就有可能发现这种机制。

为了进一步扩展 LLM，一种名为稀疏专家模型（sparse expert model）的新方法在人工智能界受到越来越多的关注。稀疏专家模型的运行方式与密集模型不同，它们只能调用最相关的参数子集来响应给定的查询。这与密集模型形成了鲜明对比，在密集模型中，每次模型运行时都会激活所有参数。

由于稀疏专家模型的特点是能够只激活必要的参数来处理给定的输入，因此，与密集模型相比，稀疏专家模型的计算能力更强。稀疏专家模型可以看作"子模型"的集合，这些"子模型"是不同主题的"专家"，根据输入情况，只激活最相关的"专家"。这种架构是它们被称为稀疏专家模型的原因。拥有超过 1 万亿个参数的大语言模型，如谷歌的 Switch Transformer（Fedus et al，2022）、GLaM（Du et al，2022）以及 Meta 的 Mixture of Experts（Artetxe et al，2021），都是稀疏的。我们将在第 7 章仔细研究稀疏专家模型背后的技术。

稀疏专家模型可以在不增加运行时间的情况下创建更大的模型，因为密集模型的大小增加一倍，运行速度就会降低一半。最近的研究表明，稀疏专家模型具有巨大的潜力，GLaM 模型比 GPT-3 模型大 7 倍，训练所需的能量更少，推理所需的计算量更少，同时在一系列自然语言任务上的表现也优于 GPT-3 模型。此外，稀疏专家模型只需要很少的计算量，就能实现与密集模型相似的下游任务性能。除了计算效率高之外，稀疏专家模型也比密集模型更易于解释，这对于像医疗保健等高风险环境来说非常重要。理解模型为什么采取特定行动的能力至关重要。稀疏模型的可解释性更强，因为其输出是"专家"被激活后的结果，这使得人类更容易提取可理解的解释。

通过分析用户互动和个人偏好，新一代 LLM 在增强个性化和定制化方面有很大的潜力。在与用户互动的过程中，LLM 能够了解他们的写作风格、语气和语言，从而做出更加个性化和精确的回应。由于 LLM 可以学习如何识别和响应每个用户的独特需求和偏好，因此个性化水平可以提升到能够提供更好的客户服务和教育的地步。此外，开发人员还可以利用 LLM 交互产生的大量数据，创建适合每个用户特定偏好的语言模型，从而带来更有吸引力的个性化体验。

与所有快速发展的技术一样，必须考虑 GPT-4 模型和其他模型可能带来的潜在伦理和社会影响。随着这些技术的发展，必须彻底分析各种关切，如隐私及其对就业的影响。例如，在客户服务领域部署大语言模型可能会导致行业内的职位流失，而通过这些模型收集数据又会引发严重的隐私问题。因此，仔细考虑这些技术的伦理影响，并保证其发展和应用是负责任的、符合伦理的，这一点至关重要。

在本书中，我们将详细讨论 LLM 中的偏见和有害性减少等关键话题。此外，我们还将探讨如何利用强化学习技术，使得这些模型符合人类价值观。我们的目的是探索有效减轻 LLM 的负面影响，提高其对社会的整体效用的方法。

目前，诸如 ChatGPT 之类的语言模型能够根据其内部知识为查询提供答案，但不具备与外部环境交互的能力。它们无法为不理解的问题检索信息，也无法执行除了用户生成文本输出之外的任务。在不久的将来，新一代大型 Transformer 模型和语言模型将具备在互联网上读写和采取行动的强大能力。可以说，这些模型将可能具有广泛的智能体能力。事实上，"智能体人工智能"可能成为继"生成式人工智能"之后的下一个大趋势。

1.4　小结

大语言模型为人工智能领域带来革命性的变化，使机器能够非常准确地完成复杂的语言任务。围绕它们的意识的争论仍然是一个备受关注的话题，双方都提出了自己的观点。虽然尚无定论，但可以肯定的是，大语言模型在未来的发展和应用中具有巨大的潜力。研究人员必须继续研究大语言模型语言生成能力背后及其潜在意识的内在机制，同时考虑开发具有意识的机器的伦理问题。该领域的未来研究前景广阔，大语言模型具有进一步发展和创新的巨大潜力。

第 2 章
语言模型和分词

语言模型是我们日常生活中不可或缺的一部分。如图 2-1 所示，搜索引擎上的自动完成功能就是由语言模型驱动的。这些模型在许多自然语言处理任务中起着举足轻重的作用。

图 2-1　搜索引擎的自动完成功能

例如，在语音识别领域中，模型的输入数据包括音频信号，而输出则需要一个语言模型，该模型能够理解输入信号，并在先前识别出的单词的上下文中识别出每个新单词。

有效的分词器（tokenization）对实现高性能的 NLP 结果至关重要。分词器将一串 Unicode 字符划分为有意义的词元（token），这可能是一项具有挑战性的任务，特别是对于具有复杂形态或符号的语言。目前分词的方法有多种，包括 BPE 和 SentencePiece 等，而最近在无分词器（Tokenizer-Free）和可训练分词方法方面的发展显示了前景。要找到正确的分词方法，需要在词元过多和过少之间取得平衡，同时确保每个词元代表一个语言上或统计上有意义的单位。

在本章中，我们将深入探讨语言建模和分词的重要概念。首先，我们讨论了语言建模的挑战，包括用于克服这些挑战的统计和神经网络方法。其次，我们探讨了语言模型的评估。然后，我们深入探讨了分词主题，即将文本分解为更小的单元，从而进行分析的过程。本章将介绍各种类型的分词，包括按空格分割、字符分词、子词分词、无分词器和可学习的分词。最后，你将全面了解语言建模和分词，以及如何在自然语言处理中使用它们。

2.1　语言建模的挑战

形式语言是一组遵循特定语法和文法的规则与符号，通常用于与计算机或机器进行通信。这些语言在设计上力求无二义和精确，具有明确定义的词语和使用规则，因此，非常适合编程和技术交流。

相比之下，自然语言不是设计出来的，而是随着个人之间的社会交流需求而产生和发展的。它们包含广泛的术语，在使用时可能会产生多种歧义，但其他人仍然可以理解。这是因为自然语言深深植根于人类文化，可以反映广泛的社会、历史和文化因素。

尽管对语言的某些方面存在某些形式上的规定，但语言学家往往难以为自然语言建立精确的语法框架和结构。这是因为自然语言非常复杂，可以在许多不同的语境中使用，具有许多不同的细微差别和内涵。虽然可以为自然语言创建形式语法，但是任务艰巨，而且结果也可能被证明是不稳定的，因为可能存在许多不适合形式系统的例外和不规则情况。

总之，形式语言（包括编程语言）旨在无二义和精确，而自然语言则是复杂和模棱两可的，反映了人类文化和经验的丰富多样性。虽然可以为自然语言创建形式语法，但这项任务的难度较大，而且可能无法捕捉到自然语言所能传达的全部含义和细微差别。

2.2　统计语言建模

定义语言结构的另一种方法是使用样本来学习它。在这种方法中，语言模型是一个函数，用于计算给定词表中文本词元或单词序列的概率。概率取决于给定特定序列词元之后的词元或词元序列的可能性。因此，语言模型的概念本质上是概率论。

假设我们有一个由一组词元组成的词表，那么语言模型 P 会为每个词元序列分配一个概率，表示为 $w_1, w_2, \cdots, w_L$，其中，L 是序列的长度，词元是从词表中提取的。概率 $P(W)$ 是一个介于 0 和 1 之间的数字，表示词元序列的质量。高概率表示高质量序列更有可能在语言中出现，而低概率表示低质量序列不太可能在语言中出现。

一个好的语言模型应该同时具备语言能力和世界知识。例如，语言模型为序列"my dog just ate a chicken bone"（我的狗刚吃了一根鸡骨头）分配的概率应该高于序列"my chicken dog bone just ate a"（我的鸡狗骨头刚吃了）的概率，因为后者不符合语法，人类也无法理解。这是因为一个好的语言模型应该能够识别语法正确且有意义的句子，并为其分配更高的概率。此外，尽管序列"a chicken bone just ate my dog"（一根鸡骨头刚吃了我的狗）的语法与前面第一个序列的语法完全相同，但基于世界知识，语言模型应该为这个序列分配较低的概率。从语法上说，鸡骨头吃狗是不可信的，而一个好的语言模型应该能够识别这种不可能的序列，并分配较低的概率。

联合概率 $P(W)$ 是观察一系列词元 $W=w_1, w_2, \cdots, w_n$ 的概率。它在语音识别、机器翻译和文本生成等许多自然语言处理任务中都很重要。

概率链规则（Chain Rule of Probability）是概率论中的一个基本规则，它允许我们将一系列事件的联合概率按照它们的条件概率的乘积来计算。应用于自然语言处理的情况，概率链规则指出，一个句子的联合概率可以通过每个单词的概率乘以其前面单词的概率来计算。

例如，我们考虑计算句子"my dog just ate a chicken bone"的联合概率，可以应用概率链规则，如下：

$$P(w_1, w_2, \cdots, w_n) = \Pi_i P(w_i|w_1, w_2, \cdots, w_{i-1})$$

这意味着，句子"my dog just ate a chicken bone"的概率是每个单词的概率与其前面单词的概率的乘积：

$$P(\text{my dog just ate a chicken bone}) = P(\text{my}) \times P(\text{dog|my}) \times P(\text{just|my dog}) \times$$

$$P(\text{ate|my dog just}) \times P(\text{a|my dog just ate}) \times$$

$$P(\text{chicken|my dog just ate a}) \times$$

$$P(\text{bone|my dog just ate a chicken})$$

为了估计这些条件概率，我们可以使用统计语言模型。其中一种方法是统计每个单词或单词序列在大型文本语料库中的出现次数，然后对计数进行归一化以获得概率。例如，为了估计 $P(\text{bone|my dog just ate a chicken})$，我们可以计算序列"my dog just ate a chicken bone"在语料库中出现的次数，然后将其除以序列"my dog just ate a chicken"出现的次数。然而，这种方法有其局限性，因为它需要大量的训练数据，而且可能无法捕捉到自然语言的全部复杂性。

1. n 元语法模型

n 元语法（n-gram）模型是一种概率语言模型，可根据单词之前的上下文来估计其可能性。该模型不考虑整个句子，而是只考虑最后几个单词来近似计算一个单词的概率。这种方法背后的理念是，一个单词的概率在很大程度上取决于其周围的单词，而不是整个上下文。

二元语法（bi-gram）模型是 n 元语法模型的一种，它仅依靠前一个单词的条件概率来近似计算一个单词在所有之前的单词的情况下的概率。换言之，它只考虑通过前一个单词来预测序列中的下一个单词。这种方法可以简化条件概率的计算，使模型更加高效。例如，在序列"my dog just ate a chicken"中，二元语法模型将只考虑给定"a"时"chicken"的概率，并忽略句子的其余部分。

马尔可夫假设是 n 元语法模型的关键概念。它指出，一个单词的概率仅取决于前一个单词。这意味着，当前单词仅依赖于序列中最近的单词，而不依赖于该序列中的任何其他单词。马尔可夫模型使用这个假设，只须稍微回顾一下过去，就能预测未来单元的概率。二元语法模型是马尔可夫模型的一个很好的例子，因为它只关注过去的一个单词，而三元语法模型和 n 元语法模型分别回顾 2 个和 $n-1$ 个词。

要使用 n 元语法模型估计序列中下一个单词的概率，可以使用条件概率公式 $P(w_n|w_{1:n-1}) \approx P(w_n|w_{n-N+1:n-1})$，其中，$N$ 是 n 元语法模型的大小（2 表示二元语法模型，3 表示三元语法模型）。此公式根据前 $N-1$ 个单词的概率计算下一个单词的概率。通过只考虑过去的几个单词，n 元语法模型能够比考虑整个句子更高效、更准确地估算下一个单词的概率。

2. 最大似然估计

为了确定二元语法或 n 元语法的概率，一种常用方法是最大似然估计（Maximum Likelihood Estimation，MLE）。这种方法基于计算语料库中每个 n 元语法的频率，并将计数进行归一化处理，以获得介于 0 和 1 之间的概率。

要计算特定二元语法的概率，例如，给定前一个单词 w_{n-1} 时单词 w_n 的概率，我们计算该二元语法在语料库中出现的次数 $C(w_{n-1}w_n)$，并将其除以相同的第一个单词 w_{n-1} 开头的所有二元语法的总和。这可以表示为 $P(w_n \mid w_{n-1}) = \dfrac{C(w_{n-1}w_n)}{\sum\limits_{w} C(w_{n-1}w)}$。其中，分子是我们感兴趣的特定二元语法的计数，分母是以相同的第一个单词开头的所有二元语法的计数之和，符号 $\sum\limits_{w} C(w_{n-1}w)$ 表示求取 w_n 所有可能的值之和。

值得注意的是，以特定单词 w_{n-1} 开头的所有二元语法计数的总和，必须等于该单词 w_{n-1} 的单元语法（unigram）计数。这是因为在语料库中，w_{n-1} 每出现一次都算作一次单元语法，并且也包含在以 w_{n-1} 开头的所有二元语法的计数中。因此，二元语法计数的总和不应超过单元语法计数。

虽然 MLE 在 NLP 中得到广泛应用，但是它也有一些局限性。例如，如果语料库中没有出现特定的 n 元语法，则其 MLE 概率将为零，这对于某些应用程序来说是有问题的。为了解决这个问题，研究人员已经提出了各种平滑技术，例如拉普拉斯（Laplace）平滑、古德–图灵（Good-Turing）平滑和 Kneser-Ney 平滑，这些技术通过借助具有类似上下文的其他 n 元语法信息来估计 n 元语法的概率。

2.3 神经语言模型

神经网络彻底改变了自然语言处理领域，特别是语言建模领域。在开发神经语言模型之前，传统的统计语言模型依赖离散的单词索引空间来估算给定前 $n-1$ 个单词时某个单词的概率。由于单词索引之间缺乏明显的联系，因此这种方法在推广时面临着重大的挑战。

2003 年，Bengio 等人提出了神经语言模型，该模型利用词嵌入将单词或词元作为向量进行参数化，并将它们输入神经网络。这些嵌入是基于单词的用法学习到的单词表征，允许相似的单词具有相似的表征。通过这种方法，可以使用神经网络计算给定前 $n-1$ 个单词时某个单词的概率。例如，给定"ate the"时"bone"的概率，可以使用"某个神经网络（ate, the, bone）"来估计。

在 Bengio et al（2000）的开创性工作之后，神经语言建模又有两项重大进展。第一项进展是具有长短时记忆（Long Short-Term Memory，LSTM）的循环神经网络（Recurrent Neural Network，RNN），由 Hochreiter and Schmidhuber（1997）引入。这些模型允许词元 w_i 的分布依赖于整个上下文 $w_{1:i-1}$，从而有效地使 $n = \infty$。不过，训练这些模型可能相对具有挑战性。

第二项进展是 Transformer 架构（Vaswani et al，2017），该架构于 2017 年引入，用于机器翻译。Transformer 具有固定的上下文长度 n，但更易于训练，并且可以利用 GPU 的并行性。此外，对于许多应用程序来说，可以将上下文长度 n 设置为"足够大"，例如，在 GPT-3 中，使用 $n=2048$。第 3 章将对 Transformer 架构进行更详细的分析。

总之，神经语言模型的发展大大提高了生成连贯且上下文相关的文本的能力。词嵌入和神经网络的使用使得语言建模更加有效和高效，而带有 LSTM 的 RNN 和 Transformer 所取得的进展，则为语言建模任务提供了越来越强大的工具。

2.4 评估语言模型

为了真正评估语言模型的有效性，在应用程序或任务的上下文中评估其表现至关重要。这种类型的评估称为外部评估，它衡量的是集成语言模型后应用程序性能的提升。对语言模型进行外部评估，可以确定语言模型的改进是否会为最终任务带来更好的结果，从而为语言模型的实用性提供有价值的信息。

然而，对自然语言处理系统进行端到端评估既昂贵又耗时。与之不同的是，内部评估提供了一种更快捷的方法来评估语言模型的质量，而且不受任何特定应用程序或任务的影响。

要对语言模型进行内部评估，需要使用测试集。就 n 元语法模型而言，概率来自训练语料库，而性能则在未见过的测试语料库上进行测量。语言模型越好，它分配给测试集中出现的实际单词的概率越高。困惑度（Perplexity）是一种常用的内部评估指标，用于衡量语言模型的有效性。它被定义为按单词数量归一化的测试集的逆概率。

$$
\begin{aligned}
\text{Perplexity}(W) &= P\left(w_1 w_2 \cdots w_N\right)^{\frac{1}{N}} \\
&= \sqrt[N]{\frac{1}{P\left(w_1 w_2 \cdots w_N\right)}} \\
&= \sqrt[N]{\prod_{i=1}^{N} \frac{1}{P\left(w_i \mid w_1 w_2 \cdots w_{i-1}\right)}} \\
(\text{bi-gram}) &= \sqrt[N]{\prod_{i=1}^{N} \frac{1}{P\left(w_i \mid w_{i-1}\right)}}
\end{aligned}
$$

可以将困惑度可以看作一种语言平均分支系数的度量。分支系数越高，意味着语言越复杂，任何给定单词后面可能出现的单词数量越多。例如，假设每个数字的出现概率相等，那么由英语中的数字 0 ~ 9 组成的迷你语言的困惑度为 10。

然而，单词在训练集中出现的频率也会影响困惑度。例如，如果数字 0 在训练集中出现 91 次，而其他数字每个只出现一次，那么主要包含 0 的测试集的困惑度就会降低，因为下一个数字为 0 的概率要高得多。在这种情况下，即使分支系数保持不变，加权分支系数也会变小。

总之，像困惑度这样的内部评估指标提供了一种快速评估语言模型质量的方法，而外部评估则衡量语言模型在特定应用程序或任务中的有效性。这两种类型的评估对于确定语言模型的总体有用性都很重要。

2.5 分词

自然语言通常以 Unicode 字符串的形式呈现，但语言模型则以词元序列的概率分布形式运行。分词是将文本拆分为有意义的块或词元的关键过程，使程序能够处理文本数据。有效的分词对实现自然语言处理的良好性能至关重要。

尽管人类通过将单词组合在一起来构建句子，但将文本分割成词元对机器来说可能是一项具有挑战性的任务。在处理基于符号的语言（如汉语、日语、韩语和泰语）时尤其如此，因为在这些语言中，空格或标点符号不一定定义单个单词的边界。当符号（如 $）明显改变单词的含义时，就会出现另一个难题。标点符号在不常见的情况下出现时，也可能导致计算机出现问题。缩略形式，如"you're"和"I'm"，必须被正确分割，以避免在后期的自然语言处理过程中产生误解。

目前可用的分词方法有多种，但大多数大语言模型都使用两种主要的分词器——字节对编码（Byte-Pair Encoding，BPE）和 SentencePiece。BPE 是一个子词级分词器，可将单词分解为更小、更常见的子词单元。这种方法对形态复杂的语言很有效，并被用于 GPT-2（Radford et al，2019）和 GPT-3（Brown et al，2020）等模型。SentencePiece 是一个基于分割的分词器，它首先将文本拆分为句子，然后进一步将它们拆分为子词单元。这种方法用于 BERT（Devlin et al，2018）和 RoBERTa（Liu et al，2019）等模型。

最近，分词方法的新发展包括无分词器方法和可训练分词方法。无分词器方法旨通过直接从原始文本中预测词元来消除对预定义分词器的需求。针对特定任务，可训练分词方法使用机器学习算法来学习将文本分割为词元的最佳方法。这些方法有可能提升模型处理低资源语言和具有特定行话或术语的领域的性能。

好的分词方法可以在词元过多和过少之间取得平衡。词元过多会使序列建模变得困难，而词元太少会导致单词之间缺乏参数共享。这对于形态复杂的语言（如阿拉伯语和土耳其语）尤其成问题。每个词元应表示一个具有语言学或统计学上意义的单位。总之，有效的分词对于在自然语言处理中取得高性能结果至关重要。

2.5.1　按空格分割

最简单的解决方案是应用 split 函数：

```
tokenized_text = "Attention is all you need. Don't you love Transformers?".split()
print(tokenized_text)
['Attention', 'is', 'all', 'you', 'need.', "Don't", "you", "love", "Transformers?"]
```

这种简单的方法存在如下问题。
- 连词（如"father-in-law"）和缩略词（如"I've"）最好分成单独的词元。例如，"don't"应该分词为["do"，"n't"]，因为它的意思是"do not"。
- 同样，标点符号"?"不应附加到"Transformer"一词上，因为这不是最佳的。
- 基于符号的语言（如汉语、日语、韩语和泰语）都不使用空格或标点符号来定义单词的边界，句子的写法是单词之间不留空格。
- 德语有冗长的复合词（如"AbwasseKraftfahrzeug-Haftpflichtversicherung"，翻译为"机动车辆责任保险"）。
- 未知或词表外（Out Of Vocabulary，OOV）的单词通常需要替换为简单的词元，例如使用 <UNK> 这样的分词来表示某个未知的单词。如果分词器生成许多 <UNK> 词元，则表示它无法获得单词有意义的表征，并且在此过程中会丢失信息。
- 基于单词的分词需要大量的词语才能完全覆盖一种语言。例如，英语有超过 500 000 个单词，而创建每个单词到输入 ID 的映射将需要跟踪这么多的 ID。如此巨大的词汇量导致模型需要庞大的嵌入矩阵作为输入层和输出层，从而导致内存和时间复杂性增加。
- 单词级分词将同一单词的不同形式（如"fly""flew""flies""flying"等）视为单

独的类型，导致每个变体都有单独的嵌入。

SpaCy 和 Moses 是两种流行的基于规则的分词器，用于解决上述一些问题或挑战。

2.5.2 字符分词

为了解决文本数据中的未知词元问题，基于字符的分词是一种潜在的解决方案。字符分词将文本分解为单个字符，而不是单词，这样做的好处是可以保留单词分词无法处理的词表外单词信息。

字符分词还消除了词表问题，因为它的"词表"只包括语言中使用的字符。不过，字符分词也带来了一些挑战，例如显著增加了输出的长度。例如，序列"what restaurants are nearby"通过单词分词分解后仅 4 个词元，但通过字符分词分解后变成 24 个词元，导致词元增加了 5 倍。因此，自注意力的复杂性随着输入序列长度的增加呈二次曲线增长，这使处理大量字符序列变得非常耗时，并限制了字符级模型的适用性。

除了计算方面的挑战以外，字符分词还会使模型难以学习有意义的输入表征，因为学习与上下文无关的单个字符表征比学习整个单词更具挑战性，因此，字符分词可能会导致性能损失。为了克服这些挑战，大多数大语言模型都使用名为"子词分词"的混合方法。

子词分词算法旨在将生僻词分解为有意义的子词，同时保留常用词的整个词或词干。例如，单词"annoyingly"可以分解为"annoying"和"ly"，同时保留原词的意思。这种方法对土耳其语等语言特别有用，因为在这些语言中，可以通过组合子词来形成单词。

总之，虽然字符分词可以减小内存和时间复杂度，但它有一些局限性，例如，由于难以学习有意义的输入表征，这种方法可能造成性能损失。子词分词结合了单词分词和字符分词的优点，为应对这些挑战提供了一种解决方案。

2.5.3 子词分词

子词分词是自然语言处理中的一种强大方法，它允许语言模型保持合理词汇量的同时，学习与上下文无关的有意义的表征。与字符分词不同，子词分词将单词分解为较小的单元，但这些单元在语言上仍然有意义。这种方法使模型能够从文本中捕捉形态逻辑和语义信息，从而在文本分类、机器翻译和命名实体识别等任务上获得更好的表现。

1. 字节对编码

2015 年，Sennrich et al（2015）利用最初为数据压缩而设计的字节对编码（BPE）算法，创建了应用最广泛的分词器之一。BPE 算法旨在有效地平衡字符级和单词级混合表征，使其适用于管理广泛的文本集合。此外，该算法还有助于使用适当的子词词元对词表中不常见的单词进行编码，从而减小"未知"词元的数量。这对德语等语言尤其有益，因为这些语言中复合词的存在会给丰富词汇的学习带来困难。通过 BPE 算法分词，每个单词都可以摆脱被遗忘的恐惧。

BPE 算法需要一个预分词器来将训练数据分解为单词。预分词可以是简单的空格分词，如 GPT-2（Radford et al，2019）和 Roberta（Liu et al，2019），也可以使用更高级的预分词技术，如基于规则的分词。例如，XLM（Lample and Conneau，2019）和 FlauBERT（Le et al，2019）将 Moses 用于大多数语言，而 GPT（Radford et al，2018）利用 Spacy 和 ftfy 来计算训练语料库中每个单词的频率。

预分词完成后，会生成一组不重复的单词，并确定每个单词在训练数据中出现的频率。接下来，BPE 算法创建一个由不重复的单词中的所有符号组成的基础词表，并使用合并规则将基础词表中的两个符号形成新的符号。重复该过程，直到所需的词汇量。需要注意的是，所需的词汇量是一个超参数，必须在训练分词器之前定义。

例如，假设在预分词之后，已经确定了以下一组单词及其出现的频率：

```
{"news": 7, "newbies": 3, "newest": 9}
```

因此，基础词表是

```
["n", "e", "w", "s", "b", "i", "e", "t"].
```

BPE 算法的工作方式如下：

```
Steps:
["n" "e" "w" "s", 7], ["n" "e" "w" "b" "i" "e" "s", 3], ["n" "e" "w" "e" "s" "t", 9]
["ne" "w" "s" 7], ["ne" "w" "b" "i" "e" "s", 3], ["ne" "w" "e" "s" "t", 9] ("ne" occurs 19x)
["new" "s" 7], ["new" "b" "i" "e" "s", 3], ["new" "e" "s" "t", 9] ("new" occurs 19x)
["new" "s" 7], ["new" "b" "i" "es", 3], ["new" "es" "t", 9] ("es" occurs 12x)
```

学习的输出如下：

```
Updated vocabulary: ["n", "e", "w", "s", "b", "i", "e", "t", "ne", "new", "es"] The merges that
made:
n,e => ne ne,w => new e,s => es
```

应用分词器：为了对新字符串进行分词，按相同的顺序应用合并。具体如下：

```
["n" "e" "w" "e" "r"]
["ne" "w" "e" "<UNK>"]
["new" "e" "<UNK>"]
```

由于基础词表中没有字母 "r"，因此我们会遇到一个 "<UNK>" 符号。通常，单个字母（如 "m"）不会被替换为 "<UNK>"，因为它们通常在训练数据中至少出现一次。但是，对于不常见的字符，如专属表情符号，可能出现这种情况。决定词汇量的超参数是基础词表与合并数的总和。例如，GPT-2 的词汇包含 40 478 项，由 478 个基本字符和 40 000 个合并字符组成，这是开发人员选择的数值。

2. 字节级 BPE

防止未知词元是自然语言处理的一个重要方面，因为它会影响语言模型的精确度和质量。解决此问题的一种方法是构建一个涵盖所有可能字符和符号的综合词表。但是，由于 Unicode 符号超过 140 000 个，因此创建这样的词表可能是一项艰巨的任务。

为了解决这一难题，由 OpenAI 开发的语言模型 GPT-2 采用了一种将字节作为基础词表的创新方法。该方法定义了一个包括 256 个字节词元的词表，然后使用 BPE 算法对其进行扩展。BPE 算法是一种用于将频繁出现的字节序列合并为单个词元的技术，可以缩小词表的大小。在合并过程中会制定某些规则，以防止创建不需要的词元序列。

通过使用字节作为基础词表并应用 BPE 算法，GPT-2 可确保其词表中包含所有可能的字符和符号。这使得分词器能够分词化任何文本，而无须使用 <UNK> 符号。GPT-2 的词表大小为 50 257，其中包括 256 个字节词元、一个特殊的文本结尾词元和通过合并学习的 50 000 个符号。

在多语言环境中，由于可用的 Unicode 字符数量庞大，创建一个综合词表的挑战变得更加复杂。由于这些字符不太可能全部出现在训练数据中，因此很难创建有效的词表。为了缓解这个问题的难度，研究人员建议基于字节而不是 Unicode 字符来使用 BPE 算法。这种方法有助于创建一个更紧凑、更有效的词表，同时涵盖所有可能的字符和符号。

3. SentencePiece

现有的分词算法有一个共同的局限性：它们假设文本输入以空格分隔。但是，此假设并不适用于所有语言，因为某些语言不使用空格来分隔单词。为了解决这个问题，可以使用特定于语言的预分词器，例如，用于汉语、日语和泰语的预分词器 XLM（Lample and Conneau，2019）。另外，SentencePiece 为神经网络文本处理中的子词分词和反分词（detokenization）提供了一种简单且不受语言限制的解决方案。它将输入视为包含空格的原始字符流，并应用 BPE 算法或单元语法算法来构造词表。

XLNetTokenizer 使用 SentencePiece，其词表中包括下画线字符（_）。使用 Sentence-Piece 进行解码非常简单，因为所有词元都是连接在一起的，下画线字符会被替换为空格。transformer 库中的几个模型，包括 ALBERT（Lan et al，2019）、XLNet（Yang et al，2019）和 T5（Raffel et al，2020），将 SentencePiece 与单元语法算法结合使用。

当应用于原始输入文本时，SentencePiece 会将文本分割成一系列字符串片段。虽然 SentencePiece 看似一种无监督的分词算法，但它存在明显的差异和约束。例如，空格被视为基本符号，SentencePiece 将输入内容视为 Unicode 字符序列，而不是依靠空格来分割文本。因此，各种分割在 SentencePiece 中都是有效的，其中下画线字符被用来表示空格。

```
Input: Hello world.
SP:      [He] [llo] [_] [world] [.]      (空格是一个独立的字符)
SP:      [He] [llo_w] [orld] [.]         (空格处于词元中间)
SP:      [Hello] [_world] [.]            (空格以词元前缀的形式出现)
SP:      [Hello_] [world] [.]            (空格以词元后缀的形式出现)
```

SentencePiece 是一种预先确定输出片段数量的单词分割算法。这在其他无监督的分词算法中并不常见，因为这些算法通常假设词表是无限的。不过，在训练之前，SentencePiece 要求在特定范围内预先确定唯一片段的大小，例如 8k[1]、16k 或 32k。这意味着算法的词汇量必须事先确定，并且在训练过程中无法添加新的单词或短语。

假设给定了一组文本片段，我们可以使用 n 元语法模型来分割文本。该模型可以计算出使语言模型的可能性最大化的最优分割。例如，当 $n=1$ 时，通过最大化每个句子片段的概率乘积来获得最优分割。Viterbi 算法可用于找到最优分割。

为了优化句子片段的概率，我们可以使用 Baum-Welch 算法的一种变体，即利用 EM 算法来估算最大化可能性的隐藏概率。为了避免局部最小值，我们可以在优化 n 元语法模型之前递归优化 $n-1$ 元语法模型。

然而，在现实世界中，我们经常需要从头开始寻找句子片段。为了解决这个问题，SentencePiece 采用启发式方法从训练语料库中生成种子句子片段。然后，它以迭代方式删除可能对语言模型贡献最小的部分。具体来说，它会计算从词汇集中删除每个句子片段的可能性下降率，按可能性下降率对句子片段进行排序，并保留句子片段的前 α%（如

1　这里的 k 指 kilo，即 1000。另外，M 指 Million，即 100 万，B 指 Billion，即 10 亿。——编辑注

80%），直到所需的词汇量。

SentencePiece 特别有用，因为它可以在没有预分词步骤的情况下执行此算法，对于不使用空格分隔单词的语言（如泰语、汉语等），它成为唯一可用的子词分词算法。然后，子词分词器可能会表现出一些不良行为，例如由于拼写错误、拼写变体、大小写或形态变化，更改单词或短语的词元表征，从而导致错误预测。此外，在构建子词词表时未使用的语言中的未知字符通常会超过子词模型的词汇量。

4. 单元语法

如 Kudo（2018）所述，单元语法算法是一种用于自然语言处理任务的子词分词方法。它与其他流行的算法（如 BPE 算法）的不同之处在于词汇构建和子词分割的方法。

单元语法并不是从一个小的基础词表和合并符号开始创建新的词元，而是从一个更大的词表开始，其中包括预分词的单词和常见的子字符串。然后，该算法逐步从词表中删除符号，直到所需的词汇量。始终保留基础字符，以确保对任何单词都可以分词。

单元语法算法的工作原理是根据当前词表和单元语法模型计算训练数据的损失。然后，该算法确定如果删除词表中的每个符号，总体损失会增加多少。在达到所需的词汇量之前，它会删除一定比例的符号，通常为 10% 或 20%，以使得损失增加最小。

与 BPE 算法相比，单元语法算法的一个优点是它不依赖于合并规则，这使得它更加灵活，并允许在训练后以多种方式对新文本分词。单元语法算法将训练语料库中每个词元的概率与词表一起保存，从而可以计算每个可能的分词的概率。实际上，单元语法算法会选择最有可能的分词，但它也提供了根据概率对可能的分词进行采样的选项。

虽然单元语法算法不直接用于任何 Transformer 模型，但它通常与 SentencePiece 组合使用。总之，单元语法算法是一种强大的子词分词技术，具有灵活性、高效性和准确性。单元语法算法独特的词汇构建和子词分割方法使其成为自然语言处理从业者和研究人员的重要工具。

2.5.4　无分词器

分词是自然语言处理的基本步骤，通常在机器学习模型中用于表示文本。然而，在传统的基于单词的分词方法中，处理词表外的单词一直是个难题。解决此问题的一个常见方法是将未知单词替换为特殊词元（如 "<UNK>"），但是这种方法无法区分不同的未知单词。子词分词是一种更先进的技术，它通过将单词划分为可以在模型词表中表示的较小子词单元来解决这一问题。

虽然子词分词可以改善未知单词的表征，但它也有限制性。拼写错误、大小写错误和形态上的错误仍可能导致不正确分词。此外，如果某些字符没有包含在子词表中，则子词模型可能会将这些字符视为未知字符，这对于在创建词表时没有考虑到的语言来说可能会存在问题。

最近，研究人员探索了用无词元模型作为分词的替代方法（Clark et al，2022b）。这些模型将文本转换为字节序列，允许它们处理任何文本序列，而不需要大型的词表矩阵。事实上，根据定义，字节级模型只需要 256 个嵌入。这为模型本身释放了更多参数，在某些应用程序中这种方法可能是有益的。字节级模型的一个缺点是生成的字节序列比原始文本序列长。

在无分词模型领域，Xue et al（2022）提出了名为 ByT5 的架构，它是 mT5（Xue et al，2020）架构的改进版本。与以文本到文本格式运行的 T5 模型不同，ByT5 模型将未经处理的 UTF-8 字节作为输入。该模型有 5 种尺寸：小、基本、大、XL 和 XXL，作者认为它最适合中短文本序列，例如几个句子或更少。尽管 ByT5 模型在训练和预测过程中比以前的模型慢，但 Xue 等认为，降低系统复杂性、提高噪声的鲁棒性以及在许多基准测试上提高性能，这些优势更为重要。

Xue 等重点介绍了有关使用字节级模型的几个重要发现。他们发现，增加编码器的大小有利于提高模型的性能。事实上，这项研究中的编码器比解码器大 3 倍。这是必要的，因为编码器中使用的词汇嵌入数量有限，词汇量远小于其他在子词级别上训练的模型。例如，该研究中的词汇量只有 300 个字符，因此需要 300×1000 个嵌入。与之不同的是，在子词级别上训练的模型的词汇量为 50 000，需要 50000×1000 个嵌入。

为了弥补较小的词汇量，Xue 等增加了编码器的大小，并将处理逻辑从嵌入层移动到编码器。他们提出了几项预训练任务，以提高模型在字符层面的性能。他们进行了各种实验来确定模型的性能。结果发现，字节级模型在对序列字符级别敏感的特定任务上优于多语言 T5 模型，尤其是在嘈杂的环境中。

该论文的一个重要结论是，当模型参数小于 1B 时，字节级模型的表现优于子词级模型。例如，在 GLUE（Wang et al，2018）和 SuperGLUE（Wang et al，2019a）基准测试中，T5 模型在小尺寸和基本尺寸上优于多语言 T5 模型。但是，在更大的尺寸下，如超大和 XXL（超过 10B 参数），多语言 T5 模型的表现优于 T5 模型。

字节级模型的优势在于，它能够在对拼写和发音敏感的任务以及存在各种类型噪声的情况下表现出色。此外，字节级模型对于语言标签中的生成任务和多语言任务也大有可为。不过，字符级模型仍然存在局限性。其中一个明显的缺点是 Transformer 模型难以处理较大的序列，导致更长的预训练时间和更慢的推理速度。尽管这项研究表明在使字符级模型切实可用方面取得了重大进步，但是未来在这一研究方向上仍具有改进的潜力。

2.5.5 可学习的分词

到目前为止，我们的讨论一直围绕着一种固定的文本分割方法展开。这涉及在将文本输入模型进行训练之前，使用预定的方法（如 BPE 算法）对文本进行分词。这种分词可以使用各种算法在单词、子词或字符级别进行。然而，最近的研究表明，没有一种分词方法具有普遍的优越性。如果模型可以针对其试图完成的特定任务学习最佳的分割方法，那会怎样呢？

1. Charformer

Charformer 是一种新颖的自然语言处理方法，它将分词步骤合并到训练过程中。这意味着分词器是与模型一起学习的，而不是采用固定的算法。与传统的子词模型不同，Charformer 允许在训练期间动态生成词元序列。

为了实现这一点，Charformer 对输入序列进行分词的方法有 4 种——单个字符、字符对、3 个字符块和 4 个字符块。在不使用任何子词技术的情况下，形成字符长度为 k 的非重叠连续段块。为了表示输入中的单个字符，需要使用每个块级分词的所有不同表征。例如，要对单词"transformer"中的字母"o"进行编码，就需要使用"o"的字符嵌入，以及它所在的 2 段块 "fo"、3 段块 "rfo" 和 4 段块 "f-o-r-m" 的嵌入。这些段块中的每一个都有一个与之关联的向量嵌入。

为了获得 "o" 的最终表征，需要注意与单词的每个不同分割相关的 4 个向量。通过为每个段块分配得分，取所有向量的加权平均值，以获得 "o" 的最终向量。这种方法有一定的限制性，因为目前的段块级编码方案比较简单。但是，通过将字节级、字符级、子词级和单词级分词集成为段块，并在其上应用学习到的分词，可以使其变得更加复杂。

Charformer 可以在一个模型中实现所有不同分词的优势，而且分词器可以适应正在处理的特定语言。这意味着该模型可以捕捉输入序列中的复杂模式，并生成更准确的结果。总之，Charformer 代表了自然语言处理领域一个有前途的新方向，它有可能在广泛的任务上提供更优的性能。

2. MANTa

Godey et al（2022）在最近的一项研究中提出，以端到端方式结合输入表征学习子词分词有利于语言建模。为此，他们提出了一种基于梯度的分词器和嵌入模块——MANTa 模型，它可以取代大多数编码器-解码器模型中固定分词器和可训练子词嵌入矩阵的传统组合，而不会增加可训练参数的总数。

此外，Godey 等还引入了一种名为 MANTa-LM 的 Transformer 编码器-解码器模型，该模型结合了 MANTa 模型并进行端到端训练。MANTa-LM 模型通过语言模型预训练目标共同学习输入序列的柔性自适应分割，从而得到基于字节的表征，其序列长度与静态子词分词器生成的序列长度相类似。在微调过程中，柔性分割模块可以通过传播梯度来针对新领域进行调整，从而消除静态子词分词器的限制性。

该研究还表明，MANTa-LM 模型对噪声文本数据具有很强的鲁棒性，并且与字节级模型相比，它能更有效地适应新领域。有趣的是，MANTa 模型仅基于语言模型目标就能学习简单透明的分割，同时还能减小字节序列的长度。

MANTa 模型由 3 个不同的部分组成，每个部分都有助于提高模型准确分割序列的能力。该模型的第一部分利用参数化层来预测块边界（Frontier），为每个输入字节 b_i 分配概率 P_{F_i}，确定其是否属于边界。这将一些字节柔性分配给块，用于构建字节块的非归一化联合分布，边界概率 $(P_{F_i})_{i \in [1,L]}$ 构成了分布的基础。

在模型的第二部分中，每个块 B_j 的字节表征被池化，并根据每个字节属于当前块的概率 $P(b_i \in B_j)$ 进行加权。然后将生成的嵌入序列直接输入编码器 - 解码器模型中。MANTa 模型概述如图 2-2 所示。首先使用滑动窗口注意力 Transformer 为输入字节分配分离概率。这些概率用于计算每个字节在块嵌入的池化表征中的贡献。块嵌入被馈送到编码器 - 解码器层，该层负责预测掩蔽字节。所有组件均使用语言模型目标进行优化。P_{F_i} 中的字符 "F" 代表 "Frontier"（边界）。

该模型的目标与 ByT5 模型中使用的目标相同，即随机掩蔽 15% 的字节，并选择跨度的数量以确保平均跨度长度为 20 字节。然后，每个跨度都替换为一个 <extra_id_i> 词元，其中，i 表示跨度在序列中的顺序。在解码器端，模型必须以自回归方式预测跨度标识符和掩蔽字节。分割示例如图 2-3 所示。

总之，MANTa 模型通过独特的架构增强了分割序列的能力，该架构包括一个用于预测块边界的参数化层和一个用于精确加权字节表征的字节 - 块非归一化联合分布。此外，该模型的目标函数确保它可以准确预测掩蔽字节，使其成为各种自然语言处理任务的有效工具。

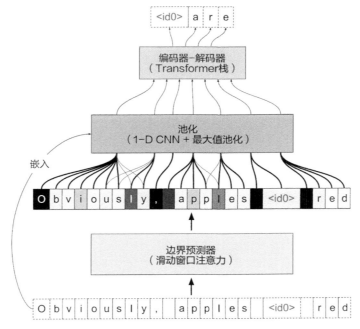

图 2-2　MANTa-LM 的可微分分词方案（图片来源：Godey et al，2022）

原句	Oh, it's me vandalising?xD See here. Greetings,
MANTa模型	Oh|,| it|'s| me| vandalising?|xD See| here|.| Greetings|,
T5模型分词器	Oh|,| it|'|s| me| van|dal|is|ing|?|x|D| See| here|.| Greeting|s|,

原句	The patient was started on Levophed at 0.01mcg/kg/min.
MANTa模型	The| patient| was| started| on| Levophed| at| 0|.01mcg|/kg|/min|.
T5模型分词器	The| patient| was| |started| on| Le|vo|p|hed| at| 0.|01|mcg|/|kg|/|min|.

图 2-3　MANTa 模型（仅预训练）和 T5 模型的 BPE 分词器生成的分割示例（Raffel et al，2020）
（图片来源：Godey et al，2022）

2.6　小结

　　语言建模和分词是自然语言处理的重要组成部分。语言模型用于预测给定单词序列的概率，而分词用于将文本分解为更小的单位，以便进行分析。在本章中，我们讨论了语言建模所面临的挑战以及克服这些挑战的不同方法，包括统计和神经网络方法。我们还介绍了各种类型的分词方法，包括按空格分割、字符分词、子词分词、无分词器和可学习的分词。了解这些概念对于开发有效的自然语言处理应用程序至关重要。随着技术的不断发展，语言建模和分词仍将是处理和分析大量文本数据的重要工具。

第 3 章

Transformer

Transformer 为自然语言处理领域带来了革命性的变化，并因其卓越的建模能力、受欢迎程度和在人工智能各个领域的主导地位而获得广泛认可。这种先进的深度学习架构在人工智能社区掀起了一场风暴，为语言建模提供了一种新颖的方法，其性能超越了以往最先进的模型。

Transformer 的一个主要优点在于能够捕捉输入或输出序列中的远距离或长程上下文和依赖关系。这与循环神经网络（RNN）和卷积神经网络（Convolutional Neural Network，CNN）形成了鲜明对比，后二者的信息由于需要经过许多处理步骤才能长距离移动，因此它们很难学习较长的连接。Transformer 是高度并行化的，这使得其能够在 GPU 和 TPU 等硬件上高效运行。这是因为 Transformer 利用注意力而不是循环，允许跨多个层同时进行计算。有了注意力，序列中的每个位置都可以访问每一层的全部输入，从而使模型更容易学习这些长程依赖关系。

Transformer 在语言翻译、情感分析、问答和语言生成等广泛的自然语言处理任务中性能卓越。这种多功能性使它成为从金融到医疗保健等诸多行业的重要工具，这些行业依赖准确的语言处理来做出明智的决策。此外，Transformer 在推动无监督学习领域的先进技术方面也发挥了重要作用，使大语言模型开发成为可能，从而生成连贯的、类似人类的文本。这有可能改变我们与计算机的通信方式，并促进更先进的人工智能系统的发展。

总之，Transformer 卓越的建模能力、多功能性和高效率，使其成为自然语言处理和其他人工智能应用的首选。Transformer 的成功为深度学习的进一步创新铺平了道路，使其成为开发能够理解和处理人类语言的人工智能系统的重要工具。

本章将介绍 Transformer 的各个方面。首先，本章介绍了 Transformer 编码器模块，它是 Transformer 的构建模块。其次，本章讨论了编码器-解码器架构、位置嵌入、更长的上下文和外部记忆。然后，本章介绍了使 Transformer 更快、更小的各种技术，例如高效注意力（Efficient Attention）、条件计算（Conditional Compute）和搜索高效 Transformer（Searching for Efficient Transformers）等。最后，本章介绍了 Transformer 推理的优化技术，包括推测解码（Speculative Decoding）、简化 Transformer（Short-Cutting Transformers）、修剪（Pruning）、蒸馏（Distillation）、混合精度（Mixed Precision）和高效扩展 Transformer 推理（Efficiently Scaling Transformer Inference）。

3.1 Transformer 编码器模块

注意力机制能够给机器翻译领域带来革命性的变化，要归功于 Bahdanau et al（2014）和 Vaswani et al（2017）作出的卓越贡献。Bahdanau 等将注意力机制与循环神经网络结合使用，而 Vaswani 等提出了一种仅依赖于注意力的新方法。他们的模型在机器翻译任务中的表现大大超过了现有的循环神经网络方法。

为了实现这一突破，Vaswani 等引入了一种称为 Transformer 的新型神经网络模型，该模型采用编码器-解码器架构。Transformer 的基本构建模块是 Transformer 编码器模块，如图 3-1 所示。

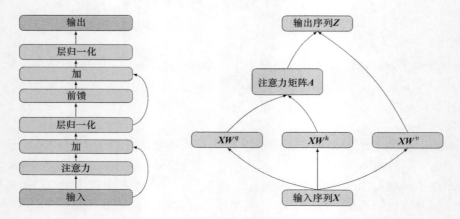

图 3-1　不考虑位置信息的简化版 Transformer 编码器模块（图中浅绿色部分）。
通常，此模块会被复制 l 次。右侧是 Transformer 编码器模块中注意力计算的高级摘要

Transformer 编码器模块是一个函数 $f_\theta : R^{t_{max} \times d} \rightarrow R^{t_{max} \times d}$，它将长度为 t_{max} 和维度 d 的输入序列 X 映射到相同长度和维度的输出序列 Z。该函数由一组方程定义，这些方程使该模块能够同时计算并对输入序列中的所有位置应用注意力得分。通过这种方式，Transformer 编码器模块能够捕捉输入序列中的长程依赖关系，并为下游任务提供更准确的表征。

按照 Dufter（2021）和 Dufter et al（2022）的研究，有如下公式：

$$A = (1/\sqrt{d})(XW^q)(XW^k)^{\mathrm{T}}$$
$$M = \mathrm{softmax}(A)\,XW^v$$
$$O = \mathrm{LayerNorm}_1(M + X)$$
$$F = \mathrm{ReLU}(OW^{(f1)} + b^{(f1)})\,W^{(f2)} + b^{(f2)}$$
$$Z = \mathrm{LayerNorm}_2(O + F)$$

其中，X 表示输入序列，Z 表示输出序列。softmax 函数定义为 $\mathrm{softmax}(A)_{ts} = \dfrac{\mathrm{e}^{A_{ts}}}{\sum\limits_{k=1}^{t_{max}} \mathrm{e}^{A_{tk}}}$，

其中，A_{ts} 是逐行应用的 softmax 函数。Ba et al（2016）引入了一种特定类型的层归一化，表示为 $\mathrm{LayerNorm}(X)_t = g \odot ((X_t - \mu(X_t)/\delta(X_t))) + b$，其中，$\mu(x)$ 和 $\delta(x)$ 分别是返回向量 x 的平均值和标准差的函数。此外，函数 $\mathrm{ReLU}(X) = \max(0, X)$ 是按分量计算的，并且假设广播用于向量-矩阵加法，正如在 NumPy 中实现的那样。

每个 Transformer 编码器模块都有一组参数，表示为：

$$\theta = (W^q, W^k, W^v \in R^{d \times d}, g^{(1)}, g^{(2)}, b^{(1)}, b^{(2)} \in R^d,$$
$$W^{(f1)} \in R^{d \times d_f}, W^{(f2)} \in R^{d_f \times d}, b^{(f1)} \in R^{d_f}, b^{(f2)} \in R^d)$$

其中，d 表示隐藏维度，d_f 是中间维度，t_{max} 表示最大序列长度。通常考虑多个注意

力头（用 h 表示），其中，$\boldsymbol{W}^q$、$\boldsymbol{W}^k$ 和 $\boldsymbol{W}^v \in \boldsymbol{R}^{d \times d_h}$，且 $d = hd_h$。来自每个注意力头的矩阵 $\boldsymbol{M}(h) \in \boldsymbol{R}^{t_{\max} \times d_h}$ 沿其第二维连接以获得 $\boldsymbol{M}$。完整的 Transformer 定义为函数 $T : \boldsymbol{R}^{t_{\max} \times d} \to \boldsymbol{R}^{t_{\max} \times d}$，它是多层的组合，用 l 表示。也就是说，$T(\boldsymbol{X}) = f_{\theta^l} \circ f_{\theta^{l-1}} \circ \cdots \circ f_{\theta^1}$。

对于由 t 个单元嵌入组成的输入矩阵 $\boldsymbol{X} = (x_1, x_2, \cdots, x_t)$，其中，单元可以是字符、子词或单词，在嵌入矩阵 $\boldsymbol{E} \in \boldsymbol{R}^{n \times d}$ 中进行查找，n 表示词表的大小。具体来说，$x_i = \boldsymbol{E}_{x_i}$ 是对应于单元 x_i 的嵌入向量。最后，矩阵 $\boldsymbol{X}$ 用作 Transformer 的输入。如果 $\boldsymbol{X}$ 的长度短于或长于 $t_{\max}$，则用特殊的 PAD 符号填充或截断。

1. 层归一化

层归一化是由 Ba et al（2016）引入的一种技术，该技术在 Transformer 取得显著成功的过程中发挥了关键作用。在原始 Transformer 论文中，在残差模块之间加入了层归一化，称为"带有层后归一化（Post-LN）的 Transformer"。然而，层后归一化会导致输出层附近的预期梯度很大，使得学习率高时训练过程变得不稳定。为了解决这个问题，原始 Transformer 论文使用预热阶段来逐渐提高学习率。但是，这种方法可能会减慢优化速度，并添加了更多需要微调的超参数。

为了克服这些限制，Xiong et al（2020）提出了一种名为 Pre-LN 的新方法。Pre-LN Transformer 的设计是将层归一化集成在残差连接中，并在预测之前额外进行最终层归一化。通过应用 Pre-LN，可以安全地消除学习率预热阶段。后来 GPT-2 模型也采用了 Pre-LN 技术，这进一步突出了该技术在推进深度学习架构方面的优越性和潜力。

2. 计算成本

Transformer 的计算复杂度可以分为两个主要组成部分——自注意力层和前馈层。

- 自注意力：Transformer 中的自注意力机制的计算复杂度与输入序列长度成二次方，复杂度为 $O(t_{\max}^2 d)$。这意味着，随着输入序列长度的增加，自注意力的计算成本呈二次曲线增长。
- 前馈层：Transformer 中的前馈层的计算复杂度与输入序列长度呈线性关系，与隐藏嵌入维度的复杂度呈二次关系，因此复杂度是 $O(t_{\max} d^2)$。这意味着，随着隐藏嵌入维度的增加，前馈层的计算成本呈二次方增长。
- 整体计算复杂度：Transformer 的整体计算复杂度由自注意力层和前馈层的复杂度之和决定。在实践中，自注意力分量通常主导 Transformer 的计算成本，特别是对于较长的输入序列。

3.2 编码器-解码器架构

编码器-解码器架构是序列到序列任务（如机械翻译和摘要）的常用方法。编码器生成输入序列的表征，而解码器从该表征中检索信息以生成输出序列。

Transformer 的编码器由 6 个相同的重复模块组成，每个模块包含一个多头自注意力层和一个逐点全连接前馈网络。多头自注意力层允许编码器有效地捕捉输入序列中的长程依赖关系和上下文，而逐点全连接前馈网络对序列中的每个元素应用相同的线性变换。这可以看作滤波器大小为 1 的卷积层，计算效率很高。

Transformer 中的解码器也采用了与编码器类似的架构，主要区别在于每个重复模块包含两个多头注意力子模块。第一个多头注意力子模块被掩蔽，以防止位置注意到输入序列中的未来位置，这对于语言建模和机器翻译等任务非常重要。

总之，编码器-解码器架构，尤其是 Transformer，已被证明对各种序列到序列的任务非常有效。它能够捕捉序列中的长程依赖关系和上下文，而且计算效率高，因此在自然语言处理领域非常受欢迎。

3.3　位置嵌入

你可能已经注意到，根据定义，词元的嵌入并不取决于它在序列中出现的位置，因此，如下所示针对 "attention is all you need" 的排列组合将具有相同的嵌入，这并不合理。

```
[attention, is, all, your, need]
[is, attention, all, your, need]
[all, is, attention, your, need]
[your, all, is, attention, need]
[need, your, all, is, attention]
```

1. 绝对与相对位置编码

在自然语言处理中，位置编码是一种允许模型考虑句子中单词顺序的重要技术。一种处理方法是使用绝对位置编码，即对序列中每个单词的绝对位置进行编码；另一种方法是使用相对位置编码，即对每个单词相对于序列中其他单词的位置进行编码。后一种方法可能更直观，因为单词之间的相对位置通常比它们的绝对位置更重要。

2. 位置信息的表征

在 Transformer 中，表示位置信息的方法主要有两种——添加位置嵌入（Adding Position Embedding，APE）和修改注意力矩阵（Modifying the Attention Matrix，MAM）。APE 涉及在输入矩阵 X 中加入表示位置信息的矩阵 P，然后再将其输入 Transformer。这样就得到了一个将位置信息考虑在内的修改注意力矩阵。与之不同的是，MAM 则通过在矩阵中添加绝对或相对位置偏置来直接修改注意力矩阵。

3. 集成

将位置信息集成到 Transformer 中的方法有多种。可以在模型的开始处添加 APE，然后将 MAM 用于每个层和注意力头。或者，可以直接在输出之前添加位置信息。但是，在开始处添加位置信息只会影响第一层，而且必须间接传播到较高的层。

总之，选择绝对位置编码还是相对位置编码，以及表征和集成位置信息的方法，都会对自然语言处理任务中 Transformer 的性能产生重大影响。

3.3.1　绝对位置编码

一种常见的方法是，在输入实际的 Transformer 之前，将位置嵌入添加到输入中：如果 $X \in R^{l_{max} \times d}$ 是单元嵌入矩阵，则会添加一个表示位置信息的矩阵 $P \in R^{l_{max} \times d}$，即将它们的总和馈送到 Transformer。对于第一个 Transformer 层，效果如下：

$$\widetilde{A} = (1/\sqrt{d})((X+P)W^q)((X+P)W^k)^{\mathrm{T}}$$
$$\widetilde{M} = \mathrm{softmax}(\widetilde{A})(X+P)W^v$$
$$\widetilde{O} = \mathrm{LayerNorm}_1(\widetilde{M}+X+P)$$
$$\widetilde{F} = \mathrm{ReLU}(\widetilde{O}W^{(f1)}+b^{(f1)})W^{(f2)}+b^{(f2)}$$
$$\widetilde{Z} = \mathrm{LayerNorm}_2(\widetilde{O}+\widetilde{F})$$

为了将位置信息合并到词元嵌入中，Transformer 使用正弦位置嵌入。这些嵌入是根据词元位置和维度确定的，其中正弦函数和余弦函数交替用于不同的维度。值得注意的是，这些嵌入不是在训练过程中学习的，而是预先确定的。具体来说，给定词元位置 $t=1, 2, \cdots, t_{\max}$ 和维数 $i=1, 2, \cdots, d$，正弦位置嵌入定义如下，示意图如图 3-2 所示。

$$P_{t,i} = \begin{cases} \sin\left(\dfrac{t}{10000^{2i'/d}}\right) & \text{若 } i = 2i' \\[3mm] \cos\left(\dfrac{t}{10000^{2i'/d}}\right) & \text{若 } i = 2i'+1 \end{cases}$$

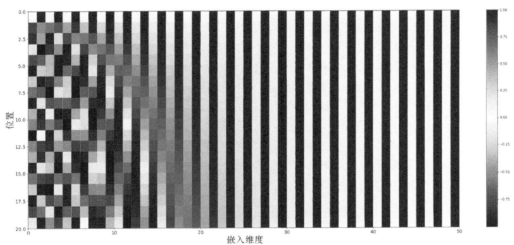

图 3-2　使用 Tensorflow 代码生成的前 20 个位置的位置编码值

原始 Transformer 论文提出的另一种绝对位置编码方法是使用位置嵌入矩阵 P，该矩阵与序列中的绝对位置相对应。在这种方法中，位置嵌入是随机初始化的，然后在训练过程中进行调整。论文的作者指出，学习到的绝对位置嵌入及其正弦变体表现出相似的性能。然而，他们推测正弦结构可能更有利于长程依赖关系的建模，这一假设得到 Liu et al（2020）的支持。正弦位置编码的另一个显著优势是能够处理不同长度的序列，这是大多数位置模型所缺乏的能力。此外，这些编码在训练过程中通常保持静态且不变，因此具有很高的参数效率。

根据 Gehring et al（2017）的研究，若将位置嵌入合并到卷积神经网络中，则只能得到边际改进。然而，对于某些任务，例如 Wang et al（2019b）的研究，没有任何位置信息的 Transformer 的性能明显更差。这凸显了在自然语言处理等某些类型的顺序数据建模任务中合并位置信息的重要性。Transformer 是用于自然语言处理的流行架构，而使用位置嵌入是其显著特征之一。通过合并有关序列中每个元素的位置信息，该模型能够更好地理解不同元素之间的关系，并做出更准确的预测。

在处理非常长的序列时，使用绝对位置编码需要添加大量的参数。为了解决这个问题，Kitaev et al（2020）提出了一种更节省参数的方法，称为轴向位置嵌入。他们将位置嵌入矩阵 P 分成两个嵌入矩阵 $P(1)$ 和 $P(2)$，其中，$P(1)$ 标记较大的段，$P(2)$ 表示每个段内的位置。这种方法可以在处理较长序列时更有效地使用参数。

Liu et al（2020）认为，位置嵌入应该是参数充分的、数据驱动的，并且能够处理比训练数据更长的序列。为了解决这些问题，他们提出了一种名为 FLOATER 的新模型，该模型利用连续动态模型对位置信息进行建模。在 FLOATER 中，位置信息被建模为时间的连续函数，从而使其能够更好地适应不同的序列长度。他们尝试仅在第一层或者每一层中添加位置信息，结果发现在每一层中添加位置信息可以提高性能。实验发现，FLOATER 的性能优于学习位置嵌入和正弦位置嵌入，尤其是在长序列中。此外，他们还提供了一种使用预训练 Transformer 的原始位置嵌入的方法，同时仅在微调过程中添加动态模型。这种方法可以更有效地利用预训练参数，同时还能结合动态模型的优势。

在训练和推理过程中，提高 Transformer 性能的更有效方法是保持较小的最大序列长度（$t_{\max}$）。Press et al（2020）提出了一种名为 Shortformer 的方法，该方法可以缓存先前计算的单元表征，从而一次可以处理较少数量的单元。这是通过注入位置的注意力来实现的，其中位置嵌入仅添加到键和查询中，而不添加到值中，从而使它们与位置无关。这样，Shortformer 可以处理先前子序列的输出，并且需要在每一层中再次添加位置信息。这种方法大大提高了训练速度和降低了语言建模的困惑度。

虽然 Shortformer 和位置敏感单元嵌入都是提升 Transformer 性能的有效方法，但两种方法各有利弊。Shortformer 在训练和推理过程中速度可能更快，但它需要额外的内存来缓存之前计算的单元表征。而位置敏感单元嵌入不需要额外的内存，但由于存在可学习参数，因此模型的复杂度会增加，并且对于较短的序列来说，性能提升可能不那么明显。

3.3.2　相对位置编码

自然语言处理领域的最新研究探索了元素之间成对关系（即相对位置）的重要性。与直接用位置信息修改输入嵌入的绝对位置编码不同，相对位置编码（Relative Position Encoding，RPE）会直接修改注意力矩阵。

有趣的是，即使添加绝对位置编码也会修改注意力矩阵，如下式所示：

$$\widetilde{A} \propto \underbrace{XW^{q}W^{k^{\mathrm{T}}}X^{\mathrm{T}}}_{\text{单元-单元} \propto A} + \underbrace{PW^{q}W^{k^{\mathrm{T}}}X^{\mathrm{T}}}_{} + \underbrace{XW^{q}W^{k^{\mathrm{T}}}P^{\mathrm{T}}}_{\text{单元-位置}} + \underbrace{PW^{q}W^{k^{\mathrm{T}}}P^{\mathrm{T}}}_{\text{位置-位置}}$$

其中，X 表示单元嵌入，P 表示位置嵌入，W^{q} 和 W^{k} 是查询和键投影的参数矩阵。注意力矩阵分解为 3 个组成部分——单元-单元、单元-位置和位置-位置，每个组成部分针对单元和位置嵌入都有不同的依赖关系。简单起见，我们省略了注意力矩阵的比例因子，将其写为 $\propto$。

尽管 APE 和 MAM 是相关的，但它们也存在一些区别。APE 学习位置信息的嵌入并由此修改注意力矩阵。相比之下，MAM 只修改注意力矩阵。具体来说，MAM 通常被解

释为向注意力矩阵 $\boldsymbol{A}$ 添加或乘以标量偏置。

1. Shaw 的 RPE

Shaw et al（2018）提出了一种使用相对位置编码的自注意力机制。在他们的方法中，输入词元被建模为有向和全连接的图。两个任意位置 t 和 s 之间的连接由可学习的向量 $\boldsymbol{a}_{t-s} \in \boldsymbol{R}^d$ 表示，该向量用作相对位置编码。他们还发现，超过一定距离的精确相对位置信息是没有用的，因此他们引入了 clip 函数来减小参数的数量。编码公式为：

$$\boldsymbol{A}_{ts} \propto \boldsymbol{X}_t^{\mathrm{T}} \boldsymbol{W}^q (\boldsymbol{W}^{k^{\mathrm{T}}} \boldsymbol{X}_s + \boldsymbol{a}_{\mathrm{clip}(t-s,\gamma)}^k)$$

$$\boldsymbol{M}_t = \sum_{s=1}^{t_{\max}} \mathrm{softmax}(\boldsymbol{A})_{ts} (\boldsymbol{W}^{v^{\mathrm{T}}} \boldsymbol{X}_s + \boldsymbol{a}_{\mathrm{clip}(t-s,\gamma)}^v)$$

$$\mathrm{clip}(\beta,\gamma) = \max(-\gamma, \min(\gamma,\beta))$$

其中，$\boldsymbol{a}^k$ 和 $\boldsymbol{a}^v$ 分别是键和值上相对位置编码的可训练权重 $\boldsymbol{a}^k = (a_{-\gamma}^k, \cdots, a_\gamma^k)$，$\boldsymbol{a}^v = (a_{-\gamma}^v, \cdots, a_\gamma^v)$。标量 γ 表示最大相对距离。

2. Transformer-XL 中的 RPE

Dai et al（2019）引入了 Transformer-XL 模型，旨在处理长序列并克服固定长度上下文的限制。他们将 Transformer 与循环相结合来实现这一目标，这需要一种新的方法来处理位置信息。在每个注意力头中，他们使用正弦位置嵌入矩阵 $\boldsymbol{R} \in \boldsymbol{R}^{\tau \times d}$ 来调整注意力矩阵的计算方式，类似于（Vaswani et al，2017），同时使用可学习参数 $\boldsymbol{u}$ 和 $\boldsymbol{v} \in \boldsymbol{R}^d$ 来调整注意力矩阵的计算方式。他们还为相对位置使用了不同的投影矩阵 $\boldsymbol{W}^r \in \boldsymbol{R}^{d \times d}$。需要注意的是，Transformer-XL 模型是单向的，这意味着 $\tau = t_m + t_{\max} - 1$，其中 t_m 表示模型中的记忆长度。此外，他们将这种机制应用于所有注意力头和层，同时在层和头之间共享位置参数。

具体来说，Dai 等为查询引入了额外的偏置项，并使用正弦曲线公式进行相对位置编码，表述为：

$$\boldsymbol{A}_{ts} \propto (\boldsymbol{X}_t^{\mathrm{T}} \boldsymbol{W}^q + \boldsymbol{u}) \boldsymbol{W}^{k^{\mathrm{T}}} \boldsymbol{X}_s + (\boldsymbol{X}_t^{\mathrm{T}} \boldsymbol{W}^q + \boldsymbol{v}) \boldsymbol{W}^{r^{\mathrm{T}}} \boldsymbol{r}_{t-s}$$

其中，$\boldsymbol{u}$ 和 $\boldsymbol{v} \in \boldsymbol{R}^d$ 是两个可学习向量。正弦编码向量 $\boldsymbol{r}$ 提供了相对位置的先验值。$\boldsymbol{W}^r \in \boldsymbol{R}^{d \times d}$ 是一个可训练矩阵，用于将 $\boldsymbol{r}_{t-s}$ 投影到基于位置的键向量中。

3. Huang 的 RPE

与 DATransformer 相关，Huang et al（2020b）回顾了绝对位置嵌入和相对位置嵌入方法，并提出了几种具有相对位置编码的位置信息模型。

- 他们通过以下方式扩展注意力矩阵：

$$\boldsymbol{A} \propto (\boldsymbol{X} \boldsymbol{W}^q \boldsymbol{W}^{k^{\mathrm{T}}} \boldsymbol{X}^{\mathrm{T}}) \circ \boldsymbol{R}$$

其中，$\boldsymbol{R}_{ts} = \boldsymbol{r}_{|s-t|}$，$\boldsymbol{r} \in \boldsymbol{R}^{t_{\max}}$ 是一个可学习向量。

- 他们同时考虑 $\boldsymbol{R}_{ts} = \boldsymbol{r}_{s-t}$ 用于区分不同的方向。

- 他们扩展了 Shaw et al（2018）的方法，不仅将相对位置添加到键中，而且向查询添加相对位置，此外还删除了位置-位置交互。具体来说：

$$\boldsymbol{A}_{ts} \propto (\boldsymbol{W}^{q^{\mathrm{T}}} \boldsymbol{X}_t + \boldsymbol{r}_{s-t})^{\mathrm{T}} (\boldsymbol{W}^{k^{\mathrm{T}}} \boldsymbol{X}_s + \boldsymbol{r}_{s-t}) - \boldsymbol{r}_{s-t}^{\mathrm{T}} \boldsymbol{r}_{s-t}$$

4. SASA 中的 RPE

上述技术是专门针对语言建模领域的一维单词序列创建的。Ramachandran et al（2019）提出了一种采用不同策略的二维图像编码方法。他们的方法将二维相对编码分解为两个方向（水平和垂直），每个方向都通过一维编码建模。该方法的公式如下：

$$A_{ts} \propto X_t^{\mathrm{T}} W^q (W^{k^{\mathrm{T}}} X_s + \mathrm{concat}(p_{\delta\tilde{x}}^k, p_{\delta\tilde{y}}^k))$$

其中，$\delta\tilde{x} = \tilde{x}_i - \tilde{x}_j$ 和 $\delta\tilde{y} = \tilde{y}_i - \tilde{y}_j$ 分别表示二维坐标的 x 轴和 y 轴上的相对位置偏移，$p_{\delta\tilde{x}}^k$ 和 $p_{\delta\tilde{y}}^k$ 是长度为 $d/2$ 的可学习向量。级联（concatenation）操作将这两种编码组合在一起，形成长度为 d 的最终相对编码。

5. DA-Transformer

类似于 Huang et al（2020b），Wu et al（2020a）将注意力矩阵扩展为：

$$A_{ts} \propto \mathrm{ReLU}\left((XW^q W^{k^{\mathrm{T}}} X^{\mathrm{T}}) \circ \hat{R}^{(m)} \right)$$

Wu 等利用相对距离绝对值矩阵 $R \in N^{t_{\max} \times t_{\max}}$ 进行分析，其中，$R_{ts} = |t - s|$。然后，他们针对每个注意力头 m 获取 $R^{(m)}$ 的重新扩展版本，表示为 $R^{(m)} = w^{(m)} R$，其中 $w^{(m)} \in R$ 是可训练标量参数。这种重新扩展是通过使用同样可训练的 sigmoid 函数进行分量乘法来实现的，即

$$\hat{R}^{(m)}(R^{(m)}, v^{(m)}) = \frac{1 + \exp(v^{(m)})}{1 + \exp(v^{(m)} - R^{(m)})}$$

其中，$v^{(m)}$ 是一个可学习参数，用于控制第 m 个注意力头的距离上限和上升斜率。权重函数 $\hat{R}^{(m)}$ 的设计方式为：① $\hat{R}^{(0)} = 1$；②当 $R^{(m)} \to -\infty$ 时，$\hat{R}(R^{(m)}) = 0$；③当 $R^{(m)} \to +\infty$ 时，$\hat{R}(R^{(m)})$ 有界；④扩展是可调的；⑤函数是单调的。

通过为每个注意力头只引入两个可训练参数（总计 $2h$ 个），作者使模型能够有选择地注意长距离或短距离依赖关系，而不考虑方向。与其他模型相比，包括基本型 Transformer、Shaw et al（2018）的相对位置编码、Transformer-XL（Dai et al，2019），Wu 等的方法在文本分类性能方面有所改进。

6. ALiBi

ALiBi（Press et al，2021）使用常数偏置项代替乘数，并将其添加到查询键注意力得分中，如图 3-3 所示。偏置项与成对距离成正比，在惩罚远距离键的同时引起强烈的近距离偏好。不同头的惩罚递增率不同。下式说明了带有偏置项的 softmax 函数的用法：

$$\mathrm{softmax}(q_i K^{\mathrm{T}} + m_i \cdot [0, -1, -2, \cdots, -(i-1)])$$

其中，m_i 是一个特定于头的标量，它是固定的，并遵循几何序列，例如对于 16 个头 $m_i = \frac{1}{2}, \frac{1}{2^2}, \cdots, \frac{1}{2^{16}}$。与 DA-Transformer 不同的是，$m_i$ 不是学习得来的，而是预先确定的。m_i 的基本概念与相对位置编码的目标非常相似。在有限的上下文长度上进行训练时，ALiBi 显示出强大的外推能力，即使在更长的上下文中进行推理时也是如此。

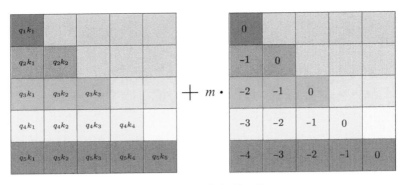

图 3-3 ALiBi 注意力增强的图示

7. 旋转位置嵌入

Su et al（2021）引入了旋转位置嵌入（Rotary Position Embedding，RoPE）方法，这是一种通过使用旋转矩阵将绝对位置信息编码到 Transformer 中的技术。该矩阵与每个注意力层的键和值矩阵相乘，以合并每层的相对位置信息。

为了以仅考虑相对位置的方式表述第 i 个键和第 j 个查询之间的内积，RoPE 利用了欧几里得空间中的旋转操作。这是通过将特征矩阵旋转一个与其位置索引成比例的角度来实现的。

具体来说，给定一个向量，我们可以用旋转矩阵将其逆时针旋转，从而得到旋转矩阵，其中旋转矩阵的定义为：

$$
\mathbf{R} = \begin{bmatrix} \cos\theta & -\sin\theta \\ \sin\theta & \cos\theta \end{bmatrix}
$$

当扩展到更高维的空间时，RoPE 将空间划分为 $d/2$ 个子空间，并为每个词元在其位置 i 处创建大小为 n 的旋转矩阵：

$$
\mathbf{R}^d_{\Theta,s} = \begin{bmatrix}
\cos s\theta_1 & -\sin s\theta_1 & 0 & 0 & \dots & 0 & 0 \\
\sin s\theta_1 & \cos s\theta_1 & 0 & 0 & \dots & 0 & 0 \\
0 & 0 & \cos s\theta_2 & -\sin s\theta_2 & \dots & 0 & 0 \\
0 & 0 & \sin s\theta_1 & \cos s\theta_1 & \dots & 0 & 0 \\
\vdots & \vdots & \vdots & \vdots & \ddots & \vdots & \vdots \\
0 & 0 & 0 & 0 & \dots & \cos s\theta_{d/2} & -\sin s\theta_{d/2} \\
0 & 0 & 0 & 0 & \dots & \sin s\theta_{d/2} & \cos s\theta_{d/2}
\end{bmatrix}
$$

其中，$\Theta = \theta_s = 10000^{-2(s-1)/d}$，$s \in [1, 2, \cdots, d/2]$。值得注意的是，这基本等价同于正弦位置编码，但被其形式为旋转矩阵。之后，键矩阵和查询矩阵都通过与以下旋转矩阵相乘的方式来合并位置信息：

$$
\mathbf{q}^{\mathrm{T}}_s \mathbf{k}_t = (\mathbf{R}^d_{\Theta,s} \mathbf{W}^q \mathbf{x}_s)^{\mathrm{T}} (\mathbf{R}^d_{\Theta,t} \mathbf{W}^k \mathbf{x}_t) = \mathbf{x}^{\mathrm{T}}_s \mathbf{W}^q \mathbf{R}^d_{\Theta,s-t} \mathbf{W}^k \mathbf{x}_t
$$

其中，$\mathbf{R}^d_{\Theta,s-t} = (\mathbf{R}^d_{\Theta,s})^{\mathrm{T}} \mathbf{R}^d_{\Theta,t}$。

3.4 更长的上下文

在 Transformer 中，推理过程中输入序列的长度受限于训练中使用的上下文长度。简单地增加上下文长度可能会消耗大量时间和内存，并且可能受限于硬件而不可行。但是，通过改进 Transformer 架构，可以在推理时更好地支持更长的上下文。

第一个改进是使用额外的内存，改进后的 Transformer 可以访问查看过的上下文并将其合并到预测中。第二个改进是设计具有更好的上下文外推能力的模型，使其能够根据较少的可用上下文做出更准确的预测。第三个改进是将循环机制合并到模型中，允许信息在处理过的段之间流动，并捕捉数据中的长期依赖关系。这可以提高模型在给定有限上下文的情况下预测每个段中的前几个词元的能力。

1. Transformer-XL

基本的 Transformer 的注意力跨度是固定的，这限制了其捕捉长期依赖关系的能力，并且在没有重要上下文的情况下，很难预测每个段的前几个词元。此外，评估过程的成本也很高，因为尽管存在重叠的词元，但每个移位段都要从头开始重新处理。

Transformer-XL 是由 Dai et al（2019）引入的一种架构，旨在扩展 Transformer 的注意力跨度。Transformer-XL 中的"XL"表示"超长"，指的是它能够整合来自先前段的信息。

为了实现这一目标，Transformer-XL 通过在段之间引入循环连接来修改原始的 Transformer 架构。它通过复用段之间的隐藏状态并添加额外的内存机制来达到这一目的。这使得模型能够连续使用先前段中的隐藏状态，并将其注意力扩展到更长的上下文中，如图 3-4 所示。

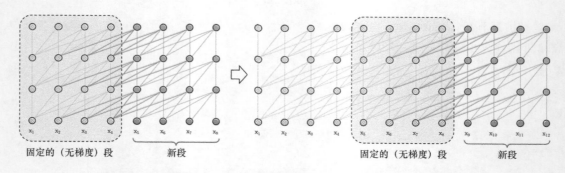

固定的（无梯度）段　　　新段　　　　　　　　　　固定的（无梯度）段　　　新段

图 3-4　段长为 4 的 Transformer-XL 图示（图片来源：Dai et al，2019）

在 Transformer-XL 中，第 $\tau+1$ 段在第 n 层的隐藏状态标记为 $h_{\tau+1}^{(n)} \in R^{L \times d}$。它不仅取决于同一段的最后一层的隐藏状态 $h_{\tau+1}^{(n-1)}$，而且取决于前一个段在同一层的隐藏状态 $h_{\tau}^{(n)}$。通过整合来自先前隐藏状态的信息，Transformer-XL 可以处理更长的序列并做出更好的预测。

$$\tilde{h}_{\tau+1}^{(n-1)} = [\text{stop-gradient}(h_{\tau}^{(n-1)}) \circ h_{\tau+1}^{(n-1)}]$$

$$Q_{\tau+1}^{(n)} = h_{\tau+1}^{(n-1)} W^q$$

$$K_{\tau+1}^{(n)} = \tilde{h}_{\tau+1}^{(n-1)} W^k$$

$$V_{\tau+1}^{(n)} = \tilde{h}_{\tau+1}^{(n-1)} W^v$$

$$h_{\tau+1}^{(n)} = \text{Transformer-layer}(Q_{\tau+1}^{(n)}, K_{\tau+1}^{(n)}, V_{\tau+1}^{(n)})$$

值得注意的是，在 Transformer-XL 中，键和值都依赖于扩展的隐藏状态，而查询仅在当前步骤中使用隐藏状态。级联操作是沿着序列的长度维度进行的。此外，正如 3.3 节所述，Transformer-XL 使用相对位置编码，以避免在使用绝对位置编码的情况下，将相同的编码分配给之前和当前的段。

总之，Transformer-XL 是原始 Transformer 架构的强大扩展，它解决了 Transformer 在处理长序列方面的局限性。通过复用隐藏状态并添加额外的内存机制，相较于原始 Transformer 架构，Transformer-XL 可以处理更长的序列，并在各种自然语言处理任务中取得最先进的性能。

2. 压缩 Transformer

Rae et al（2019）提出的压缩 Transformer 是 Transformer-XL 的扩展，该架构允许通过压缩过去的内存来处理更长的序列。在压缩 Transformer 中，每一层都有一个额外的内存组件，用于存储该层过去的激活，从而保留较长的上下文。当某些过去的激活变得足够旧时，它们就会被压缩并保存在每一层的额外压缩内存中。内存和压缩内存组件采用 FIFO（First In，First Out，先进先出）队列。

为了压缩过去的激活状态，压缩率为 c 的压缩函数定义为 $f_c : R^{L \times d} \rightarrow R^{\lfloor \frac{L}{c} \rfloor \times d}$，将 L 个最老的激活映射到 L/c 个已压缩内存元素中。压缩函数有多种选择，包括最大/均值池化、一维卷积、空洞卷积或使用最常用的内存。Rae et al（2019）经过实验发现，卷积压缩在 EnWik8 数据集上的效果最好。

压缩 Transformer 有两个额外的训练损失——自动编码（auto-encoding）损失和注意力重建（attention-reconstruction）损失。自动编码损失衡量的是我们从压缩内存中重建原始内存的能力，其定义为：

$$\mathcal{L}_{AE} = \frac{1}{M} \sum_{i=1}^{M} \left| \boldsymbol{m}_i - \boldsymbol{C}^{-1}\left(\boldsymbol{C}\left(\boldsymbol{m}_i\right)\right) \right|_2^2$$

其中，$\boldsymbol{m}_i$ 是原始内存，$\boldsymbol{C}^{-1} \circ \boldsymbol{C}$ 反转压缩。

注意力重建损失重建的是基于内容的注意力，而不是压缩内存，其定义为：

$$\mathcal{L}_{AR} = \frac{1}{M} \sum_{i=1}^{M} \left| \text{attn}(\boldsymbol{h}_i, \boldsymbol{m}_i) - \text{attn}\left(\boldsymbol{h}_i, \boldsymbol{C}\left(\boldsymbol{C}^{-1}(\boldsymbol{m}_i)\right)\right) \right|_2^2$$

3. 自适应注意力跨度

自适应注意力跨度是对 Transformer 的一种修改，它允许 Transformer 自适应地调整注意力跨度，即模型在注意每个词元时考虑的上下文范围。Sukhbaatar et al（2019a）在论文 "Adaptive Attention Span in Transformers" 中提出了这种修改思路。

在原始 Transformer 中，注意力机制考虑了上下文固定范围内的所有位置，而这是先验设置。这种固定范围可能不是最优的，因为它要么包含过多的上下文，导致计算效率低下和内存消耗增加；要么包含过少的上下文，导致在需要较长距离依赖关系的任务中性能不佳。

自适应注意力跨度机制允许模型根据输入内容和当前任务，动态调整每个输入序列的注意力跨度。该模型会根据每个词元的内容和在序列中的位置，学习预测每个词元的上下文最优范围。

该方法添加了一个软掩蔽函数 m_z（如图 3-5 所示），以控制有效的可调注意力跨度，它将查询和键之间的距离映射到 [0, 1] 值。m_z 由 $z \in [0, s]$ 参数化，并且 z 是可以学习的：

$$m_z(x) = \min\left(\max(\frac{1}{R}(R + z - x), 0), 1\right)$$

其中，R 是一个超参数，它定义了 m_z 的软度。

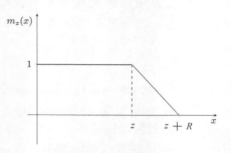

图 3-5　自适应注意力跨度中使用的软掩蔽函数

软掩蔽函数应用于注意力权重中的 softmax 元素：

$$\tilde{a}_{ij} = \frac{m_z(i - j) \exp(a_{ij})}{\sum_{r=i-s}^{i-1} m_z(i - r) \exp(a_{ir})}$$

其中，每个注意力头的 z 值是单独学习的，而整个模型则是联合训练的。通过调整 z 值，模型可以动态调整输入序列不同部分的重要性。为了鼓励注意力权重的稀疏性，用于训练模型的损失函数包括对 z 参数之和的额外 $L1$ 惩罚。这就促使模型学会只注意输入序列中最相关的部分，从而产生更有效的注意力。

自适应注意力跨度是对 Transformer 的一种有效修改，它允许模型根据输入和任务要求自适应地调整注意力跨度。这是通过使用注意力跨度向量和改进的注意力机制来实现的。虽然这种方法有利于捕捉长距离的依赖关系，但也可能增加模型的复杂性和训练时间，而且其有效性取决于训练数据的质量和任务的具体情况。

4. Expire-Span

Expire-Span（过期跨度）模型是 Sukhbaatar et al（2021）在论文 "Not All Memories Are Created Equal: Learning to Forget by Expiring" 中提出的 Transformer 的变体。它扩展了 Transformer 的自注意力机制，能够选择性地忘记过去的记忆，而不是仅仅依靠添加注意力。

Expire-Span 类似于自适应注意力跨度，只是它预测的是记忆遗忘而不是记忆跨度。Expire-Span 模型的主要创新是为每个输入位置 i 引入了一个过期参数 e_i。过期参数决定了记忆的跨度，或者模型应记住该位置信息的时间。已过期或不再相关的记忆在注意力计算中的权重为 0。过期参数在训练过程中与其他模型参数一起学习。通过学习根据过期时间有选择地忘记过去的记忆，Expire-Span 模型能够有效地对长序列数据进行建模，而无须反复或过度消耗内存。

具体而言，每个注意力上下文都有默认的最小跨度 K 和最大跨度 L。对于进入每一层的每个输入（内存）h_i，它计算一个标量 $e_i \in [0, L]$。e_i 称为 expire-span（过期跨度），计算公式为：$e_i = L\sigma(w^T h_i + b)$。

Expire-Span 模型以时间步在文本上滑动，其中，t 表示时间步。如果 $r_{ti} := e_i - (t-i) < 0$，就忘记记忆输入。为了实现可微分性，它会线性逐步淘汰注意力输出：

$$\tilde{a}_{ts} = \frac{m_{ts} a_{ts}}{\sum_j m_{tj} a_{tj}}$$

其中，$m_{ts} = \max(0, \min(1, 1 + \frac{r_{ts}}{R}))$。

$$a_{ts} = \frac{\exp(e_{ts})}{\sum_{k=1}^{n} \exp(e_{tk})}$$

$$e_{ts} = \frac{q_t k_s}{\sqrt{d}}$$

其中，e_{ts} 是查询向量 q_t 和键向量 k_s 的点积除以键向量维数的平方根。

通过引入压缩参数 $\alpha > 0$，Expire-Span 损失函数使用辅助项以进一步惩罚较高的记忆使用率，它随机缩短用于正则化的记忆 $L_{\text{total}} = L_{\text{task}} + \alpha \sum_{i \in \{1, 2, \cdots, L\}} e_i / T$，其中，$T$ 是序列长度。

总之，Expire-Span 模型是一种在神经模型中处理长序列的有前途的方法。它表明，选择性遗忘可以成为捕捉序列数据中依赖关系的有力工具，其应用范围可能超过了自然语言处理领域。

5. COLT5

OpenAI 公司的 GPT-4 模型拥有 32 000 个词元（约 25 000 个单词）的扩展上下文窗口大小，与 ChatGPT 的 4 000 个词元限制相比，它可以处理更长的输入序列和对话。然而，由于模型的注意力机制具有二次复杂度，而且每个词元都要应用前馈层和投影层，因此计算成本很高。

为了解决这个问题，Ainslie et al（2023）提出了 CoLT5（Conditional LongT5），这是一个 Transformer 模型系列，它应用了一种新颖的条件计算方法，以改进对多达 64 000 个词元的长输入的处理。CoLT5 基于 Google 公司的 LongT5（Guo et al，2021），它同时扩展了输入长度和模型大小，以增强 Transformer 对长输入的处理能力。

通过条件计算（参见 3.6.2 节），CoLT5 能够降低处理长文档的成本。它基于的想法是：由于文档中的某些词元比其他词元更重要，因此从繁重的计算中受益更多。这种直觉得到了两个因素的支持：第一个因素是，某些类型的词元本质上需要较少的计算，例如填充词和标点符号；第二个因素是，在长文档中，很大一部分输入内容可能与当前的问题、任务或处理阶段无关。

如图 3-6 所示，CoLT5 采用了一种条件计算机制，包括在每个注意力层或前馈层选择重要词元的路由模块、一个条件前馈层（应用额外的高容量前馈层来选择重要的路由词元）以及一个条件注意力层（区分需要额外信息的词元和已经拥有此类信息的词元）。此外，CoLT5 还应用了多查询交叉注意力和 UL2 预训练目标（Tay et al，2022c），以改进对长输入的上下文学习并加快推理速度。

在一项实证研究中，研究团队比较了 CoLT5 与 LongT5 在 TriviaQA（Joshi et al，2017）、arXiv 总结（Cohan et al，2018）和 SCROLLS 基准任务（Shaham et al，2022）上的表现。CoLT5 在长输入数据集上表现出比 LongT5 更高的质量和更快的处理速度，并证明能够处理多达 64k 个词元的输入。

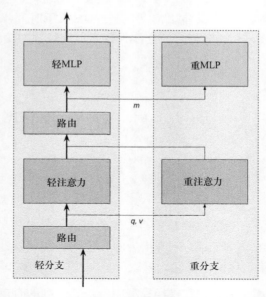

图 3-6　带条件计算的 CoLT5 Transformer 层概述。所有词元都由较轻的注意力层和 MLP 层处理，而 q 路由的查询词元对 v 路由的键-值词元执行更重的注意力，m 路由的词元由较重的 MLP 处理
（图片来源：Ainslie et al，2023）

3.5　外部记忆

1. kNN-LM

由 Khandelwal et al（2019）提出的 kNN-LM 方法，通过对两个模型预测下一个词元的概率进行线性组合来合并单独的神经网络模型，从而改进预训练的语言模型。这个附加模型是使用外部键-值存储构建的，该键-值存储可以容纳一个大型预训练数据集或任何新的域外数据集。此存储经过预处理，以创建上下文和下一个词元的语言模型嵌入对。在推理过程中，利用 FAISS 或 ScaNN 等库在语言模型嵌入空间中进行最近邻检索，以执行快速密集向量搜索。索引过程只须执行一次，也可直接实现并行性。

推理过程中的下一个词元概率由两个预测值的加权和确定，其中，λ 是一个标量，用于对附加神经语言模型检索得到的最近邻数据点进行加权，而 $d(,)$ 是一个距离函数，如 $L2$ 距离。

$$p(y\,|\,\boldsymbol{x}) = \lambda p_{\text{kNN}}(y\,|\,\boldsymbol{x}) + (1-\lambda)\,p_{\text{LM}}(y\,|\,\boldsymbol{x})$$
$$p_{\text{kNN}}(y\,|\,\boldsymbol{x}) \propto \sum_{(k_i,w_i)\in\mathcal{N}} \mathbf{1}[y=w_i]\exp(-d(k_i,\,f(\boldsymbol{x})))$$

实验结果表明，增加数据存储或最近邻集的大小会带来更好的困惑度。应调整加权标量 λ，通常分配给域外数据的值比域内的值更大。较大的数据存储可以容纳较大的 λ 值。

2. SPALM

Yogatama et al（2021）开发了一种名为 SPALM 的语言模型，该模型将大型参数神经网络（特别是 Transformer）与非参数化的外显记忆组件（non-parametric episodic memory component）集成在一起。该架构将扩展的短期上下文（通过缓存类似于 Transformer-XL

的局部隐藏状态来实现）与全局长期记忆（通过在每个时间步检索一组最近邻词元来实现）相结合。为了进行预测，该模型使用了一种门控函数（gating function），它能自适应地组合多个信息源。这样，模型可以根据上下文使用局部上下文、短期记忆、长期记忆或它们的任意组合。Yogatama 等在基于单词和字符的语言建模数据集上进行了实验，结果表明，他们提出的方法比强大的基线方法更有效。

如图 3-7 所示，在执行 kNN 搜索时，SPALM 会检索与上下文最相关的 k 个词元。针对每个词元，预训练的语言模型会提供一个嵌入表征，表示为 $\{y_i\}_{i=1}^{k}$。门控机制使用注意力层来聚合检索到的词元嵌入，其中 h_t^R（词元 x_t 在第 R 层的隐藏状态）用作查询。门控参数 h_t^R 是用来平衡局部信息 h_t^R 和长期信息 m_t 而学习的。

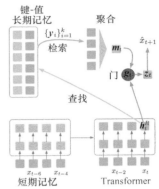

图 3-7 SPALM 将过去隐藏状态的上下文记忆（短期记忆）与外部键 - 值数据存储（长期记忆）相结合，以支持更长的上下文（图片来源：Yogatama et al，2021）

$$m_t = \sum_{i=1}^{k} \frac{\exp(y_i^{\mathrm{T}} h_t^R)}{\sum_{j=1}^{k} \exp(y_j^{\mathrm{T}} h_t^R)} \, y_i$$

$$g_t = \sigma(w_g^{\mathrm{T}} h_t^R)$$

$$z_t = (1-g_t) \odot m_t + g_t \odot h_t^R$$

$$p(x_{t+1} | x_{\leqslant t}) = \mathrm{softmax}(z_t; W)$$

参数向量 w_g 是在训练过程中学习的，使用的是 sigmoid 函数 $\sigma(\cdot)$。词嵌入矩阵 W 在输入和输出词元之间共享。在整个训练过程中，长期记忆中的键表征保持不变，因为它们是由预先训练的语言模型生成的。但是，值编码器（也称为词嵌入矩阵）会被更新。

3. 记忆 Transformer

Wu et al（2022a）提出了记忆 Transformer（Momorizing Transformer），它在仅有解码器的 Transformer 的顶部附近加入了一个 kNN 增强注意力层。该专用层包括一个 FIFO 缓存，类似于 Transformer-XL 方法，用于存储之前的键-值对。

局部注意力和 kNN 机制使用相同的 W^q、W^k 和 W^v。kNN 查找会返回输入序列中每个查询的前 k 个键-值对，然后通过自注意力栈进行处理，以计算出检索值的加权平均值。可学习的每个头的门控参数结合了两种类型的注意力。为了防止值的量级出现较大的分布偏移，缓存中的键和值都进行了归一化处理。

在开始读取新文档时，记忆初始化为空。在完成文档阅读后，将清除记忆。在推理过程中，当读取新文档时，记忆会被重置为空状态，并向其中添加新的键和值。此过程对于训练和推理都是相同的。在每次迭代读取块后，都会更新记忆。为了确保记忆在计算上的可行性，研究人员采取了滚动缓冲的方式，即丢弃最早的记忆。使用点积法计算查询和键之间的注意力得分，并选择得分最高的 k 个得分。检索上下文指的是被检索词元的周围上下文，长度通常约为 10 个词元。检索到的词元是确定的前 k 个词元之一。

记忆 Transformer 实验揭示了一些发现。首先使用较小的记忆训练模型，然后使用较大的记忆进行微调，比一开始就使用较大的记忆进行训练的效果更好。如图 3-8 所示，记忆中仅为 8k 个词元的较小记忆 Transformer 的困惑度可以与可训练参数多 5 倍的较大基本型 Transformer 相媲美。增加外部记忆的大小可持续提高性能，最高可达 262k 个词元。非记忆（non-memory）Transformer 可以通过微调来使用记忆。

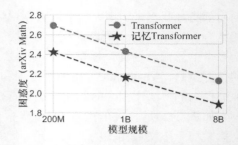

4. 循环记忆 Transformer

循环记忆 Transformer（Recurrent Memory Transformer，RMT）是一种利用全局记忆词元来扩充输入序列的神经网络模型。该模型由 Bulatov et al（2022）提出。

图 3-8　添加 8k 个词元的记忆可改善不同规模模型的困惑度（图片来源：Wu et al，2022a）

在 RMT 中，输入序列使用标记为 [mem] 的特殊记忆词元来增强。每个记忆词元都是一个实值向量，在段词元表征 H_τ^0 的开头和结尾处添加 m 个记忆词元。具体来说，输入序列的增强表征为：

$$\tilde{H}_\tau^0 = [H_\tau^{mem} \circ H_\tau^0 \circ H_\tau^{mem}]$$

其中，$\circ$ 表示级联，τ 是当前段的索引。

起始记忆词元组用于读取记忆，允许序列词元关注在前一段生成的记忆状态。结束记忆词元组用于写入记忆，可以处理所有当前段词元并更新存储在记忆中的表征。段 τ 的更新后的记忆词元包含在 H_{write}^τ 中。

输入序列的各段按顺序处理，来自当前段的记忆词元的输出将传递到下一段的输入。具体来说，下一段的记忆表征 $H_{\tau+1}^{mem}$ 设置为当前段的写入表征：

$$H_{\tau+1}^{mem} = H_\tau^{write}$$

此外，为了实现循环连接，下一段的增强表征由下式给出：

$$\tilde{H}_{\tau+1}^0 = [H_{\tau+1}^{mem} \circ H_{\tau+1}^0 \circ H_{\tau+1}^{mem}]$$

RMT 模型使用全局记忆词元，这允许它保持主干 Transformer 不变，同时让记忆增强与 Transformer 系列中的所有模型兼容。记忆词元仅对模型的输入和输出起作用。就应用的 Transformer 层数 $\tau \times N$ 而言（N 是 Transformer 层数），RMT 模型比 Transformer-XL 模型更深。

在训练过程中，RMT 模型使用时间反向传播（Backpropagation Through Time，BPTT）进行训练。与 Transformer-XL 不同，在反向传播过程中，各段之间的记忆梯度不会停止。反向传播的前一段的数量是训练程序的超参数，可以在 0 到 4 个前一段之间变化。但是，增加该参数的计算成本很高，并且需要大量的 GPU 内存。梯度检查点等技术可用于缓解此问题。

Transformer 是一种流行的神经网络架构，因为它能够执行并行训练，与循环神经网络相比，受梯度消失的影响较小。然而，由于它在推理过程中广泛使用注意力机制，因此其计算成本高于循环神经网络。此外，使用 Transformer 对较长的序列进行建模也很困难，因为它的记忆的状态空间比循环神经网络大得多，这导致计算成本和内存需求增加。

以往的研究通过缓存前一段的 Transformer 状态，或者发明只关心关系差异的新的位置嵌入，或者压缩之前的上下文状态来解决这个问题。Transformer-XL 通常被认为是在 Transformer 中引入循环的基线。但是，它在反向传播中存在不连续性，无法有效地对长期时间依赖性进行建模。这项工作提出了一种新方法，允许从未来的段传递梯度，这是一种更有原则的长期依赖关系建模方法。总之，RMT 模型是处理具有循环连接和记忆增强的序列的强大工具。

3.6 更快、更小的 Transformer

3.6.1 高效注意力

注意力可以被视为一个"软"查找表，其中每个输入词元都可用于查询，目的是与序列中的所有其他元素进行匹配，从而检索出有用的相关信息。在基本型 Transformer 中，每个词元都必须注意序列中的所有其他词元，这就生成了一个序列长度为 N 的查找表。

为了提高匹配和检索机制的效率，一种简单的方法是减小查找表的大小。如果能将查找表的大小从 N 减小到与序列长度无关的数 k，则时间复杂度可以从二次方降低到线性。这可以通过智能压缩自注意力模块中使用的键和值矩阵的长度来实现，从根本上缩小注意力查找的规模。

研究人员已经通过一些数值算法来智能地压缩查找规模。

- 固定模式（Fixed Pattern，FP）：通过合并结构偏置，FP 将每个查询的视域限制为固定的、预定义的模式，如具有固定步长的局部窗口和块模式。它有如下几个变体。
  - 带状注意力（Band Attention），也称为滑动窗口注意力或局部注意力。此方法利用数据序列的强局部性属性，限制每个查询仅关注其局部邻域，如图 3-9（d）所示。
  - 稀释和阶梯注意力（Dilated and Strided Attention），类似于稀释卷积神经网络。通过采用放大倍数大于 1 的放大窗口，可以在不增加计算复杂度的情况下扩大带状注意力的感受野，如图 3-9（c）所示。另外，阶梯注意力将放大倍数设置为较大的值，同时窗口大小不受限制。

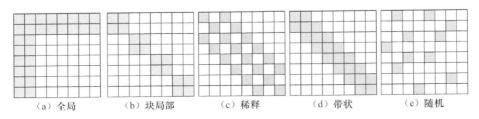

（a）全局　　　（b）块局部　　　（c）稀释　　　（d）带状　　　（e）随机

图 3-9　一些具有代表性的稀疏注意力模式。y 轴表示查询，x 轴表示键。
彩色方块表示计算相应的注意力得分，空白方块表示丢弃的注意力得分

- 块局部注意力（Block Local Attention），通过将输入序列分为固定的块来考虑局部感受野的块。通过将输入序列分割成若干不重叠的块，复杂度从 N^2 降低到 B^2（块大小），$B<<N$，大大降低了成本。图 3-9（b）展示了这种方法。使用这种块或分块方法的模型包括块注意力（Qiu et al，2019）和（或）局部注意力（Parmar et al，2018），它们是许多更复杂模型的基础。
- 随机注意力（Random Attention），即每个查询注意一组 r 个随机键，如图 3-9（e）所示。

- 可学习模式（Learnable Pattern，LP）：可学习模式是固定预定模式的扩展，因为它们允许模型以数据驱动的方式学习访问模式。可学习模式模型首先确定词元相关性的概念，然后将词元分配给存储桶或集群。

  - 基于内容的稀疏注意力（Content-based Sparse Attention）：使用基于哈希的相似性度量将词元聚类为块，由 Reformer（Kitaev et al，2020）引入。另外，路由 Transformer（Routing Transformer）（Roy et al，2021）采用了在线 k-means 聚类，而 Sinkhorn 排序网络（Sinkhorn Sorting Network）通过学习对输入序列的块进行排序来暴露注意力权重的稀疏性。在所有这些模型中，相似性函数与网络的其余部分进行端到端训练，从而更有效地对词元进行聚类并保持序列的全局视图。

  - 压缩模式（Compressed Patterns）：使用某种池化算子对序列长度进行下采样（down-sample），以形成固定模式。例如，压缩注意力（Liu et al，2018b）采用步进卷积来减小序列长度。

  - 低秩方法（Low-Rank Methods）：另一种新兴技术，通过利用自注意力矩阵的低秩近似来提高效率（Guo et al，2019b；Choromanski et al，2020）。该方法假定 $N×N$ 矩阵具有低秩结构，并将键和值的长度维度投影到较低维表征中。Linformer 是这种技术的一个典型例子，因为它将 $N×N$ 矩阵分解为 $N×k$ 矩阵，从而改善了自注意力的记忆复杂性问题。

- 神经记忆（Neural Memory）：将记忆整合到神经网络中的一种重要方法，该方法使用了可同时访问多个词元的可学习侧记忆模块。其中一种常见的形式是全局神经记忆，它能够访问整个词元序列。全局词元充当一种模型记忆，可以学习从输入序列词元中收集信息。这个概念最初作为诱导点方法引入集合 Transformer（Set Transformer）（Lee et al，2019），通常被解释为参数注意力的一种形式（Sukhbaatar et al，2019b）。ETC（Ainslie et al，2020）和 Longformer（Beltagy et al，2020）也使用全局记忆词元。在神经记忆（或诱导点）数量有限的情况下，可以对输入序列进行类似池化的初步操作，以压缩输入序列，这在设计高效的自注意力模块时是一种有用的技巧。

  - 全局注意力（Global Attention）：是解决稀疏注意力中长程依赖关系建模困难的另一种方法。此方法包括添加全局节点，以此作为节点之间信息传播的枢纽。全局节点可以关注序列中的所有节点，而整个序列也可以关注这些全局节点，如图 3-9（a）所示。

- 模式组合（Combination of Pattern，CP）：CP 方法旨在通过组合两种或两种以上的不同访问模式来增强自注意力机制的覆盖范围。例如，稀疏 Transformer（Child et al，2019）通过将一半的头分配给每种模式，将跨步注意力和局部注意力结合起来。同样，轴向 Transformer（Ho et al，2019）沿高维输入张量的单个轴应用了一系列自注意力计算。

通过组合多种模式，CP 方法以类似于固定模式的方式降低了内存复杂度。不过，区别在于这些模式的聚合和组合，从而全面提高覆盖率。例如，图 3-10（a）中的 Star-Transformer（Guo et al，2019a）结合了带状注意力和全局注意力，在节点之间形成了一个星形图。同时，图 10-3（b）中的 Longformer（Beltagy et al，2020）使用了带状注意力和内部全局节点注意力的组合。Longformer 中的全局节点被选为用于分类的 [CLS] 词元和用于问题解答任务的所有问题词元。此外，它们用稀释窗口注意力替换了上层的部分带状注意力头，从而在不增加计算量的情况下扩大感受野。

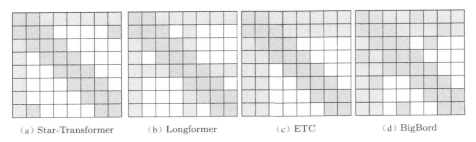

(a) Star-Transformer   (b) Longformer   (c) ETC   (d) BigBord

图 3-10　具有代表性的复合稀疏注意力模式

与 Longformer 同时开发的扩展 Transformer 结构（Extended Transformer Construction，ETC）（Ainslie et al，2020）利用了带状注意力和外部全局节点注意力的组合，如图 3-10（c）所示。ETC 还包括处理结构化输入的掩蔽机制，并采用对比预测编码（Contrastive Predictive Coding，CPC）（Oord et al，2018）进行预训练。

此外，图 10-3（d）中的 BigBird（Zaheer et al，2020）使用额外的随机注意力来接近完全注意力。相关理论分析表明，使用稀疏编码器和解码器可以模拟任何图灵机，这也是这些稀疏注意力模型成功的原因。总之，CP 方法结合了多种模式来增强自注意力机制的覆盖范围，并已在各种具有不同注意力模式组合的模型中实现，例如带状注意力、全局注意力和外部全局节点注意力。

3.6.2　条件计算

条件计算（Bengio，2013a）是一种根据每个输入样本的难度调整计算量的方法。对于较难的示例，可能需要大型模型，而对于较简单的示例，小型模型的性能可能更好。当前的架构对所有样本都应用固定数量的计算，而不管其难度如何，但更有效的方法是减小简单样本的计算量。

实现条件计算的一种方法是混合专家（mixture of experts）计算，这种方法仅使用给定输入的参数子集，从而使计算图变得稀疏，计算时间相对于模型大小几乎恒定。另一种方法是自适应计算时间（Adaptive Computation Time，ACT）（Graves，2016），它根据每个输入的值分别调整计算时间。ACT 使用循环机制来转换表征，直到停止概率超过给定阈值。该模型学习控制此概率，使预测误差和迭代次数（称为思考成本）最小化，从而防止模型在做出预测之前使用无限量的计算。但是，ACT 对思考成本很敏感，因为速度和精度之间的权衡受思考成本控制。

Dehghani et al（2018）将 ACT 应用于具有循环机制的 Transformer，以实现架构深度。他们定义了类似于原始 Transformer 的编码器和解码器模块，但每个模块都是循环的，将其输出作为输入回馈，直到思考成本变得非常高。这种架构被称为通用 Transformer（Universal Transformer），在内存足够大的情况下其具有计算通用性（图灵完备性），它可以帮助 Transformer 泛化到比训练期间更长的序列。Dehghani 等在算法和语言基础任务方面取得了最先进的结果。但是，ACT 和通用 Transformer 迭代应用相同的层，这可能不够灵活。Elbayad et al（2019）通过深度自适应 Transformer（Depth-Adaptive Transformer，DAT）解决了这一限制性，该 Transformer 在每个深度应用不同的层。DAT 与经过良好调优的 Transformer 基线的性能相匹配，同时将计算量减小了 76%。不过，Dehghani 等没有对通用 Transformer 和 DAT 进行比较。

3.6.3　搜索高效 Transformer

自动设计网络是深度学习领域中最具挑战性的目标之一。要在离散搜索空间中以最少的操作和最低内存占用找到性能最佳的架构，这是一个 NP 难度的组合优化问题。多年来，研究人员已经提出了多种神经架构搜索（Neural Architecture Search，NAS）方法，包括强化学习（Zoph and Le，2016）、进化算法（Real et al，2019）和双层优化（Liu et al，2018a）。Zoph et al（2018）表明，在 ImageNet 上，NAS 能够以 1.2% 的准确率超越人类设计的架构，同时减小 28% 的计算量。Liu et al（2018a）提出了可微架构搜索（Differentiable Architecture Search，DARTS），它将 NAS 问题转换为可微的双层优化问题。第一层包括在候选操作列表中借助 softmax 函数对离散搜索空间进行连续松弛，第二层涉及模型的权重。

由于对内存的要求和训练时间的限制，在 Transformer 上应用 NAS 方法具有挑战性。因此，最近的研究引入了更适合 Transformer 的方法。So et al（2019）采用渐进式动态障碍（Progressive Dynamic Hurdles，PDH）修改了锦标赛选择进化架构搜索（Real et al，2019），该方法可以根据架构的性能将资源动态分配给更有前途的架构。进化的 Transformer（Evolved Transformer）仅用 78% 的参数就达到了基本型 Transformer 的性能。Tsai et al（2020）在 TPU v2 上剖析了 Transformer 的各个组件，并观察到某些组件对推理时间产生了严重影响。通过将这些组件分解为构建块并使用二进制变量，So 等对架构和参数进行了一次搜索，只需要一次损失。他们在二进制变量的连续松弛上采用梯度下降法优化了这一损失，并使用了策略梯度算法。

Lite Transformer（Wu et al，2020b）利用了长-短程注意力（Long-Short Range Attention，LSRA），其中卷积层与自注意力并行应用，分别学习局部依赖关系。这种手工打造的模型在移动自然语言处理设置方面优于进化版的 Transformer（So et al，2019），同时需要的 GPU 时间只有原来的 1/14000。神经架构搜索是自动设计更轻、更小的 Transformer 的一种很有前途的工具，但它会带来很高的计算和内存成本，通过精心设计架构则可以避免这一问题。So et al（2021）的研究表明，对值非线性的输出进行平方处理，并在查询键和值投影之后应用卷积，可以显著提高模型的性能。

Chowdhery et al（2022）在纯解码器设置中采用了标准的 Transformer 架构。不过，研究人员对架构做了一些修改，包括在 MLP 中间激活中使用 SwiGLU 激活，而不是标准的 ReLU、GeLU 或 Swish 激活。尽管在 MLP 中需要进行 3 次矩阵乘法而不是两次，但是 SwiGLU 激活已被证明可以显著提高模型质量（Shazeer，2020）。

研究人员还在每个 Transformer 模块中使用了"并行"方式，而不是标准的"串行"方式。该方式使得大规模下的训练速度提高了大约 15%，而且可以融合 MLP 和注意力输入矩阵乘法。消融实验表明，在 8B 的尺度下质量略有下降，但在 62B 的尺度下质量没有下降，这表明并行层的影响在 540B 的尺度下应该不影响质量。

标准 Transformer 公式使用 k 个注意力头，其中每个时间步的输入向量被线性地投影到

"查询""键"和"值"张量中。然而，研究人员发现，可以为每个头共享键/值投影，从而节省大量的自回归解码时间。

之所以 Su et al（2021）使用 RoPE 嵌入而不是绝对或相对位置嵌入，是因为它们在长序列上具有更好的性能。此外，输入和输出嵌入矩阵是共享的，而且在所有密集内核或层规范中都没有使用偏置。

研究人员使用了从训练数据中生成的 256k 个词元的 SentencePiece 词表，以支持语料库中的大量语言，而无须过度分词。词表是完全无损和可逆的，保留了空格，并将词表之外的 Unicode 字符拆分为 UTF-8 字节，每个字节都有一个词表词元。数字被分成单独的数字词元。

3.6.4　在单个 GPU 上一天内训练一个语言模型

Geiping and Goldstein（2022）进行了大量实验，以确定在一个 GPU-天内训练类似 BERT 模型的最佳方法。他们的论文并没有一个中心思想，而是包含了许多实证观察。他们发现，与之前的研究一致，模型的大小具有重大影响，而不同的 Transformer 变体具有相似的结果。

为了利用这一观察结果，他们对原始 BERT 模型进行了调整，保留了参数数量，但减少了运行时间。其中的一些变化包括：消除注意力层中 Q、K、V 投影的偏置，消除其余线性层的偏置，以及在 FFN 的 GELU 中添加 GLU（Dauphin et al，2017）。他们还使用了扩展的正弦位置嵌入（Hua et al，2022）、Pre-LayerNorm（Xiong et al，2020），并移除了头中的非线性等。

此外，他们还更改了训练方式，包括在整个训练过程中线性增加批次大小。他们发现，使用类似单周期的学习率计划会有所帮助，而使用更大的词汇量也可以在一定程度上改善预测结果。

他们还对数据管道进行了实验，发现使用 The Pile（Gao et al，2020）而不是 C4（Raffel et al，2020）、删除包含过多词元的序列，以及按词元的平均单元语法概率对序列进行排序都很有效。但是，删除重复数据并没有帮助作用。

总之，他们在训练 24 小时后获得的 GLUE（Wang et al，2018）结果比普通 BERT 模型训练设置好得多。强烈建议任何希望最大限度提高 BERT（甚至 Transformer）模型性能的人使用这项研究。

3.7　推理优化

3.7.1　推测解码

题为 "Fast Inference from Transformers via Speculative Decoding" 的研究论文（Leviathan et al，2022）提出了一种更有效地生成文本的创新方法。作者采用推测执行的方法，在不改变采样分布的情况下，从文本生成模型的每个前向传递中采样多个词元。图 3-11 举例说明了这一方法。在图 3-11 中，每行表示算法的一次迭代。绿色词元是近似模型（此处为在有 8k 个词元的 lm1b 上训练的具有 6M 个参数的类 GPT 的 Transformer 解码器）提出的建议，大型模型（此处为相同设置下具有 **97M** 个参数的类 **GPT** 的 **Transformer** 解码器）也接受这些建议，而红色和蓝色词元分别是被拒绝的建议及其更正。例如，在第一行中，大型模型仅运行一次，生成了 5 个词元。

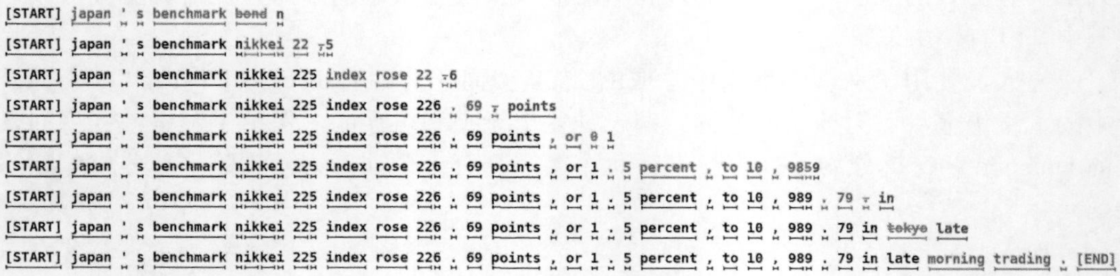

图 3-11 无条件语言建模情况下的推测解码图示（图片来源：Leviathan et al，2022）

这种方法基于一个巧妙的构思，即利用拒绝采样的特性。真实模型中下一个词元的分布用 $p(x)$ 表示，而 $q(x)$ 则表示一个更小、更经济的模型的分布。通过从 $q(x)$ 中生成样本，只要 $q(x)$ 小于 $p(x)$，我们就接受它，只要 $q(x)$ 大于 $p(x)$，我们就以概率 $p(x)/q(x)$ 接受它，这样我们就可以准确地从 $p(x)$ 中采样。重要的是，我们可以从 $q(x)$ 中以低成本生成第一个样本，并将接受或拒绝步骤推迟到稍后进行，从而允许我们在未来对多个词元进行迭代采样。图 3-12 展示了相关的伪代码。

Inputs: $M_p, M_q, prefix$.
▷ Sample γ guesses $x_1, \cdots, \gamma$ from M_q autoregressively.
for $i = 1$ **to** γ **do**
   $q_i(x) \leftarrow M_q(prefix + [x_1, \cdots, x_{i-1}])$
   $x_i \sim q_i(x)$
end for
▷ Run M_p in parallel.
$p_1(x), \cdots, p_{\gamma+1}(x) \leftarrow$
   $M_p(prefix), \cdots, M_p(prefix + [x_1, \cdots, x_\gamma])$
▷ Determine the number of accepted guesses n.
$r_1 \sim U(0, 1), \cdots, r_\gamma \sim U(0, 1)$
$n \leftarrow \min(\{i - 1 \mid 1 \leqslant i \leqslant \gamma, r_i > \frac{p_i(x)}{q_i(x)}\} \cup \{\gamma\})$
▷ Adjust the distribution from M_p if needed.
$p'(x) \leftarrow p_{n+1}(x)$
if $n < \gamma$ **then**
   $p'(x) \leftarrow norm(max(0, p_{n+1}(x) - q_{n+1}(x)))$
end if
▷ Return one token from M_p, and n tokens from M_q.
$t \sim p'(x)$
return $prefix + [x_1, \cdots, x_n, t]$

图 3-12 推测解码步骤的伪代码（图片来源：Leviathan et al，2022）

一旦我们猜到了未来词元的序列，就可以将整个猜想序列一次性输入真实模型。由于一次生成一个词元的利用率很低，因此输入整个预测序列的成本几乎与一次生成一个词元的成本相同。此外，如果整个推测序列被接受，也不需要额外的 FLOP 算力。

每次前向传递生成的词元的预期数量可以表示为预期接受率和前向生成的词元数量的函数（分别用 α 和 γ 表示）。这就需要在使 $q(\cdot)$ 和 $p(\cdot)$ 相似与保持 $q(\cdot)$ 模型运行成本低廉之间进行权衡。此外，对于给定的平均接受率和前向传递中每个词元的边际成本，还存在一

个与 γ 相关的优化问题。

使用这种方法，T5 推理的执行速度可以提高 1.5~3.5 倍，而精确度却不会降低。这大大提高了效率。

3.7.2 简化 Transformer

基于 Transformer 的语言模型处理词元输入序列的方式包括将其重新表征为向量序列，然后通过一系列注意力和前馈网络（Feed-Forward Network，FFN）层对其进行转换。这些转换会创建新的词元表征，但只有最终的表征才会被用于获取模型预测。因此，语言模型损失的优化直接集中在最终表征上，而隐藏表征的解释和作用则变得更加模糊，因为它们只是被隐式优化。

尽管如此，利用隐藏表征是非常可取的，因为通过解释隐藏表征，可以深入了解 Transformer 推理过程中的决策过程（Slobodkin et al，2021；Geva et al，2022），而且使用隐藏表征进行预测，可以显著减少计算资源（Schwartz et al，2020；Xu et al，2021b）。

许多利用隐藏表征的尝试都将隐藏表征视为输入词元最终表征的一系列近似值，其动机是由网络中每一层周围的残差连接所引起的添加式更新。事实上，之前的研究（Geva et al，2022；Ram et al，2022）做了一个简化假设，即任何一层的表征都可以通过输出嵌入转换为输出词表上的分布。尽管这种方法已被证明对可解释性（Dar et al，2022）和计算效率（Schuster et al，2022）非常有效，但它过度简化了模型的计算，并假设网络中的所有隐藏层都在同一空间中运行。

随之而来的一个问题是，是否有一种比解释隐藏表征更准确的方法，可以将隐藏表征转化为最终表征的替代品。Din et al（2023）提出了在网络中跨层学习线性变换的方法（如图 3-13 所示）。具体来说，他们拟合线性回归，将隐藏表征从第 l 层转换为第 l' 层，其中 $l<l'$。这种方法被称为垫子（mat），结果表明，它产生的近似值比之前研究中使用的近似值要准确得多。这些研究结果表明，Transformer 推理的线性度比之前认为的要大，超出了仅由残差连接结构所能解释的范围。

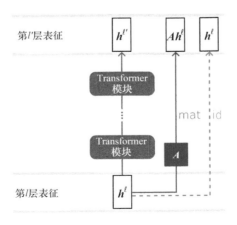

图 3-13 通过应用矩阵 $A=A_{l',l}$（由拟合线性回归学习得到），简化 Transformer 在特定层间推理的方法 $\max_{l \to l'}$（蓝色）与将隐藏表征按原样传递到下一层的基线方法 $\mathrm{id}_{l \to l'}$（红色）相比

（图片来源：Din et al，2023）

3.7.3　修剪

修剪是一种缩小神经网络规模的技术，以使它们比大型模型更快、更小、更容易泛化。这是通过去除显著性低的权重来实现的，这些权重对损失函数几乎没有影响，可能被认为是多余的。此过程可能需要也可能不需要再训练，可以是非结构化的，也可以是结构化的。

修剪方法可分为结构化和非结构化两种。前者涉及去除网络结构的部分，例如注意力头或层，而后者则侧重于单个权重。非结构化修剪允许丢弃任何权重或连接，从而导致原始网络架构的丢失。这种类型的修剪可能无法很好地与现代硬件配合使用，也不会带来实际的推理速度提升。与之不同的是，结构化修剪旨在保持密集矩阵乘法形式，同时包含一些 0。该方法可能需要遵循某些模式限制，才能与硬件内核配合使用。

针对 Transformer 研究人员提出了几种结构化和非结构化修剪方案，并取得了可喜的成果。例如，Sajjad et al（2023）通过去除完整的层，将 BERT 模型的规模缩小了 40%，同时保留了 97% 到 98% 的原始性能。Michel et al（2019）修剪了 BERT 模型 20% 到 40%的注意力头，而性能没有明显下降。彩票假说（Lottery Ticket Hypothesis）（Frankle and Carbin，2018）最近也受到关注，因为它为修剪神经网络提供了新的理由。根据这一假说，一个随机初始化的密集神经网络包含一个子网，该子网在单独训练时，最多经过相同次数的迭代训练后，就能达到原始网络的测试精度。Prasanna et al（2020）在 BERT 上成功地验证了这一假设，甚至发现 BERT 中最差的子网仍然具有很高的可训练性。

构建修剪网络的过程通常包括 3 个步骤：训练密集网络直到收敛，修剪网络以去除不需要的结构，以及重新训练网络以恢复权重的性能。通过网络修剪在密集模型中发现稀疏结构，同时保持相似的性能的想法是由"彩票假说"激发的。

幅度修剪是最简单有效的修剪方法，即修剪绝对值最小的权重。一些研究发现，与更复杂的方法（如变分 dropout 和正则化）相比，简单的幅度修剪方法可以达到相当好或更好的结果。Zhu and Gupta（2017）提出了渐进幅度修剪（Gradual Magnitude Pruning，GMP）算法，该算法在训练过程中逐渐增加网络的稀疏性。

迭代修剪通过修剪和再训练的多次迭代，直到所需的稀疏性级别。再训练步骤可能使用相同的预训练数据或其他特定任务数据集进行简单的微调。"彩票假说"提出的权重倒带再训练技术包括将未修剪的权重重新初始化训练早期的原始值，然后使用相同的学习率计划进行再训练。Renda et al（2020）提出的学习率倒带法只是将学习率重置回其早期值，同时保持未修剪权重自上一个训练阶段结束后不变。他们发现，在所有测试场景中，学习率倒带的表现都优于权重倒带。

SparseGPT

在最近的一项研究中，Frantar and Alistarh（2023）成功地修剪了大规模 OPT（Zhang et al，2022b）模型中 50% 的权重，几乎没有损失精确度，也不需要微调。

他们的方法是逐层迭代，删除每一行中的一个低量级权重，然后基于 219 个词元的样本更新剩余的权重，以最小二乘的方式逼近原始层。然而，计算最小二乘解需要对剩余的非零列进行逆 Hessian 矩阵计算，这需要将 $numrows \times numweightsprunedperrow$ 的巨型矩阵求逆，最多需要数百小时。

为了使这种方法可行，他们引入了一种巧妙的贪心算法，该算法计算整个输入矩阵 X 的 Hessian，并移除每一列的前一列对逆 Hessian 的贡献。然后，该算法以贪心的方式选择要清零的条目，同时从不更新前几列未修剪的权重，以考虑到后面的修剪。图 3-14 举例说明了这一点。

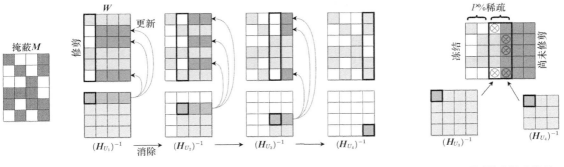

（a）SparseGPT 重建算法的图示　　　（b）通过迭代阻止进行
自适应掩蔽选择的图示

图 3-14　贪心算法（图片来源：Frantar and Alistarh，2023）

他们的方法还集成了量化功能，在修剪后对每列中未修剪的值进行量化，这样除了修剪以外，还可以更新剩余权重，以考虑量化噪声。

结果令人印象深刻，在进行 50% 的非结构化修剪后，几乎没有观察到模型质量损失，而结构化修剪后质量损失也不大。此外，2：4 的稀疏模型仍然比下一个较小的模型要好得多，这表明在实践中延迟与精确度之间的关系得到改善。

此外，他们还证明，在大型模型上，量化和修剪都能实现最小的精确度损失，尽管在 2：4 的稀疏模型上并非如此。这表明，使用 NVIDIA 的 2：4 稀疏性加速技术对大型模型进行推理是可行的，并且还可以用于训练，从而更好地保持准确性。尽管从软件的角度来看，稀疏/量化训练更为复杂，但它们仍具备广阔的发展潜力。

3.7.4　蒸馏

知识蒸馏技术（Hinton et al，2015）通过训练学生模型复制教师模型的输出或内部行为，将知识从大型或一组模型（称为教师模型）转移到较小的单一模型（称为学生模型）。这样，在推理过程中就可以丢弃较大的教师模型，而使用学生模型。在参数预算有限的情况下，使用知识蒸馏训练的模型往往优于直接根据任务训练的模型。

为了训练学生模型以复制教师模型的输出，学生模型需要在数据集上使用一种称为"蒸馏损失"的技术进行训练。通常，神经网络包括一个 softmax 层，该层输出词元的概率分布。例如，语言模型输出词元的概率分布。softmax 层之前的 logits 层在教师模型中称为 z_t，在学生模型中称为 z_s。蒸馏损失使用高温（用 Temp 表示），旨在最小化两种模型的 softmax 层输出之间的差异。如果基本事实标签 y 可用，我们可以将其与学生模型的软 logits 层相结合，使用交叉熵作为目标函数进行监督学习。

总体目标函数如下：

$$\mathcal{L}_{\text{KD}} = \mathcal{L}_{\text{distll}}(\text{softmax}(z_t, \text{Temp}), \text{softmax}(z_s, \text{Temp})) + \lambda \mathcal{L}_{\text{CE}}(y, z_s)$$

其中，λ 是一个超参数，用于平衡软学习目标和硬学习目标。KL 散度或交叉熵通常用作 $\mathcal{L}_{\text{distll}}$ 的目标函数。

Sanh et al（2019）、Tsai et al（2019）和 Jiao et al（2019）将不同的知识蒸馏方法应用于原始 BERT 模型（Devlin et al，2018），分别获得了 DistilBERT、MiniBERT 和 TinyBERT 等更小、更快的模型。尽管知识蒸馏可以达到令人印象深刻的压缩比和性能权衡，但它仍然需要训练一个大型教师模型，而且学生模型的表现可能明显不如教师模型。例如，虽然 BERTBASE 在 CoLA 任务中的准确率为 52.8%（Warstadt et al，2019），但 DistilBERT 和 TinyBERT 的准确率分别只有 32.8% 和 44.1%（Jiao et al，2019）。

3.7.5　混合精度

GPU 和 TPU 的半精度（16 位）浮点运算速度明显快于单精度（32 位）浮点运算。加快训练速度和减少内存使用量的一种流行技术是使用半精度来存储和计算权重、激活与梯度。但是，为了保持数值稳定性，权重的单精度主副本还是要保留的。NVIDIA 的 Automatic Mix-Precision 已集成到 TensorFlow、PyTorch 和 MXNet 等流行的深度学习库中，只需要一行代码即可轻松使用混合精度。

Jacob et al（2018）改进了这种方法，将权重和激活量化为 8 位整数，将偏置量化为 32 位整数，从而可以仅使用整数算术进行推理。量化感知训练（Quantization Aware Training，QAT）（Jacob et al，2018）用于减轻与低精度近似相关的性能损失。在训练过程中，使用 QAT 对参数进行量化。由于量化不可微，因此使用直通近似器近似梯度（Bengio，2013b）。值得注意的是，Zafrir et al（2019）在训练过程中量化了 BERT 模型全连接层和嵌入层的所有矩阵乘积操作，将内存占用量减小为原来的四分之一，同时在 GLUE（Wang et al，2018）和 SQuAD（Rajpurkar et al，2016）任务中保留了 99% 的原始精度。Fan et al（2020）通过迭代乘积量化（iterative Product Quantization，iPQ）实现了更高的压缩比，iPQ 将权重向量替换为其分配的质心，并对这些质心进行量化。作者将 16 层 Transformer 的规模缩小为原来的 4%，使模型只有 14MB，同时在 Wikitext-103（Merity et al，2016）基准测试中保留了 87% 的原始性能。

修剪和知识蒸馏减小了参数数量，以实现更快、更小的模型，而混合精度和量化则减小了每个参数的位数。

3.7.6　高效扩展 Transformer 推理

Pope et al（2022）描述了如何为 PaLM 实现低延迟和低成本推理（Chowdhery et al，2022）。他们的方法主要侧重于并行性和分片。由于设备的容量有限，因此有必要对权重进行分片。

图 3-15 展示了针对前馈网络的各种分片方案。其中包括沿每个矩阵的行或列进行一维和二维分片，以及在每次操作之前将所有权重聚集到每个设备上。权重和激活的聚集程度取决于它们的相对大小。有趣的是，在一个 1.5 数量级的系统中，两者都在不同程度上进行了部分聚集。

对于注意力分片，重点是优化 PaLM 的多查询注意力，它对所有头使用相同的键和值矩阵，将 K 和 V 矩阵减少了与头数量相等的系数。在处理提示时，注意力被分散到各个头，而在解码时，注意力被分散到批次维度。不过，为了与前馈网络中的分片兼容，必须在解码的开始位置和结束位置添加多对多操作。图 3-16 举例说明了这一点。

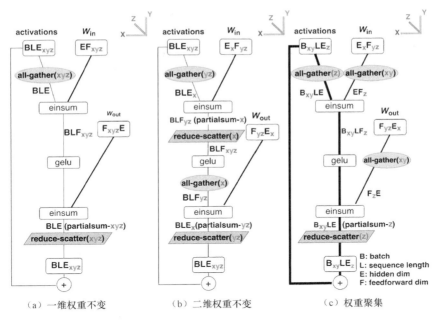

图 3-15 前馈网络的分区布局（图片来源：Pope et al，2022）

首先，经过优化的多查询关注能够在内存耗尽之前使用更长的上下文长度。其次，提出了将通信和计算重叠在一起的优化爱因斯坦求和（einsum）操作。然后，矩阵分片技术用于在块仍在传输时最大限度地提高计算效率。最后，利用 AQT 将权重量化为 INT8（Lew et al，2022）。

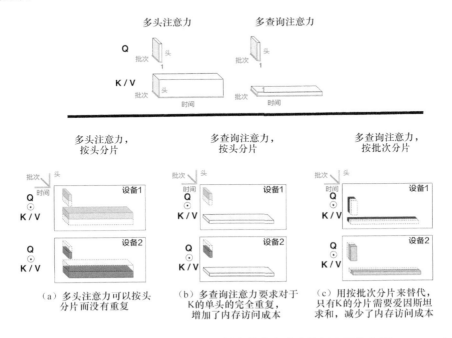

图 3-16 多查询注意力在批次分片时加载 K、V 缓存的内存成本较低（图片来源：Pope et al，2022）

3.8　小结

Transformer 架构给自然语言处理领域带来了革命性的变化，并已成为机器翻译、文本生成和情感分析等自然语言处理任务的标准。

本章深入探讨了 Transformer，包括其构建模块（如编码器-解码器架构和位置嵌入），以及提高其性能和效率的技术（如高效注意力和推理优化）。

随着自然语言处理领域研究的不断发展，预计 Transformer 将继续在推动研究进展和取得最新成果方面发挥重要作用。通过本章讨论的技术，从业者和研究人员可以继续完善和优化 Transformer，以满足自己的需求。

第4章

预训练目标和解码策略

完全监督学习在目标任务的输入输出样本数据集上训练模型，长期以来这一直是包括自然语言处理在内的许多机器学习任务的主要内容。然而，由于相关数据集的不确定性，早期的自然语言处理模型严重依赖特征工程，即研究人员或工程师利用他们的领域知识从原始数据中定义和提取显著特征。

随着神经网络模型的出现，重点开始转向架构工程，即通过设计有利于学习显著特征的合适网络架构来提供归纳偏置。然而，从 2017 年到 2019 年，相关标准转向预训练和微调范式，即在大型数据集上将具有固定架构的模型作为语言模型进行预训练，在此过程中首先学习所建模语言的强大通用特征。然后利用特定任务的目标函数，针对特定下游任务对预训练模型进行微调。

从 2021 年开始，一种名为"预训练、提示和预测"的新范式崭露头角，即在文本提示的帮助下，重新制定下游任务，使其看起来更像在原始语言模型训练过程中解决的任务。通过选择适当的提示，单个预训练的语言模型可用于解决大量任务，有时甚至不需要额外的特定任务训练。不过，这种方法使得提示工程成为必要，即找到最合适的提示，让语言模型能够解决当前的任务。

大语言模型的出现是自然语言处理领域的重大发展。第一代大语言模型（包括 BERT、BLOOM、GPT-1 至 GPT-3）是在大型、无标签的文本语料库中进行预训练的。这种方法使这些模型能够捕捉广泛的语言模式和特征。这一代大语言模型在 PaLM、Chinchilla 和 LLaMA 中达到了顶峰。

最近，我们看到了第二代大语言模型。这些模型在有标签的目标数据上进行微调，使用带有人类反馈的强化学习或传统的监督学习目标。InstructGPT、ChatGPT、Alpaca 和 Bard 是第二代大语言模型的一些知名例子。更重要的是，大语言模型的未来在于它们学习和处理多模态数据的能力，使其能够在图像、音频、视频、三维点云和其他形式的数据中理解语言。

在本章中，我们将讨论语言模型中使用的各种预训练目标和解码策略。首先，本章将研究预训练中使用的不同模型架构。其次，深入讨论可用于训练这些模型的不同预训练目标。然后，探讨近年来出现的各种具有代表性的语言模型。这将包括对该领域最成功和广泛使用的一些语言模型的详细研究。最后，讨论可用于从这些模型生成文本的一些解码策略。总之，本章旨在全面概述预训练语言模型中使用的不同技术，以及如何利用这些技术来生成自然语言文本。

4.1 模型架构

1. Transformer

Transformer 架构是现代语言模型的基石，几乎所有最先进的大语言模型都基于这种架构（Vaswani et al，2017）。在自然语言处理应用中，Transformer 将词元作为输入并输出预测结果。然而，Transformer 架构有许多变体，其中一个主要区别是应用于输入的掩蔽模式。这些模式是模型进行预测的上下文信息。

2. 编码器–解码器

Transformer 架构由编码器和解码器组成。首先，编码器接收输入词元序列，并输出与输入长度相同的向量序列。其次，解码器以编码器的输出为条件进行调整，逐个词元自动回归预测目标词元序列。这种调整是通过解码器每个模块中的交叉注意力层实现的，让它能注意编码器的输出。为了防止模型在预测输出序列时注意未来的词元，解码器中的自注意力层采用了因果掩蔽模式。这种架构通常被称为编码器-解码器（Encoder-Decoder，ED），并被用于著名的预训练语言模型，如 BART（Lewis et al，2019a）和 T5（Raffel et al，2020）。T5 最近被用作 T0 模型的基础（Sanh et al，2021），该模型利用大规模多任务微调来实现强大的零样本泛化，性能优于仅解码器模型一个数量级。

3. 仅因果解码器

基于 Transformer 架构的语言模型的一个流行变体是仅因果解码器（Causal Decoder-only）架构，它广泛应用于当前先进的大语言模型，如 GPT 系列（Radford et al，2019；Brown et al，2020；OpenAI，2023a）以及其他模型（Zeng et al，2021；Smith et al，2022；Hoffmann et al，2022a）。与原始编码器-解码器架构不同，仅因果解码器模型没有独立的方法来处理或以不同的方式表征输入和输出序列。换句话说，所有词元都以相同的方式进行处理，并且由于采用了因果掩蔽模式，调整仅基于过去的词元。这从本质上削弱了调整文本的表征，但同时也产生了一个更简单的架构，适用于标准的自回归下一步预测预训练目标。术语"因果"（causal）是指模型只能基于前面的上下文生成词元，而不是基于未来的上下文生成词元。

4. 非因果仅解码器

在仅解码器模型中，构建更丰富的输入/调整文本的非因果表征的一种方法是修改所使用的注意力掩蔽。这种修改包括改变自注意力掩蔽模式，使得输入序列中与调整信息相关的区域具有非因果掩蔽，从而使该区域的注意力不限于过去的词元，就像在编码器-解码器架构的编码器中看到的那样。这种方法被称为非因果仅解码器（Non-causal Decoder-only，ND）或前缀语言模型（PrefixLM），最初由 Liu et al（2018b）引入，后来由 Raffel et al（2020）和 Wu et al（2021）发展为架构变体。尽管非因果仅解码器模型的单任务微调的性能几乎与编码器-解码器模型相当，但采用 ND 方法的文献却很少。

5. 仅编码器

值得一提的是，还有一个常见的架构变体，即仅编码器（Encoder-only）模型。该模型基于 Transformer 编码器层的堆叠，是广泛使用的 BERT（Devlin et al，2018）及其变体的基础。但是，该架构的局限性之一是，它只能生成与输入相同数量的词元。正如 Tamborrino et al（2020）指出的那样，这种局限性极大地限制了它的实用性，并且很少在零样本设置中使用。

6. 中间相遇

Nguyen et al（2023）提出了一种新的预训练方法——中间相遇（Meet in the Middle，

MiM），该方法使用双向语言建模（Bidirectional Language Modeling，BLM）方法。为了训练 MiM（Masked Infilling Model，掩蔽填充模型），在共享解码器架构中使用了两个解码流。前向语言模型和后向语言模型生成相反方向的词元。前向语言模型根据前缀及其生成的词元预测下一个词元，而后向语言模型根据后缀及其生成的词元预测上一个词元。预训练使用标准语言建模损失和协议正则化器相结合的方法，在大型文本语料库中对这两个模型进行联合训练。预训练完成后，前向语言模型用于替代现有的自回归语言模型。后向语言模型既可以丢弃，也可以用于填充等相关任务。与使用掩蔽语言建模来预测掩蔽单词的 BERT 式编码器相比，MiM 像双向 LSTM 一样从两个方向（从左到右和从右到左）处理序列。不过，MiM 的目标不是将前后两个方向的隐藏状态连接起来，而是利用正则化器在两个方向之间寻找一致性。Nguyen 等的研究表明，这种方法可以在多个语言建模基准上获得最先进的结果。与传统的双向 LSTM 相比，MiM 具有一些优势。例如，由于前向和后向解码器是共享的，因此没有额外的参数开销。此外，如果有足够的并行性，它甚至可以比传统的双向 LSTM 的处理速度更快，因为两个模型可以完全一致，这意味着每个模型只需要自回归生成一半的序列。总之，MiM 是预训练语言模型的一个很有前途的新方向，因为它在预训练过程中利用了全序列信息，并在推理过程中利用了双向的上下文。图 4-1 举例说明了这一点。

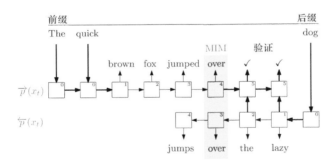

图 4-1　MiM 的填充推理过程图示（图片来源：Nguyen et al，2023）

7. 不同架构之间的比较

仅解码器和仅编码器架构之间的相似之处在于它们的自回归性质和预测下一个词元的目标，对于采用仅解码器架构的模型，它们使用的是输入到目标或仅目标范式，而对于采用仅编码器架构的 BERT 式模型，它们使用的是位置掩蔽语言建模。然而，应该注意的是，仅编码器模型的生成能力受到更多限制，通常需要为下游任务添加特定任务分类头。由于这些分类头的烦琐，不建议继续使用自动编码模型，它们在某种程度上已被弃用。可能存在例外情况，例如使用特定任务的分类头进行回归或提高效率。但是，我们总是可以从编码器-解码器架构开始，并在需要时移除解码器，没有充分的理由使用仅编码器模型。因此，主要考虑的应该是仅解码器架构和编码器-解码器架构。仅解码器模型和编码器-解码器模型之间的区别并不总是很明显。虽然仅解码器模型与编码器-解码器模型有相似之处，但它们并不完全相同。从归纳偏置的角度来看，它们有几处不同。编码器-解码器模型使用不同的参数来独立处理输入和目标，这就造成了模型的稀疏性。相比之下，仅解码器模型将输入和目标串联起来，逐层同时构建它们的表征。此外，编码器-解码器模型具有连接输入和目标词元的交叉注意力组件，而仅解码器模型通常只考虑完全处理过的编码器输入。尽管存在这些细微的差异，但仅解码器模型和编码器-解码器模型的归纳偏置可能非常相似。一个关键的区别是，当计算量相当时，编码器-解码器模型的参数数量往往是仅解码器模型的两倍左右。

4.2 预训练目标

预训练过程是开发大语言模型的关键步骤。在预训练过程中，模型将在一个无标签的大型数据集上使用自我监督进行训练。

1. 标准语言建模

GPT-2（Radford et al，2019）、GPT-3（Brown et al，2020）、GPT-4（OpenAI，2023a）等大型仅解码器模型常用的预训练目标之一是自回归语言建模。经过训练，该模型能根据前一个词元来预测下一个词元。这种方法已被许多其他先前的研究采用（Wu et al，2021；Rae et al，2021）。

2. 前缀语言建模

对于编码器-解码器模型和非因果仅解码器模型，可以使用前缀语言建模（Prefix Language Modeling，PLM）来执行语言建模。这种方法通过定义前缀进行非因果调整。对模型进行训练，以预测前缀之外的每个词元，同时考虑到前面的所有词元。这一预训练目标被称为前缀语言建模。

3. 掩蔽语言建模

掩蔽语言建模（Masked Language Modeling）是另一个预训练目标，包括首先用特殊的掩蔽词元替换输入文本中的词元或词元跨度，然后对模型进行训练，以预测缺失的词元。BERT（Devlin et al，2018）是词元掩蔽语言建模的一个例子。Raffel et al（2020）引入了此目标的一个变体——跨度损坏（Span Corruption），即使用哨兵词元来标记输入中随机长度较短的掩蔽跨度。该模型的任务是预测哨兵词元及其各自的预测内容。同样，损坏文本重建（Corrupted Text Reconstruction，CTR）方法旨在通过仅计算输入句子中噪声部分的损失来恢复已处理文本的原始未损坏版本。与之不同的是，全文重建（Full Text Reconstruction，FTR）方法旨在通过计算完整输入句子的损失来重建整个文本，而不论它是否包含噪声（Lewis et al，2019a）。

完整语言建模、前缀语言建模和掩蔽语言建模的区别如下。

完整语言建模：Attention is <u>all you need</u>
目标

前缀语言建模：Attention is <u>all you need</u>
目标

掩蔽语言建模：Attention is all <u>you need</u>
目标

4. 中间填充

Bavarian et al（2022）证明，自回归语言模型能够通过对数据集应用简单转换来填充序列中的文本。具体来说，它们将一段文本从文档中间移动到文档末尾。尽管这种数据增强技术最近备受关注，但 Bavarian 等提供的证据表明，在以这种方式转换的大部分数据上训练模型不会损害原始的从左到右生成能力。他们通过评估各种尺度的困惑度和采样来衡量这一点。

这种技术的动机是使生成式语言模型能够在序列中间而不仅仅是序列末尾输出文本。例如，OpenAI 公司试图在光标所在的位置而不仅仅是在函数的末尾建议代码。为实现这一目标而提出的方法是中间填充（Fill-In-the-Middle，FIM）训练，即随机将上下文划分为"前缀""中间"和"后缀"3 个部分，预期长度相等。然后，Bavarian 等在每个部分前面附加 <pre>、<mid>、<suf> 词元，并在中间部分的末尾附加 <eot> 词元。这些子序列按照前缀→中间→后缀的顺序连接在一起，然后在这个修改过的序列上进行正常的自回归训练。

有趣的是，只要偶尔显示原始序列顺序，这种方法甚至对常规自回归评估也很有效。这就是所谓的"FIM-for-free"特性。Bavarian 等解释说，在每个子序列中，自回归训练仍在进行，但目标更难实现，因为生成的中间部分需要连接到已知的末尾。这篇论文的重点不是简单地提高性能指标，而是为生成式语言模型添加一种新的定性功能，而这种能力基本上是免费的。

5. 混合去噪器

UL2（Tay et al，2022c）是一种用于预训练模型的综合方法，它在各种数据集和配置上表现良好。它采用了名为混合去噪器（Mixture-of-Denoisers，MoD）的预训练目标，结合了多种预训练范式。UL2 使用的核心掩蔽策略有 R 去噪、S 去噪和 X 去噪。R 去噪涉及掩蔽文本的跨度，而 S 去噪涉及补全缺失的文本。X 去噪是一种"极端"形式的跨度掩蔽，它可能涉及非常长或非常频繁的文本掩蔽。

此外，为了使模型能够处理不同类型的噪声，UL2 为每个输入引入了一个"范式"词元，表明输入是 R 去噪、S 去噪还是 X 去噪任务（Tay et al，2022c）。

通过监督微调和单样本评估，对 UL2 与其他模型的性能进行了比较。在仅解码器模型方面，发现跨度损坏是监督微调的最优模型，而 UL2 则是单样本评估的最优模型。然而，最优模型和次优模型之间的差异并不明显。在编码器-解码器模型方面，UL2 始终优于跨度损坏。

6. MiM 建模

在 MiM 中，推荐的方法是使用两种用于仅解码器的语言模型。这些模型共享所有参数，经过训练后可分别在前向和后向预测下一个词元和上一个词元。前向语言模型（表示为 $\vec{p}$）经过训练，可在前向预测下一个词元 x_1，x_2，$\cdots$，而后向语言模型（表示为 $\overleftarrow{p}$）经过训练，可在后向预测上一个词元 x_N，x_{N-1}，$\cdots$。

$$\sum_{x \in S}\sum_{i=1}^{|x|} -\log(\vec{p}(x_i \mid x_{<i})) - \log(\overleftarrow{p}(x_i \mid x_{>i})) + \beta D_{i,x}^{TV}(\vec{p} \parallel \overleftarrow{p}),$$

$$D_{i,x}^{TV}(\vec{p} \parallel \overleftarrow{p}) = \frac{1}{2}\sum_{z \in V} |\vec{p}(z \mid x_{<i}) - \overleftarrow{p}(z \mid x_{<i})|$$

在给定 x_1，x_2，$\cdots$，x_{t+1} 的情况下，x_t 的可能性由 $\vec{p}$ 最大化，而 $\overleftarrow{p}$ 被训练为在给定 x_N，x_{N-1}，$\cdots$，x_{t+1} 的情况下最大化 x_t 的可能性。在训练过程中，会使用一个自然协正则化项（co-regularization term）来提高数据处理效率。该术语鼓励 $\vec{p}$ 和 $\overleftarrow{p}$ 就每个词元的词表上的预测

概率分布达成一致。总变异距离用于衡量两个模型在第 i 个词元上的分歧。协议正则化器（agreement regularizer）是这些距离在所有句子和词元上的总和。这种正则化器有双重好处。首先，它可以为模型提供更密集的监督信号，提高数据处理效率，帮助训练出更好的自回归语言模型；其次，它鼓励模型在预测上达成一致。序列数据集 S 的完整训练损失是给定 $x_{<i}$ 和 $x_{>i}$ 时 x_i 的两个概率的负对数之和，在实验中协议正则化器的超参数 β 设置为0.1。经过预训练，前向语言模型 $\vec{p}$ 可以直接用作从左到右的自回归语言模型。

4.3　具有代表性的语言模型

1. BERT 模型

BERT（Devlin et al，2018）是 Bidirectional Encoder Representations from Transformers 的缩写形式，是 Google 公司的研究人员于 2018 年开发的一个预训练深度学习语言模型。BERT 模型利用多层自注意力来生成句子中单词的表征，以及子词表征和表征句子开头的 [CLS] 词元。BERT 模型的目标是双重的：掩蔽词预测和下一句预测。

BERT 模型使用由 BooksCorpus 和英语维基百科组成的训练数据集。为了实现掩蔽词预测，该模型通过将 80% 的输入词替换为 [MASK] 词元，将 10% 替换为随机字，保持 10% 不变，从而预测掩蔽词。

除了掩蔽词预测之外，BERT 模型还进行连续句子预测训练，即把两个句子分为连续句子或不连续句子。模型在这方面的训练数据包括 50% 的 OpenBooks 数据，这是一个大型图书数据集。

2. RoBERTa 模型

超参数优化和数据选择在训练高效的自然语言处理模型方面起着关键作用。其中一个模型是 RoBERTa，它基于流行的 BERT 模型。Liu et al（2019）引入了 RoBERTa，并对 BERT 模型的训练方法提出了若干修改意见，以取得更好的效果。

RoBERTa 模型具有与 BERT 模型相同的架构，但它的训练时间更长，批量更大，学习率更高。此外，RoBERTa 在训练过程中放弃了句子预测目标，这减少了训练所需的数据量。

Liu 等在 BooksCorpus 和英语维基百科上对 RoBERTa 进行了训练，这是一个为模型提供广泛自然语言样本的数据集。通过这种训练方法获得的经验结果表明，与原始 BERT 模型相比，RoBERTa 模型有了显著的改进，这证明了他们提出的修改方法的有效性。

3. ELECTRA 模型

基于分布的辨别（distribution discrimination）是用于机器学习模型的一种训练技术，可以提高效率和准确率。Clark et al（2020）创建的 ELECTRA 模型是利用该技术的语言模型例子之一。

ELECTRA 模型使用与流行语言模型 BERT 相同的架构，其目标是从语言模型中对单词进行采样，然后尝试区分哪些单词被采样。这种方法使 ELECTRA 模型能够更高效地进行训练。

用于训练 ELECTRA 模型的数据与用于训练 BERT 模型的数据相同，或者也可以用 XL-Net 模型（稍后介绍）来训练更大的模型。

在 ELECTRA 模型中使用基于分布的辨别的结果令人印象深刻，它表明，与其他模型相比，ELECTRA 模型的训练效率更高。这是因为 ELECTRA 模型可以识别哪些单词对分类任务更重要，并在训练过程中重点学习这些单词。

4. XL-Net 模型

XL-Net 模型由 Yang et al（2019）提出，与 BERT 模型有许多相似之处，但其旨在包含更长的上下文，以便生成更准确的预测结果。

XL-Net 模型的工作原理是按顺序预测单词，但有一点小变化：顺序每次都会改变。此方法使模型能够捕捉到有关上下文的更多信息并生成更多样化的输出结果。为了实现这一目标，XL-Net 模型使用一种基于排列的自回归方法，这意味着该模型在预测句子中的下一个单词时，不仅要考虑之前的所有单词，还要考虑它们的不同顺序。

XL-Net 模型是在一个包含 39B 个词库的庞大数据集上进行训练的，这些词库来自图书、维基百科和网络等文本。通过使用如此庞大而多样化的数据集，XL-Net 模型可以捕捉到语言的复杂性，并提高其根据上下文生成相应预测结果的准确性。

5. DeBERTa 模型、Albert 模型和 DistilBERT 模型

DeBERTa 模型由 He et al（2020）提出，是一个基于 Transformer 的语言模型，以其独特的注意力机制而著称。DeBERTa 模型采用"解开注意力"（disentangled attention）机制，将相对位置和内容分开处理。这使模型能够更好地理解输入序列中各元素之间的关系，从而提高性能。此外，DeBERTa 模型还采用绝对位置嵌入技术，将其添加到模型末尾，为模型提供额外的位置信息。该模型的目标是掩蔽语言建模，即预测句子中缺失的单词。DeBERTa 模型还使用正则化技术对输入嵌入进行扰动，以增强模型的泛化能力。

DeBERTa 模型是在由来自维基百科、Reddit 和 Common Crawl 子集的 78GB 文本组成的大型数据语料库上训练的。该模型在 SuperGLUE 和紧凑型预训练模型基准测试中取得了一流的性能。

但是，训练和部署大型模型的计算成本很高。为了解决这个问题，研究人员开发了更小、更有效的模型，如 ALBERT 模型（Lan et al，2019）和 DistilBERT 模型（Sanh et al，2019）。ALBERT 模型实现了更小的嵌入和跨所有层的参数共享，而 DistilBERT 模型则训练一个模型以匹配原始 BERT 模型的分布。这些模型在大幅降低计算成本的同时，还具有令人印象深刻的性能。

6. GPT-2 模型和 GPT-3 模型

自回归语言模型为自然语言处理领域带来了革命性的变化，并被广泛应用于文本生成和提示。这些模型的两个突出例子是 GPT-2 模型（Radford et al，2019）和 GPT-3 模型（Brown et al，2020）。

GPT-2 模型是一个拥有 1.5B 个参数的从左到右的 Transformer，它以标准语言建模为目标，在 WebText 数据集中的数百万个网页上进行训练。该模型在生成长文本、完成零样本任务方面表现出令人印象深刻的能力，并已成为易于使用的开源工具。

GPT-3 模型是一个功能更强大的从左到右的 Transformer，拥有高达 175B 个参数，它以相同的标准语言建模为目标，在来自 Common Crawl 的超过 1 万亿个单词的庞大数据集上进行训练。该模型进一步扩展了自回归语言模型在生成长文本和完成零样本任务方面的能力，取得了显著的成果。

GPT-2 模型和 GPT-3 模型都是自然语言处理进步的典范，它们的开源性质使其可以广泛应用于各种应用。凭借在生成文本和完成任务方面令人印象深刻的能力，这些模型将继续为自然语言处理领域带来革命性的变化。

7. PaLM

PaLM 模型（Chowdhery et al，2022）是一个新颖的 Transformer，它与标准配置不同，采用了仅解码器配置，并引入一些修改来提高性能。该模型在其多层感知器中间激活中加入了 SwiGLU 激活，与传统的 ReLU、GeLU 或 Swish 激活相比，质量得到显著提高。这种修改通过引入非线性函数，利用加权门控机制有选择地将信息传递到下一层，从而增强学习过程。

此外，PaLM 模型在每个 Transformer 模块中采用并行方式，而不是传统的序列化方法，从而使大规模训练速度提高了约 15%。这一修改使大规模模型的训练变得更加高效，对依赖大语言模型的应用具有重要的实际意义。

另外，PaLM 模型使用了多查询注意力，这有助于降低与自回归解码相关的成本。通过同时处理多个查询，该模型可以有效地生成长序列的预测结果，从而提高生成文本的质量。

PaLM 模型还采用 RoPE 嵌入来代替绝对位置嵌入或相对位置嵌入，以更好地处理长序列。RoPE 嵌入利用周期函数对位置信息进行编码，使 PaLM 模型能够更好地捕捉长程依赖关系，提高生成文本的质量。

为了提高大型模型的训练稳定性，PaLM 模型共享输入和输出嵌入矩阵，并且在密集内核或层范数中不使用偏置。这一修改可确保模型能够在大规模数据集上更稳健、更高效地学习。

最后，PaLM 模型使用具有 256k 个词元的 SentencePiece 词表，以支持训练语料库中的多种语言，同时避免过度分词。总之，与原始 Transformer 架构相比，PaLM 模型的修改和优化提高了性能，并且缩短了训练时间。

8. OPT 和 BLOOM

"Open Pre-trained Transformer Language Models"（Zhang et al，2022b）论文介绍了 Meta 公司的开源 GPT-3 替代方案——OPT 模型，该方案拥有 175B 个参数，性能同样出色。不过，该论文也强调了训练如此规模的模型所需的惊人难度和手动工作。

由于硬件故障，OPT 团队不得不进行 35 次手动训练重启，并执行集群诊断检查。他们还必须清理大量数据，并进行语料库特定的预处理。他们采取的一种有趣的方法是只提取 Reddit 帖子的顶部评论线索，使页面看起来更像一个连贯的文档。

Meta 公司的团队遇到了几次挫折，不得不恢复到旧的检查点，并在训练过程中多次降低学习率。他们甚至在中途尝试从 AdamW 切换到随机梯度下降（Stochastic Gradient Descent，SGD），最终决定切换回来。此外，他们在训练过程中升级了 Megatron 版本，并观察到吞吐量有所提高。

学习率、批量大小和模型参数的趋势在 30B 个参数之前是一致的，但在 175B 个参数时基本相反。这些挑战表明，深度学习的未来正朝着更多的"即服务"（as-a-Service）解决方案的方向发展，因为训练这种规模的模型需要分布式系统，而大多数组织可能并不具备这种系统。即使采用了开源的检查点，但对许多人来说，在无法放入 GPU 内存的模型上运行推理仍然是一项艰巨的任务。

OPT 团队的论文还提出了对可重复性问题的担忧，因为在训练运行过程中需要人工干预，而且此类运行的持续时间较长，使得受控比较具有挑战性。这凸显了在深度学习中改进可重复性实践的必要性。

总之，OPT 团队的论文揭示了训练如此规模的模型所需的巨大努力以及与可重复性相关的挑战。

BLOOM（Scao et al，2022）是另一个提供大语言模型的开源项目。该项目由 Hugging Face 托管，并提供可针对各种自然语言处理任务进行微调和定制的预训练模型。BLOOM 还提供专门为低资源语言设计的模型，这使其成为使用非主流语言的研究人员和开发人员的宝贵资源。

OPT 和 BLOOM 等开源大语言模型的出现，使高级自然语言处理工具的获取变得更加平民化。对于希望探索自然语言处理可能性的研究人员、开发人员和爱好者来说，这些模型是很好的资源。有了这些模型，现在就有可能开发出大多数人曾经无法企及的创新解决方案。开源社区仍在不断发展壮大，我们可以期待自然语言处理领域未来会有更多令人兴奋的发展。

9. GPT-4 模型

人工智能技术的发展迅速，GPT-4 模型（OpenAI，2023a）是 GPT 家族的最新成员。GPT-4 模型在 GRE 数学和口语部分的表现令人印象深刻，在某些情况下甚至优于人类。此外，GPT-4 模型不仅在预训练目标中，而且在各项下游任务中都表现出指数级增长，克服了困扰以前大语言模型的一些逆比例行为。与其前身 GPT-3 模型相比，GPT-4 模型的错误率降低了超过 50%。

虽然 GPT-4 模型的优势在于其理解英语的能力，但它在其他几种语言中也表现出色，尤其是那些数据量较大的语言。有趣的是，与从 GPT-3 模型升级到 GPT-4 模型相比，通过人工反馈训练 GPT-4 模型能带来更显著的性能提高。不过，输出概率不再像以前那样经过校准。

GPT-4 模型可以根据 OpenAI 公司的决策标准识别何时应该拒绝回答问题。此外，GPT-4 模型处理图像的能力也是一项重大发展。

尽管 GPT-4 模型的成就令人兴奋，但也有人对 OpenAI 公司缺乏透明度表示担忧，认为该公司不再像它曾经声称的那样"开放"。无论如何，不可否认的是，GPT-4 模型是人工智能领域的一项非凡成就，它有可能彻底改变这一领域。

4.3.1　探索新兴的语言模型动物园

在早期，llamas 一词仅指南美洲的骆驼科动物，而来自半人马座阿尔法星的毛茸茸的小生物也被确定为骆驼科动物。然而，随着技术的进步和动物王国的扩张，现代世界已经发生了重大变化。今天，南美洲骆驼科存在多个品种，包括美洲驼（Llama）、羊驼（Alpaca）和骆马（Vicuna）。此外，1996 年第一只克隆哺乳动物"多莉"的诞生标志着科学界的一个重要里程碑。随后，模仿克隆羊的人工智能程序应运而生。

1. LLaMA 模型

LLaMA（Large Language Model Meta AI）（Touvron et al，2023）是一个前沿的基础大

语言模型，旨在促进人工智能子领域研究人员的进步。通过采用像 LLaMA 这样的更小但更高效的模型，可以让那些缺乏足够基础设施来探索这些模型的研究人员有更多机会接触到这些模型。这种方法在让大众进入这一关键和快速发展的领域发挥了重要作用。

LLaMA-13B 模型已被证明可以与原始 175B 个参数的 GPT-3 模型相媲美，而 LLaMA-65B 模型可与其他备受推崇的模型相竞争，如 Chinchilla-70B（Hoffmann et al，2022b）和 PaLM-540B（Chowdhery et al，2022）。这些结果凸显了 LLaMA 模型对人工智能研究的重大贡献。

LLaMA 模型的独特之处在于，它们完全基于公开数据而非专有的大型技术数据集进行训练。虽然 Touvron 等的模型配置似乎很典型，包括 Pre-LN（Xiong et al，2020）、SwiGLU 激活（Shazeer，2020）、旋转位置嵌入（Su et al，2021）、AdamW 优化器（Loshchilov and Hutter，2017）以及余弦学习率计划，但他们采用了一些有效的技术来扩大规模和节省计算量。

LLaMA 模型使用模型和序列并行、来自 xformers 库的高效注意力实现以及梯度检查点，并始终保存线性层的输出。据报道，他们的训练速度为每秒 380 个词元，模型的吞吐量约为 148.2 TFLOP，MFU 约为 47.5%，这虽然不错，但并不具有突破性。

通过对在各种任务中的表现进行评估，LLaMA 模型与目前的技术水平相当。它们在数学问题上落后于 Minerva 模型，在 MNLU 上落后于 PaLM 模型（Lewkowycz et al，2022），但它们有时在代码生成、琐事问答和阅读理解方面表现更好。

值得注意的是，训练 LLaMA 模型需要大约 1GWh 的电力，排放 300 t 二氧化碳。按照 Meta 公司的规模，他们还花费了大约 200 万美元（约合 1459 万元），这还不包括所有的原型设计。有趣的是，与 LLaMA 模型相关的论文几乎没有什么突出之处。目前还不清楚为什么 LLaMA 的小型模型与大型模型性能差不多。

尽管如此，对于所有学习大语言模型或试图避免为 OpenAI 公司的产品付费的人来说，LLaMA 的公开模型都是一个很好的起点。总之，LLaMA 模型的举措有助于让人们更容易获得高质量的语言模型，并推动自然语言处理领域的发展。

2. Alpaca 模型

最近，斯坦福大学的一个研究团队利用 GPT-3.5 模型创建了一个包含 52 000 多个指令样本的数据集。他们使用该数据集对 LLaMA-7B 模型进行了微调，最终创建了一个名为 Alpaca 的强大指令跟踪模型（Taori et al，2023）。

虽然这项研究仍处于早期阶段，而且更多是以博客文章而非完整论文的形式呈现，但 Alpaca 模型的初步能力展示令人印象深刻。这一发展符合使用语言模型来增强其他语言模型训练的增长趋势。就 Alpaca 模型而言，研究团队生成了指令调整样本，从而优化了 LLaMA-7B 模型。

这种人工智能改进人工智能的正反馈循环正变得越来越突出，我们在评估反应、优化超参数和生成编码示例方面也看到了类似的应用。随着这一趋势的继续，我们有望在人工智能和机器学习领域取得更大的突破。

3. Vicuna 模型

Vicuna-13B（Chiang et al，2023）是一个开源聊天机器人，由一个受 LLaMA 和 Alpaca 项目启发的团队开发。他们在从 ShareGPT 网站收集的用户共享对话的基础上引入增强型数据集和可扩展的基础设施，对 LLaMA 基础模型进行了微调。因此，与 Alpaca 等其他开源模型相比，Vicuna-13B 模型的性能更具竞争力。

具体来说，该团队首先从 ShareGPT 网站收集了大约 70k 条对话，用户可以在其中分享他们的 ChatGPT 对话。然后，他们改进了 Alpaca 模型提供的训练脚本，以便更好地处理多轮对话和长序列。该团队在短短一天内在 8 个 A100 GPU 上使用 PyTorch FSDP 训练模型。为了演示服务，他们实现了一个轻量级的分布式服务系统。通过创建一组 80 个不同的问题并利用 GPT-4 模型来判断模型输出，进而对模型的质量进行评估。为了比较不同的模型，他们将每个模型的输出组合成每个问题的单个提示，并将其发送到 GPT-4 模型。然后，GPT-4 模型评估了哪个模型提供的回答更好。

4. Dolly2 模型

Dolly2（Databricks，2023）是一个遵循指令的大语言模型，最近以开源软件的形式发布。Dolly2 模型使用由人工生成的高质量指令组成的新数据集进行微调。该数据集名为 databricks-dolly-15k，其中包含 15 000 个提示/应答，专门用于调整大语言模型以遵循指令。该数据集采用 Creative Commons Attribution-ShareAlike 3.0 Unported License 许可证，允许任何人出于任何目的（包括商业应用）使用、修改或扩展该数据集。训练记录自然而富有表现力，涵盖了从头脑风暴和内容生成到信息提取和摘要的广泛行为。

Dolly2 模型背后的公司 Databricks 免费提供整个软件包，包括数据集和模型权重。这意味着企业和组织可以创建和定制自己强大的大语言模型，这些模型能够与人对话，而无须支付 API 调用费用或与第三方共享数据。

4.4 解码策略

现代神经网络彻底改变了自然语言文本的生成，提供了一种前景广阔的新方法。该领域最初的研究重点是开发各种架构。然而，最近的研究表明，用于从模型生成字符串的解码策略可能与架构本身同样重要，甚至更重要。事实上，在自然语言生成领域中，选择输出词元的方法在决定生成文本的质量和人性化方面起着至关重要的作用。正如 Stahlberg and Byrne（2019）和 Eikema and Aziz（2020）所报告的那样，用最大似然目标训练的概率神经文本生成器生成的最可能的字符串通常不似人类语言或质量不高，这些证据都支持了这一观点。鉴于这些发现，研究人员提出了许多解码策略，声称可以生成比竞争对手更理想的文本。选择输出词元的两种主要策略是 top-k 采样和 top-p 采样。

语言模型的工作原理是将输入和输出文本视为词元字符串来处理。系统会生成一个概率分布，以确定下一个要输出的词元，同时考虑到之前输出的所有词元。对于像 ChatGPT 这样由 OpenAI 公司托管的系统，服务器会根据概率分布对词元进行采样，采样过程具有一定的随机性，这可能会导致对同一文本提示给出不同的响应。

具体来说，语言模型是一种神经网络，旨在解决由不重复的词元组成的词表的分类问题。语言模型的主要目标是生成给定单词序列中对下一个单词的概率分布。为了实现这一目标，语言模型利用一个 logit 向量，用 $z = (z_1, z_2, \cdots, z_n)$ 表示，其中包含词表中每个单词的得分。然后，通过对 logit 应用 softmax 函数，利用这些得分计算出一个概率向量，由 $q = (q_1, q_2, \cdots, q_n)$ 表示。

$$q_i = \frac{\exp(z_i / T)}{\sum_j \exp(z_j / T)}$$

softmax 函数是一个数学函数，它以实数向量作为输入，生成该向量元素的概率分布。给定元素 i 的 softmax 函数的输出计算方法是：取相应 logit 的指数值除以温度参数 T，然后除以所有 logit 的指数值之和。温度参数 T 是控制概率分布锐度的标量。当 T 较小时，softmax 函数的输出峰值将会更高；当 T 较大时，softmax 函数的输出峰值将会更加均匀。

通过将 softmax 函数应用于这些 logit，语言模型能够根据候选词的指数值对网络每个时间步的候选词进行归一化处理。这种归一化处理可确保网络输出全部介于 0 和 1 之间，且总和为 1，而这正是生成有效概率分布所必需的。这种规一化过程对于语言模型有效运行至关重要，因为它允许语言模型预测词表中的每个可能的单词作为给定序列中下一个单词的可能性。

1. 贪心解码

贪心解码会在每个时间步选择概率最高的输出。但这种方法的缺点是无法纠正早期决策的错误。

贪心解码在每个步骤选择最有可能的输出，而不考虑该选择对后续决策的影响。尽管此方法计算高效且易于实现，但它并不总能生成最佳输出序列。更有效的方法是使用穷举搜索解码或束搜索（beam search），在每个时间步探索多种可能性，并考虑每个决策对未来的影响。在穷举搜索解码中，会探索所有可能的序列以找到最佳序列，而在束搜索中，则会探索有限数量的最有希望的序列。这两种方法的计算成本都很高，但可以产生比贪心解码更高质量的输出序列。

2. 束搜索

束搜索是一种搜索算法，由于其效率和在给定特定输入或上下文中生成最有可能的单词序列的能力，它在机器翻译任务中非常流行（Wu et al，2016）。它是一种探索多种可能性的算法，并根据称为束宽（beam size）的预定义参数保留最有可能的可能性。该算法已广泛应用于循环神经网络和 Transformer 等序列到序列的模型，通过探索不同的可能性来提高输出质量和计算效率。

以翻译为例，束搜索的核心思想是在解码器的每一步跟踪 k 个最可能的部分翻译，其中 k 是束宽。该算法计算最可能的选项，并创建得分最高的假设。然后，它会回溯以获得完整的假设。束搜索解码可以产生不同的假设，这些假设可能在不同的时间步长上具有词元。当一个假设产生一个序列结束词元时，该假设就完成了，因此将其放在一边，算法继续通过束搜索探索其他假设。

然而，束搜索不能保证找到最优解，但它比穷举搜索更有效。因此，将生成一个已完成假设的列表，然后选择得分最高且最符合任务要求的假设。此外，由于较长的假设得分较低，因此选择过程需要按长度对假设进行归一化处理，然后以此来选择得分最高的假设。尽管如此，束搜索仍是机器翻译任务中使用的一种有效算法，它可以在特定输入或上下文中探索多种可能性，以生成最有可能的单词序列。

3. 带温度的随机采样

随机采样是机器学习中用于生成一系列词元（如单词或字符）的常用方法。但是，使用随机抽样本身可能会偶然生成高度随机的单词，这在某些情况下可能并不可取。温度是一种基本技术，用于提高可能出现的词元的概率，同时降低不太可能出现的词元的概率。将温度值 T 增加到 1 以上，会使输出结果显得更加随机，而将温度值降低到 0 以下，则会使序列越来越像贪心采样。当 $T=1$ 时，则没有任何影响。

4. top-k 采样

top-k 策略（Fan et al，2018）是文本生成和对话式人工智能的强大工具，可以在多样性和对输出的控制之间取得平衡。通过在每个时间步选择 k 个最有可能的词元，并根据其概率随机选择其中一个，top-k 采样提供了一种从前 k 个词元的候选列表中采样的方法，让所有前 k 个词元都有机会被选为下一个词元。

top-k 策略之所以适合文本生成和对话式人工智能，是因为它既能生成多种输出，又能保持一定程度的可控制性。这可以通过选择数量有限的高概率词元来实现，从而确保生成的文本或回复具有连贯性并与上下文相关。

需要注意的是，k 值在 top-k 策略的有效性中起着至关重要的作用。k 值越小，选择的词元范围就越窄，从而产生更可预测和可控制的输出结果；k 值越大，选择的词元范围就越宽，从而产生更多样化但可能不那么连贯的输出结果。

5. top-p 采样

top-p 采样又称核采样（Holtzman et al，2019），是自然语言处理任务中涉及文本生成的一种常用技术。该方法选择一组累积概率超过某个阈值 p 的词元，然后根据它们的概率随机选择其中一个。由于这种方法可以更好地控制生成文本的多样性和流畅性，因此特别适用于语言建模和文本摘要等任务。

虽然 top-p 采样很有效，但谨慎设置阈值 p 也很重要。在实践中，p 通常设置为一个较高的值，如 80%，以限制可能被采样的低概率词元的长尾。此外，top-k 采样也可以与 top-p 采样结合使用，以进一步限制词元的选择。需要注意的是，top-p 采样总是在 top-k 采样之后应用。

总之，top-p 采样是生成兼顾多样性和流畅性的文本的强大工具。它的灵活性和细粒度控制使其成为自然语言处理任务的宝贵财富，并有可能继续成为该领域的流行技术。

6. 局部典型采样

随机方法（如核采样和 top-k 采样）比专注于寻找最有可能的选项的方法（如束搜索或贪心解码）更有效。然而，尽管大语言模型和小语言模型在文本上具有出色的困惑度，但它们生成的文本往往枯燥乏味、毫无新意。Meister et al（2022）利用信息论框架提出了解决这一问题的方法，以平衡趣味性或信息与可能性。他们提出了一种称为典型解码或典型采样的解码方案，该方案满足了平衡信息与可能性的概念。这种解码策略可以应用于多个领域，而且不需要更改语言模型的训练方式。Meister 等认为，根据应用的不同，最大似然抽样可能合适，也可能不合适。Meister 等在论文中提出，自然或机器翻译可能会受益于最大似然采样，但其他应用，如 Alphacode（竞争编程）或讲故事，可能需要在最大似然与多样性、趣味性或信息内容之间进行权衡。

人类倾向于平衡消息的可能性与信息内容。信息内容可以用其概率的负对数来衡量。可能性较低的消息所携带的信息量较大，而可能性较高的消息所携带的信息量较小。同样，句子中每个单词的信息量取决于前缀的条件对数概率。通信的目标是高效地传输信息，同时最大限度地降低沟通不畅的风险。但是，如果消息中包含太多低概率信息或违反语法规则，则可能会使接收方感到困惑。因此，发送方必须根据接收方的知识水平调整信息，以避免沟通不畅。

这些观察结果促使人们重新思考概率语言生成器的含义。Meister 等认为，在某些情况下，可以将此类生成器视为离散随机过程，从而定义典型性和典型集合。不过，由于这些生成器的模型与自然语言字符串的实际分布之间存在差异，因此不建议直接从典型集合中采样。这一方法的示例是祖先采样法（ancestral sampling）——一种不使用字符串结束状态的解码策略——以生成低质量文本而著称。基于对人类句子处理的研究，Meister 等定义了限制性更强的局部典型性概念，并认为在文本生成过程中遵循这一标准可以使文本看起来更"像人类语言"。

为此，Meister 等引入了一种称为局部典型采样的新算法。他们提出，为了使文本被认为是自然的，每个单词的信息内容都应该接近其在给定上下文中的预期值。从概率语言生成器中采样时，Meister 等建议将选项限制为遵循此属性的字符串。关于抽象摘要和故事生成的实验表明，局部典型采样减少了退化重复，生成的文本质量与人类语言相似。与核采样和 top-*k* 采样相比，使用局部典型采样生成的文本通常质量更高。

7. RANKGEN 模型

使用贪心解码或束搜索来生成高似然性、低困惑度的序列可能会导致文本枯燥乏味和重复。尽管 top-*k* 采样、核采样和局部典型采样等方法在一定程度上缓解了这些问题，但它们也可能产生不一致、事实错误或常识性问题的文本，正如 Massarelli et al（2019）和 Dou et al（2021）所指出的那样。

训练语言模型的挑战之一是它们依赖于"教师模型强迫"，其中模型被赋予基础事实前缀，并要求预测下一个词元。然而，在测试过程中，前缀可能包括模型生成的文本，这会导致解码过程中的错误传播（Bengio et al，2015）。这个问题再加上语言模型过于依赖局部上下文的观察（Sun et al，2021），导致生成的序列在更大的会话级上下文中缺乏连贯性或一致性（Wang et al，2022b）。

为了解决这个问题，Krishna et al（2022）提出了 RANKGEN 模型，这是一个有 1.2B 个参数的英语编码器模型，可将人工编写的前缀和模型生成部分映射到一个共享的向量空间。RANKGEN 模型根据生成部分与前缀的点乘积对生成部分进行排序，从而有效衡量给定前缀与来自任何外部语言模型的生成部分之间的兼容性。Krishna 等使用大规模对比学习训练 RANKGEN 模型，这可以促使模型生成更接近其黄金延续（gold continuation）且远离不正确的负面结果。这一目标考虑了两个序列而不是单个词元预测，这促使 RANKGEN 模型考虑前缀和生成部分之间的长程关系，而不仅仅是局部上下文。Krishna 等还设计了两种不同的策略来证明 RANKGEN 模型在提高生成文本质量方面的有效性。

研究人员已经开发了两种不同的策略来选择具有挑战性的负样本。实验表明，目前的大语言模型在使用困惑度对这些负样本进行处理时，无法将其与黄金延续区分开。第一种策略是 INBOOK，它从与前缀相同的文档中随机选择序列。这些人为编写的负样本是流畅的，可能会与部分主题或实体重叠，但作为前缀的延续，它们是不相关的。第二种策略是 GENERATIVE，它通过对给定前缀进行大量预训练来生成延续。与 INBOOK 负样本相比，这些负样本与前缀更相关，但存在幻觉和重复等问题。

虽然 RANKGEN 模型可用于对来自任何外部语言模型的全长样本进行重新排序，但将其作为评分功能集成到束搜索中，可以进一步提高生成质量。在 4 个大型预训练模型（34.5M 至 1.1B 个参数）和两个数据集上，自动和人类评估结果表明，RANKGEN 模型优于基于采样的方法（如核采样、局部典型采样和 top-*k* 采样）以及基于困惑度的重新排序（85.0 对 77.3 MAUVE，74.5% 的人类偏好核采样）。此外，RANKGEN 模型的性能优于较新的解码算法，如对比解码和搜索（针对维基百科数据集，是 89.4 对 84.9 MAUVE），这些算法是在 2022 年 5 月 RANKGEN 模型首次发布后引入的。由人类注释者（英语写作者）进行的定性分析表明，这些改进主要来自生成文本和前缀之间的相关性和连续性的增强。

8. 掩蔽预测

Ghazvininejad et al（2019）提出了一种在翻译模型中生成文本的替代方法。与仅解码器这种从左到右的语言模型不同，Ghazvininejad 等提出的模型使用了掩蔽语言建模目标。该目标可训练编码器-解码器架构，该架构可根据输入文本和部分掩蔽的目标翻译预测目标单词的任何子集。这样就可以实现高效的迭代解码过程。在这个过程中，模型首先以非自回归的方式预测所有的目标单词，然后反复生成模型中最不置信的单词子集。

Ghazvininejad 等称其方法为"条件掩蔽语言模型"（Conditional Masked Language Model，CMLM），这是一个基于 Transformer 的模型，解码器的自注意力可以注意整个序列，从而预测每个掩蔽单词。该模型采用简单的掩蔽方案进行训练，其中掩蔽的目标词元数量均匀分布，以提供简单和具有难度的样本。与将每个词元视为单独训练实例的插入模型不同，CMLM 可以基于整个序列进行并行训练，从而大大加快训练速度。

为了支持高度并行的解码，Ghazvininejad 等还引入了一种名为"掩蔽预测"（Mask-Predict）的新解码算法。此算法会重复掩蔽并重新预测当前翻译中模型最不置信的单词子集。这与最近重复预测整个序列的并行解码转换方法不同。解码从完全掩蔽的目标文本开始，并行预测所有的单词，在经过一定数量的掩蔽-预测周期后结束。整体策略允许模型在丰富的双向上下文中反复重新考虑单词选择，并在短短几个周期内生成高质量的译文。Ghazvininejad 等在报告中称，他们的方法达到了非自回归和并行解码翻译模型的最先进性能水平，并且比典型的从左到右 Transformer 模型运行速度更快。

计算机视觉领域也应用类似的技术来生成高质量图像（Chang et al，2022；Chang et al，2023）。图 4-2 举例说明了这一点。

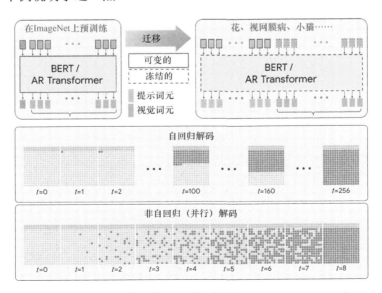

图 4-2　非自回归解码的图示（图片来源：Sohn et al，2022）

4.5 小结

本章概述了语言模型中使用的各种预训练目标和解码策略。首先，本章研究了不同的模型架构以及如何在预训练中使用这些架构。其次，讨论了不同的预训练目标以及如何利用它们来提高语言模型的性能。然后，探讨了近年来出现的各种具有代表性的语言模型及其优缺点。最后，讨论了可用于从这些模型生成文本的不同解码策略。随着自然语言处理领域的不断发展，无疑会出现用于预训练语言模型的新技术和新策略。

第5章

上下文学习和轻量级微调

2018 年 10 月，随着拥有 350M 个参数的 Transformer 模型 BERT-Large 的发布，一项新的纪录被刷新。当时，硬件难以对这一庞大模型进行微调。在随后的 4 年中，公开可用的模型呈指数级增长，达到 176B 个参数，增加了约 500 倍。已发表的文献甚至包括多达 1 万亿个参数的模型。然而，由于高带宽存储器（High Bandwidth Memory，HBM）的成本高昂，单 GPU 的内存仅增加了不到 10 倍，达到 80GB。这意味着，虽然模型规模的扩展速度几乎比计算资源快两个数量级，但要根据下游任务针对这些庞大的模型进行微调对大多数人来说是不可行的，对每个人来说也是不切实际的。

因此，上下文学习（In-Context Learning，ICL）作为新常态，成为根据下游任务数据调整 1B 规模的语言模型的标准方法。"预训练、提示和预测"范式重构了下游任务，使其与初始语言模型在训练过程中解决的任务相类似，这样就能有效利用单个预训练语言模型来解决众多任务。这是通过使用文本提示来实现的。正如 Radford et al（2019）、Brown et al（2020）和 Schick and Schütze（2020）等做的研究所示，通过选择适当的提示，一个经过预训练的语言模型可用于执行一系列任务，而不需要任何额外的特定任务训练。

这种方法的主要优点是能够使用单个的无监督训练的语言模型来完成各种任务（Brown et al，2020）。然而，这种方法的有效性在很大程度上取决于提示工程，以确定最适合每项任务的提示。例如，可以利用提示使模型能够识别社交媒体帖子的情感，或将它翻译成另一种语言。

然而，Transformer 的上下文规模有限，这就限制了训练集的大小，使其仅有几个样本，通常小于 100 个。此外，扩大上下文规模会导致推理成本呈二次方增长。尽管语言模型在少样本场景中表现得非常出色，但获取更多数据仍然是改进任何给定任务的最可靠的方法。因此，研究人员和工程师们需要训练下游任务数据的有效方法。

另一种范式——参数精简的轻量级微调（Lightweight Fine-Tuning，LFT），旨在通过仅训练一小部分参数来解决这一问题，这些参数可能是现有模型参数的子集，或是一组新添加的参数。这些方法在参数效率、内存效率、训练速度、模型的最终质量和额外的推理成本（如果有）方面有所不同。

本章将深入探讨自然语言处理领域的两项重要技术——ICL 和 LFT。本章从 ICL 的解释开始，其中包括选择相关示范样本、排序样本，以及生成指令来促使语言模型完成给定任务。本章还介绍了 ICL 如何使用"思维链"和递归提示来提高性能。接下来，本章讨论了提示语言模型的校准，其中包括调整提示来微调模型，以获得更好的性能。

最后，本章探讨了 LFT——在特定任务中使用最少的额外训练数据对预训练的模型进行微调的技术。本章还详细讨论了基于添加、基于规范、基于重新参数化和混合的 LFT 方法。

5.1　上下文学习

上下文学习是训练大语言模型的一种强大而有效的方法。该方法为模型提供的提示由任务描述和一组输入-输出对组成。通过这种方法，模型只需要几个样本即可学会执行各种任务。

上下文学习的一个重要方面是提示工程。提示的质量和结构会对模型有效学习任务的能力产生重大影响。因此，精心设计的提示对于成功的上下文学习至关重要。

精心设计的提示应包含简洁明了的说明，以解释要执行的任务。它还应提供相关的输入-输出对，以示范应如何执行任务。用户应仔细挑选输入-输出对，以涵盖广泛的场景和变体，确保模型能够将任务推广到新的样本中。

此外，在设计良好的提示中，适当的格式设置至关重要。提示的结构应使模型能够理解输入和输出格式。适当的格式设置包括使用一致的标签和适当的数据类型，如文本或数值数据。

图 5-1 和图 5-2 说明了两种被广泛采用的语言模型提示方法——零样本学习和少样本学习。这两种方法已被许多语言模型论文率先采用，并作为评估模型性能的基准。

```
输入：Generate a rhyming couplet.（生成押韵短句。）
输出：
  <LM>

输入：以下文字的情绪是什么？我认为，电子游戏比电影有趣得多。
输出：
  <LM>
```

注：<LM> 表示使用上述提示调用语言模型。

图 5-1　零样本提示的样本

```
示范：
样本 1：The cat in the hat
样本 2：The dog on the log
样本 3：The bird in the herd
测试提示：
输入：Generate a rhyming couplet.（生成押韵短句。）
输出：
<LM>
```

（a）生成押韵短句

```
示范：
输入：The Lakers beat the Celtics in a close game last night.
输出：Sports
输入：The Prime Minister announced new tax policies to boost the economy.
输出：Politics
输入：The new movie starring Tom Hanks received mixed reviews from critics.
输出：Entertainment
测试提示：
输入：The United States and Russia signed a historic treaty to reduce nuclear.
输出：
<LM>
```

（b）将新闻文章分类到适当的类别中

注：<LM> 表示使用上述提示调用语言模型。

图 5-2　少样本提示的样本

零样本学习是一种不需要在特定任务上进行任何预训练或微调的方法。取而代之的是，向模型提供任务文本，并要求其在没有对该任务的先验知识或训练的情况下生成结果。这种方法依赖于模型从现有知识中泛化的能力，以对未见过的任务进行预测。当特定任务的训练数据有限时，零样本学习可能特别有用。

而少样本学习为模型提供了一组高质量的示范，包括目标任务的输入和期望输出。通过提供一些相关样本，即使训练数据有限，模型也可以学会更好地理解人类的意图和所需答案的标准。因此，少样本学习通常会比零样本学习具有更好的表现。不过，少样本学习需要消耗更多的词元，并且当输入和输出文本较长时，可能会受到上下文长度的限制。

在自然语言处理领域，零样本学习和少样本学习方法都受到了广泛的关注和研究。这两种方法取得了可喜的成果，展示了语言模型从有限数据中泛化和学习的能力。

5.1.1 示范样本选择

1. KATE

Liu et al（2021a）旨在解决为 GPT-3 模型寻找适当提示的难题。Lin 等引入了一种称为 KATE 的新方法，该方法使用 k 近邻（k-nearest neighbor，kNN）从训练集中筛选出符合上下文的样本。KATE 方法获取测试提示，并从训练数据中获取其编码和每个来源的编码。然后找出测试提示的 k 个近邻，并将这些近邻用作上下文的样本。

Liu 等尝试了 3 种不同的数据集——情感分析、表到文本生成和问答。他们将 KATE 方法与随机选择的上下文试题和 k 近邻 RoBERTa（kNN-RoBERTa）基线进行了比较。结果表明，即使只有 5 个上下文样本，KATE 方法的性能始终优于随机方法。此外，他们还发现，增加上下文中样本的数量和训练集的大小可以提高模型的性能。但是，上下文中样本的顺序对结果没有显著影响。

在情绪分析方面，KATE 方法与 kNN-RoBERTa 基线相比没有明显改善。不过，在表到文本生成的方面，KATE 方法的性能比随机方法提高了 11%。在问答方面，KATE 方法的性能比随机方法提高了 5%，而 RoBERTa 模型的微调版本比预训练的模型表现更好。

总之，使用 k 近邻从训练集中筛选上下文样本的 KATE 方法在提高 GPT-3 模型的性能方面取得了可喜的成果，特别是在表到文本生成和问答方面。上下文中样本的数量和训练集的大小是提高模型性能的重要因素。

2. Su et al, 2022a

Su et al（2022a）提出了一种基于图的方法，来选择多样化且具有代表性的样本集，如图 5-3 所示。在测试之前，先选择少量（多样且有代表性的）无标签的示例进行标注，而不是假设可以获取大量有标签的数据；在测试时，从注释过的小样本库中检索上下文中的样本。该方法主要包括两个步骤：根据样本嵌入之间的余弦相似度〔如通过 Sentence-BERT（Reimers and Gurevych, 2019）或其他嵌入模型〕来构建有向图 $G=(V, E)$，并对剩余样本集 U 中的每个样本进行评分。

构建图 G 时，每个节点都指向其 k 个近邻，其中 k 是用户定义的参数。所选样本集 L 初始化为空，剩余样本 U 使用下式进行评分：

$$score(u) = \sum_{v \in \{v | (u,v) \in E, v \in U\}} s(v)$$

其中， $s(v) = \rho^{-|\{\ell \in \mathcal{L}|(v,\ell) \in E\}|}$，$\quad \rho > 1$。

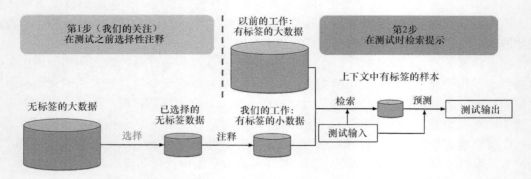

图5-3　基于图的示范样本选择方法（图片来源：Su et al，2022a）

其中，$s(v)$ 是 v 的近邻中被选样本数量的函数。具体来说，$s(v)$ 随着所选相邻样本数量的增加而呈指数级下降，从而鼓励选择不同的样本。参数 ρ 用于控制下降率。

然后，按得分对剩余样本集 U 中的样本进行排序，选出前 n 个样本并添加到样本集 L 中，其中，n 是用户定义的参数。重复此过程，直到选出所需的样本数或剩余样本集 U 中不再剩下样本。最终所选出的样本集应具有多样性，并能代表原始数据集。

3. Rubin et al，2021

Rubin et al（2021）建议使用语言模型本身来标记可以作为有效提示的样本，并根据该信号训练提示检索器。为了训练提示检索器，研究人员假定可以获得一组输入-输出对的训练集和一个用于对提示进行评分的语言模型。对于每个训练样本 (x, y)，研究人员都会查看其他候选训练样本，并根据评分语言模型估计出以 x 和候选提示为条件的 y 的概率。他们将导致高概率的训练样本标记为正样本，将导致低概率的训练样本标记为负样本，并使用对比学习的方式从这些数据中训练出一个提示检索器。研究人员认为，与之前提出的表面相似性启发式方法相比，使用语言模型来标记样本是训练提示检索器的更好方法。图 5-4 举例说明了这一点。首先，使用无监督检索器从给定的训练样本中获取一组潜在的候选者。其次，将这些候选者转发给评分语言模型进行评估。将得分最高的 k 个和得分最低的 k 个候选者分别标记为正样本和负样本。最后，将这些有标签的数据用于训练用作最终模型的稠密检索器（dense retriever）。

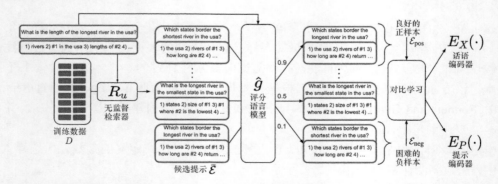

图5-4　使用语言模型本身来标记可以作为有效提示的样本，并根据该信号训练提示检索器
（图片来源：Rubin et al，2021）

重要的是，研究人员在创建训练数据时可以访问金色标签 y，从而获得高质量的候选提示集。这将产生良好的正样本和困难的负样本，有利于以对比为目标的训练。

在两种情况下，使用评分语言模型为可能不同的测试时间推理语言模型训练一个高效的提示检索器是有益的。首先，当评分语言模型的规模小于推理语言模型的规模时，评分语言模型可以用作推理语言模型的代理。这就为提示检索器生成了廉价高效的数据，可供广大研究人员使用。其次，即使评分语言模型的规模和推理语言模型的规模相同，例如两者都是 GPT-3 模型，也可以使用这种方法。当获取模型参数的途径有限，而语言模型只能作为一种服务使用时，这种方法就非常有用。在这种情况下，语言模型被用来训练轻量级的提示检索器，而提示检索器的任务只是学习相似性函数。

更广泛地说，在可预见的未来，由于语言模型的规模可能会继续增加，因此高效快速检索（Efficient Prompt Retrieval，EPR）方法可以被视为一种与大型的语言模型进行交互和学习的方法。

4. Zhang et al，2022c

Zhang et al（2022c）在研究样本选择对上下文学习的影响时发现，即使进行重新排序和校准，示范样本集之间仍然存在相当大的偏差，特别是对于 GPT-2 模型而言。虽然校准降低了 GPT-3 模型的偏差，但观察到的高偏差表明，大型的语言模型仍然不能完全高效、可靠地在上下文中获取新信息。研究什么是好的示范样本，可以揭示大型的语言模型处理信息的机制。

从样本选择的角度来看，研究人员旨在为上下文学习选择好的样本，重点是为整个测试分布选择样本，而不是像之前的工作那样为单个测试实例选择样本（Rubin et al，2021）。具体来说，挑战在于从无标签的样本库中选择一系列示范样本，目的是构建一个提示，以最大限度地提高验证集的性能。一种解决方案是将样本选择视为顺序决策问题，其中，状态是已为提示选择的样本，而操作表示有待选择的潜在样本。

在这种情况下，研究人员根据目标函数 $f: X^* \to \mathbf{R}$ 定义奖励函数，以训练样本选择策略。该函数可衡量样本序列的质量。

$$r(x_1, x_2, \cdots, x_i) = \begin{cases} f(x_1, x_2, \cdots, x_i) & \text{若 } i = k \\ 0 & \text{其他} \end{cases}$$

上面微不足道的奖励函数能直接使完整提示的目标函数最大化，但它不能为在中间时间步选择的样本提供奖励信号。为了解决这个问题，研究人员提出了一种奖励形成技术——修改奖励函数，将向提示中添加样本的边际效用纳入其中。

$$r'(x_1, x_2, \cdots, x_i) = \begin{cases} f(x_1) - f(\varnothing) & \text{若 } i = 1 \\ f(x_1, x_2, \cdots, x_i) - f(x_1, x_2, \cdots, x_{i-1}) & \text{若 } i > 1 \end{cases}$$

其中，$f(\varnothing)$ 表示空提示的性能。形成的奖励 r' 可以直观地解释为附加样本的边际效用的表征，它指的是在目标上实现的收益。换言之，形成的奖励量化了由于包含特定样本而导致的目标改进。

5. Levy et al，2022

Levy et al（2022）讨论了如何利用上下文学习来增强语言模型的组合泛化能力。ICL 的一个重要方面是任务示范，它由提示中的样本组成。相关示范的选择对于泛化至关重要。虽然以往的研究侧重于孤立地研究每个样本的相关性，但考虑整个样本集的质量也很重要。例如，在组合泛化中，仅检索最相似的样本是不够的。Levy 等提出了两种增加示范集多样性的方法，即基于覆盖率的多样性和选择最不相似的样本。他们发现，基于覆盖率的多样性会带来更好的表现。所提出的方法可用于"纯粹的"ICL 设置，而无须微调，也可以与微调相结合，以示范作为输入来训练模型。不过，可以通过在训练过程中使用"有噪声"的示范来解决过度依赖示范的问题。这项研究的重点是利用 ICL 来增强语义解析的组合泛化。

6. Ye et al, 2023

Ye et al（2023）展示了上下文指令学习（In-Context Instruction Learning，ICIL）的有效性。该方法通过上下文学习来学习在推理过程中遵循指令。

ICIL 使用的提示由多个跨任务示范组成，每个示范都是一个任务的指令、输入和输出实例的并置。ICIL 是一种零样本学习方法，它可确保用于示范的任务严格排除（held-out）在评估集之外，并且所有评估任务都使用相同的示范集，将它们视为单一的固定提示，如图 5-5 所示。

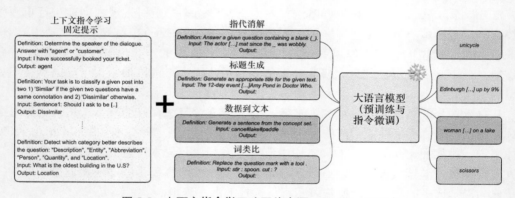

图 5-5　上下文指令学习（图片来源：Ye et al，2023）

研究人员使用了一种基于启发式的简单采样方法来构建一个固定示范集，该示范集对各种类型的下游任务和模型规模都有效。通过为所有任务预先设置相同的固定示范集，研究人员能够轻松地测试和重现新目标任务或模型的基线零样本性能，而无须依赖外部工具。

他们的研究结果表明，ICIL 的有效性来自选择在指令中包含明确答案选项的分类任务。即使对于生成目标任务，ICIL 也是有效的，这与以往的研究相反，以往的研究表明，检索与目标任务相似的示范对于少样本的上下文学习至关重要。

研究人员还观察到，用随机句子替换每个示范的输入实例分布并不会显著降低性能。他们假设，大语言模型在推理过程中学习指令包含的答案选择与每个示范的输出之间的对应关系，而不是依赖指令、输入和输出之间的复杂对应关系。因此，ICIL 的作用是帮助大语言模型专注于目标指令，以找到目标任务答案分布的线索。

7. Wang et al, 2023

Wang et al（2023）提出了一种系统的、原则性的方法来优化上下文中的学习提示。Wang 等将重点放在选择少样本示范和尽量少使用任务描述上。这项研究提供的经验证据表明，现实世界中的大语言模型（如 GPT-2 模型和 GPT-3 模型）可以在执行上下文学习时，从给定的示范中推断出底层任务的概念变量。这表明大语言模型的运作类似于主题模型，但概念变量是隐式学习的。

主题模型假定存在一个潜在变量（称为主题变量），该变量控制数据的生成过程。大语言模型对文本数据的建模方式不同，但 Wang 等研究了大语言模型是否可以采用与主题模型相类似的简化假设。他们重点研究了使用语言模型目标预训练的生成式大语言模型。Wang 等研究了在给定主题变量或概念变量的情况下，是否可以假定生成的词元与之前的词元是有条件独立的。对于上下文学习，这个概念变量包括从示范中推断出的任务格式和含义。

通过对适当的概念变量进行条件化，大语言模型将生成正确的延续。与 LDA 风格的主题模型不同，大语言模型不会显式地学习概念变量。所以，Wang 等提出了一个经验贝叶斯公式来提取概念变量。他们将一些新概念词元作为前缀引入词表，并仅微调这些新词元的嵌入。这使得他们能够根据大语言模型选择最有可能推断出任务概念词元的示范。

8. Diao et al，2023

有效设计针对特定任务的提示对于语言模型生成高质量答案的能力至关重要。对于复杂的问答任务来说，一种特别有效的方法是基于样本的思维链（Chain-of-Thought，CoT）方法推理提示，事实证明这种方法可以显著提高语言模型的性能。然而，目前的 CoT 方法依赖于一组固定的人工注释样本，这些注释样本对于不同的任务来说可能不是最有效的样本。

为了解决这一限制，Diao et al（2023）提出了一种称为主动提示（Active-Prompt）的新方法。这种方法旨在通过用人工设计的 CoT 推理注释的特定任务样本提示，让语言模型适合不同的任务。需要解决的关键问题之一是从特定任务查询池中确定哪些问题是最重要的和最有帮助的问题。

为了解决这个问题，Diao 等借鉴了基于不确定性的主动学习的相关问题的想法。他们引入了几个指标来描述不确定性，并选择最不确定的问题进行注释。这样做的目标是确保所选提示对每个任务都是最有效的。

9. Nguyen and Wong，2023

为了加强对少样本 ICL 性能的分析，Nguyen and Wong（2023）利用上下文中的影响，可以直接检查上下文中的样本，如图 5-6 所示。

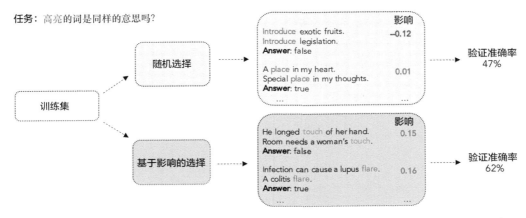

图 5-6　根据上下文中的影响估计选择的上下文样本（图片来源：Nguyen and Wong，2023）

为了计算上下文中样本的影响，Nguyen 和 Wong 利用了一个重要的观察结果：在 ICL 中，在子集 S' 上"训练"模型简化为在包含 S' 的序列上提示模型。所以，为 ICL 构建训练运行的数据集 D 时不需要梯度更新，只须计算模型的前向计算成本即可。这大大降低了计算基于再训练的影响因素的成本，而且只须查询访问模型即可计算。

该过程的第一步是通过对子集 $S' \subseteq S$（其中，$|S'| = k$）执行 k-shot 提示来构建训练运行数据集 D。对于固定的子集 S'，通过在提示的末尾附加验证查询来测量得到的包含 S' 的提示结果的性能。他们在整个验证集上重复这一推理，以计算指标 $f(S')$，进而衡量使用 S' 提示后的验证性能。该指标可以是任何适合自然语言处理任务的评估方法，不过他们的论文侧重于分类准确性。在多个随机子集 $S' \subseteq S$ 上重复此过程，直到 S 中的每个样本都出现在多个提示中，从而得到提示运行的数据集 $D = (S_i, f(S_i))_{i=1}^{M}$。

在第二步中，他们计算每个上下文中样本的影响。他们将上下文中的影响 $I(x_j)$ 定义为样本 x_j 对少样本 ICL 性能的影响。影响是包括 x_j 的提示的平均性能与省略 x_j 的提示的平均性能之间的差异。

$$I(x_j) = \frac{1}{N_j} \sum_{S_i : X_j \in S_i} f(S_i) - \frac{1}{M - N_j} \sum_{S_i : X_j \notin S_i} f(S_i) \tag{5.1}$$

其中，对特定子集 S_i 进行均匀采样以估计影响，M 是用于此目的的子集总数。N_j 表示包含样本 x_j 的所有子集的数量，而性能指标 $f(S_i)$ 在验证集上进行评估。当 f 衡量验证性能时，$I(x_j)$ 的得分越高，就表示在提示中包含 x_j 时，验证性能的平均提升越大，这类似于经典无提示设置中影响的含义。

随着收集的子集数量的增加，对上下文影响的估计也会变得更加准确。一个足够大的 M 指的是对每个样本都有很好的覆盖率，即每个 $x_j \in S$ 都会多次出现。在他们的实验中，每个 x_j 平均出现的次数不少于 30 次。

Nguyen 和 Wong 建议利用上下文中的影响来识别极具影响力的样本，并为 ICL 生成最有效的提示。为此，他们使用影响力最大的样本来创建性能"最佳"的提示（基于影响力得分），同时使用影响力最小的样本来创建性能"最差"的提示。

选择 ICL 样本的步骤如下。

① 在训练数据的子集上随机提示模型，并衡量验证性能，以创建提示运行数据集（D）。

② 使用式（5.1）计算训练集中每个样本（$x_j \in S$）的上下文的影响（$I(x_j)$）。

③ 选择具有最积极影响的 k 个样本用于 k-shot 提示，样本按其影响力得分排序（$I(x_i) \leq I(x_j)$，其中 $i < j$）。

10. PromptPG

Lu et al（2022c）提出了 TABMWP，这是一个由 38 431 个开放领域的中学水平数学问题组成的新数据集，这些问题需要对文本和表格数据进行数学推理。TABMWP 中的每个问题都有一个关联的表格上下文，以图像、半结构化文本和结构化表的形式呈现。数据集包含两种类型的问题——自由文本和多项选择题，每个问题都有揭示多步骤推理过程的黄金解决方法。样本如图 5-7 所示。在 TABMWP 上对不同的预训练模型进行了评估，其中包括少样本设置中的 GPT-3 模型。然而，研究发现，少样本的 GPT-3 模型的性能并不稳定，尤其是在处理 TABMWP 这样的复杂问题时，其性能可能会下降到近乎偶然。为了解决这一问题，研究人员提出了一种名为 PromptPG 的新方法，该方法利用策略梯度来学习从少量训练数据中选择上下文样本，并为测试样本构建相应的提示。

square beads	$2.97 per kilogram
oval beads	$3.41 per kilogram
flower-shaped beads	$2.18 per kilogram
star-shaped beads	$1.95 per kilogram
heart-shaped beads	$1.52 per kilogram
spherical beads	$3.42 per kilogram
rectangular beads	$1.97 per kilogram

Question: If Tracy buys 5 kilograms of spherical beads, 4 kilograms of star-shaped beads, and 3 kilograms of flower-shaped beads, how much will she spend? (unit: $)
Answer: 31.44
Solution:
Find the cost of the spherical beads. Multiply: $3.42 × 5 = $17.10.
Find the cost of the star-shaped beads. Multiply: $1.95 × 4 = $7.80.
Find the cost of the flower-shaped beads. Multiply: $2.18 × 3 = $6.54.
Now find the total cost by adding: $17.10 + $7.80 + $6.54 = $.
She will spend **$31.44**.

（a）一个带有数字答案的自由文本问题

Sandwich sales		
Shop	**Tuna**	**Egg salad**
City Cafe	6	5
Sandwich City	3	12
Express Sandwiches	7	17
Sam's Sandwich Shop	1	6
Kelly's Subs	3	4

Question: As part of a project for health class, Cara surveyed local delis about the kinds of sandwiches sold. Which shop sold fewer sandwiches, Sandwich City or Express Sandwiches?
Options: (A) Sandwich City (B) Express Sandwiches
Answer: (A) Sandwich City
Solution:
Add the numbers in the Sandwich City row. Then, add the numbers in the Express Sandwiches row.
Sandwich City: 3 + 12 = 15. Express Sandwiches: 7 + 17 = 24.
15 is less than 24. **Sandwich City sold fewer sandwiches.**

（b）一个带有文本答案的多项选择题

图 5-7　来自 TABMWP 数据集的两个样本（图片来源：Lu et al，2022c）

具体来说，当给定一个 TABMWP 问题 p_i 时，智能体应该从候选池 E_{cand} 中找到 K 个上下文样本 e_i，并生成能使奖励 $r_i = R(\hat{a}_i | p_i)$ 最大化的答案 $\hat{a}_i$。上下文样本是根据策略 $e_i^k \sim \pi_\theta(e_i | p_i)$ 选择的，其中，$e_i^k \in E_{cand}$ 且 e_i^k 对于 $k = 1, 2, \cdots, K$ 是独立的，θ 是策略的参数。答案是通过 GPT-3(e_i, p_i) 使用选定的样本和给定的问题作为输入提示来生成的，奖励则是根据生成的答案 $\hat{a}_i$ 相对于基础事实答案 a_i 的评估计算的。目标是在策略 $E_{e_i \sim \pi_\theta(e_i|p_i)}[R(\text{GPT-3}(e_i, p_i))]$ 下最大化生成答案的预期奖励，并使用策略梯度（policy gradient）方法优化奖励。使用 BERT [CLS] 词元表征作为问题编码来获得问题和候选样本的上下文表征，并在 BERT 模型最终池化层之上添加线性层。在训练过程中，仅更新附加的线性层，而 BERT 模型的参数是固定的。PromptPG 示意图如图 5-8 所示。

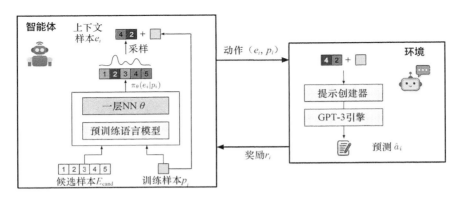

图 5-8　PromptPG 示意图（图片来源：Lu et al，2022c）

5.1.2　样本排序

排序示范样本对于有效组织示范至关重要。Lu et al（2022d）已经证明，排序敏感性是各种模型中的常见问题。为了解决这个问题，研究人员已经提出了几种免训练的方法来对示范中的样本进行排序。例如，Liu et al（2021a）提出了根据样本与输入的距离对样本进行排序，其中最接近的样本放置在最右侧。另外，Lu et al（2022d）引入了全局和局部熵指标，并发现熵指标与 ICL 性能之间正相关。他们利用熵指标直接选择样本的最佳顺序。

Kumar and Talukdar（2021）引入了 PERO，这是一种机器学习技术，它使用遗传算法搜索训练样本的最佳排列，以及可选的分隔符词元，以提高预训练语言模型预测的准确率。该过程从一组随机初始化的排列开始，然后使用预训练语言模型计算每个排列的适用度，以评估其预测能力。然后，该算法会选择最适合的排列，并利用受生物学启发的变异和交叉技术对其进行繁殖。

分隔符词元学习步骤通过更新的排列集来执行，并采用梯度更新来提高分隔符词元的性能。遗传算法和分隔符词元学习步骤在固定数量的轮次（epoch）内迭代，并根据它们在验证集上的表现选择最佳排列和分隔符词元。

Wu et al（2022b）开展了一项研究，针对给定的 x 和示范集 C，选择 k 近邻样本的最佳子集排列来压缩目标 y。Wu 等利用代码长度作为数据传输的衡量指标，并开发了一种自适应排序方法，该方法考虑了子集排列的选择和排序。所提出的方法包括对 k 近邻样本的各种子集排列进行评估，并为每种排列分配一个代码长度值。代码长度值最小的子集排列被认为是数据压缩的最佳解决方案。自适应排序方法使算法能够动态调整子集排列的选择和排序，从而更有效地压缩目标 y。

此外，Wu 等建议确保所选样本的多样性、相关性和随机性，以避免多数标签偏差和新近偏差。增加模型规模或包含更多的训练样本并不能减少上下文样本的不同排列之间的差异。因此，相同的顺序可能对一个模型有效，但对另一个模型却无效。在验证集有限的情况下，必须考虑选择一个顺序，以防止模型产生极其不平衡的预测或对其预测过于自信（Lu et al，2022d）。

5.1.3　指令生成

除了精心设计的示范样本以外，精确描述任务的良好说明也有助于提高推理性能。图 5-9 给出了一些例子。不过，虽然示范样本在传统数据集中很常见，但任务指令却严重依赖人类编写的句子。

```
指令 / 任务描述：给定一个医学句子，预测句子中的下一个单词。

示范：
输入：The patient was diagnosed with        输出：cancer
输入：The treatment for the patient's        输出：condition
输入：The patient experienced              输出：nausea

测试提示：
输入：The patient is experiencing          输出：
```

图 5-9　带有指令 / 任务描述的示范样本

指令/任务描述：给定一篇文章或一段内容，生成其要点的简短摘要。请用 1~2 句话总结以下文章。

示范：

输入：Scientists have discovered a new species of dinosaur that lived 80 million years ago in what is now modern-day Mongolia. The species，named Halszkaraptor escuilliei，had a unique combination of traits that suggest it was semi-aquatic，spending much of its time in the water.

输出：A new semi-aquatic dinosaur species has been discovered in Mongolia.

输入：A recent study has shown that regular exercise can improve mental health outcomes in patients with depression. The study，which followed over 500 participants for 12 weeks，found that those who exercised regularly experienced significant reductions in symptoms of depression.

输出：Regular exercise can improve mental health outcomes in patients with depression.

测试提示：

输入：A new study has found that consuming dark chocolate can lower blood pressure and improve heart health. The study，which followed over 1,000 participants for 6 months，found that those who consumed dark chocolate regularly had significantly lower blood pressure and improved cardiovascular function.

输出：

图 5-9　带有指令/任务描述的示范样本（续）

Honovich et al（2022）发现，大语言模型可以根据几个示范样本生成任务指令。图 5-10 举例说明了这一点。

图 5-10　用于正式风格转换任务的指令归纳样本，模型完成情况以蓝色显示，提示模板以紫色显示（图片来源：Honovich et al，2022）

Honovich 等引入了一个名为"指令归纳挑战"的新挑战，即为模型提供一些输入-输出对示范，并要求其生成描述输入-输出对之间关系的自然语言指令。这项任务是以零样本的方式完成的，只须提示模型解释一小部分给定的示范，而无须微调或使用任何有标签的指令归纳数据。

这里的提示针对模型采用 5 个输入-输出对示范和一个额外的测试输入，并根据它们正确预测相应输出的能力进行评估。该实验针对每个任务重复 100 次，并使用不同的示范集和测试输入集。除了"输入：xk 输出：yk"格式的指令之外，不会为模型提供任何指令，并使用其预定义的评估指标进行评估。

GPT-3 模型和 InstructGPT 模型的上下文学习结果表明，上下文学习可以在大多数任务中达到 80% 或更高的准确率，有些任务的表现甚至与人类的表现相当或更好。在检查生成的指令时，即使是具有挑战性的任务，也经常能观察到准确的指令。例如，在正式风格转换的任务中，生成的指令包括"将输入内容翻译成更正式的语言"和"使用正式的语言"，而在语义文本相似性任务中，生成的指令包括"对于每个输入内容，以 0 到 5 的等级对两个句子的相似性进行评分，其中，5 表示"全匹配"和"确定两个句子是否大致相同"。

这表明，指令归纳本身可以作为一种学习范式，其目的是在自然语言假设空间中找到最佳描述。通过将模型建立在自然语言的基础上，这种方法提供了人类可解释性的直接优势，还可以帮助缓解与虚假相关性和过度拟合相关的问题。虽然目前这只是一个概念验证，但它具有未来开发和探索的潜力。

Zhou et al（2022c）建议使用大语言模型生成提示和指令，以促进上下文学习，并使用其他大语言模型解决自然语言处理任务。为了实现这一目标，大语言模型首先对指令池进行采样，然后对其进行评分和选择，以此作为其他大语言模型进行上下文学习和解决推理过程中任务的示范。

为了实现这种方法，大语言模型被用作推理模型，基于输入-输出对形式的一小部分示范生成候选指令。为了指导搜索过程，针对大语言模型下要控制的每个指令计算得分。之后 Zhou 等提出了一种迭代蒙特卡洛搜索方法，其中大语言模型通过提出语义相似的指令变体来改进最佳候选指令。为此目的开发的算法名为自动提示工程师（Automatic Prompt Engineer，APE）。

5.1.4　思维链

在各种自然语言处理任务中，大语言模型的性能已经通过扩展得到改善。然而，人们发现，在某些推理任务中，如数学应用题、符号操作和常识推理等，即使使用了目前可用的最大模型，其性能也没有取得与其他任务相同的改进。

Daniel Kahneman 的书 *Thinking, Fast and Slow*《思考，快与慢》（Kahneman，2011）普及了系统 1 和系统 2 思维的概念。系统 1 思考是一种瞬时的直觉过程，由本能和以往的经验驱动，几乎不费吹灰之力就能自动发生。系统 2 思考是一个更缓慢、更深思熟虑、更合乎逻辑的过程，需要付出努力和意识。

语言模型在各种自然语言处理任务中的进步参差不齐，一种可能的解释是，它们擅长执行系统 1 任务，可以像人类一样快速、直观地完成。然而，它们在执行系统 2 任务时却很吃力，这些任务缓慢且经过深思熟虑，通常涉及多个步骤，如逻辑、数学和常识推理。即使扩大到数千亿个参数，语言模型在系统 2 任务上的表现也呈现出平缓的缩放曲线，这表明简单地增加模型的规模并不会带来实质性的性能提高。

Wei et al（2022c）引入了思维链作为输入和输出之间的中间推理步骤，以构建示范提示。这允许语言模型可以预测推理步骤和最终答案，如图 5-11 所示。

问题： Roger has 5 tennis balls. He buys 2 more cans of tennis balls. Each can has 3 tennis balls. How many tennis balls does he have now?

答案： Roger started with 5 balls. 2 cans of 3 tennis balls each is 6 tennis balls. 5 + 6 =11. The answer is 11.

问题： The cafeteria had 23 apples. If they used 20 to make lunch and bought 6 more, how many apples do they have?

答案：

\<LM\>

（a）少样本思维链提示的样本

图 5-11　思维链作为输入和输出之间的中间推理步骤

> **问题:** The cafeteria had 23 apples. If they used 20 to make lunch and bought 6 more, how many apples do they have?
> **答案:** Let's think step by step
> <LM>

（b）零样本思维链提示的样本

注: <LM> 表示使用上述提示调用语言模型。

图 5-11 思维链作为输入和输出之间的中间推理步骤（续）

思维链提示方法有如下好处。

- 使模型能够将复杂问题分解为更小的步骤，从而允许将更多的计算资源分配给需要更多推理步骤的任务。这使得该方法在解决多步骤问题方面非常高效。
- 为模型的行为提供一个清晰且可解释的窗口，使人们能够了解模型是如何得出特定解决方案的。这也有助于调试，因为它能让人们找出推理过程中出错的地方。
- 可用于各种任务，包括数学应用题、符号操作和常识推理等。它具有高度的通用性，可以应用于人类能够通过语言解决的任何任务。
- 通过在提示中提供思维链的样本，可以在现成的语言模型中轻松引出。这使得该方法易于访问并适用于广泛的任务。

Kojima et al（2022）将语言模型中引出推理的概念扩展到零样本提示。在这种方法中，语言模型的条件是一个不是样本的单个提示，这与提供手头任务样本的少样本提示不同。Kojima 等通过在查询模型之前将短语"让我们逐步思考"附加到输入问题中来实现这一点。这种方法称为"零样本 CoT"，该方法在 GSM8k 等推理任务中表现良好，但不如"少样本 CoT"。

Wei et al（2022c）指出，随着规模变大，少样本提示的成功率也随之提高。Tay et al（2022b）补充说，如果不进行微调，要成功使用 CoT，通常需要具有超过 100B 个参数的语言模型。为了解决这个问题，Tay 等提出了 UL2——一个可以执行 CoT 的 20B 个参数的开源模型。Wang et al（2022d）通过自洽性（self-consistency）改进了 CoT，即使用 CoT 从语言模型中采样不同的推理路径，并选择最一致的答案作为最终答案。

Press et al（2022）引入了自询问（self-ask），这是一种遵循 CoT 精神的提示。自询问不为模型提供连续的思维链，而是在提出后续问题之前明确提出后续问题，并依靠一个辅助结构使答案更容易解析。Press 等在相关数据集上展示了对 CoT 的改进，旨在测量组合性差距（compositionality gap），重点是 2 跳问题。有趣的是，自询问可以很容易地通过搜索引擎进行扩展。

Yao et al（2022a）引入了另一种引出推理的少样本提示方法，它可以在整个推理步骤中查询 3 种工具（搜索、查找维基百科、完成）来返回答案。

Fu et al（2022）引入了一种新的样本选择方案——基于复杂性的提示，可提高多步推理的性能。由于该方案选择推理复杂度较高的提示（推理复杂度以链中的推理步骤数来衡量），因此其性能比强基线模型有显著提高。此外，Fu 等将基于复杂性的标准从输入选择扩展到输出解码。具体来说，他们从模型中抽取多个推理链，并从复杂的推理链而不是简单的推理链中选择大多数生成的答案。Fu 等在 3 个数学基准测试上评估了该方法，并报告了用于提示 GPT-3 模型（Brown et al，2020）和 Codex 模型（Chen et al，2021）时的最新性能。

反向链接

在尝试证明定理时，通常采用"前向链接"（Forward Chaining，FC）或"反向链接"（Backward Chaining，BC）。在前向链接中，人们从由事实和规则组成的"理论"开始，然后基于该理论提出新的推理，直到目标陈述被证明或反驳。相反，在反向链接中，人们从目标陈述开始，递归地将其分解为多个子目标，直到子目标可以根据事实被证明或反驳。

以往的语言模型推理方法通常会在语言模型中加入前向链接元素（Creswell et al，2022）。但是，前向链接可能会给语言模型带来挑战，因为它需要从整个集合中选择事实和规则的子集，这可能需要在一个大空间中进行组合搜索。此外，在前向链接中，确定何时停止和宣布未能证明可能很困难，有时需要在中间标签上训练专门的模块（Creswell and Shanahan，2022）。

经典的自动推理文献主要面向反向链接或目标导向的证明策略。Kazemi et al（2022）通过实验证明，反向链接更适合基于文本的演绎逻辑推理，因为它不需要对子集选择进行大型组合搜索，并且具有更自然的停止标准。他们开发了一种名为 LAMBADA（LAnguage Model augmented BAckwarD chAining 的缩写）的混合语言模型，该模型使用反向链接来指导高层次的证明计划，而语言模型则执行文本理解和单个推理步骤。图 5-12 提供了 LAMBADA 算法的高级描述。

Algorithm 1 LAMBADA

Input: Theory: $\mathcal{C} = (\mathcal{F}, \mathcal{R})$, Goal: $\mathcal{G}$, Max-Depth: D

1: factCheckResult = *FactCheck*($\mathcal{G}, \mathcal{F}$)
2: **if** factCheckResult ≠ UNKNOWN **then**
3:     **return** factCheckResult
4: **if** D == 0 **then**
5:     **return** UNKNOWN
6: $\mathcal{R}_s$ = *RuleSelection*($\mathcal{G}, \mathcal{R}$)
7: **for** $r \in$ Rerank($\mathcal{R}_s$) **do**
8:     G = *GoalDecomposition*($r, \mathcal{G}$)
9:     **if** ProveSubgoals($\mathcal{C}$, G, D) **then**
10:         **if** *SignAgreement*(r, $\mathcal{G}$) **then**
11:             **return** PROVED
12:         **else**
13:             **return** DISPROVED
14: **return** UNKNOWN

Algorithm 2 ProveSubgoals

Input: Theory: $\mathcal{C} = (\mathcal{F}, \mathcal{R})$, Sub-Goals: G, Max-Depth: D

1: **for** $\mathcal{G}$ in G **do**
2:     result = LAMBADA($\mathcal{C}, \mathcal{G}$, D-1)
3:     **if** result ≠ PROVED **then**
4:         **return** False *# Assuming conjunction*
    return True

图 5-12　LAMBADA 算法（图片来源：Dua et al，2022）

Kazemi 等使用 ProofWriter（Tafjord et al，2020）和 PrOntoQA（Saparov and He，2022）进行了实验。这两个数据集被认为是语言模型推理的具有挑战性的数据集。这两个数据集包含需要最多 5 跳的证明链的样本，而 ProofWriter 还包含无法根据所提供的理论证明或反驳目标的样本。结果表明，基于这些数据集，与其他使用虚假证明痕迹产生正确结论的技术相比，LAMBADA 模型具有显著更高的演绎准确率，并且更有可能生成有效的推理链。此外，LAMBADA 模型比其他基于语言模型的模块化推理方法的查询效率更高。这些结果表明，未来对语言模型推理的研究应该包括反向链接或目标导向策略。

5.1.5 递归提示

许多研究都探讨了如何使用问题分解来引出中间推理步骤，以解决复杂任务。这种技术将问题分解为可以独立解决或依次解决的子问题。虽然语言模型在组合泛化方面遇到困难，但问题分解可以促进这项任务的完成。

研究人员已经提出了几种独立解决子问题的方法，然后将它们的结果结合起来以生成最终答案（Perez et al，2020）。另一些方法是按顺序解决子问题，每个解决方案都依赖于前一个解决方案的答案。这种方法已在 Yang et al（2022a）、Zhou et al（2022a）、Drozdov et al（2022）、Khot et al（2022）和 Dua et al（2022）中得到应用。

1. 最少到最多提示

Zhou et al（2022a）提出了最少到最多（least-to-most）提示技术来解决复杂的数学问题。此方法将问题分解为子问题，然后按顺序求解。语言模型使用少样本提示来提取子问题，并依靠对前一个子问题的解决方案来回答后续的子问题。

例如，考虑这个数学推理问题：方程 $x^2 + 2x - 3 = 0$ 中 x 的值是多少。要使用最少到最多提示来解决这个问题，首先，我们将问题分解为几个子问题：找到方程 $x^2 + 2x - 3 = 0$ 的根；选择大于 0 的根。然后，我们可以使用以下提示按顺序解决每个子问题：①方程 $x^2 + 2x - 3 = 0$ 的根是什么；②方程 $x^2 + 2x - 3 = 0$ 的哪个根大于 0。最后，可以使用这些提示的答案来解决最初的问题。

$$\text{roots}(x^2 + 2x - 3) = \left(-\frac{2 \pm \sqrt{4+12}}{2} \right)$$
$$= (-1 \pm \sqrt{5})/2$$
$$\Rightarrow x = -1 + \sqrt{5}$$

最少到最多提示已被证明对各种数学推理问题有效，包括线性方程、一元二次方程和不等式。它也被证明比其他提示策略（如思维链提示）更有效。

Drozdov et al（2022）在 Zhou et al（2022a）的基础上，采用独特的方法来生成输入的语法解析。他们没有采用线性分解，而是采用了一组有助于递归解析的提示。此外，作者还根据一系列启发式方法自动选择样本。与之不同的是，Yang et al（2022a）则另辟蹊径，利用基于规则的原则和插槽填充（slot-filling）提示将问题转换为一系列 SQL 操作。

2. Khot et al，2022

Khot et al（2022）也利用提示将问题分解为不同的操作，如图 5-13 所示。虽然标准方法仅提供带标签的样本（图中带有绿色标签框的灰色输入框），但思维链提示还描述了针对提示中的每个样本得出答案的推理步骤。与之不同的是，分解提示利用分解器提示，只描述用某些子任务解决复杂任务的过程。此处用 A、B 和 C 表示的每个子任务都由特定于子任务的处理程序处理，这些处理程序可以是标准提示（子任务 A）、进一步分解的提示（子任务 B），或检索这样的符号函数（子任务 C）。但是，与其他方法不同，他们的方法可以通过利用一组专门的处理程序来解决每个子问题。这些处理程序专用于单个子任务（如检索），从而采用更有效、有针对性的方法来解决问题。

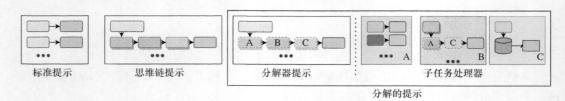

图 5-13　利用提示将问题分解为不同的操作（图片来源：Khot et al，2022）

3. Dua et al，2022

类似地，Dua et al（2022）提出了"连续提示"的概念——一种将复杂问题分解为更易于处理的子问题的技术。这种方法将原始问题划分为更简单的部分，随后的子问题预测能够使用解决前一个子问题时获得的解决方案。图 5-14 展示了一个连续提示的问题分解和问答阶段使用的样本分解的例子。该模型在预测要问的简单问题和回答简单问题之间迭代。

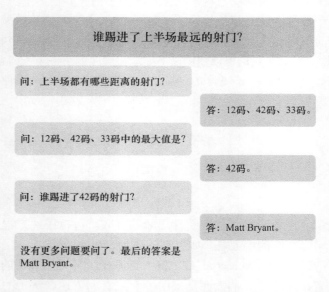

图 5-14　连续提示的问题分解和问答阶段使用的样本分解（图片来源：Dua et al，2022）

更具体地说，Dua et al（2022）的工作重点是开发和实施连续提示方法。这种方法允许将复杂问题逐步分解为一系列更小、更易于管理的子任务。通过这种方法，人们能够更有效地解决原本可能看起来不知所措或无法克服的问题。连续提示方法的具体步骤包括以迭代方式将复杂问题分解为更简单的问题，并利用前一个子问题的答案来帮助预测下一个子问题预测。这种方法有助于简化解决问题的过程，使人们更容易找到解决方案。图 5-15

给出了一个使用上下文学习进行连续提示的例子。对于选定的监督样本和要回答的复杂问题，加上预先附加的上下文段落（省略以简化说明），由模型进行编码，目标是分别在 QD（Question Decomposition，问题分解）和 QA（Question Answering，问题回答）阶段生成问答。在微调过程中，仅以独立同分布方式使用训练监督来学习 QD 和 QA 模型。

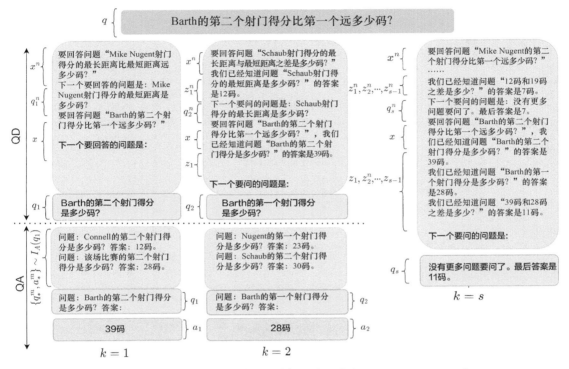

图 5-15　使用上下文学习进行连续提示（图片来源：Dua et al，2022）

连续提示方法具有以下优点。

- 在每个推理步骤中可以查询多个上下文样本。
- 可以分开学习问题分解和问题回答，包括使用合成数据。
- 可以用定制组件来处理大语言模型性能不高的推理步骤。
- 可以生成合成数据，以引导模型分解和回答中间问题的能力。

Dua et al（2022）和 Zhou et al（2022a）是两项并行的研究工作。不过，Dua et al（2022）的方法与 Zhou et al（2022a）的方法不同，前者将 QD 和 QA 这两个阶段交织在一起。具体来说，在 Dua et al（2022）的方法中，对后一个子问题的预测考虑了前一个子问题及其答案。这与 Zhou et al（2022a）的方法形成鲜明对比，在后者中，所有子问题的生成都与之前的答案无关。因此，Dua et al（2022）的方法提供了一种互动性更强的方法，其中问题和答案是相互关联的，从而有可能实现更高效的问题解答过程。

4. 将任务分解纳入预训练和微调

尽管这些提示方法取得了令人瞩目的成果，但它们也存在一些需要考虑的局限性，尤其是在模型规模方面。这些方法需要找到可以诱导逐步推理的合适提示，还需要手动提供样本，以便在新任务中进行少样本学习。此外，冗长的提示可能造成计算成本的增加，而有限的上下文规模也会阻碍相对较多的样本带来的好处。最近的研究提出了一种替代方法，即训练语言模型在执行多步骤计算任务时使用类似于人类的工作记忆。

Nye et al（2021）提出了一个名为"便笺簿"（scratchpad）的新概念，以提高语言模型在多步骤计算任务（如加法或代码执行）中的性能。在训练过程中，语言模型将面临输入任务（如加法）以及相关的中间步骤，从而形成一个名为"便笺簿"的组合算法。测试时，模型必须预测输入任务的步骤和答案。与上述提示策略不同的是，便笺簿是根据相关计算步骤附带的样本任务进行微调的。他们还对少样本学习场景进行了实验。

Taylor et al（2022）在大语言模型预训练的背景下实现了类似的方法。他们的模型Galactica是在科学数据语料库上进行训练的，该语料库包含一些用特殊词元（如 <work>和 </work>）包裹的分步推理文档，以模仿内部工作记忆。在推理过程中，模型可以通过<work> 词元激活这种推理模式。Taylor 等还强调了在推理样本上进行训练时出现的另一个问题：针对从互联网上获得的训练数据，可能缺少许多中间推理步骤，因为人类并不会明确编写所有推理步骤。为了解决这个问题，他们创建了包含详细推理过程的数据集。

5. 基于微调的方法

最近的研究重点是通过微调来增强预训练语言模型的推理能力。Zelikman et al（2022）提出的一种方法是使用自举方法为大量无标签的数据生成推理步骤或基本原理，然后利用这些数据对模型进行微调。具体来说，"自学推理器"（Self-Taught Reasoner，STaR）技术包含一个由以下步骤组成的简单循环。

① 基于一些理由样本提示生成回答许多问题的理由。
② 如果生成的答案不正确，则尝试生成一个给定正确答案的理由。
③ 对所有最终产生正确答案的理由进行微调。
④ 重复上述过程。

Yu et al（2022）已经证明，在推理任务中对标准语言模型进行微调，可以显著提高文本蕴涵（textual entailment）、演绎推理和类比推理等技能，超越预训练模型的性能。

6. 增强提示组合

为了获得更高的准确率，Pitis et al（2023）建议组合从多个提示获得的输出。这些提示可以通过添加模型出错的问题或现有组合存在高度分歧的问题来自动生成。提示的权重相等，以获得组合的预测结果，而尝试更智能地对它们加权并没有发现有什么帮助。尽管组合提示可以显著提高准确率，但其代价是增加推理计算量。不过组合提示有望在实践中得到广泛应用。而通过组合和迭代改进等技术，用推理成本换取预训练模型的准确率，这可以获得多少准确率还有待观察。

5.1.6　为什么 ICL 有效

大语言模型执行上下文学习的能力是其成功的一个重要方面。最近的研究揭示了驱动这种能力的潜在机制，以及与 ICL 性能密切相关的因素。

1. Xie et al，2021

GPT-3 等大语言模型已经在不同来源的大量文本上进行了训练。Xie et al（2021）提出了一个上下文学习框架，其中语言模型使用先前学习的概念来执行给定的任务。概念是封装各种文档级统计信息的潜在变量。例如，"新闻主题"概念可以描述单词的分布、新闻文章的撰写方式以及新闻和主题之间的关系。

在预训练过程中，语言模型通过将前面的句子作为证据来推断文档的潜在概念，从而学习预测下一个词元。如果模型可以使用上下文中的样本推断提示概念，则会进行上下文学习。定位学习能力的过程被视为贝叶斯推理，其中提示为模型提供证据，以锐化概念的后验分布。理想情况下，后验分布集中在提示概念上，提示中的样本越多，后验分布就越集中。

这一解释的逻辑飞跃在于，尽管提示是从提示分布中采样的，而提示分布可能与预训练分布大相径庭，但语言模型仍会从上下文样本中推断出提示概念。由于独立样本之间的转换概率较低，因此提示可能会在推理过程中引入噪声。尽管预训练分布和提示分布不匹配，但是语言模型仍然可以执行贝叶斯推理。

Xie et al（2021）证明，在具有潜在概念结构的合成数据上训练的语言模型可以进行上下文学习。他们还证明，在简化的理论环境中，从预训练数据中的潜在概念结构中，可以涌现通过贝叶斯推理的上下文学习。他们利用这一点生成了一个合成数据集。基于该数据集，Transformer 和 LSTM 都涌现了上下文学习。

2. Garg et al，2022

Garg et al（2022）通过研究训练模型在上下文中学习一类函数（例如线性函数）的问题，重点理解了上下文中的学习。他们探讨了这样一个问题，即给定从该类函数的某些函数派生的数据，是否可以训练一个模型来学习该类函数中的"大多数"函数。他们证明，标准 Transformer 模型可以从头开始训练，以执行线性函数的上下文学习。这意味着，经过训练的模型可以从上下文样本中学习未见过的线性函数，其性能可与最优最小二乘估计器相媲美。此外，他们还表明，在两种形式的分布偏移（即模型的训练数据和推理时提示之间的分布偏移，以及推理过程中上下文样本和查询输入之间的分布偏移）下，上下文学习是可能的。而且，他们证明，可以训练 Transformer 模型用于在上下文中学习更复杂的函数类（包括稀疏线性函数、两层神经网络和决策树），其性能可以达到或超过特定任务的学习算法。

3. Akyürek et al，2022b

在机器学习领域中，研究人员认为，GPT-3 等大语言模型由于在大量互联网文本上进行了广泛的训练，因此可以进行上下文学习。然而，一种假设认为，这些模型可以做的不仅仅是识别以前见过的模式，相反，它们可能通过在自身内部训练较小的机器学习模型来学习新任务。

为了验证这一假设，Akyürek et al（2022b）通过一个 Transformer 模型专门针对上下文学习进行训练。他们发现，这种 Transformer 模型可以在其隐藏状态内写入一个线性模型，该隐藏状态由许多层处理数据的相互连接的节点组成。他们的数学评估表明，线性模型被写入 Transformer 模型的最早层，可以通过简单的学习算法进行更新。通过探测实验，他们能够恢复线性模型的解，并表明参数是在 Transformer 模型的隐藏状态下写入的。这一发现可能使 Transformer 模型通过向神经网络增加两层来执行上下文学习，但在实现这一目标之前，仍有一些技术细节需要解决。

这项理论工作揭示了大语言模型在没有明确训练的情况下从输入数据中学习的非凡能力。通过使用线性回归作为简化案例，Akyürek 等展示了模型如何在读取其输入的同时实施标准学习算法，并确定与其观察到的行为相匹配的最优学习算法。这些结果可以为理解模型如何学习更复杂的任务铺平道路，从而有助于研究人员为语言模型设计更好的训练方法，进一步提高它们的性能。

4. Li et al, 2023b

Li et al（2023b）提出，在只须使用一个模型对两个回归任务进行建模的情况下，上下文学习可能很有用。通过上下文学习，模型可以学习每个任务的回归算法，允许将单独的拟合回归用于不同的输入集。

Li et al（2023b）将上下文学习问题形式化为算法学习问题。他们将 Transformer 作为一种学习算法，通过训练将其特化，以便在推理时实施另一个目标算法。Li 等通过 Transformer 探索了上下文学习的统计方面，并进行了数值评估以验证理论预测。

Li 等在研究工作中重点考虑了两个场景：第一个场景是由独立同分布输入-标签对序列形成的提示；第二个场景是由遵循动态系统轨迹的序列组成的。在后者中，下一个状态取决于前一个状态，表示为 $x_{m+1} = f(x_m) + noise$（噪声），如图 5-16 所示。

上下文学习	输入提示	期望的输出
自然语言处理	berry, baya, apple, manzana, banana	plátano
	Japan, mochi, France, croissant, Greece	baklava
监督学习 $y_i = f(x_i) + noise$	$x_1, y_1, x_2, \cdots, x_{i-1}, y_{i-1}, x_i$	$f(x_i)$
动态系统 $x_{i+1} = f(x_i) + noise$	$x_1, x_2, x_3, \cdots, x_{i-2}, x_{i-1}, x_i$	$f(x_i)$

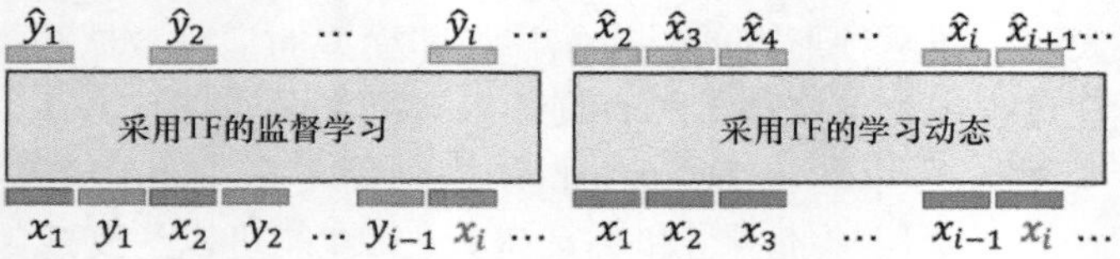

$\hat{y}_1$　$\hat{y}_2$　$\cdots$　$\hat{y}_i$ $\cdots$　　$\hat{x}_2$　$\hat{x}_3$　$\hat{x}_4$　　$\hat{x}_i$　$\hat{x}_{i+1}\cdots$

采用TF的监督学习　　　　　采用TF的学习动态

x_1　y_1　x_2　y_2 $\cdots$ y_{i-1}　x_i $\cdots$　　x_1　x_2　x_3　　$\cdots$　　x_{i-1}　x_i $\cdots$

图 5-16　遵循动态系统轨迹的序列组成的上下文学习样本（图片来源：Li et al，2023b）

问题在于如何训练这样的模型。在上下文学习的训练阶段，模型将 T 个任务与数据分布 $D_{t=1}^T$ 相关联。它从每个任务的相应分布中独立地对训练序列 S_t 进行采样，并将 S_t 的子序列与序列中的值 x 一起传递，以对 x 进行预测。这与元学习框架相类似。然后在预测后将损失最小化。上下文学习训练可以解释为寻找适合给定任务的最优算法。

为了获得上下文学习的泛化边界，Li 等借用了算法稳定性文献中的稳定性条件。他们对输入施加了一些条件来处理输入扰动，并通过实验评估了学习算法的稳定性。推导出的约束表明，通过增加样本量 n 或每个任务的序列数量 M，可以消除上下文学习的泛化误差。

实验结果与理论预测一致，表明所提出的 MTL 风险边界得到成功验证。不过，在今后的工作中仍有一些有趣的问题有待探索。具体来说，控制单个任务的边界，以及将研究结果从完全观察到的动态系统扩展到更一般的动态系统（如强化学习），都是重要的研究领域。此外，观察结果显示，转移风险仅取决于 MTL 任务及其复杂性，与模型复杂性无关。因此，研究 Transformer 的归纳偏置和算法特征将是一个吸引人眼球的研究方向。

总之，根据 Li et al（2023b）的说法，上下文学习是一种很有前途的方法，它可以只使用一个模型来学习不同任务的回归算法。学习算法的稳定性是上下文学习成功的关键，可以通过增加样本量或序列数量来减小泛化误差。Li 等的研究工作为上下文学习提供了理论基础，并为其实际应用提出了见解。

5. Dai et al，2022

Dai et al（2022）将 ICL 解释为一种元优化过程，并建立了基于 GPT 的 ICL 和微调之间的联系。他们将重点放在注意力模块上，发现 Transformer 注意力具有基于梯度下降的优化的双重形式。Dai 等提出了一种 ICL 的新视角，即预训练的 GPT 模型发挥元优化器的作用，通过基于示范样本的前向计算生成元梯度，并通过注意力将这些元梯度应用于原始语言模型，从而构建 ICL 模型。这一视角表明，ICL 和显式微调具有基于梯度下降的优化的双重观点。唯一的区别在于，ICL 通过前向计算产生元梯度，而微调则通过反向传播计算梯度。因此，ICL 可以理解为一种隐式微调。

Dai 等对 6 项分类任务进行了全面的实验，以提供经验证据来支持他们对 ICL 的理解。在 ICL 和微调设置中，对预训练 GPT 模型的模型预测、注意力输出和注意力得分进行了比较。结果表明，在预测、表征和注意力行为的各个层面上，ICL 的表现与显式微调相似，从而证实了 Dai 等关于 ICL 执行隐式微调的理解的合理性。

此外，Dai 等利用自身对元优化的理解来帮助设计模型。他们设计了一种基于动量的注意力，将注意力值视为元梯度，并对其应用动量机制。语言建模和上下文学习的实验一致表明，基于动量的注意力优于普通注意力，这从另一个角度支持了 Dai 等对元优化的理解。Dai 等认为，他们对元优化的理解可能对模型设计有进一步的帮助，这值得在未来进一步研究。

总之，了解 ICL 的工作原理可以提高其性能，与 ICL 性能密切相关的因素也已经确定。然而，大多数研究仅限于简单任务和小型模型，未来的研究应该将分析扩展到更广泛的任务和大型模型。将 ICL 理解为一个元优化过程可能是未来研究的一个很有前途的方向，这样就可以借鉴微调和优化的历史来改进 ICL。

5.1.7 评估

在评估 ICL 作为一般学习范式的有效性时，可以参考各种传统数据集和基准，如 SuperGLUE（Wang et al，2019a）和 SQuAD（Rajpurkar et al，2018）。Brown et al（2020）使用 SuperGLUE 中的 32 个随机样本来实现 ICL，结果发现，GPT3 模型在 COPA 和 ReCoRD 上取得了与最先进的微调性能相当的结果，但在大多数 NLU 任务上仍然落后于微调。尽管 Hao et al（2022）证明了扩大示范样本数量的潜力，但他们发现扩大规模带来的改进是有限的。目前，与传统自然语言处理任务的微调相比，ICL 仍有一定的改进空间。

随着带上下文学习功能的大语言模型的出现，研究人员对在无须针对下游任务进行微调的情况下评估其内在能力产生了浓厚的兴趣（Bommasani et al，2021）。为了研究大语言模型在各种任务上的局限性，Srivastava et al（2022）提出了 BIG-Bench，它涵盖了语言学、化学、生物学、社会行为学等多种任务。通过 ICL，最佳模型已经在 65% 的 BIG-Bench 任务上超过了人工评测的平均结果（Suzgun et al，2022）。为了进一步探索语言模型目前仍无法解决的任务，Suzgun et al（2022）提出了一个要求更高的 ICL 基准——BIG-Bench Hard（BBH），其中包括 23 种未解决的任务。之所以选择这些任务，是因为最先进模型的性能远远低于人类的水平。

一些逆向扩展任务表明，随着模型规模的增加，模型性能会下降，研究人员正在寻求原因。这些任务有助于凸显当前 ICL 范式的潜在问题。为了进一步评估模型的泛化能力，Iyer et al（2022）提出了称为 OPT-IML Bench 的基准，该基准由来自 8 个现有基准的 2000 项自然语言处理任务组成，其中包括一个留出（held-out）类别的 ICL 基准。

已经有多项研究对 ICL 的推理能力进行了调查。Saparov and He（2022）从一个用一阶逻辑表示的合成世界模型中生成了一个样本，并将 ICL 的生成结果解析为符号证明，用于形式分析。他们发现，大语言模型能够通过 ICL 正确进行单个演绎步骤。在多语言环境中，Shi et al（2022）构建了 MGSM 基准，用于评估大语言模型的思维链推理能力。结果表明，大语言模型可以跨多种语言进行复杂推理。为了进一步评估大语言模型的规划和推理能力，Valmeekam et al（2022）提供了多个测试用例，用于评估有关行动和变化的各种推理能力。在这些任务上针对大语言模型的现有 ICL 方法的性能一般。

由于 ICL 中示范样本数量有限，因此需要将传统的评估任务调整为少样本设置，以便准确评估语言模型在这方面的能力。因为 ICL 是一种与传统的学习范式截然不同的新范式，所以 ICL 的评估工作面临独特的挑战和机遇。现有评估方法的结果往往不稳定，并且对所提供的示范样本和指令特别敏感，这导致研究人员低估了 ICL 对指令扰动的敏感性。因此，ICL 评估的一致性仍然是一个悬而未决的问题。另外，在 ICL 中，由于示范所需的实例很少，因此构建评估数据的成本较低，这为评估提供了机会。本质上，由于 ICL 对示范样本数量的限制，将传统的评估任务调整为少样本设置至关重要，虽然与现有评估方法相关的挑战仍然存在，但 ICL 也为构建更具成本效益的评估数据提供了机会。

5.2 提示语言模型的校准

由于大语言模型能够捕捉语言中的复杂模式和关系，它们在完成一系列任务时只需要少量训练或不需要特定任务训练，因此表现出令人印象深刻的能力。然而，这些模型也难免存在偏差和局限性，可能会影响准确性和泛化能力。大语言模型的一个常见问题是表面形式竞争。当概念的不同表面形式竞争概率质量时，就会出现表面形式竞争，导致正确答案的概率降低（如多项选择任务中的"computer"和"PC"）。

由于大语言模型是概率模型，因此需要进行校准。生成文本的质量取决于模型学习的概率分布的准确性以及输入提示与所需输出的相关性。在校准过程中会调整模型的概率分布，以生成更符合人类语言和输入提示预期含义的输出。

估计候选答案的概率的方法有几种。其中最直接的方法是选择概率最高的选项。在这种情况下，语言模型使用方程 $\text{argmax}_i P(y_i|x)$ 计算给定提示 x 的潜在答案 y_i 的最大概率。虽然这种方法很有用，但估计概率的标准方法是长度规一化对数似然。Brown et al（2020）提出了这种方法。该方法的性能优越，常用于生成方法。对于因果语言模型，$P(y_i|x)$ 可以分解为单个词元概率的乘积，如下式所示：

$$p(y_i|x) = \prod_{j=1}^{l_i} P(y_i^j|x, y_i^1, \cdots, y_i^{j-1})$$

其中，l_i 表示 y_i 中的词元数量，y_i^j 表示 y_i 中的第 j 个词元。AVG 策略的定义为：

$$\text{argmax} \frac{\sum_{j=1}^{l_i} \log P(y_i^j|x, y^{1,2,\cdots,j-1})}{l_i}$$

Zhao et al（2021）研究了不同提示对 GPT-3 模型（Brown et al，2020）准确率的影响。他们使用 3 种不同规模（2.7B 个、13B 个和 175B 个参数）的 GPT-3 模型进行了情感分析实验。他们发现，GPT-3 模型的准确率变化很大，可能会因提示、训练样本的顺序和使用的格式发生显著变化。令人惊讶的是，即使是对训练样本进行简单的重新排列，也可能导致准确率发生巨大变化，从 54.3% 到接近先进水平的 93.4%。

Zhao 等随后深入研究了 GPT-3 模型不稳定的原因，确定了导致准确率差异的 3 个潜在偏差——多数标签偏差、重复性偏差和常见词元偏差。他们表示，这 3 个偏差加在一起通常会导致模型输出分布的简单偏移。受模型中某些答案的偏差可以通过提供无内容输入来估计这一概念的启发，Zhao 等提出了一种新颖的无数据校准方法来推断参数。

如何使上下文学习更加健壮，是否可以推断由给定提示引起的输出分布变化？之前的研究表明，基于提示和模型的偏差，GPT-3 模型对某些答案存在固有偏差。为了纠正这个问题，Zhao 等建议通过权重矩阵和偏置向量进行仿射变换，从而校准模型的输出概率。对于分类任务，使用与每个标签名称相关的概率集；对于生成任务，则使用第一个词元的整个概率集。为了防止参数个数呈二次方增长，权重矩阵被限制为对角线矩阵，即所谓的向量缩放。但是，在零样本或少样本设置中，没有用于学习权重矩阵和偏置向量的数据。因此，Zhao 等提出了一种无数据程序来推断这些参数的更优设置。

Zhao 等建议，可以通过输入无内容输入（如"N/A"）来估计对某些答案的偏差。例如，通过使用无内容输入为"N/A"的双样本提示，理想的结果是 GPT-3 模型将此测试输入评分为 50% 正面和 50% 负面。但是，由于模型的偏置，它将此输入评分为 61.8% 正面。Zhao 等建议通过设置 W 和 b 来纠正此错误，以便使无内容输入的分类得分保持一致。权重矩阵设置为无内容输入的概率集的反对角线矩阵，表示为 $\hat{p}_{cf}$，b 设置为全零向量。为了做出测试预测，Zhao 等计算了 $W\hat{p} + b$ 取最大值。

上下文校准程序的计算开销很小，只需要几行代码就可以实现。对于无内容的输入，有几个不错的选择，包括"N/A"、空字符串和乱码词元。Zhao 等平均了 3 种无内容输入的概率——"N/A""[MASK]"和空字符串。此外，可以按特定任务的方式制作无内容的输入。例如，在 LAMA 任务中，主语被替换为无内容输入，如使用"N/A is born in"作为输入。

在生成文本时，通常只校准第一个词元，因为它对未来的预测有重大影响。一些研究团队认为，由于权重矩阵 W 的维度很大（即 $|V| \times |V|$），因此校准生成的所有词元可能会带来挑战。此外，他们解释说，模型中的偏置会在输出分布中产生简单的偏移，所以没必要使用更复杂的非线性函数。之所以改用对角线矩阵 W，是因为它易于反转且计算成本低。此外，引入非线性函数需要用有限数量的样本学习 W，这可能很难通过梯度下降来实现。总之，仅校准第一个词元并使用没有复杂非线性函数的对角线矩阵 W 的决定是出于实用和计算方面的考虑。

1. 表面形式竞争

考虑这样一个问题："学习一门新语言的最佳方法是什么？"选项有多种，包括"看电视""玩视频游戏""上课"和"睡觉"。在这些选项中，只有"上课"是合理的回答。然而，语言模型还可以生成"与辅导老师一起学习"或"使用语言学习软件"等答案，这些答案都是有效的，但未列为选项。这就造成了不同表面形式对有限概率质量的竞争。例如，给"与辅导老师一起学习"分配大概率，将会降低分配给"上课"的概率。尽管所有有效表面形式生成正确答案的总概率都很高，但只有一种形式被列为选项。当"与辅导老师一起学习"由于其稀有性而比"上课"的概率低时，这就成了问题。不考虑表面形式竞争的方法更倾向于使用较少的词汇阐述的答案。图 5-17 给出了一个来自 CommonsenseQA 的例子（Talmor et al，2018）。人类从给定的选项中选择，而语言模型则隐式地为每个可能的字符串分配概率。这在代表相同概念的不同字符串之间产生了表面形式竞争。

图 5-17 相同概念的不同字符串之间产生表面形式竞争（图片来源：Holtzman et al，2021）

Talmor et al（2018）认为，由于存在表面形式竞争，直接概率并不适合作为零样本的评分函数。为了解决这个问题，他们建议使用逐点互信息（Pointwise Mutual Information，PMI）来计算特定表面形式的概率。PMI 计算假设（如"当时是凌晨 3 点"）在前提（如"酒吧关闭是因为"）的情况下的可能性。图 5-18 给出了各种评分函数策略。在多项选择设置中，前提 x 在假设之间不会改变，这与 $P(x|y)$ 成正比，即给定假设前提的概率。Talmor 等将其称为"按前提评分"（scoring-by-premise），而这与语言模型相反。

$$\text{PMI}(x, y) = \log \frac{P(y|x)}{P(y)} = \log \frac{P(x|y)}{P(x)}$$

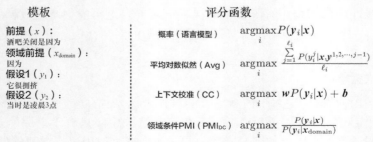

图 5-18 各种评分函数策略（图片来源：Holtzman et al，2021）

Talmor 等提出将领域条件 PMI 作为衡量在给定领域中看到假设 y 的概率的方法。他们认为 $P(y)$ 的估计差异很大，因为 GPT-2 模型和 GPT-3 模型没有经过训练，无法对文档摘录进行无条件估计。为了估计 $P(y|\text{domain})$，Talmor 等建议使用一个与领域相关的短字符串 x_{domain}，他们称之为"领域前提"。Talmor 等将领域条件 PMI 定义为：在给定提示 x 和领域 $P(y|x, \text{domain})$ 的情况下看到假设 y 的概率与单独给定领域 $P(y|\text{domain})$ 看到假设 y 的概率之比。在大多数情况下，提示 x 表示领域，Talmor 等使用领域前提 x_{domain} 来估计 $P(y|\text{domain})$。例如，为了预测因果关系，Talmor 等使用 x_{domain}="because" 并除以 $P(y|\text{because})$，这是在给定领域"because"的情况下看到假设 y 的概率。

$$\text{PMI}_{\text{DC}}(x, y, \text{domain}) = \log \frac{P(y|x, \text{domain})}{P(y, \text{domain})} = \log \frac{P(y|x, \text{domain})}{P(y, x_{\text{domain}})}$$

2. Min et al，2021

类似地，受机器翻译中的噪声通道模型的启发，Min et al（2021）提出了使用大语言模型进行少样本文本分类的替代通道模型。通道模型计算给定输出的输入概率，而直接模型则计算给定输入的标签词元的条件概率。图 5-19 说明了情感分析任务中语言模型提示的直接模型和通道模型。

图 5-19　情感分析任务中语言模型提示的直接模型和通道模型（图片来源：Min et al，2021）

5.3　轻量级微调

预训练语言模型（Pre-trained Language Model，PLM）已成为众多自然语言处理任务的重要工具。预训练-微调方法已被研究人员广泛采用。但是，对大语言模型进行微调的成本非常昂贵。微调大语言模型的所有参数并为不同的任务维护单独实例是不可行的。因此，一个新的研究领域出现，其重点是 PLM 的有效调整。

轻量级微调提供了一种潜在的解决方案，即只须添加或修改一小部分模型参数，而保持其余参数不变，从而降低计算和存储成本。最近的研究表明，轻量级微调方法通过选择不同的参数，可以达到与全参数微调相当的性能。

本节旨在讨论轻量级微调所面临的挑战，回顾最近研究的方法，并提出这些方法的分类标准。这些方法可以分为 3 组——基于添加、基于规范和基于重新参数化。基于添加的方法向模型中添加少量参数，然后对其进行微调。相比之下，基于规范的方法通过调整模型架构或超参数以实现有效的调整。基于重新参数化的方法修改模型的现有参数，实现轻量级微调。

5.3.1 基于添加的方法

基于添加方法的主要概念是通过添加其他参数或层来增强已训练的模型，并仅训练新添加的部分。目前，这恰好是应用和研究最广泛的一类轻量级微调方法。

1. 垂直添加

适配器（adapter）最初是为多领域图像分类而开发的（Rebuffi et al，2017），它在神经网络模块之间添加特定领域的层。Houlsby et al（2019）通过在 Transformer 的注意力和 FFN 层之后添加全连接网络，将这一想法应用于自然语言处理任务。与 Transformer 的 FFN 模块不同，适配器的隐藏维度通常比输入维度小。尽管维度缩小了，但适配器却表现出令人印象深刻的参数效率，表明只需要不到 4% 的模型总参数就可以实现具有竞争力的性能。

Pfeiffer et al（2020）发现，仅在自注意力层（归一化后）之后插入适配器，就能获得与每个 Transformer 模块使用两个适配器相似的性能。总之，适配器是一种很有前途的神经网络参数高效微调方法，有可能显著降低训练大型模型的计算成本。

AdaMix

AdaMix 是 Wang et al（2022f）提出的一种新技术，通过以专家混合（mixture-of-experts，MoE）的方式利用多个适配器来提高适配器的性能。这意味着，每个适配器层都包含一组层或专家，并且在每次前向传递期间仅激活一小部分专家。与使用路由网络选择和加权多个专家的常规 MoE 不同，AdaMix 每次在前向传递中随机选择一个专家，从而在不影响性能的情况下降低计算成本。

AdaMix 的一个显著特点是适配器的上下投影是独立选择的，而常规 MoE 层则不是这样的。训练完成后，会在所有专家之间平均分配适配器权重，从而提高推理过程中的记忆效率。Wang 等还提出了一种稳定训练的一致性正则化技术。这种技术最大限度地减小了两个模型在选择不同专家集时前向传递之间的对称 KL。

尽管 AdaMix 的性能优于具有相同推理成本的常规适配器，但它可能会在训练过程中消耗更多内存。然而，Wang 等的研究证明，AdaMix 可以利用较小的适配器隐藏状态，从而将可训练的参数开销基于专家数量进行分摊，通常是 4 到 8 个。尽管如此，一致性正则化技术还是增加了计算要求和内存消耗，因为它需要在不同专家的两个模型的前向传递中保留两个版本的隐藏状态和梯度。

2. 水平添加

正如 Brown et al（2020）的研究所证明的，通过提示来利用语言模型，在零样本和少样本场景中都具有出色的性能。然而，当面对大量训练样本时，离散自然语言提示的优化或上下文学习的应用变得不切实际。为了解决这一难题，研究人员引入了"软"提示或"连续"提示的概念（Li and Liang，2021；Lester et al，2021），这种方法能有效地将确定最佳"硬"提示的离散优化问题转换为连续问题。

1）提示调优

Lester et al（2021）提出了一种称为"提示调优"的新方法，该方法使用可训练的张量（也称为"软提示"）来增强模型的输入嵌入。这种张量通过梯度下降进行优化，并添加到输入嵌入中。Su et al（2022d）进行的消融研究（ablation study）表明，对于较大的模型，提示调整的参数效率更高，提示长度为 1 到 150 个词元，模型规模为 10M 到 11B 个参数。

例如，T5-11B 模型在 SuperGLUE 上实现了相同的性能（Wang et al，2019a），软提示长度为 5 或 150，这证明了提示调整的有效性。此外，提示调整的效率比模型规模的增长速度更快。T5-large 模型的性能在提示长度为 20 或 20k 个可训练参数时饱和（0.002%），而 T5-XL 模型的性能在提示长度为 5 或 20k 个可训练参数时饱和（0.000 2%）。但是，值得注意的是，只有在 10B 个参数的模型规模时，提示调优与完全微调相媲美。此外，由于 Transformer 具有二次复杂性，因此将输入长度增加 20~100 个词元会显著增加计算量。

总之，虽然使用软提示会导致推理开销增加，但它是一种参数效率很高的方法，对于较大的模型特别有效。很明显，提示调优在自然语言处理领域具有巨大的潜力，未来的研究有望建立在这种创新技术的基础上，以进一步提高模型性能。

2）前缀调优

Li and Liang（2021）针对软提示的概念提出了一种新方法。与向模型输入中添加软提示的传统方法不同，他们的方法通过独特的前缀 P_θ 向所有层的隐藏状态添加可训练参数。

他们的研究结果表明，在训练过程中直接优化软提示会导致模型不稳定。因此，他们提出了一种解决方案，即通过前馈网络 $P_\theta = \mathrm{FFN}(\hat{P}_\theta)$ 对软提示进行参数化。在训练过程中，$\hat{P}_\theta$ 和 FFN 的参数都会被优化。训练完成后，推理只需要 P_θ，可以丢弃 FFN。

需要注意的是，这种方法与"提示调优"有相似之处，但每一层都添加了软提示。Li 和 Liang 通过实验将 BART（Lewis et al，2019a）模型（小于 100M 个参数）应用于各种生成任务，证明了他们的方法的有效性。他们仅训练了 0.1% 的参数，同时使用从 10 到 200 个词元的软提示长度，就取得了令人瞩目的成果。

3）梯侧调优

梯侧调优（Ladder-Side Tuning，LST）由 Sung et al（2022）提出，这是一种新颖的方法，用于在预训练网络的同时训练小型 Transformer 网络。侧网络通过将预训练骨干网络的隐藏状态与其自身的隐藏状态相结合来实现这一目标。由于只将预训练模型用作特征提取器，因此侧网络在反向传播过程中需要的内存和计算量更小。

为了进一步提高 LST 的性能和参数效率，Sung 等采用了几个技巧。他们借助结构修剪从预训练模型参数中初始化侧网络，并将侧网络的层数减小到骨干网络的一半（或四分之一）。

LST 在内存使用控制方面优于完全微调和 LoRA，而准确率方面仅略有下降。具体来说，在微调 T5-base 模型的过程中，LST 的内存使用量降为三分之一，与 LoRA 相比则降为二分之一。

3. 其他添加方法

在最近的研究中，Liu et al（2022a）引入了一种用于多任务微调 T-few 的新颖且参数高效的方法。他们提出的方法称为 (IA)^3，该方法学习新的参数 l_v、l_k 和 l_{ff}，它们充当键、值和隐藏前馈网络的激活。通过针对每个 Transformer 模块仅训练这 3 个参数，该方法实现了显著的参数效率。事实上，对于 T0-3B 模型，该方法仅更新了模型总参数的 0.02%，而性能却优于其他方法，如参数数量相近的 Compacter（Karimi Mahabadi et al，2021）和可训练参数多 16 倍的 LoRA（Hu et al，2021）。

(IA)^3 的示意图如图 5-20 所示。(IA)^3 调优模型的一个显著优点是开销小。与适配器调整模型不同，将 l_v 和 l_k 合并到相应的线性层中不会显著增加计算成本，唯一的额外开销来自 l_{ff}。总之，这种方法为 T-Few 方案中的多任务微调挑战提供了一个优雅的解决方案，并取得了令人印象深刻的结果和最小的计算负担。

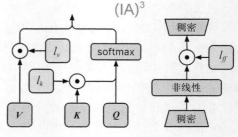

图 5-20　(IA)³ 的示意图
（图片来源：Liu et al，2022a）

5.3.2　基于规范的方法

选择性轻量级微调可能是由 Donahue et al（2014）首次提出的，她只微调网络顶部的几个层。现代方法侧重于层类型或内部结构，如模型偏置（Zaken et al，2021）或特定行（Vucetic et al，2022）。稀疏更新方法代表了选择性方法的一种极端形式，即无论模型架构如何，都可以单独选择参数，如 Sung et al（2021）和 Ansell et al（2021）所展示的。然而，稀疏参数更新带来了许多工程和效率方面的挑战，最近的一些研究已经解决了其中的一些问题，如参数重新配置（Vucetic et al，2022）。

1. BitFit

Zaken et al（2021）引入了仅微调神经网络中的偏置的概念。本质上，这种方法涉及保持线性层或卷积层的权重矩阵 W 不变，仅优化偏置向量 b。使用 BitFit，只须更新 0.05% 的模型参数。值得注意的是，最初的研究表明，当应用于 BERT 模型（小于 1B 个参数）时，这种方法在具有中低数据量的场景中与完全微调性能相似，甚至更好。随后的研究在 T0-3B 模型（Sanh et al，2021）和 GPT-3 模型（Hu et al，2021）等更大规模的模型中检验了该技术。然而，在如此巨大的规模下，与完全微调和其他轻量级微调方法相比，BitFit 仍有不足。

2. FishMask

FishMask 是由 Sung et al（2021）提出的一种技术，它利用稀疏微调方法，根据费雪信息（Fisher information）识别和选择前 p 个模型参数。费雪信息使用对角线近似方法估算，这在实践中很常见。计算方式如下。

$$\hat{F}_\theta = \frac{1}{N} \sum_{i=1}^{N} E_{y \sim p_\theta(y|x_i)} (\nabla_\theta \log p_\theta(y \mid x_i))^2$$

具体来说，估算值是通过计算（多批次）数据上所有模型参数的梯度获得的，然后只选择费雪得分最高的参数进行优化。

虽然 FishMask 的性能通常与适配器的相当，但不及 LoRA 和 (IA)³。该技术已在参数小于 1B 个的 BERT 模型和 T0-3B 模型上进行了评估。然而，需要注意的是，FishMask 的计算密集度很高，在现代深度学习硬件上并不适用，这主要是由于它缺乏对稀疏操作的支持。

3. 冻结和重新配置

Vucetic et al（2022）引入了冻结和重新配置（Freeze and Reconfigure，FAR），这是一种在参数矩阵中进行列选择和线性层重新配置的新方法。

FAR 专为优化 DistilBERT 等压缩语言模型而设计，与未压缩语言模型相比，这些模型的容量会减少和适应性会有所降低。与仅训练 BERT 模型偏置的 BitFit 不同，FAR 对名为 FFN 的线性层权重子集及其偏置进行微调。在 FAR 中，线性层中微调的权重集是以结构化的方式选择的，以避免由稀疏内存访问导致的内存操作延迟。在微调过程中，FFN 中的每个节点都会根据其性能被分类为学习节点或非学习节点。非学习节点被冻结，而学习节点被微调。冻结节点在后向传递过程中不需要梯度计算、激活存储或内存访问。最后，在微调过程中，通过将学习节点和非学习节点分离成不同的子层来重新配置 FFN。

具体来说，FAR 包括两个阶段。在初始阶段，Vucetic 等采用结构化修剪来确定参数矩阵中需要更新的最关键行，然后对部分数据进行微调。根据原始模型和微调模型之间的 $L1$ 距离，选择顶部 r 行。第二阶段重新配置网络，将每个参数 $W \in R^{in \times h}$ 划分为可训练分量 $W_t \in R^{in \times h'}$ 和冻结分量 $W_f \in R^{in \times (h-h')}$。可训练分量 W_t 包含所需数量的参数 h'，而冻结分量 W_f 包含其余参数。W_t 和 W_f 的矩阵乘法首先分别独立计算，然后将它们的结果进行组合。对偏置也进行同样的处理。

尽管这种方法在训练过程中会产生额外的计算开销，但在利用 PyTorch 等标准框架的现代硬件上，它在参数选择方面提供了更大的灵活性。训练完成后，可以重新配置参数，以消除任何推理开销。

Vucetic 等使用 DistilBERT 模型（66M 个参数）对边缘场景中的 FAR 进行了评估，并将其仅应用于前馈层，因为它们构成了 DistilBERT 模型参数的大部分。实验证明，FAR 仅更新了 6% 的参数，但在 5 个 GLUE 任务（Wang et al，2018）和 SQuAD 2.0（Rajpurkar et al，2018）上取得了与微调相当的性能。

5.3.3 基于重新参数化的方法

人们已经在深度学习领域广泛探讨了神经网络具有低维表征的观点，这一观点得到实证和理论分析的支持（Maddox et al，2020；Malladi et al，2022）。利用这一观点，人们提出了基于重新参数化的参数高效微调方法，旨在减小可训练参数的数量。Aghajanyan et al（2020）已经证明，可以通过低秩子空间实现有效的微调，对于较大或较长的预训练模型，需要调整的子空间更小。他们的方法名为 IntrinsicSAID，该方法采用 Fastfood 变换（Le et al，2014）对神经网络参数进行重新参数化。

在基于重新参数化的方法中，低秩适应或 LoRA（Hu et al，2021）可能是最著名的。这种方法利用简单的低秩矩阵分解来参数化权重更新，并且易于实现。最近的研究还探索了克罗内克乘积重新参数化的方法，这种方法在秩和参数数量之间进行了有利权衡。Karimi Mahabadi et al（2021）和 Edalati et al（2022）均对这种方法进行了研究。

总之，基于重新参数化的方法为神经网络的参数高效微调提供了前景广阔的途径，其中低秩表征和克罗内克乘积重新参数化是最引人注目的技术。

1. LoRA

LoRA 由 Hu et al（2021）提出，它建立在 IntrinsicSAID 思想的基础上，是一种更精简的低秩微调方法。LoRA 的关键创新在于将权重矩阵更新分解为两个低秩矩阵的乘积：

$$\delta W = W_A W_B$$

其中，$W_A \in R^{in \times r}$ 和 $W_B \in R^{r \times out}$。所有预训练的模型参数都保持冻结状态，只有 W_A 和

W_B 矩阵是可训练的。此外，比例因子保持不变，通常设置为 $1/r$。训练完成后，只须将乘积 W_AW_B 添加到原始矩阵 W 中，即可将这些矩阵整合到原始权重矩阵 W 中。保留先前的预训练权重有助于防止灾难性的遗忘。与原始模型相比，秩分解矩阵具有相当大的优势，因为它们涉及的参数要少得多。这个特点意味着经过训练的 LoRA 权重具有高度的可移植性，可以从一个系统顺利迁移到另一个系统。

在 Transformer 的上下文中，LoRA 通常应用于多头注意力模块中的 W_k 和 W_v 投影矩阵。事实证明，LoRA 的性能优于 BitFit 和适配器，并已在具有高达 175B 个参数的模型上进行了评估。

2. KronA

众所周知，低秩分解的表征能力是有限的。Edalati et al（2022）试图通过使用克罗内克乘积代替低秩表征来解决这个问题。他们引入了一种名为 KronA 的新方法，以替代 LoRA 中的矩阵分解方法 $\delta W = W_AW_B$。这种新方法采用克罗内克乘积的矩阵分解技术，其中 $\delta W = W_A \otimes W_B$。请注意：

$$A \otimes B : R^{n \times m} \times R^{s \times t} \rightarrow R^{n_s \times m_t}$$

$$A \otimes B = \begin{bmatrix} a_{11}B\ a_{12}B & \cdots & a_{1n}B \\ \vdots & & \vdots \\ a_{m1}B\ a_{m2}B & \cdots & a_{mn}B \end{bmatrix}$$

KronA 的优势在于它能够更好地权衡每个参数的秩，因为克罗内克乘积保留了被乘以的原始矩阵的秩。简言之，$W_A \otimes W_B$ 的秩等于 W_A 的秩乘以 W_B 的秩。

Edalati et al（2022）提出的另一项创新是使用高效的克罗内克乘积，即向量积运算。这种运算不需要显式表示 δW，从而显著提高 KronA 方法的速度。除了 KronA 方法之外，Edalati et al（2022）还提出了另一种名为 KronA$_{res}^B$ 的方法。这种方法采用一个并行适配器（parallel adapter），权重的参数是克罗内克乘积和残差连接。基于克罗内克的模块与其低秩对应模块的结构比较如图 5-22 所示。请注意，在图 5-21 中，PA 是指并行适配器，它是一种将前缀调优的并行插入迁移到适配器中的变体（He et al，2021）。

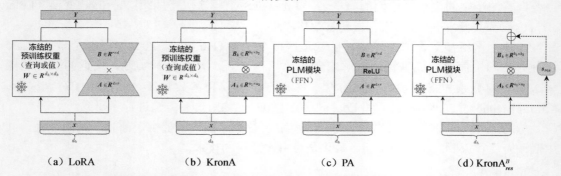

（a）LoRA   （b）KronA   （c）PA   （d）KronA$_{res}^B$

图 5-21　基于克罗内克的模块与其低秩对应模块的结构（图片来源：Edalati et al，2022）

在 GLUE 基准测试中，KronA 方法的性能与适配器、LoRA 和 Compacter 相当，甚至更好，可训练参数数量为 0.07%。此外，KronA 方法的推理速度明显快于适配器或 Compacter。然而，需要注意的是，对这些方法的评估仅限于小于 1B 个参数的小型模型。

5.3.4 混合方法

目前研究人员已经开发了多种技术，通过组合各种类别的轻量级微调来提高预训练语言模型的性能。例如，MAM 适配器（He et al，2021）同时使用适配器和提示调优来提高模型的准确率。Compacter（Karimi Mahabadi et al，2021）通过重新参数化适配器来减小适配器的参数数量。

此外，通过自动算法搜索，研究人员开发了 S4，它结合了轻量级微调的所有类别，以最小的参数增加量（0.5%）最大限度地提高模型的准确率。这些技术表明，人们正在通过组合各种方法来提高预训练语言模型的微调性能。它们为进一步推动该领域的发展带来了巨大希望。

1. MAM 适配器

在 He et al（2021）的研究中，他们探索了如何优化适配器的位置以及软提示的有效性。他们发现，使用扩展并行适配器的效果优于按顺序放置的适配器，而引入与前馈网络并行的适配器比使用多头注意力并行适配器更有效。他们还发现，只须修改 0.1% 的参数，软提示就可以有效地调整注意力。该团队使用"混合搭配"（Mix-And-Match，MAM）方法将这些概念结合起来，开发了最终模型——MAM 适配器。该模型由一个用于 FFN 层的扩展并行适配器和一个软提示组成。MAM 适配器的性能明显优于 BitFit 和提示调整，同时始终优于 LoRA、适配器和前缀调优，即使只有 7% 的额外参数和 200 的软提示长度。值得注意的是，这些实验是在小于 1B 个参数的小型模型上进行的。

2. 稀疏适配器

He et al（2022b）提出了用于训练适配器层的 Large-Sparse 策略。如图 5-22 所示，该策略为新增模块使用了较大的隐藏维度，并在初始化过程中修剪了大约 40% 的值。在可训练参数数量相当的情况下，Large-Sparse 的性能要优于非稀疏的对应策略。尽管如此，必须记住，训练和推理成本可能会增加，具体取决于是否有硬件支持稀疏张量和操作。此外，需要注意的是，计算这种方法的修剪掩蔽可能需要获取所有新添加参数的梯度。

（a）标准适配器调整

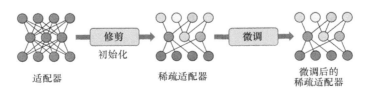

（b）稀疏适配器调整

图 5-22　标准适配器与稀疏适配器的比较（图片来源：He et al，2022b）

3. Compacter

Karimi Mahabadi et al（2021）建议采用 COMPACTER 方法作为在大语言模型中增强任务性能和可训练参数之间平衡的手段。该方法基于适配器概念、低秩优化和参数化的超复杂乘法层。每个适配器参数 W 都表示为克罗内克乘积的总和：

$$W = \sum_{i=0}^{m} A_i \otimes B_i$$

$$W \in R^{k \times d}, \ A_i \in R^{n \times n}, \ B_i \in R^{\frac{k}{n} \times \frac{d}{n}}$$

其中，A_i 和 A_i 是低秩矩阵。采用这种参数化方法得到的线性层 $xW+b$ 被称为参数化的超复杂乘法（Parametrized Hypercomplex Multiplication，PHM）层（Zhang et al，2021）。为了进一步提高参数效率，Compacter 通过将 B_i 分解为两个低秩矩阵 $B_i = B_i^{up} B_i^{down}$，从而对 B_i 进行与 LoRA 类似的参数化。值得注意的是，所有 A_i 矩阵都在所有适配器层之间共享，A_i 和 B_i 都是三维张量，第一维等于 n，即 PHM 层的克罗内克乘积数。

Compacter 有两种变体：每个 Transformer 模块有两个适配器，或在前馈层之后有一个适配器（Compacter++）。值得注意的是，Compacter++ 的性能与具有 0.8% 附加参数的适配器相当，甚至更好。该方法已在 T5-base（小于 1B 个参数）模型和 T0-3B 模型上进行了评估。

4. S4

轻量级微调的目的是在使用更少的可训练参数的同时获得与微调相当的性能。研究人员已经提出了许多策略，包括适配器、前缀调优、BitFit 和 LoRA 等。但是，这些策略都是单独设计的，目前尚不清楚是否存在任何特定的设计模式来实现参数高效的微调。为了解决这个问题，Chen et al（2023）提出了参数高效微调设计范式，并发现了可应用于各种实验设置的设计模式。

研究人员没有把重点放在开发另一种独立的调整策略上，而是引入了参数高效的微调设计空间，允许对微调结构和策略进行参数化。每个设计空间都有 4 个组成部分——层分组、可训练参数分配、可调组和策略分配。初始设计空间会根据每个设计选择的模型质量逐步细化，在每个阶段，都会对这 4 个部分进行贪心选择。通过这种方法，可以发现最优设计模式，以实现参数高效微调。

研究人员提出了一种新方法 S4，该方法使用独特的"纺锤"模式将层分成 4 组（G_1，G_2，G_3，G_4）。中间组分配的层数较多，而顶部组和底部组分配的层数较少。所有组都是可训练的，可训练参数在各层（不是组）之间统一分配。不同的组采用不同的轻量级微调方法组合，如下所示：

G_1：适配器和 LoRA G_3：适配器、前缀调优和 BitFit

G_2：适配器和前缀调优 G_4：前缀调优、BitFit 和 LoRA

实验是在 T5-base 模型和具有 0.5% 可训练参数的 GLUE 数据集上进行的。然后将 S4 方法应用于 T5-3B 模型、RoBERTa 模型和 XL-Net 模型。结果表明，在不同的架构、模型规模和任务中，S4 方法的性能始终优于单个轻量级微调技术。

5.4 小结

本章全面概述了自然语言处理中的上下文学习（ICL）技术。本章强调了根据用户的上下文生成样本和指令以提高模型性能的重要性。本章讨论了不同的 ICL 技术，包括示范样本选择、样本排序、指令生成、思维链和递归提示，为如何使模型适应不同的上下文以提高其准确率提供了有价值的见解。

此外，本章还探讨了提示语言模型的校准和轻量级微调的概念。轻量级微调的不同方法，包括基于添加、基于规范、基于重新参数化和混合方法，可以让我们清楚地了解如何使用较小的数据集来有效地更新模型，而不是重新训练整个模型。

第 6 章
训练更大的模型

在各种自然语言处理基准任务中，预训练语言模型都取得了卓越的成绩，展示出非凡的性能。然而，由于需要大量的内存和相当长的训练时间，训练大型深度神经网络的任务面临重大挑战。

遗憾的是，几个大型模型的内存需求已经超过了单个 GPU 的容量，使得单个 GPU 工作站无法处理这些模型。为了解决这一限制，研究人员开发了各种并行范式，来促进跨多个 GPU 的模型训练。此外，研究人员还采用了多种模型架构和内存节省技术，来实现超大型神经网络的训练。

在本章中，我们将探讨支持和加快训练具有大量参数的大语言模型的各种方法。首先，我们将讨论扩大尺度法则以及从预训练和微调 Transformer 中获得的启示。其次，我们将深入研究涌现能力和人工智能加速器在并行性方面的重要性。然后，我们将探索不同的并行方法，例如数据并行、流水线并行、张量/模型并行和专家混合。此外，我们还将探索混合训练和低精度训练技术，包括单位缩放以及 FP8 和 INT8 之间的差异。最后，我们将讨论其他有助于高效训练大语言模型的内存节省设计。通过阅读本章的内容，读者将全面了解高效训练大语言模型的各种方法。

6.1 扩大尺度法则

扩大尺度法则对于训练大语言模型至关重要，因为它们提供了一个框架，让我们可以了解随着模型规模的增加，性能是如何变化的。特别是，扩大尺度法则表明，随着规模的增加，模型在特定任务上的性能应该会提高，但不一定是线性的。扩大尺度法则还表明，训练大语言模型需要大量的计算资源（如 GPU 或 TPU）以及大型数据集。这是因为随着模型规模的增加，训练模型所需的数据量也会随之增加。此外，扩大尺度法则对大语言模型的设计和架构也有重要影响。例如，为了扩大模型，在设计时应充分利用并行处理和分布式训练，这有助于减少训练大型模型时的内存需求。

6.1.1 预训练 Transformer 扩大尺度的启示

Kaplan et al（2020）提出了扩大尺度法则，这些法则随后（至少隐含地）用于指导一些大型模型的训练。在研究语言模型的扩大尺度法则时，一个关键的问题是，在给定计算预算的情况下确定用于训练 Transformer 大语言模型的最佳模型规模和训练数据集大小。

出于各种原因，回答这个问题至关重要。迄今为止，研究人员已经开发出许多模型，例如 GPT-3 模型，它有 175B 个参数，用 300B 个词元进行训练；还有 Chinchilla 模型（Hoffmann et al，2022a），它的规模较小，但用于训练的词元要多得多。每个大语言模型都需要数月的训练，成本昂贵，而且会留下大量的碳足迹。因此，尝试各种可能的参数数量和词元数量的组合是不可行的。目前，已有多个不同的研究团队尝试了各种方法，但最优组合仍是未知数。人们通常通过外推扩大尺度法则来决定参数和训练词元的数量，这些扩大尺度法则基于较小尺度的实验，通过幂律和其他曲线的拟合来确定添加更多参数或词元时损失是如何变化的，然后将这些外推法应用于更大规模的实验。

尽可能得到最准确的扩大尺度法则至关重要，否则，模型将根据错误假设的外推进行训练。此外，扩大尺度法则对超参数的选择也有影响。影响计算预算因素包括模型大小、模型训练轮次、批次大小等。在训练大语言模型时做出这些决定极具挑战性。

我们首先定义计算。矩阵乘法（如注意力 Q、K、V 投影）涉及每个矩阵的两次运算（乘法和加法）。计算过程中使用的所有矩阵的总大小由 N 表示，其中不包括词表和位置嵌入。单个词元前向传递的浮点运算（Floating-point Operation，FLOP）数为 $2N$，而整个数据集 D 的浮点运算为 $2ND$。在反向传递过程中，需要计算损失相对于每个隐藏状态和参数的导数。反向传递所需的 FLOP 大约是前向传递所需的两倍。对整个数据集而言，反向传递的 FLOP 大约为 $4ND$。

如果存在计算预算约束 C，那么增加模型大小 N 意味着减小数据集大小 D。但是，较大的数据集通常会带来更高的性能，这是需要考虑的问题。非嵌入训练的总计算量可以通过 $C \approx 6ND$ 来估算。数值以 "PF 日" 表示，其中单个 PF 日等于 $10^{15} \times 24 \times 3600 = 8.64 \times 10^{19}$ 次浮点操作。需要回答的一个关键问题是：为了最大限度地提高模型的性能，我们应该如何将 C 分配给 N 和 D？损失（L）和 N、D 之间的关系是什么？

$$N_{\text{opt}}(C), D_{\text{opt}}(C) = \arg \min_{N, D \text{使得} \text{FLOPs}(N, D) = C} L(N, D)$$

1. Kaplan et al，2020

以下是 Kaplan et al（2020）基于仅有解码器的 Transformer 架构所做的研究的一些主要发现。

- "性能在很大程度上取决于规模，在较小程度上取决于模型形状"。语言模型的性能在很大程度上取决于规模，特别是这 3 个因素：模型参数的数量（N）、数据集大小（D）和训练过程中使用的计算量（C）。其他架构超参数（如深度和宽度）在合理范围内对性能的影响很小。当考虑将模型参数规模从 10B 个增加到 30B 个时，添加更多 Transformer 模块、扩大现有模块、增加注意力头或提高嵌入维度的决定可能并不重要。相反，最重要的是模型中参数的总数。
- "平滑幂律"。性能与 N、D 和 C 成幂律关系，趋势跨越 6 个数量级以上。虽然没有证据表明这些趋势在偏离上限，但在达到零损失之前，性能最终必然趋于平稳。这一规律的意义在于，它能够利用来自较小模型的数据来促进对较大模型结果的预测。然后，就可以利用这些预测结果，就大型模型的训练，包括模型大小和训练所需的数据量，做出明智的决策。
- "过拟合的普遍性"。同时扩大 N 和 D 的规模预期会提高模型的性能，但在增加其中一个的规模同时保持另一个的规模不变，则会导致收益递减。由于性能损失与 $N^{0.74}/D$ 成正比，因此，模型规模增加 8 倍，只须增加 5 倍的数据即可避免损失。然而，根据 Hoffmann et al（2022a）的研究结果，Kaplan et al（2020）提出的扩大尺度法则似乎并不正确。这就提出了一个问题：是什么导致了他们的错误？

Kaplan et al（2020）忽略了一个因素，即随着模型中训练数据的增加，学习率计划也会随之调整。这种调整至关重要，因为学习率是根据当前一批训练数据计划的。对于大语言模型，学习率开始时较低，随着训练的进行，学习率会逐渐上升到一个较高的值，然后再下降。这条曲线的形状至关重要，有必要确定预热需要多少批次，以及当模型在更多数据上训练时，从何处开始衰减过程。Hoffmann et al（2022a）引入的 Chinchilla 模型考虑到了这一点，并发现了数据与模型规模之间的不同关系。他们发现的最佳比例是 50∶50，这表明数据规模应与模型规模成正比，从侧面也表明需要更大规模的高质量数据。

值得注意的是，在进行此类实验时，需要考虑许多与模型和优化器相关的重要超参数。深度神经网络的学习率是一个重要的超参数，它决定了网络参数针对每个训练数据的更新程度。通常在较大的训练过程中学习率会按计划降低，以防止"忘记"训练早期所学的内容。

Kaplan et al（2020）在其所有实验中显然都使用了统一的总退火计划，而不考虑运行时间的长短。结果表明，遵循次优退火计划的网络表现出较低的性能水平，而这似乎是可实现的最佳结果。所以，这导致了对指导原则的理解偏差。

- 训练的普遍性。训练曲线的行为通常遵循一致的幂律，相对不受模型大小变化的影响。通过分析训练曲线的初始部分，分析师可以合理准确地估计进一步训练可能导致的损失。
- 迁移能力随测试成绩的提高而提高。在与训练时的分布不同的文本上评估模型时，结果与训练验证集的性能密切相关，通常伴随近似恒定的性能损失。换言之，迁移到不同的分布上会产生恒定的损失，但其他方面的改进会与训练集上的性能基本一致。
- 样本效率。大型模型比小型模型的样本效率更高，可以通过更少的优化步骤和数据点达到相同的性能水平。
- 收敛效率低下。在固定的计算预算内，通过训练非常大的模型来达到最佳性能，但在达到收敛时会明显停止。这导致在训练小型模型达到收敛时所需的样本比预期的要多得多。随着训练计算量的增加，当 $D \sim C^{0.27}$ 时，所需的数据增长非常缓慢。
- 最佳批次大小。训练这些模型的理想批次大小大致是损失的幂，这可以通过测量梯度噪声尺度来确定。在收敛时，最大模型的理想批次大小为 100 万~200 万个词元。

综上所述，这些研究结果表明，适当扩展模型规模、数据量和计算量，可以平滑且可预测地提高语言建模的性能。预计较大的语言模型将比较小的语言模型性能更好，样本效率更高。

2. Hoffmann et al，2022a

在考虑了上述发现之后，后续的研究人员和机构将重点转向设计更大的模型，而不是在更多数据上训练相对较小的模型。因此，许多关于人工智能加速器初创公司和机器学习研究机构创建越来越大的模型的头条新闻出现了。

2022 年 3 月 29 日，DeepMind 公司发表了一篇题为"Training Compute-Optimal Large Language Models"的论文（Hoffmann et al，2022a）。该论文透露，OpenAI 公司、Microsoft

公司、DeepMind 公司和其他机构可能一直在以明显低于最优的计算使用方式训练大语言模型。研究发现，为了实现计算最优训练，必须按比例增加模型规模和训练词元的数量。具体而言，为了获得最佳结果，模型规模每增加一倍，训练词元的数量应加一倍。

为了验证这一点，Hoffmann et al（2022a）训练了一个新的 70B 个参数的模型 Chinchilla。Chinchilla 的性能优于更大的语言模型，包括具有 175B 个参数的 GPT-3 模型和具有 270B 个参数的 DeepMind 的 Gopher 模型。Hoffmann 等试图通过 3 种不同的方法来找到正确的扩大尺度法则。他们选择了从 10^{18} FLOP 到 10^{21} FLOP 的 9 个不同的计算级别，并在每个级别上训练不同规模的模型。由于每个级别的计算量都是恒定的，因此较小的模型需要的训练时间较长，而较大的模型需要的训练时间较短。

大多数大语言模型，包括 Gopher（Rae et al，2021）、GPT-3 和 Megatron-Turing（Smith et al，2022），都是根据 Kaplan et al（2020）的建议进行训练的。Chinchilla 模型相关的论文提出了在固定计算预算内确定所需的模型规模和数据量的 3 种方法。Chinchilla 模型使用了不同的扩大尺度法则进行训练，结果仅用 70B 个参数，但在 1.4B 个词元上进行训练，性能优于之前训练的所有模型。

值得注意的是，与 Hoffmann et al（2022a）的研究相比，Kaplan et al（2020）为研究新的扩大尺度法则而训练的模型平均规模较小。据推测，Hoffmann et al（2022a）的新扩大尺度法则提供了更好的估计，因为他们在实验中采用了更大规模的模型。Hoffmann et al（2022a）的主要发现表明，为了在固定的计算预算下获得最低的损失，参数和训练词元的数量应该相应地扩大尺度。

6.1.2 预训练和微调 Transformer 带来的新启示

根据 Tay et al（2022a）的研究，自然语言处理中的扩大尺度法则可能会因上游或下游设置的不同而不同。虽然 Kaplan et al（2020）认为下游性能完全由模型规模决定，但 Tay et al（2022a）发现下游性能还受到模型形状的影响。因此，仅依靠将训练前的困惑度作为下游质量的指标可能会产生误导，应考虑实际下游微调的指标。

由于上游和下游设置之间的经验扩大尺度法则不同，因此仅基于上游困惑度来构建模型可能具有挑战性。此外，针对较小的计算区域开发的扩大尺度策略可能无法推广到较大的计算区域。为了应对这些挑战，Tay et al（2022a）对 Transformer 模型的帕累托边界进行了广泛的实证探索，并提出了一种简单且有效的扩大尺度策略——DeepNarrow 策略。该策略能够实现与典型模型相当或更好的质量，同时参数数量减少 50%，速度提高 40%。尽管此策略存在局限性，但它可以应用于所有规模的模型。

在 Tay et al（2022a）的广泛研究中，除了 17 个 GLUE/SuperGLUE 和 SQuAD 任务以外，还对视觉 Transformer（Vision Transformers，ViT）和 12 项不同的语言任务进行了额外的实验，进一步验证了他们的扩大尺度策略的泛化能力。他们还向研究界发布了经过改进的扩展协议的 T5 模型预训练检查点，以及全部 100 多个模型检查点（包括中间训练检查点）。这些检查点和代码可在 GitHub、Google Cloud Bucket 和 Hugging Face 上公开获取。这些宝贵的资源可用于研究大语言模型在预训练和微调中的行为，特别是在扩大尺度法则方面。

6.1.3 *k* 比特推理扩大尺度法则

由于大语言模型占用大量内存（175B 个参数的模型的 GPU 内存可达 352GB）和具有高延迟，因此使用大语言模型可能具有挑战性。大语言模型的内存和延迟主要由参数中的总比特数决定。为了解决这个问题，Frantar et al（2022）、Yao et al（2022b）建议通过量化来减小模型的比特数，可以潜在地按比例降低模型的延迟，不过这可能会以牺牲最终任务的准确率为代价。

在将训练模型的参数量化为任意比特精度的能力方面有一个问题，即考虑到当前模型量化的基本方法，应该使用多少比特才能在准确率和模型总比特数之间达到最佳平衡。例如，如果有一个 4 比特精度的 60B 个参数的大语言模型和一个 8 比特精度的 30B 个参数的大语言模型，目前还不清楚哪一个会达到更高的准确率。为了研究这种权衡，从扩大尺度法则的角度出发是有帮助的，正如 Kaplan et al（2020）所建议的那样，扩大尺度法则评估变量的基本趋势，以做出超越单个数据点的泛化。

Dettmers and Zettlemoyer（2022）研究了零样本量化的比特级推理扩大尺度法则，以便在模型中总比特数一定的情况下最大限度地提高零样本的准确率。研究发现，为了实现推理内存与准确率的最佳平衡，应尽可能使用最大的模型，并建议使用 4 比特量化。如图 6-1 所示，在各种模型系列中，20B 个参数的 4 比特模型优于 10B 个参数的 8 比特模型。图 6-2 展示了 Lambada、PiQA、Winogrande 和 Hellaswag 平均零样本性能的比特级扩大尺度法则。即使单独量化异常值，3 比特量化的性能也不好，而 4 比特量化似乎在没有异常值量化的情况下工作得很好，前提是对小参数组使用特定组量化参数。

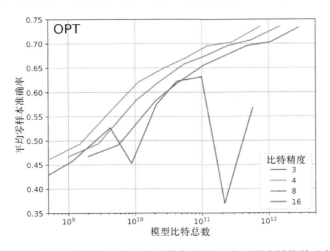

图 6-1　125M 到 176B 个参数的 OPT 模型的 4 个数据集的平均零样本性能的比特级扩大尺度法则
（图片改编自 Dettmers and Zettlemoyer，2022）

值得注意的是，由于每个量化张量在操作前都转换回 FP16（即半精度浮点数），导致额外的开销和无法使用更快的低精度数学运算，因此没有报告速度有所增加。不过，如果有好的内核，相信小矩阵也能实现一定程度的提速，因为小矩阵更有可能受到内存带宽的限制。这一发现提出了一个问题，即与使用标量量化作为启发式有损压缩器相比，真正的压缩算法是否可以提供更好的结果。虽然从时间与准确率的角度来看，针对激活和梯度压缩，压缩通常是不值得的，但如果目标仅仅是尺寸与准确率，那么有可能实现尺寸的大幅缩减。

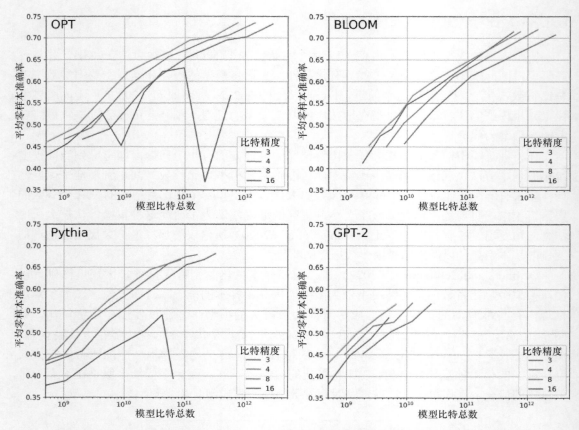

图 6-2　Lambada、PiQA、Winogrande 和 Hellaswag 平均零样本性能的比特级扩大尺度法则
（图片改编自 Dettmers and Zettlemoyer，2022）

6.1.4　挑战与机遇

这一研究领域仍处于早期阶段，面临巨大的挑战。一个挑战是预测不同归纳偏置在扩大尺度时的特性，而评估这些特性的成本可能很高。因此，新创意通常以扩大尺度曲线上的单个点的形式呈现，这可能产生问题，因为在小尺度上性能良好的创意可能会在更大尺度上失败，而好的创意可能会被过早否定。

在最近发表的题为 "Transcending Scaling Laws with 0.1% Extra Compute" 的论文中（Tay et al，2022d），利用 UL2 的混合降噪器方法对 PaLM 的训练进行了扩展。研究表明，在一系列具有挑战性的 BIG-Bench 任务中，这种方法显著改变了从 8B 到 62B 再到 540B 个参数的扩大尺度曲线。UL2 提出了一系列目标，包括前缀语言建模和长-短跨度腐败（long-short span corruption），并对原始的 causalLM 目标进行了补充。这一成果说明了不同的归纳偏置（包括双向注意力和双向预训练跨度腐败任务）会如何影响新能力的获得。

此外，题为 "Inverse Scaling Can Become U-shaped" 的论文（Wei et al，2022b）展示了思维链提示在减轻反扩大尺度效应的负面影响方面的有效性。反扩大尺度效应奖（Inverse Scaling Prize）强调的是某些任务随着模型的扩大而性能变差的现象。然而，思维链提示可抵御这种类型的反扩大尺度效应。提示方法的使用可以被视为归纳偏置的一种形式。这进一步证明了扩大尺度法则和归纳偏置密切相关，而提示技术就是归纳偏置的一种形式。

另一个挑战是评估大尺度的模型（如超过 100B 个参数），这是与尺度相关的固有挑战。很难确定一个新创意是否由于大尺度训练的问题而失败，而创建基准来探索涌现能力（将在 6.2 节中讨论）也很棘手。此外，在某些任务或数据集上指数过高或过低都很容易造成评估偏差。

尺度和归纳偏置之间的相互作用尤其具有挑战性，目前还没有可靠的方法来推断不同计算区域下的性能。以"锦标赛"风格的方法对模型进行系统扩大尺度并评估的蛮力方式在计算上是不可行的。尚未解决的关键研究问题包括：设计可扩展的归纳偏差的最佳方法、如何预测涌现能力以及如何系统地探测各种能力。

扩大尺度法则已被研究人员广泛采用，以制订强调扩大尺度的研究计划。然而，一些研究人员认为，可以在不寻求极端尺度的情况下创建更好的模型。在最近的一项研究中，Sorscher et al（2022）引入了一种名为数据修剪的新技术，该技术提高了神经网络的学习效率并优于扩大尺度法则。需要注意的是，这里的修剪是指从训练数据集中删除训练数据样本，而不是神经网络的权重。数据修剪背后的基本思想很简单。想象一下，训练数据集中的样本可以根据模型的难度级别（从易到难）进行排序。一个典型的数据集容易包含过多易于学习的样本，而难以学习的样本数量不足。为了解决这个问题，一种方法是扩大整个训练数据集的规模，假设最终会在数据分布中包含足够多的难以学习的样本。但是，这种方法非常浪费资源。作为替代，研究人员建议策划一个训练数据集，使易于学习和难以学习的样本更加均衡。这个问题可以表述为找到一个修剪指标，该指标可以为每个训练样本分配一个难度级别，然后使用该指标将训练数据集修剪到所需的大小。Sorscher et al（2022）在相关研究中引入了一种新的度量指标，该指标可与需要标记数据的现有工作相媲美。

同样重要的是，要考虑到，虽然扩大尺度可以提供涌现能力，但在某些领域也可能造成损失。这些挑战使大语言模型研究进入了一个激动人心但又令人困惑的时期，而了解哪些随尺度扩大而改进，哪些不能改进，是一个至关重要的研究领域。

6.2 涌现能力

1972 年，美国物理学家、诺贝尔奖获得者 Anderson 在《科学》杂志上发表了一篇题为 "More is Different-Broken Symmetry and the Nature of the Hierarchical Structure of Science" 的文章。该文章深入研究了还原论假说（reductionist hypothesis），该假说认为复杂的系统可以用更简单或更基本的现象来解释。还原论体现在一些观点上，如认为物理体是由原子组成的，特定的精神状态对应于特定的物理状态，等等。Anderson 指出，基于这一假设，可以构建一个科学等级体系，其中一门科学学科的基本实体服从另一门学科的规律。例如，心理学的规则可以用来理解社会学，而社会学又可以用生理学的规则来解释，等等，直到化学，最终到达粒子物理学。因此，掌握了最基本层面（粒子）的规律，人们可以推断更大尺度上的行为。

在现实世界中，事情并非如此简单。Anderson 的"更多即不同"以分子水平为例来说明这一点。较大尺度的分子表现出一种特殊的对称性破缺（broken symmetry），这似乎与在较小尺度上建立的定律相矛盾。这种对称性破缺是尺度变化时出现的新效应。正如

Anderson 所说，"整体变得不仅大于部分之和，而且与部分之和大相径庭"。涌现的系统和现象不受其底层基础结构的规律和特性的约束，从还原论规律预测或构建涌现的系统也许是不可能的。

当大语言模型扩大尺度时，人工智能研究人员观察到某些任务的性能会出现不可预测的突然跃升。这种涌现现象只能在超过一定规模的模型中观察到，而不会出现在小型模型中。

大语言模型中新能力的出现引发了人们对进一步扩大规模的兴趣。虽然目前尚不清楚涌现是不是常态，但 Google 公司最近对涌现能力进行的研究（Wei et al，2022a）揭示了这种现象，这种现象也称为相变（phase transition）。这是指在较小规模上研究系统时没有预料到的整体行为的重大转变。

算术、大学水平考试（多任务 NLU）和单词含义识别等非随机能力的涌现取决于模型规模，以训练 FLOP 来衡量。值得注意的是，不能简单地从较小模型的性能推断出性能的突然跃升。

在同一项研究中，Google 公司的人工智能研究人员在 3 种可扩展的语言模型中展示了 137 种涌现能力，这 3 种模型是 GPT-3、Chinchilla 和 PaLM（Chowdhery et al，2022）。这些能力主要是通过两个自然语言处理基准测试（BIG-Bench 和 Massive Multitask Benchmark）发现的，分别有 67 个和 51 个案例。由于以往的语言模型未能通过 BIG-Bench 基准测试，因此其成为实证发现的重要来源。

具有 175B 个参数的 GPT-3 模型在 BIG-Bench 中出现了涌现能力，可用于分析蕴涵、代号、短语相关性、问答创建、自我评估辅导、通用语素、事实检查器或比喻检测等任务。其他模型在与微观经济学、概念物理学、医学等表述相关的基准方面表现出相应的能力。其他例子可参见相关论文，如 GPT-3 模型在简单数学技能方面的熟练程度。

这种涌现现象引发了人们对大语言模型是否会随着规模的扩大而获得新能力的探究。目前还不确定大语言模型或其他人工智能系统中是否存在未被发现的能力。这些进步是否可能是罕见的特例，或者我们是否只触及这些模型的真正潜力的皮毛？

除了使大语言模型能够执行复杂的语言任务的涌现能力以外，扩展还允许利用涌现的提示策略。例如，思维链提示只有在达到一定数量的参数后才能有效发挥作用。

大量关于扩大尺度法则的研究表明，性能改进是可以预期的。预测涌现能力是否会出现以及会出现哪些涌现能力是一种挑战。然而，当前模型所拥有的这些能力表明，我们还没有发现所有的涌现能力，因为还不存在确定这些能力的基准。

除了扩展之外，研究人员还利用其他技术（如基于人类反馈的强化学习）来提高现有模型（如 chatGPT）的性能。模型架构、训练数据质量、提示或与外部模块集成等方面的增强也有望带来更多改进。

6.2.1 涌现能力是海市蜃楼吗

Schaeffer et al（2023）在最近的论文中针对人工智能模型中的涌现能力概念提出了另一种解释。他们认为，研究人员可能会错误地将涌现能力的出现归因于模型本身，而事实上，它们源于研究人员在分析特定任务和模型系列的固定模型输出时选择的度量方法。这意味着涌现能力可能不是扩大尺度的人工智能模型的固有属性，而是研究人员测量的产物。

Schaeffer 等认为，涌现能力是一种"海市蜃楼"，主要是由所选指标导致的每个词元错误率的非线性或不连续变形造成的。此外，较小模型的测试数据有限，可能导致它们看起来完全无法完成任务，从而进一步助长了关于涌现能力的错觉。同样，评估大型模型的数量太少也可能导致出现涌现能力的假象。

为了支持自己的论点，Schaeffer 等提出了一个简单的数学模型，并以 3 种不同的方式对其进行测试。首先，他们借助 InstructGPT/GPT-3 系列的度量选择对报告的涌现能力任务的影响做出了 3 个预测。其次，对这些预测进行测试和确认。然后，他们对 BIG-Bench 上出现的涌现能力进行元分析（meta-analysis）时，对度量选择做出了两个预测，并再次对这些预测进行测试和确认。最后，他们展示了类似的度量选择是如何在各种深度网络架构（如卷积、自编码器和 Transformer）的视觉任务中显示出具有明显的涌现能力的。

所有 3 项分析的结果都为以下观点提供了强有力的支持证据，即涌现能力可能并不是扩大尺度的人工智能模型的基本属性，而是研究人员选择度量标准和较小模型测试数据有限的人为产物。

6.3　人工智能加速器

在过去的半个世纪中，计算机工程取得了令人瞩目的成就，普通智能手机的计算能力比阿波罗登月任务中使用的房间大小的计算机强 100 万倍。尽管取得了这些进步，但对计算能力的需求仍在持续增长。半导体行业已从 CPU 转向支持多核并发执行的 GPU 以及专为特定应用或领域设计的加速器芯片。

这种演变源于并行概念，而 Dennard 缩放定律和摩尔定律使之成为可能。摩尔定律预测，密集集成电路中的晶体管数量将每两年翻一番，而 Dennard 缩放定律表明，每瓦计算性能将以类似的速度呈指数级增长。通过将晶体管的规模缩小到原来的 $1/k$，电子移动的距离将缩短，使晶体管的速度提升 k 倍，同时功耗降低到原来的 $1/k^2$。这允许集成更多的晶体管，在保持功耗不变的情况下，运行逻辑功能的速度大约快 k 倍。几十年来，计算能力得到快速增长，内存容量每两年翻一番，CPU 内核性能每 18 个月翻一番。

然而，由于晶体管的电源电压已接近物理极限，无法再向下扩展，因此，2000 年后期，Dennard 缩放定律达到极限。这导致 Dennard 缩放定律的消亡和"利用墙"（utilization wall）的出现。即使芯片拥有大量晶体管，但由于功率限制，可利用的晶体管数量也是有限的。只要存在功率限制（由芯片的冷却能力决定），就只能利用芯片上一定数量的晶体管和内核。

为了满足图形、超级计算和人工智能等领域的需求，并继续加速应用，专门针对特定应用或领域的加速器芯片受到越来越多的关注。这种加速器的设计和结构可满足特定任务的操作，并简化硬件和软件之间的接口。

1. 类比医院

在一座预算固定的城市建立医院时，必须在创建综合性医院或专科医院之间做出决定。综合性医院可在同一屋檐下为各种疾病提供医疗服务，并可以进行各种普通外科手术。而专科医院可以为患有某种疾病或一组相关疾病的病人提供专门的护理和治疗，如妇女医院、儿童医院和精神病医院等。专科医院往往提供更好的设施，病人的满意度也高，而综合性医院则提供在一个地方满足所有医疗需求的便利，而且一般治疗的费用可能低于专科治疗。

将医院与计算机硬件进行类比：可以将 CPU 比作综合性医院，而将 GPU 等针对特定领域的专用加速器比作专科医院。然而，这两种硬件之间的区别并不总是一目了然，存在着涉及不同通用性和效率水平的专业化范围。最初，硬件加速器是为数字信号处理或网络处理等特定领域设计的。传统的 CPU 用途广泛，能够运行各种应用，但这种通用性是以效率为代价的。CPU 的硬件架构需要支持大量的逻辑操作和程序行为，这使得它们在执行特定任务时效率较低。

与通用 CPU 不同，加速器是一种专用芯片，旨在高效执行范围狭窄的任务。这种专业化可以消除结构冗余，从而获得高效的性能。它们是机器学习、图像处理和密码学等应用的理想选择，因为它们可以高效地执行大量操作，并通过限制问题领域来降低总体功耗。虽然通用 CPU 仍然是必需的，但加速器为执行特定任务提供了更有效的解决方案。

特定领域加速器的一个例子是 Apple 公司的片上系统（System-on-a-Chip，SoC），它用于移动和台式机领域。SoC 具有 CPU 和 GPU，以及大量非 CPU 和 GPU 的模块，它们是特定领域加速器。

从 CPU 向加速应用空间的转变最初是由 GPU 主导的，GPU 具有众多内核，可以提供大量并行处理能力。虽然 CPU 非常适合快速执行复杂的计算，但它们经常难以进行各种任务的并行处理。相比之下，GPU 在进行大量类似操作的广泛计算方面（如矩阵计算或复杂系统建模）性能出色。

2. 是什么让人工智能成为如此理想的加速目标

人工智能、机器学习和深度学习这些概念已经存在了几十年，其根源可以追溯到 50 多年前。然而，它们在过去 10 多年中才得到广泛认可和使用，并在 2012 年取得了重大进展。其中一项突破是一篇开创性论文（Hinton et al，2012），该论文表明深度神经网络大大超过了以往的模型，如隐马尔可夫模型（Hidden Markov Model，HMM）或高斯混合模型（Gaussian Mixture Model，GMM）。另一个里程碑是 AlexNet 的开发（Krizhevsky et al，2012），它在 2012 年将 Imagenet 视觉识别的错误率减半至 15.3%。有趣的是，AlexNet 采用的卷积神经网络架构与 Yann LeCun et al（1989）开发的 LeNet 非常相似。

AlexNet 的成功可以归因于多种因素，包括新的算法技术和 GPU 技术的使用。GPU 支持部署更深入、更广泛的网络和加快训练速度。该论文指出，非饱和神经元的使用和卷积操作的 GPU 实现是模型训练时间短的关键因素。

人工智能应用的特点决定了它非常适合硬件加速。人工智能应用中的大部分计算时间都花在大规模并行张量操作上，如卷积或自注意力运算符。硬件加速可以通过增加批次大小，一次处理多个样本，从而进一步提高并行效率。此外，人工智能计算涉及的运算数量有限，例如乘法、加法、ReLU（用于突触激活）和指数运算（用于基于 softmax 的分类）。这使得算术硬件可以通过专注于特定的运算符而得到简化。

人工智能应用可以表示为计算图，允许在编译时确定控制流。这种对通信和数据重复使用模式的限制还有助于确定在不同计算单元之间进行数据通信所需的网络拓扑结构，以及用于协调存储的软件定义的暂存器。应用开发人员使用神经层和定义良好的模块来构建计算图，而高级程序员可以在 TensorFlow 或 PyTorch 中轻松构建具有并行模块的数据流图。

由于深度学习应用广泛用于智能手机、智能传感器、机器人和自动驾驶汽车等各种具有现实世界限制的系统，因此加速硬件至关重要。人工智能的计算需求巨大，对于节省时间、能源和成本而言效率至关重要。如果没有适当的加速硬件，人工智能的实验和探索就会受到限制。因此，构建丰富的软件库和编译器工具链，将应用高效地简化硬件表示至关重要。

6.4　并行

　　根据 Sevilla et al（2022）的研究，在过去 12 年中，训练机器学习模型所需的计算能力每 5.7 个月翻一番，相当于每 18 个月计算需求增加 10 倍。这种指数级增长的原因在于，大型模型已被证明可以显著提高准确率。2020 年发表的关于 GPT-3 的论文显示，随着模型规模的增加，各种训练和微调任务（包括零样本、单样本和少样本学习）的准确率也会提高。此外，一些基础模型的出现还可以训练多种任务，并提高不同任务的准确率。

　　为了说明这一点，Google 公司发布了一篇关于路径语言模型的文章 "Pathways Language Model (PaLM): Scaling to 540 Billion Parameters for Breakthrough Performance"。该文章介绍了一段可以将较慢的性能提升与实际性能提升叠加在一起的动画。然而，训练最先进模型的计算需求与单核性能之间的差距是巨大的，而且正在迅速扩大。即使引入超级计算机的算力，对弥合这一差距的影响也微乎其微。

　　虽然在过去 10 年间，用于机器学习的专用硬件加速器不断推出，但仍然无法满足训练最先进机器学习模型的计算需求。尽管这些加速器积极地针对机器学习工作负载专门改进硬件架构，但它们每 18 个月只能提高两倍的性能。此外，计算需求和处理器性能之间的差距每 18 个月就会翻一番。即使机器学习模型的规模停止增长，专用处理器仍然需要几十年的时间才能赶上。例如，PaLM 模型（Chowdhery et al，2022）并不是最大的模型，但它仍然需要 6 000 多个最新的 TPU 才能完成训练。

　　假设处理器的性能每 18 个月翻一番，那么在单个处理器上用大约相同的时间训练相同的模型需要将近 19 年的时间。这不仅适用于计算，也适用于内存。自 2016 年以来，大语言模型的规模以每两年增长 35 倍的速度增长，其增长速度甚至超过了计算需求。遗憾的是，在同一时期，GPU 内存每两年仅增加大约两倍，这远远不够。就在 5 年前，最大的模型只需要一个 GPU 就能完成训练。如今，最大的模型需要数百个 GPU。与计算不同，我们对内存无能为力，虽然我们可以开发出更好的架构，有针对性地提高工作负载的性能，但在内存方面，专业化并没有多大帮助，因为我们仍然需要至少一个晶体管来存储一个比特。这意味着要支持这些机器学习工作负载，除了并行化之外别无他法。

　　鉴于并行化的优势，开发出一些分布式系统来加速训练也就不足为奇了。大多数流行的系统都在高层采用了数据并行训练。这些解决方案在不同批次的数据上并行训练模型，然后定期平均其权重。但是，这些解决方案都假定模型适用于单个 GPU。但是，如果我们无法在单个 GPU 上安装模型会发生什么情况呢？在这种情况下，我们别无选择，只能并行化这些模型。

　　请考虑训练神经网络的前向路径。计算每层输出最昂贵的操作是将输入向量与权重矩阵相乘的张量运算。并行化此模型的一种方法是按层或阶段对模型进行划分。这种方法称为流水线并行（pipeline parrallelism），因为不同的张量运算可以在不同的 GPU 上运行。

　　流水线并行的复杂性在于需要以流水线方式执行前向路径和反向路径。此外，GPU 可以安装在同一台机器上，也可以安装在不同的机器上，从而具有不同的通信特性。划分模型的另一种方法是划分层或阶段。这种方法称为张量/模型并行，其中相同的运算器可以跨多个 GPU 执行。

优化无法在单个 GPU 上运行的超大型模型的训练是一项极具挑战性的任务。首先，包括数据并行性、模型并行性和流水线并行性在内的搜索空间是巨大的；其次，GPU 和 DPU（Data Processing Unit，数据处理器）等专用处理器越来越多样化，它们具有不同的训练性能特征；最后，需要进行大规模训练的神经网络架构种类繁多，而且还在不断增加。

为了解决这些问题，研究人员已经开发了各种并行范式，以实现跨多个 GPU 的模型训练。此外，还引入了各种模型架构和节省内存的设计，使训练超大型神经网络成为可能。通过利用这些先进技术，研究人员和工程师们克服了与大语言模型和复杂的自然语言模型相关的挑战，最终为高效技术的发展作出贡献。

机器学习的经典优化框架是经验风险最小化：

$$L(\theta) = \frac{1}{N} \sum_{i=1}^{N} l(x_i; \theta)$$

其中，$\theta \in \mathbf{R}^m$ 是参数向量，$\{x_1, x_2, \cdots, x_N\}$ 是输入 $x_i \in \mathbf{R}^D$ 的训练集，$l(x; \theta)$ 是量化参数 θ 在 x 上性能的损失函数。SGD 从训练集中采样一个小批次 $S \subset \{1, 2, \cdots, N\}$，大小为 $|S| \ll N$，并通过以下方式更新参数：

$$\theta_{t+1} = \theta_t - \eta \frac{1}{|B|} \sum_{i \in B} \nabla l(\theta; x_i)$$

其中，η 是学习率。

训练大型深度学习模型是一个需要多个步骤的迭代和重复的过程。在每次迭代中，神经网络都会接收一批数据，并通过模型的各个层为每个样本计算输出。计算输出后，模型会通过层层梯度逆向推进，修改参数以优化输出的准确率。这个过程使优化算法（如Adam）能够通过更新下一次迭代中的参数来提高模型的性能。随着模型经历多次迭代，它将不断发展并增强其生成准确输出的能力，从而在给定数据集上获得更好的性能。每次迭代都有助于提高模型的准确率，使其离实现预期输出更进一步。

模型训练过程的成功指标包括最大限度地减少实现"最佳模型"所需的时间，这是以测试误差来衡量的。不过，还需要考虑其他因素。例如，必须评估该方法的复杂性，以确定它是否引入了额外的训练复杂性，如超参数。

另外，系统的稳定性，即系统训练模型的一致性，也是重要因素。这一点至关重要，因为在某种情况下性能良好的模型在另一种情况下可能无法达到预期性能。另外，还有成本因素，这涉及评估获得更快的解决方案是否需要在功耗或其他费用方面付出更高的代价。换言之，模型训练过程的成功指标是多方面的，除了要考虑获得最佳模型所需的时间以外，还必须考虑复杂性、稳定性和成本等因素。

训练超大型神经网络模型的最大挑战之一是对 GPU 内存的巨大需求，这超出了单 GPU 机器的能力。这些模型可以包含数千亿个浮点数，这使得存储梯度和优化器状态等中间计算输出（如 Adam 中的矩和变分）的成本很高。此外，训练一个大型模型通常需要大量的训练语料库，这在使用单个处理器时可能会造成明显的延迟。

为了解决这些问题并加快训练过程，研究人员使用了几种并行技术来在不同维度上分配工作负载。例如，数据并行涉及在不同的 GPU 上运行批处理的不同子集，流水线并行则将模型的不同层划分到不同的 GPU 上，而张量并行则将单个操作（如矩阵乘法）的计算拆分到多个 GPU 上。专家混合技术仅通过每层的一部分来处理每个样本，从而可以更快地进行训练。

因此，要训练超大型神经网络模型，并行技术对于减小计算工作量和缓解 GPU 内存有限造成的瓶颈至关重要。这些技术可以显著加快训练过程，并允许使用更大的模型和训练数据集。

6.4.1 数据并行

数据并行是指将相同的参数复制到多个 GPU 处理器或工作站上，并将不同的示例分配给每个处理器或工作站以同时处理。通过反向传播进行的梯度计算在所有工作站上独立进行。然后，在优化器的权重更新步骤之前，这些梯度将进行集体全归约操作（collective allreduce operation）。

当多个数据并行工作站更新各自的参数副本时，确保它们保持相似的参数值至关重要。实现这一目标的一种简单方法是在工作站之间进行协调通信。该过程包括 3 个步骤：①每个工作站独立计算梯度；②对所有工作站的梯度进行平均；③每个工作站使用平均梯度独立计算新参数。但是，第二步需要通过全归纳进行梯度更新，这是一个阻塞操作，需要传输与工作站数量和参数大小成比例的大量数据。这可能会对训练吞吐量造成不利影响。尽管几种异步同步方案可以降低这种开销，但它们可能会损害学习效率。因此，在实践中，大多数研究人员选择同步方法。

1. 同步与异步分布式训练

在同步训练中，所有设备都使用来自单个小批次的不同数据部分来训练本地模型，然后将局部计算的梯度直接或间接传递给所有设备。只有在所有设备都计算和发送梯度后，才会更新模型。虽然这种方法可确保服务器收到来自所有节点的最新的梯度，但会造成资源浪费和掉队者问题（straggler problem）。快速节点在等待慢速节点时必须闲置，这将增加整体训练时间。

与之不同的是，异步训练不需要任何设备等待其他设备对模型的更新。这些设备可以独立运行并作为对等设备共享结果，也可以通过一台或多台称为"参数服务器"的中央服务器进行通信。虽然异步更新避免了掉队者问题，但主要挑战在于数据过时。快速工作站可能会使用过时的参数，从而危及模型的收敛性。

为了缓解异步更新的缺点，研究人员试图限制参数过时。有界的过时更新允许快速节点使用过时的参数，但过时是有限的。这种方法在一定程度上缓解了掉队者问题，并提高了训练吞吐量。但是，选择适当的过时限制是一个关键问题。过大的值会导致完全异步更新，而过小的值与同步更新相当。

2. 参数服务器

在使用带参数服务器的并行 SGD 时，算法首先会将模型分发给工作站或设备。在每个训练迭代过程中，每个工作站都会计算自己的小批次拆分的梯度，然后将这些梯度发送到一台或多台参数服务器。如图 6-3 所示，参数服务器收集来自工作站的所有梯度，并等待所有工作站完成计算后，再为下一次迭代计算新模型，然后将其广播给所有工作站。参数服务器负责存储和更新全局模型参数。但是，它可能会遇到网络瓶颈，尤其是在设备数量较多时。

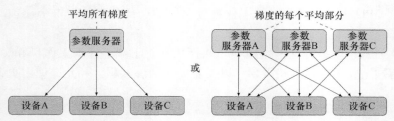

图6-3 分布式训练任务的参数服务器模型可以按参数服务器与工作站的不同比例进行配置，每台参数服务器具有不同的性能配置文件

3. 环全归约

在环全归约（ring allreduce）架构中，每个工作站都负责在训练迭代过程中计算拆分的小批次梯度。这种设计不需要聚合梯度的中央服务器。作为替代，每个工作站将自己的梯度发送到环上的后继邻居，并从其前一个邻居那里接收梯度。重复此过程，直到所有工作站都收到更新模型所需的梯度。对于有 N 个工作站的环，每个工作站发送和接收 $N-1$ 个梯度消息。

环全归约是一种元通信集体，由两个基本集体组成——归约分散（reduce-scatter）和全收集（allgather）。

归约分散：归约分散操作等待来自上一台设备的消息，并将其累积或归约，这种操作通常通过添加完成。然后在下一次通信迭代中将生成的结果状态传递到下一台设备。梯度张量被分为 K 个块，其中，K 表示 GPU 的数量，每台设备在任何给定时间只接收和发送 K 个块中的一个。如果所有 K 个块都被接收、归约和传递了 $K-1$ 次，那么累积最后一个块的设备将具有完全归约的结果。值得注意的是，每台设备在每个阶段都会发送和接收不同的块。虽然从不同的块开始是可以接受的，但确保每台设备都按照预定的顺序一致地处理块至关重要。

另外，**全收集**比归约分散更简单。它将完全规约的块（在之前的归约分散迭代中获得）从一台设备传递到下一台设备。在后续迭代中，接收设备将同一个块传递给下一台设备。本质上，全收集只是在所有设备上复制特定块的数据，而不执行任何归约或其他计算。图6-4举例说明了这一点。

环全规约

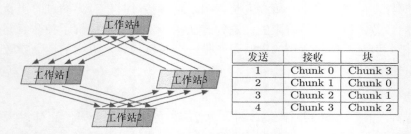

发送	接收	块
1	Chunk 0	Chunk 3
2	Chunk 1	Chunk 0
3	Chunk 2	Chunk 1
4	Chunk 3	Chunk 2

图6-4 环全归约算法允许工作站节点平均梯度并将其分散到所有节点，而不需要参数服务器
（图片改编自 Ying et al，2021）

前面提到的简单通信策略带来了巨大的挑战，因为其通信成本随着系统中 GPU 数量的增加而成比例增加。环全归约提供了一种解决方案，无论系统中的 GPU 数量如何，通信成本都大致保持不变。在这种算法中，通信成本由 GPU 之间最慢的连接决定，而与 GPU 数量无关。值得注意的是，如果只考虑带宽而不考虑通信成本中的延迟因素，那么环全归约算法被认为是最优的。此外，在深度神经网络中，环全归约还可以通过重叠计算较低层的梯度和传输较高层的梯度来减少训练时间。

在考虑延迟时，使用环全归约可能不是最有效的选择。这是因为将数据传输到多个跃点之外的设备可能会导致中间设备上的大量费用和带宽浪费，这反过来又会因额外的跳数而增加整体延迟。此外，环全归约方法可能会带来另一个挑战：相邻设备之间的链路中断可能导致整个网络脱机。

4. 树全归约

目前使用的环全归约方法在带宽方面是最佳的，但在延迟方面并不理想。随着群集中 GPU 或节点数量的增加，延迟会线性增加，从而限制了可扩展性。另一种方法是使用二叉树，这种方法需要的步骤更少，并且比环全归约更高效，但由于数据单向流动而浪费一半的带宽。

通过反转树，归约过程首先从两个叶节点开始，将值归约到其父节点，依此类推，直到根节点执行最终的归约。然后，将归约的结果从根广播到其两个子节点，这两个节点项又广播到其子节点，依此类推。此过程需要 $2\log 2(N)$ 步，其中，N 是节点数。

然而，在一棵完整的二叉树中，一半的双工带宽被浪费了。这是因为在归约过程中，叶节点只发送数据，不接收任何数据，而在广播过程中，叶节点只接收数据而不发送任何数据。虽然流水线可以优化非叶节点带宽的使用，但并不能解决带宽浪费的问题。

要解决带宽浪费的问题，可以把信息分成若干块，形成一个管道，让每个非叶节点在第 $k-1$ 步向其父节点发送信息，并在第 k 步接收信息。但是，这种方法仍然没有解决叶节点浪费一半带宽的问题。因此，问题仍然在于能否以所有节点都发送和接收的方式来解决带宽浪费的问题。

为了优化二叉树中全规约过程的带宽使用并降低延迟，Sanders et al（2009）提出使用两棵树的思路。单二叉树，即使采用了流水线，在涉及叶节点的步骤中也会浪费一半的带宽，因为它们只负责发送或接收。为了解决这个问题，研究人员建议将一棵树中的节点进行排列，使其叶节点成为另一棵树的内部节点，反之亦然。Sanders et al（2009）能够确定两棵树如何保持延迟与节点数量的对数关系，并使用所有可用带宽。

例如，如果将信息分成两半并发送到第一棵树的根节点和第二棵树的根节点，那么除了根节点这一步以外，整个带宽都将被利用。这是因为每个节点都可以发送和接收。与只有叶节点可以接收和非叶节点可以发送的广播和归约操作不同，在这种情况下，所有节点都可以发送和接收。这种架构在对数延迟下实现全带宽，而不是相对于 GPU 或节点数量的线性延迟。值得注意的是，这种算法相对较新，是在经过几十年的并行和分布式计算研究后于 2009 年被发现的。

5. 巨大的小批次规模的泛化差距

数据并行技术广泛用于神经网络训练的并行化，它是一种适用于所有神经网络架构的与模型无关的技术。它被认为是可用的最简单的方法。对于常见的神经网络训练算法（如同步随机梯度下降及其变体），数据并行化的规模与批次大小或用于计算每个神经网络更新的训练样本数量相对应。但是，了解此类并行化的局限性并确定何时会显著加速非常重要。

批次大小决定了可以使用的 GPU 处理器的上限。遗憾的是，当达到此上限时，硬件利用率通常较低，无法达到预期的加速效果。为了有效地扩展同步 SGD，有必要增加批次大小。但是，如果不仔细考虑就简单地增加批量大小，可能会导致收敛速度变慢和结果达不到预期。

从直观的角度来看，增加批次大小可以提高每次更新的效率，因为数据集的很大一部分被考虑在内。相反，较小的批次大小会根据数据集的较小子集估计的梯度来更新模型参数。然而，这个较小的子集可能无法代表特征和标签之间的整体关系，并且可能导致较大的批次大小总是有利于训练的结论。

然而，这些假设忽略了模型对未知数据的泛化能力以及现代神经网络的非凸优化特性。研究经验证明，无论神经网络的类型如何，增加批次大小通常会降低模型的泛化能力，这种现象被称为"泛化差距"（generalization gap）。

在凸优化场景中，访问数据集的更大部分将会带来更好的结果。反之，如果数据较少或批次大小较小，则会降低训练速度，但仍能取得不错的结果。然而，在非凸优化（如大多数神经网络）中，损失全景（loss landscape）的确切形状是未知的，这使得情况更加复杂。两项研究试图探索和模拟由批次大小差异引起的"泛化差距"。

Sanders et al（2009）对大批次训练制度提出了一些看法，其中包括与使用较小批次训练的网络相比，这些方法更容易产生过拟合。此外，大批次训练方法容易在损失全景中陷入困境，甚至被引向鞍点。此外，使用大批次训练的网络往往会将注意力集中在所遇到的最近的相对最小值上，而使用较小批次训练的网络则倾向于彻底"探索"损失全景，然后再找到有希望的最小值。最后，与使用较小批次训练的网络相比，大批次训练方法会收敛到完全不同的最小点。

人们普遍认为，未知数据点的特征和标签之间的关系类似于训练数据之间的关系，但并不完全相同。如果参数值在训练数据中生成了尖锐的最小值，那么在应用于未知数据点时，它们可能会产生相对的最大值，因为它们过度缩小了最小值的容纳范围。但是，在最小值持平的情况下，"测试函数"的轻微变化仍会导致模型在损失全景中达到一个相对最小的点。

通常，与使用较大的批次相比，在训练过程中使用较小的批次会引入噪声。由于梯度是使用较少数量的样本估算的，因此与整个数据集的"损失全景"相比，每次批次更新时的估算相对"嘈杂"。尽管如此，早期阶段的噪声训练对模型有利，因为它促进了对损失全景的探索。尖锐最小化器（sharp minimizer）可以通过损失函数 $f(x)$ 的 Hessian 矩阵中存在的大量正特征值来识别，而平坦最小化器（flat minimizer）的特征是 $f(x)$ 的 Hessian 矩阵中存在的大量较小的正特征值。

Hoffer et al（2017）针对泛化差距提出了另一种解释，即通过基于批次的梯度下降进行神经网络优化的随机性。他们指出，批次大小和权重更新的次数成反比关系。这意味着，批次大小越大，权重更新越少。根据他们的经验和理论分析，权重/参数更新次数越少，模型达到最小值的可能性就越小。

需要注意的是，基于批次的梯度下降优化神经网络的过程本质上是随机的。术语"损失全景"是指一个多维表面，所有可能的参数值都与所有可能的数据点的相应损失值进行作图。Hoffer et al（2017）将神经网络的随机优化与在损失全景上随机游走的粒子进行了类比。这个粒子代表一个"行走者"，正在探索一个未知的高维表面，表面上有丘陵和山谷。在全局范围内，粒子的每次运动都是随机的，可以朝任何方向前进，包括局部最小值、鞍点或平坦区域。以往对随机势上随机游走的研究表明，粒子从其起始位置出发的距离与所采取的步数成指数关系。例如，爬上一座高度为 d 的山丘需要经过 e^d 次随机游走才能到达山顶。

Hoffer et al（2017）推出了一种新算法，旨在减轻泛化差距，同时保持相对较大的批次大小。在研究中，他们探索了批次归一化，并提出了一种称为幽灵批次归一化（Ghost Batch Normalization）的改进版本。传统的批次归一化技术使前一层的输出标准化，减少了过拟合，从而提高了泛化能力并加快了收敛过程。该过程包括计算整个批次的统计量，并针对每层的特定需求学习转换。

在推理阶段，批次归一化利用预先计算的统计数据和训练阶段的学习转换。在整个训练过程中，平均值和方差通常以指数移动平均值的形式存储，动量项则控制更新变化的程度。

Hoffer et al（2017）建议使用"幽灵批次"来计算统计数据并执行批次归一化，从而缩小泛化差距。幽灵批次需要将批次划分为小块，并计算这些"幽灵批次"的统计信息，从而增加批次归一化中的权重更新。这种技术不会像减小批次大小那样破坏整个训练方案。但是，在推理阶段，将采用整个批次的统计信息。

Goyal et al（2017）引入了"线性扩大尺度规则"（Linear Scaling Rule），以提高巨大的小批次大小的训练速度。该规则表明，当增加小批次大小时，就必须相应地提高学习速度。然而，当神经网络发生快速变化时，特别是在初始训练阶段，这种策略可能并不实用。

为了解决这一难题，研究人员采用了一种名为"预热"的流行方法作为变通。这种方法在最初的 5 个训练轮次内逐渐将学习率从低值提高到较高值。但是，在数据并行中处理大量设备时，此方法的有效性会降低。

6. 锐度感知最小化

锐度感知最小化（Sharpness-Aware Minimization，SAM）是 Foret et al（2020）提出的一种方法，旨在通过同时最小化损失值及其锐度来增强模型的泛化能力。直观地说，损失锐度是指损失全景的变化程度。SAM 旨在发现存在于损失值一致都低的区域中的参数，而不是只关注损失值低的参数。此外，SAM 在更新权重时会考虑损失全景的锐度。

具体来说，SAM 算法旨在最小化扰动权重的损失，从而使给定邻域内最坏情况的扰动最大化。这是通过求解式（6.1）中表示的最小最大值问题来实现的，其中，超参数 $\rho \geqslant 0$ 表示邻域的大小。

$$\min_{\theta} \max_{\|\epsilon\|_2 \leqslant \rho} L(\theta + \epsilon) \tag{6.1}$$

为了有效地计算最坏情况下的扰动 ϵ^*，Foret et al（2020）采用了损失函数在 0 附近的一阶泰勒近似，如式（6.2）所示。本质上，这种近似方法产生了损失函数相对于当前参数 θ 的放大的梯度，用 $\hat{\epsilon}$ 表示。

$$\epsilon^* \approx \underset{\|\epsilon\| \leqslant \rho}{\arg\max} \ \epsilon^{\mathrm{T}} \nabla_\theta L(\theta) \approx \rho \underbrace{\frac{\nabla_\theta L(\theta)}{\|\nabla_\theta L(\theta)\|}}_{:=\hat{\epsilon}} \tag{6.2}$$

随后，将 $\hat{\epsilon}$ 代入原始损失函数梯度公式，以获得改变后的梯度，如下式所示：

$$\nabla \underset{\|\epsilon\| \leqslant \rho}{\max} L(\theta + \epsilon) \approx \nabla_\theta L(\theta)|_{\theta + \hat{\epsilon}}$$

需要注意的是，与传统的 SGD 算法相比，SAM 算法由于使用式（6.2）计算 $\hat{\epsilon}$，因此每个参数更新步骤额外增加一次前向和反向传递的计算成本。Du et al（2021）提出了高效锐度感知最小化器（Efficient Sharpness Aware Minimizer，ESAM）以提高 SAM 算法的效率而不影响其泛化能力。ESAM 融合了两种创新且高效的训练方法——随机权重扰动和锐度敏感数据选择。前一种技术通过在每次迭代中随机选择一组权重进行扰动来近似锐度测量，而后一种技术仅使用对锐度敏感的选择性数据子集来优化 SAM 算法的损失。这些策略的有效性都得到理论论证的支持。

SAM 算法在数值上取得了显著的成功，促使人们最近对该框架的理论方面进行了研究。Behdin and Mazumder（2023）从隐式正则化的角度探索了 SAM 算法，为其强大的泛化能力提供了全新的理论解释。具体来说，该研究考查了最小二乘线性回归问题，揭示了在算法过程中影响 SAM 算法误差的偏差-方差权衡。结果表明，虽然 SAM 算法的方差更大，但其偏差低于梯度下降算法（Gradient Descent，GD）。因此，SAM 算法的性能可能优于 GD 算法，尤其是在算法提前停止时。这对于计算成本过高的大型神经网络尤其重要。

如式（6.2）所示，SAM 算法采用一步梯度上升法来近似内部最大化的解。然而，这种方法可能不够充分，多步梯度上升可能会产生额外的训练费用。基于这一观察结果，Liu et al（2022c）提出了一种名为基于随机平滑的 SAM（Random Smoothing-based SAM，R-SAM）的新算法。具体来说，R-SAM 算法会平滑损失全景，从而在平滑权重上应用一步梯度上升法，改进了内部最大化的近似值。

Yue et al（2020）引入了 SALR—— 一种锐度感知学习率（sharpness aware learning rate），它结合锐度感知在目标函数的损失全景表面导航，并避开不理想的局部最小值。SALR 实时调整学习率，利用当前解附近的锐度来确定更新。本质上，该方法可以在遇到陡谷时提高学习率，使模型能够越过陡谷。

7. 零优化器

Rajbhandari et al（2021）引入 ZeRO-infinity 作为样本数据并行技术的典范，它解决了打破 GPU 内存墙以进行超大规模模型训练的问题。近年来，模型的规模呈指数级增长，而 GPU 内存仅翻了一番。这意味着在单 GPU 设备上训练大型模型已不再可行。

人们在当前的大型模型训练环境中遇到了 3 个关键问题。第一个问题：当聚合设备的内存不足以训练大型模型时，如何维持模型规模的增长？第二个问题：如何使大型模型更容易微调？第三个问题：是否有办法简化数据科学家进行大型模型训练的流程？因为现有的一些技术容易出错，而且使用起来很痛苦。

ZeRO-infinity 利用非 GPU 内存（如 CPU 和 NVMe 内存）解决了这些难题。一方面，基本型数据并行化无法扩展到单节点之外，从而导致冗余；另一方面，流水线并行和模型并行（将在后面介绍）需要大量重构模型代码。ZeRO 是一种节省内存的数据并行形式，它仅在每个 GPU 上存储相互排斥的参数子集，从而消除训练过程中的冗余。

ZeRO-infinity 将优化器状态卸载到 NVMe，将激活内存卸载到 CPU，而参数和梯度则保存在 GPU 内存中。但是，将参数和梯度保留在 GPU 内存中会造成瓶颈。为了克服这一限制，ZeRO-infinity 被设计为在卸载到 NVMe 之前，跨所有数据并行 GPU 将各个参数进行分区。每个分区在需要时使用多个 PCIe 链路并行移动到所有 GPU 上，并使用全收集操作在每个 GPU 上重建完整参数。这种数据重新映射使 NVMe 到 GPU 的带宽随着数据并行 GPU 的数量的增加而线性增加，从而实现接近峰值的 NVMe 带宽。在大规模运行时，ZeRO-infinity 不再受 NVMe 或 CPU 带宽的制约，而是受 GPU 到 GPU 带宽的制约。

图 6-5 展示了每个列如何从 NVMe 存储中获取模型层的一个分区，在 Infiniband 网络上执行全收集以组装一个完整的层，计算这个完整的层以生成激活，在反向传递过程中获取层分区，组装它们以生成梯度，规约整个列的梯度，并将它们输出到 NVMe 存储。

ZeRO-infinity 以重叠为中心的设计能够在使用之前预先获取层，使早期层的计算与后续层的预先获取重叠。此外，ZeRO-infinity 通过拦截对模型参数的访问，在使用前将其具体化，并在使用后释放参数所使用的内存，从而实现自动数据移动。该引擎还可以通过在构建模型时自动对模型参数进行分区，从而初始化和训练远大于 CPU 或 GPU 可用内存的模型。

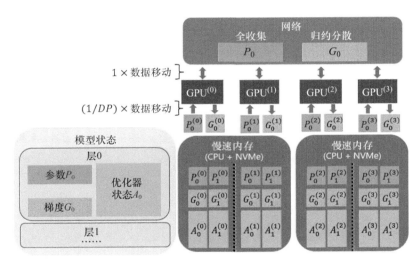

图 6-5 ZeRO-infinity 在 4 个数据并行列上训练具有两层的模型的快照（图片来源：Rajbhandari et al，2021）

ZeRO-infinity 的评估结果表明，它能够实现大规模模型扩展，该引擎可在单个 DGX-2 节点上拟合万亿个参数模型，并根据节点数线性扩大模型的规模。此外，如图 6-6 所示，ZeRO-infinity 为最大的模型规模提供了出色的训练效率，高达 20 万亿个参数，其中受限于小批次，训练效率才下降。将激活检查点卸载到 NVMe 等技术可以帮助提高这些大型模型的效率。

关于 ZeRO-infinity 对大型模型训练全景影响的最初 3 个问题，很明显 ZeRO-infinity 对这 3 个问题都产生了积极影响。它使模型规模的扩展超越了 GPU 内存的限制，使用 512 个 GPU 而不是 25 000 个 GPU 就能训练出 50 倍于 GPU 数量的模型。此外，它还提供了更广泛的大型模型训练途径，允许在单个节点而不是 16 个节点上微调具有 175B 个参数的 GPT-3 模型。

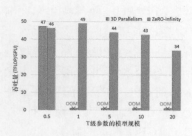 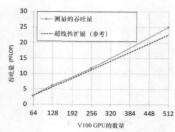 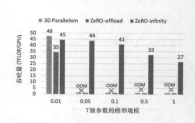

（a）ZeRO-infinity 在 512 个 GPU 上有 效地训练比 3D Parallelism 大 40 倍的 模型

（b）对于 1T 个参数的模型，ZeRO-infinity 从 64 个到 512 个 GPU 的扩展 超过线性

（c）不使用模型并行，ZeRO-infinity 可以在 DGX-2 节点上训练最多 1T 个 参数的模型

图 6-6　ZeRO-infinity 训练数万亿个参数的模型的效率和可扩展性
（图片来源：Rajbhandari et al，2021）

ZeRO-infinity 是一种用户友好的大型模型训练解决方案，无须重构模型。这种方法可 以实现大规模模型扩展、更广泛的大型模型训练和超线性扩展。

6.4.2　流水线并行

流水线并行训练是指将计算图划分为连续的层子集，然后将其映射到单 GPU 或 GPU 集群。由于每个 GPU 负责处理模型任务的一个子集，因此仅保留整体模型参数的一小部 分，从而节省内存。不同 GPU 上的连续层之间通过点对点通信基元进行通信。

在将大型模型划分为连续层时，每一层的输入和输出之间的相互依赖性会导致非活动 期。在非活动期中，工作站必须等待前一台设备的输出。这些不活跃的时期称为"气泡"， 会导致闲置机器可利用的计算能力损失。在图 6-7 描述的一个简单的流水线并行配置中， 一个具有顺序层的神经网络样本被划分到 4 个加速器上。由于网络的顺序依赖性，朴素模 型并行策略导致严重的利用率不足。

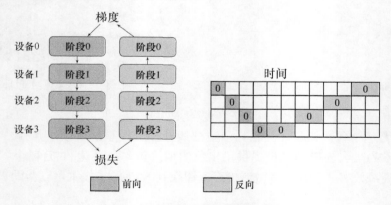

图 6-7　一个简单的流水线并行配置

为了最大限度地降低流水线中"气泡"的成本，可以应用数据并行原则，将批次分解 为多个微批次，并分配每个工作站来处理每个微批次中的一个数据元素子集。通过将计算 与等待时间重叠，可以加快流水线的执行速度。梯度在微批次之间平均，并在所有微批次 完成后进行参数更新。

流水线中的工作站或设备数量称为流水线深度。在前向传递过程中，每个工作站都将其层块的输出发送给下一个工作站，在反向传递过程中，它将这些激活的梯度发送给上一个工作站。虽然流水线深的神经网络训练可以提高效率，但也带来了挑战。每个训练步骤都涉及一个前向传递和一个反向传递，而反向传递依赖于前向传递的中间结果来计算梯度。此外，为了达到较高的收敛精度，小批次的大小通常不是很大。这里的讨论侧重于所有流水线阶段的工作负载均衡且数据并行性复制相同的情况。

1. 同步流水线

为了提高流水线训练的效率，GPipe 方法（Huang et al，2019）建议将全局批次拆分为多个微批次，同时将它们注入流水线。该方法能有效地减少处理单元的空闲时间，从而提高整体计算效率。GPipe 方法的一个潜在优势是实施简单。但是，这种调度方法对内存不友好，无法处理大型批次任务。在相应的反向任务开始之前，所有微批次都需要存储前向任务产生的激活，这导致内存需求与同时调度的微批次数量（N）成正比（$O(N)$）。GPipe 方法利用重新计算来节省内存，但会产生大约 20% 的额外计算。

Dappple 方法（Fan et al，2021）背后的关键概念是提前调度反向任务，从而释放用于存储相应前向任务产生的激活的内存。Dapple 方法的调度机制优先考虑反向计算。图 6-8 展示了 GPipe 方法和 Dapple 方法中内存消耗随时间的变化。GPipe 方法的内存消耗峰值持续上升，没有提前释放的机会。此外，Dapple 方法在流水线训练效率方面也毫不逊色。事实上，当采用相同的阶段分区、微批次和设备映射时，Dapple 方法实现了与 GPipe 方法完全相同的气泡时间。请注意，结合早期反向任务和重新计算，可以进一步提高内存利用率。

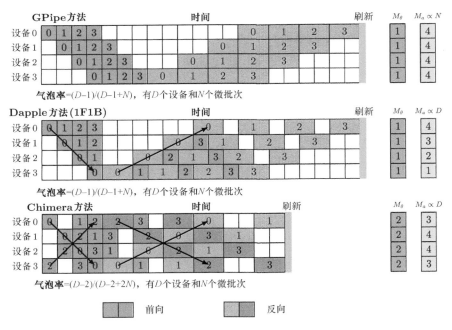

图 6-8　GPipe 方法和 Dapple 方法中内存消耗随时间的变化

Chimera（Li and Hoefler，2021）是一种将两条流水线（称为"下行"和"上行"流水线）在相反方向组合的技术。在图 6-8 中，每个工作站在每次训练迭代中执行 D 个微批次。为了保持所有阶段处于活动状态，假设 N 等于 D。不过，扩展到 D 以上的微批次（即 $N>D$）

同样可以实现。在下行流水线中，阶段 0 到阶段 3 以线性方式映射到设备 0 到设备 3，而在上行流水线中，各阶段的映射顺序正好相反。两条流水线平均分配 N 个微批次（假设是偶数），每条流水线使用类似于 Dapple 方法的 1F1B 策略计划 N/2 个微批次。合并两条流水线后，将生成 Chimera 流水线计划，当 D 为偶数时，不会发生冲突。在前向传递和反向传递中，气泡的数量减小到 D/2−1。如果一个模型需要较小的 B 来确保收敛，则训练迭代中的微批次可能小于 D（即 N<D）。在这种情况下，Chimera 方法通过在两条流水线之间尽可能平均分配 N 个微批次来支持 N<D，极端情况是 N=1，即只有一个微批次在单条流水线上运行。需要注意的是，Chimera 方法将两条以上的流水线组合起来，以进一步减小气泡和平衡激活内存消耗，但代价是更高的通信成本和权重内存消耗。

流水线刷新（pipelining with flushing）是一种将小批次分解为大小相等的微批次的技术，这些微批次一次一个地送入系统。从所有微批次中收集梯度后，GPU 仅在最后一个微批次的反向传递完成后更新其权重。这个过程称为"微批次化"，在所有 GPU 更新权重后，将下一个小批次及其相应的微批次注入系统，从而实现并发计算。通常微批次的数量要大于工作站的数量，这样才能实现并发计算。

流水线刷新技术可能会导致流水线气泡。当工作站 GPU 在最后一个微批次的前向传递和第一个微批次的反向传递之间遇到闲置时间时，会降低整体硬件利用率。因此，要有效使用流水线刷新技功能，就必须支持负载均衡，以平衡各层对 GPU 的负载。此外，负载均衡算法必须具有通信感知能力，以处理在 GPU 边界交换的激活和梯度，特别是对于这些交换可能达到 GB 级的大型神经网络。

为了提高收敛质量，同步方法会在每次训练迭代结束时使用梯度同步和流水线刷新。但是，这可能会导致流水线气泡，影响流水线利用率。GPipe 方法和 Dapple 方法通过同时向流水线注入 N 个微批次来解决此问题，而 Chimera 方法则使用"一前一反"（One-Forward-One-Backward，1F1B）计划，并定期刷新。气泡比率是通过气泡开销除以流水线总运行时间计算得出的。对于 GPipe 方法和 Dapple 方法，气泡比率是 2(D−1)，对于 Chimera 方法，气泡比率是 D−2，其中，D 表示流水线阶段数。

内存消耗主要受两个因素（权重参数和激活）影响。GPipe 方法和 Dapple 方法中的每个工作站存储一个流水线阶段的权重，而 Chimera 方法中的每个工作站存储两个流水线阶段的权重，这是因为两个方向上存在两条流水线。

为了充分利用一条流水线，GPipe 方法会同时注入 N 个微批次，但由于内存消耗成比例，这种方法不能很好地扩展到大量的微批次。相比之下，Dapple 方法和 Chimera 方法使用 1F1B 计划，在流水线开始时注入多达 N 个微批次，可以更好地扩展到大量的微批次。与 PipeDream（Narayanan et al，2019）和 PipeDream-2BW（Narayanan et al，2021a）等其他方法相比，Chimera 方法的优势在于工作站之间的内存消耗更均衡，从而可以更好地利用内存资源。

最近，Narayanan et al（2021）引入了交错 1F1B 计划——允许每台设备计算多个层的子集，即模型块。这种方法减小了每个流水线阶段所需的计算量，如果为每个工作站分配多个模型块，则可以显著减少流水线气泡时间。但是，这种方法需要额外的通信，因为阶段数也会随着每个工作站的模块数量的增加而增加。值得注意的是，微批次的数量必须是流水线阶段的整数倍，才能遵循这一计划，当每台设备配备 V 个流水线阶段时，它可以帮助减小流水线气泡的大小。

PipeFisher：流水线 + 二阶优化器

流水线并行是一种可用在大规模分布式加速器上高效训练大语言模型的技术。但是，在启动和关闭过程中，可能会出现流水线气泡，从而降低加速器的利用率。尽管研究人员已经提出了一些有效的流水线方案，如微批次和双向流水线，以最大化利用率，但即使采用同步前向和反向传递流水线，仍有大量气泡未被填充。

为了解决这一问题，Osawa et al（2022）建议为气泡分配额外工作，以便在大语言模型训练中获得辅助益处。具体来说，他们提出了 PipeFisher 方法，它将 K-FAC（Martens and Grosse，2015）——一种基于费雪信息矩阵的二阶优化方法——的工作分配给气泡，以加速收敛。这种方法利用了二阶优化器收敛步骤较少，但需要额外计算来更新其预处理矩阵的特点，如图 6-9 所示。其中，GPipe 方法包含 4 个阶段、4 个微批次和 4 台设备。每个彩色框代表前向（对于微批次）、反向（对于微批次）、曲率（对于微批次的 A_l 或 B_l）、求逆〔对于分配层（一个子集）的 A_l 或 B_l〕或前提条件的工作。PipeFisher 方法利用多个流水线步骤（本计划中为两个步骤）的流水线气泡来刷新曲率和逆矩阵一次。因此，与标准流水线方案相比，前提条件是 PipeFisher 方法唯一的计算开销。本计划中的第一个前提条件是使用了前几步计算出的过时逆矩阵来执行的。

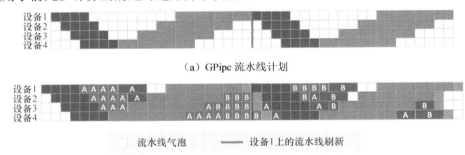

（a）GPipe 流水线计划

☐ 流水线气泡　　——— 设备1上的流水线刷新

（b）PipeFisher 的 GPipe 流水线计划

图 6-9　流水线计划（图片来源：Osawa et al，2022）

如图 6-10 所示，Osawa 等还将上述方法与单 GPU 和数据并行基线进行了比较，发现二阶优化器不仅需要全规约权重梯度，而且需要全规约数据并行的激活和输出梯度。不过，在这些全规约之后，可以利用所谓的求逆并行，跨设备对矩阵求逆工作进行分片。在图 6-10 中，在无并行和数据并行 K-FAC 中，曲率（及其后的集体通信）和求逆通常在许多步骤〔如 100 步（Pauloski et al，2021）〕中执行一次，以减小计算（和通信）成本。Osawa 等提出的流水线并行 K-FAC（PipeFisher）在流水线气泡中执行曲率和求逆运算，并在几个步骤中刷新矩阵一次。对于 K-FAC 的每个计划，每一步都使用新鲜或过时的逆矩阵（A_l^{-1}，B_l^{-1}）执行前提条件，以获得新鲜的梯度（G_l）。

为了优化前向、反向、通信、矩阵求逆和参数更新的计划，Osawa 等在离线状态下对许多选项进行了剖析，然后在整个训练过程中重复使用最佳计划。这样做的结果是利用率很高，至少在小尺度上是如此。

Osawa 等还尝试将这种方法添加到 Chimera 方法上。实验结果表明，在 8 个 GPU 上使用此方案时，利用率高达 97.6%。这明显高于未修改 Chimera 流水线并行和 LAMB 优化器的利用率。

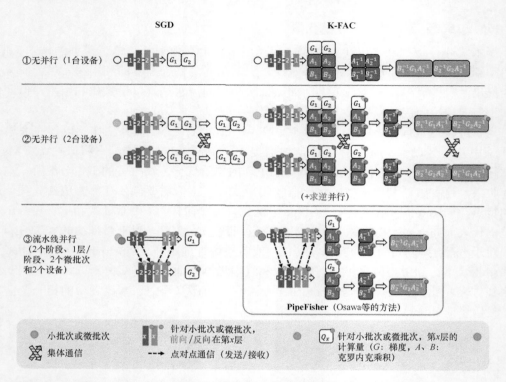

图 6-10 使用 SGD 和 K-FAC 的梯度计算（和预处理）步骤（图片来源：Osawa et al，2022）

总之，Osawa 等提出的使用流水线气泡计算预处理矩阵的方法是加速大语言模型训练的一种新颖且有效的方法。它展示了对优化流水线并行的真知灼见，与现有方法相比有重大改进。

2. 异步流水线

这种方法可确保系统中处于活动状态的小批次数量恒定不变，在第一个 GPU 完成反向传递后立即注入新的小批次，以保持完全占用流水线。与刷新流水线不同，一旦 GPU 完成一个小批次的后向传递，就会立即进行权重更新，从而通过消除流水线中刷新引起的气泡来提高硬件利用率。然而，当新的小批次在前向传递中遇到尚未被旧的小批次的后向传递更新的过时权重时，就会出现权重过时的情况，这会显著降低这种训练算法的统计效率。这就是非刷新流水线未被广泛采用的原因。

PipeDream 是一个实现非刷新流水线操作并使用权重存储来解决权重过时的框架。虽然与 GPipe 方法同时发布，但 PipeDream 在并行方法上有很大不同。与同步 1F1B 计划类似，PipeDream 方法在流水线方法中交错使用前向传递和反向传递，以优化硬件利用率并提高吞吐量。小批次被持续送入流水线，并在每次反向传递后异步执行参数更新。与之不同的是，GPipe 方法使用同步反向更新。

PipeDream 方法中的异步反向更新使其容易受到权重过时的影响，这可以通过权重存储（weight stashing）来解决。这种技术保留多个版本的参数权重，每个活动的小批次分配给一个版本。在小批次的前向传递过程中，每个流水线阶段都会使用最新的权重版本。前向传递结束后，所使用的权重版本将被存储，并使用相同的版本计算相应小批次反向传递过程中的权重更新和上游权重梯度。PipeDream-2BW 方法将模型权重版本的数量限制为两个，用"2BW"或"双缓冲权重"表示。只要模型的大小超过管道深度，它就会在每个微型批次后创建一个新的模型版本。但是，由于残差反向传递仍然依赖于前一个版本，因此新模型无法立即取代旧模型。这种策略只须存储两个版本，从而显著降低内存使用量。图 6-11 举例说明了这一点。

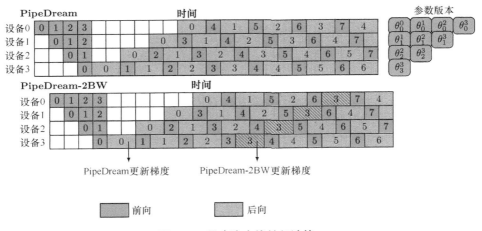

图 6-11 异步流水线并行计算

3. 小结

与数据并行相比，流水线并行是一种更高级的算法，由于它仅利用点对点通信，因此适合涉及多个进程的大规模训练。这一点很有优势，因为点对点通信比集体通信（如全归约或全收集）成本低。但是，在采用这种方法时，必须管理闲置进程。

尽管流水线并行有其优点，但在反向传播算法中，将前向传递的输出激活作为反向传递的输入是一个重大挑战。这会导致流水线中每个加速器的内存要求不同，尽管计算负载相同。具体来说，某些流水线方法（如 Dapple、PipeDream 和 PipeDream-2BW）需要第一个加速器存储的激活数量与流水线深度一样多，而最后一个加速器只需要内存。因此，后期流水线阶段的内存利用率较低，从而导致性能降低，因为必须针对第一个加速器定制微批次大小。这种不平衡可以通过限制流水线中同时允许的微批次数量来解决。不过，这种方法会产生气泡并降低整体系统利用率。

6.4.3 张量 / 模型并行

流水线并行和张量并行训练是用于深度学习模型分布式训练的两种技术。前者按层划分模型，而后者在层内拆分某些操作（见图 6-12，其中 7 层深度神经网络划分在 4 台设备上）。在 Transformer 中，计算瓶颈发生在激活批次矩阵与权重矩阵相乘的过程中。这种乘法涉及计算行列对之间的独立点积，可以通过在不同的 GPU 上计

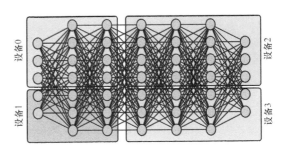

图 6-12 模型并行示例

算它们或在不同的 GPU 上计算每个点积的不同部分来实现并行化，然后将结果相加。这

可以通过将权重矩阵划分为均匀大小的分块，并将每个分块托管在不同的 GPU 上，以计算整个矩阵乘积的相关部分，然后再将结果合并来实现。

在模型并行中，需要两种类型的通信——全收集操作（确保所有处理器都接收前向传递的所有激活）和全归约操作（通过聚合输入梯度反向传递激活梯度）。对于前向传递过程中的矩阵乘法，需要全收集通信，以确保所有处理器都可以访问彼此的激活数据，这与全归约操作相同，但没有两倍系数。另外，由于每个处理器只需要自身参数的梯度来计算权重参数的梯度，因此反向传递不需要通信。然而，要聚合输入梯度，就必须进行全归约操作。

Megatron-LM（Narayanan et al，2021）使用这种策略并行处理 Transformer 的自注意力和 MLP 层的矩阵乘法。在 MLP 层中，权重矩阵按列拆分，以并行化通用矩阵乘法（GEneral Matrix Multiply，GEMM），然后进行非线性 GeLU 传输。

$$Y=\text{GeLU}(XA)$$
$$[Y_1, Y_2]=[\text{GeLU}(XA_1), \text{GeLU}(XA_2)]$$

其中，split $A=[A_1, A_2]$。

对于注意力模块，GEMM 是根据上述分区并行使用查询、键和值权重的。然后将结果与另一个 GEMM 相结合，以生成注意力头结果。

$$\text{Attention}(X, Q, K, V) = \text{softmax}(\frac{(XQ)(XK)^{\text{T}}}{\sqrt{d_k}}) XV \tag{6.3}$$

Colossal-AI 引入了一系列张量并行技术，包括 2D、2.5D 和 3D 张量并行，如 Bian et al（2021）所述。与传统的分布式矩阵乘法相比，这些技术更节省内存和通信成本，适用于各种硬件规格。用户可以为自己的机器选择最合适的张量并行技术。

2D 张量并行技术将输入数据、模型权重和层输出拆分成两个维度，与 1D 张量并行技术相比，内存消耗更低，内存冗余为零。张量被分为 N 个块，在方形网络拓扑中，每个 GPU 拥有一个块。设备间的通信通过集体通信完成，以确保算术正确性。2.5D 张量并行技术通过为矩阵添加可选的深度维度，使 2D 并行技术向前推进了一步。当扩展到大量设备时，这种方法可进一步减小通信量。张量被分割，使得 $N=S^2D$，其中 S 是正方形一侧的大小，D 是立方体的深度。当深度为 1 时，这种方法与 2D 张量并行技术类似。

3D 张量并行技术将张量分割成立方体形状，并对第一个和最后一个维度进行划分。这种技术可实现最佳通信成本，并均匀分配计算和内存使用量。当扩展到更多设备时，高级张量并行技术可进一步减小通信量，并与流水线并行更加兼容。与 1D 张量并行技术不同，1D 张量并行技术是在将张量传递到下一个流水线阶段之前将其分割成若干块，并在到达目标流水线阶段后通过节点内通信进行收集，而高级张量并行技术已经为下一阶段提供了整个逻辑张量的子块，因此无须进行拆分-收集操作，从而降低通信成本。

小结

张量并行是一种训练具有全连接层的大型模型的有效方法。它将训练过程分成更小的部分，减少了通信时间，使训练更加可行。但是，要实现这种方法，在前向传递和反向传递过程中都需要阻塞集体通信。虽然张量并行可确保进程永远不会闲置，但它的实施可能比数据并行更具挑战性。

虽然传统的张量并行解决了由模型数据造成的内存瓶颈，但其他任务，例如 AlphaFold

（Jumper et al，2021）和文档级文本理解，则面临着由具有长序列的非模型数据造成的不同瓶颈。Transformer 层使用的自注意力机制的复杂度与序列长度成二次方关系，这就限制了训练能力，因为中间激活会增加内存使用量。为了解决这个问题，研究人员已经提出了序列并行（Li et al，2021）。这种方法涉及在设备间复制模型，并沿序列维度分割输入数据。然而，这需要额外的通信来完成自注意力计算。为了解决这一难题，研究人员提出了环自注意力（ring self attention）模块来交换部分嵌入。

6.4.4 专家混合

专家混合（MoE）技术是一种功能强大的方法，可在不增加计算成本的情况下，在神经网络中使用更多参数。它通过使用门控机制来选择网络的哪个部分用于计算每个输入的输出。这种方法旨在允许使用多组权重（也称为"专家"），这些权重擅长不同的技能和计算。通过这种方法，MoE 能够增加模型中使用的 GPU 数量，因为每个"专家"都可以分配给单独的 GPU。

这种方法显著提高了神经网络的计算效率，使其更适合大规模应用。借助 MoE，门控机制可以确定用于每个输入要使用的合适"专家"，从而使网络能够动态地适应不同的输入条件。

总之，MoE 是一种很有前途的技术，可以帮助克服传统神经网络架构的一些限制性。后面的章节将对 MoE 技术进行更深入的讨论，以帮助读者更好地了解其内部工作原理及其对各种应用的潜在优势。

6.5 混合训练和低精度训练

Micikevicius et al（2017）提出了一种使用半精度浮点数（FP16）训练模型的技术，该技术可以保持模型的准确率。Micikevicius 等提出了 3 种技术，以防止在使用半精度时丢失关键信息。保留模型权重的全精度（FP32）副本以累积梯度，然后将梯度舍入为半精度，用于前向传递和反向传递。这可确保梯度更新得以保留，因为梯度更新可能太小，无法包含在 FP16 范围内。损失缩放用于放大损失并处理幅度较小的梯度。通过放大梯度，原本会丢失的值得以保留，并向可表示范围内较大的值移动。对于向量点积或向量元素归约等常见网络算术运算，部分结果在 FP32 中累积，最终输出保存在 FP16 中，然后存储到内存中。逐点操作可以在 FP16 或 FP32 中执行。虽然对于某些网络（如图像分类和 Faster R-CNN）来说，损失缩放并不总是必需的，但对于其他网络（如 Multibox SSD 和大型 LSTM 语言模型）来说，损失缩放却是必需的，这一点已在实验中得到证明。

6.5.1 单位缩放

在训练过程中使用 FP16 或 FP8 格式可以显著提高效率，但这些格式的范围可能不足以进行开箱即用的训练。为了解决这一限制，Noune et al（2022）引入了一种名为单位缩放（unit scaling）的方法。与其他方法不同的是，单位缩放不需要通过多次训练来找到合适的缩放范围，并且计算开销不大。单位缩放的有效性在一系列模型和优化器中得到了证明。研究还表明，现有模型可以调整为单位缩放模型，例如先用 FP16 训练 BERT-Large，再用 FP8 进行训练，并不会降低准确率。

更具体地说，权重、激活和梯度具有单位方差。三者都是目标，而不是像初始化方案那样只针对其中一个（通常是激活）。在使用这种方法时，由于每次运算都乘以一个常数——梯度"出错"的固定常数，因此需要更新学习率和权重衰减。在图 6-13（a）中，每个张量都乘以一个固定的标量，以实现一致的缩放，不再需要损失缩放来控制 ∇_{x_4} 的缩放。在图 6-13（b）中，阴影表示分区密度（bin density）。y 轴反映 FP16 中可用的指数值，而虚线表示由 Noune et al（2022）提出的 FP8 E4 格式的最大/最小指数。

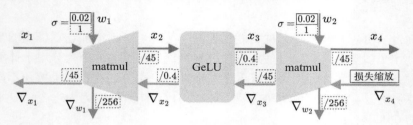

（a）FFN 层的单位缩放

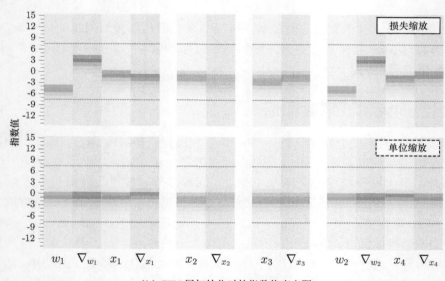

（b）FFN 层初始化时的指数值直方图

图 6-13　FFN 层的单位缩放（图片来源：Blake et al，2023）

如果我们能够在训练开始时影响张量的尺度，那么问题来了，应该以什么尺度为目标呢？根据图 6-14，有人认为单位尺度 σ =1 代表了一个"最佳点"，该点在几个相互竞争的因素之间达到合理的折中。

因此，所有张量的元素方差都近似为 1，以确保以较少的比特实现精度。但是，将两个矩阵与单位方差元素相乘会导致输出方差增大。要解决这个问题，需要一个特定于操作的尺度因子，例如将 $N \times N$ 矩阵乘积的输出除以 $\sqrt{N}$。前向传递、与输入相关的梯度和与权重相关的梯度可能需要一个尺度因子，因为它们沿着不同的轴缩小。

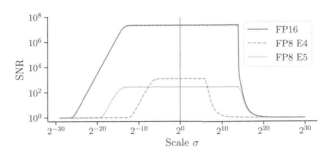

图6-14 在FP16和FP8中量化的正态分布样本的信噪比（SNR）与分布尺度的函数关系
（图片来源：Blake et al，2023）

跳跃连接会产生一个问题，因为将两个方差为1的独立同分布矩阵相加产生的方差为2。因此，需要执行"加权"总和，按尺度缩小输入。

具备了这种在输入单位方差的情况下使操作具有单位方差输出的能力，就可以对模型进行初始化和转换，使其在任何地方都具有单位方差。但是，当存在并行分支时，每个分支的梯度必须以相同的方式缩放，以避免因方向差异而导致梯度不正确。为了确保尺度相同，这里使用了分支中每个运算的"理想"前向传递和反向传递尺度因子的几何平均数。

根据经验，这种方法与FP32训练几乎没有区别，甚至略胜一筹。在BERT模型预训练中，它的性能比BERT-Base模型的常规损失缩放差约1%，但对于BERT-Large模型，它的表现比常规损失缩放好约1%。

总的来说，这种方法很优雅，它使用对理想行为的第一性原理分析推导出简单的数学方法，基本上保证了这种行为。事实上，FP8训练可以达到与FP16相同的精度，这一点也令人印象深刻，这对于具有FP8张量内核的NVIDIA Hopper显卡非常有用。

6.5.2 FP8与INT8

利用FP8作为神经网络训练的数字格式的想法一直在深度学习社区中流传。NVIDIA公司的新款Hopper架构GPU的Transformer引擎软件引入了FP8格式，而IEEE联盟正在探索将其标准化用于基于云的深度学习网络训练的可能性。目前，大多数训练过程都会在整个网络中使用FP32或FP16的混合精度，因此将FP8与8比特权重相结合来运行网络的某些部分似乎是一个很有吸引力的方向，有可能会加速深度学习中涉及的通常耗时且成本昂贵的训练过程。最近，Dettmers and Zettlemoyer（2022）表明，大语言模型在规模和性能权衡方面的最佳点也可能是4比特权重。

一个自然而然的问题是，这一发展对边缘设备上的高效推理有何影响。在高效推理设备的世界中，工作负载经常在INT8中执行，有时甚至低至INT4，以实现最高效率。将FP32或FP16训练的模型转换为INT格式的过程称为量化，有时可能需要相当大的工作量。不过，在许多情况下，这项工作是值得做的，因为网络的效率比FP32对应模型高出2到8倍。虽然量化需要时间，但在FP8中训练整个网络并以相同的格式部署它们似乎是一个很有吸引力的想法，因为它可以提供与INT格式类似的效率优势，而无须训练后量化。

FP8优于INT8吗？根据van Baalen et al（2023）的研究，二者在堆栈的不同的层级上存在权衡。浮点运算需要更多的硬件来实现固定位数，而定点运算的功耗和面积始终低于浮点运算，这是以实现乘加运算所需的双输入门数量来衡量的。

但是，格式的选择取决于要量化的值的分布，INT 是编码区间内均匀分布的理想选择，而 FP 是将更多质量集中在 0 附近并允许异常值的理想选择。因此，产生较少量化误差的格式会因量化模型及其使用方式而有所不同。

通常特定层的最佳格式是具有 2 或 3 个指数比特的混合格式，而不是完整的 FP8 或 INT8。有趣的是，如果 INT8 比 FP8 能更好地捕获权重分布，那么在量化感知训练后从 FP8 转换为 INT8 有时可以产生更好的量化模型。

van Baalen 等还指出，权重分布似乎更依赖于架构和优化过程，而不是用于表示权重的数字格式。此外，Transformer 模块中的数值问题主要由在 FFN 层的输出中添加的残差流引起的。

总之，van Baalen 等很好地说明了 INT 和 FP 之间在理论和实践上的权衡。

6.6　其他节省内存的设计

1. 激活再具体化

激活再具体化（activations rematerialization）也称"激活检查点"或"梯度检查点"，再具体化策略（Chen et al，2016）在前向传递过程中只存储部分激活，并在反向传递过程中重新计算剩余部分。用于再具体化的具体方法可能因所使用的计算图的类型而异。假设我们将网络划分为若干阶段，每个阶段的工作负载相等。在这种情况下，只有发生在分区边界的激活才会被保留下来，并在工作站之间共享。在每个分区的层内发生的中间激活仍然需要用于计算梯度，因此在反向传递过程中需要重新计算。

2. 激活卸载

卸载（Rhu et al，2016）或内存交换是一种能有效节省 GPU 内存的技术，通过在前向传递过程中将激活传输到 CPU 内存，然后在相应的反向计算中将激活预取回 GPU 内存。然而，由于 CPU 和 GPU 之间的 PCI 总线带宽有限，因此必须优化选择传输哪些激活以及何时传输。为解决这个问题，研究人员提出了不同的方法，如 vDNN（Rhu et al，2016）的只卸载卷积层输入的启发式方法，或使用图搜索方法和优先级分数来决定要卸载哪些激活，如 AutoSwap（Zhang et al，2019）和 SwapAdvisor（Huang et al，2020a）。此外，Beaumont et al（2021）提出了联合优化激活卸载和再具体化的最佳解决方案。

3. 参数卸载

前面提到的卸载权重的技术可以应用于任何张量，如 AutoSwap 和 SwapAdvisor。L2L（层到层）（Pudipeddi et al，2020）和 Granular CPU（Lin et al，2021a）卸载是两种方法，当有足够的可用内存时，通过将单层或部分网络保留在 GPU 内存中，从而降低网络的内存成本。实验表明，卸载网络的前半部分可以显著缩短训练时间。ZeROOffload（Ren et al，2021）通过引入延迟参数更新（Delayed Parameter Update，DPU）方法来解决通信成本高昂的问题，该方法只卸载梯度以更新权重，并使用异步更新来限制同步。

4. 低精度优化器

为了减少内存使用量，一种解决方法是利用低精度优化器（low-precision optimizer），它采用精度较低的格式来表示优化器状态和状态的辅助向量。为了保持跟踪统计的近似精度，还采用了误差补偿技术。例如，Dettmers et al（2021）提出的一种方法使用 8 比特精度存储 Adam 优化器的统计数据，同时保持与使用 32 比特精度相同的整体性能。实现这一结果所采用的技术是按块动态量化，它能有效地处理大小元素。

5. 降低通信成本

通常在计算节点之间发送梯度之前对其进行压缩的方法有 3 类——稀疏化、量化和低秩化。稀疏方法只传输梯度元素的一个子集，并更新参数向量中的相应元素，从而在不影响模型性能的情况下大幅度降低通信成本。量化方法只传输有限数量的比特，以重建整个梯度向量并更新参数向量的所有元素。低秩化方法传输是梯度的低秩近似值，采用块幂法（block power method）或交替最小化策略构建，用于在更新参数向量之前恢复全格式梯度。主要的挑战在于如何平衡降低通信成本带来的收益和构建低秩近似值的额外成本。Xu et al（2021a）全面分析了许多降低通信成本的方法。

6. 推理优化

降低大语言模型推理的资源需求的努力有 3 个方向：①模型压缩以减小内存占用量；②通过去中心化摊销成本的协作推理；③卸载以使用 CPU 和磁盘中的存储。虽然这些技术大大降低了使用大语言模型的资源需求，但也存在局限性，特别是对于超大规模模型而言。前两个方向的研究假设模型适合 GPU 内存，但在单 GPU 上运行有些困难。在第三个方向中，基于卸载的最先进的系统由于 I/O 调度和张量放置效率低下，因此在单个商品 GPU 上无法实现可接受的吞吐量。

为了应对挑战，Sheng et al（2023）提出了 FlexGen——一种在单个商品 GPU 上进行高吞吐量大语言模型推理的卸载框架。FlexGen 聚合了来自 GPU、CPU 和磁盘的存储，并高效地调度 I/O 操作。Sheng 等定义了一个可能的卸载策略搜索空间，并开发了一种基于线性规划的搜索算法，以优化搜索空间内的吞吐量。FlexGen 统一了权重、激活和 KV 缓存的位置，从而大大提高了批次大小上限，这是实现高吞吐量的关键。此外，Sheng 等还表明，可以将 OPT-175B 等大语言模型的权重和 KV 缓存压缩到 4 比特，而无须重新训练或校准，所有的精度损失都可以忽略不计。与最先进的基于卸载的推理系统相比，FlexGen 允许的批次大小通常要大几个数量级，从而带来更高的吞吐量。Sheng 等通过在 NVIDIA T4（16GB）GPU（具有单个 T4 GPU、208GB CPU DRAM 和 1.5TB SSD）上运行 OPT-175B 模型验证了 FlexGen 的高效性，并取得了令人印象深刻的成果。

6.7　小结

总之，训练具有大量参数的大语言模型是一项具有挑战性的任务，需要仔细考虑各种因素。不过，利用本章讨论的方法，例如扩大尺度法则、人工智能加速器和并行技术，我们可以大大加快和优化训练过程。此外，混合和低精度训练技术以及其他节省内存的设计也有助于高效地训练大语言模型。随着自然语言处理领域的不断发展，与时俱进地掌握高效训练大语言模型的最新技术和进展至关重要。

第 7 章

稀疏专家模型

　　稀疏专家模型〔也称为专家混合（Mixture-of-Expert，MoE）模型〕在构建大语言模型方面越来越受欢迎，因为它们可以在只引入少量计算开销的情况下扩大模型规模。

　　稀疏专家模型的一个优点在于，它们能够针对输入数据分布的特定部分对单个专家进行专门化。这样可以更有效地使用模型规模，因为每个专家都可以专注对输入数据的特定子集进行建模。此外，用于将数据路由到相应专家的门控机制可以在推理过程中进行高效计算，因为每个输入只须激活全部专家的一小部分。

　　稀疏专家模型的另一个优点在于，它们能够处理非稳态的数据分布。随着输入数据分布的变化，这些专家可以根据分布的不同部分进行调整和专门化处理，从而实现准确预测。这使得稀疏专家模型特别适合于数据分布可能随时间变化的应用（如自然语言处理）。

　　但是，稀疏专家模型也存在一些潜在的缺点。其中一个潜在问题是模型的训练困难。训练稀疏专家模型需要仔细调整门控函数，而且计算成本很高。

　　在本章中，我们将深入探讨稀疏专家模型的概念及其路由算法。我们将探究 MoE 模型有效的原因，并研究用于向专家分配任务的不同路由算法。这些算法包括选择 top-k 个专家、top-k 个词元和全局最优分配等。我们还将讨论该领域的进展，例如加快训练速度、使用高效的 MoE 架构、使用稀疏 MoE 扩展视觉语言模型，以及将 MoE 与集成相结合。在本章结束时，读者将可以对稀疏专家模型、用于实现这些模型的路由算法以及该领域的进展有更深入的了解。

7.1　为什么采用稀疏专家模型

　　MoE 结构是深度学习中广泛使用的一种设计，它可以在提高模型规模的同时，只引入少量计算开销。MoE 层是 MoE 模型在深度神经网络中的扩展，近年来取得了显著的成功。MoE 层包含许多专家，它们共享相同的网络架构，并通过相同的算法进行训练。门控（或路由）函数将单个输入路由到所有候选专家中的少数专家。MoE 层中的路由器可以将每个输入路由到 top-k（$k \geqslant 2$）或单（$k=1$）个专家。图 7-1 通过一个样例进行了说明。

　　人们对 MoE 架构的理论理解还很模糊，也不清楚为什么专家可以分化出不同的功能，专门针对不同的输入进行预测。为了回答这些问题，研究人员进行了一项研究（Chen et al，2022b），以了解 MoE 层在具有聚类结构的自然"混合分类"数据分布中的行为和益处。研究表明，通过梯度下降法训练的两层 CNN 的稀疏门控 MoE 模型可以高效地达到近似100%的测试准确率，而且稀疏门控 MoE 模型的每个专家都会专门针对数据的特定部分。为了证实这一理论，研究人员在合成数据集和真实数据集上进行了大量实验。

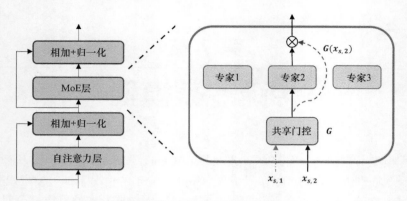

图 7-1 MoE 层样例（图片来源：Gupta et al，2022a）

1. 扩展语言模型

尺度在深度学习的发展中发挥了重要作用，特别是在自然语言处理方面。我们讨论过的放大尺度法则表明，如果不受模型规模、数据量或计算量的限制，语言建模的性能会经历几个数量级的幂律扩展。这种可预测的性能使业界能够以相对较低的风险扩大规模。有趣的是，更大的模型需要更少的样本来达到相同的性能，而且最佳模型规模会随着计算预算平滑增长。然而，这些大型模型的成本可能很高，而稀疏性是在不增加成本的情况下扩大规模的一个前景广阔的领域。

2. 利用稀疏激活

此外，如果使用 ReLU 等激活函数，利用现代训练技术训练完全连接的前馈层，则很大一部分激活可能会变为零。本质上，这意味着网络自然呈现出稀疏性，允许修剪某些神经元。这与彩票假说有关（Frankle and Carbin，2018）。

利用这种稀疏性，我们可以组织计算，将给定输入的非零值存储在一起，这样就可以将它们分配到与其他输入的激活值不同的计算部分。这有利于动态路由，使我们能够只使用特定输入所需的部分。

3. 更快的预训练和更好的微调

首先，稀疏专家模型具有强大的扩展特性。Switch Transformer（Fedus et al，2021）和 Clark 的稀疏变体（Clark et al，2022a）在验证损失（用于评估模型在保留数据上的性能方面的指标）与模型中包含的专家数量方面都有显著提高。

其次，稀疏专家模型显著改善微调。目前稀疏专家模型（ST-MoE）（Zoph et al，2022）在许多自然语言处理基准测试中都处于领先地位，其性能优于 PaLM（Chowdhery et al，2022）等较大的稠密变体，而计算量仅为 PaLM 的 1/20。

4. 更好的零样本和少样本推理

Du et al（2022）的研究取得了令人瞩目的成果，特别是在零样本和少样本推理方面。如图 7-2 所示，在各种规模的模型中，稀疏专家模型在每个词元的 FLOP 的准确性方面均优于同类模型。

5. 更好的校准

关于稀疏专家模型，研究人员有一个有趣的发现（Srivastava et al，2022），这似乎表明稀疏专家模型比稠密模型更有能力知道自己什么时候不知道。这种校准上的差异尤其明显，稀疏专家模型的性能要优于 10 倍大的稠密模型。

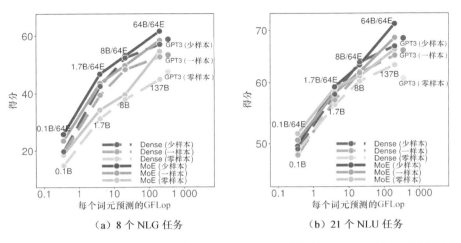

（a）8 个 NLG 任务　　　　（b）21 个 NLU 任务

图 7-2　在 8 个 NLG 任务和 21 个 NLU 任务中，GLaM MoE 模型与 GLaM 稠密模型在每个词元的相似有效 FLOP 的情况下零样本、一样本和少样本推理方面的性能（图片来源：Du et al，2022）

6. 更好的可解释性

就可解释性而言，稀疏专家模型比标准稠密模型更具优势。在训练过程中，我们可以做出离散选择，以确定每个词元发送给哪些专家。因此，检查未将词元发送给的专家变得更加容易。这就在一定程度上提高了可解释性，从而可以对擅长特定词元的专家进行分析。

在掩蔽语言建模方面，Zoph et al（2022）发现，特定的词元（如掩蔽词元）会被分配给特定的专家，这揭示了这一领域的专业化。此外，据观察，专家会专门处理标点符号、连词和冠词。

这种现象在计算机视觉领域也很明显，目前稀疏专家模型在计算机视觉领域的应用非常成功。图 7-3 展示了在稀疏专家模型中如何路由图像子块。值得注意的是，每个专家擅长不同的类别，如植物、眼睛、文本等。令人着迷的是，这些专家以语义上有意义的方式进行专业化，甚至跨越不同的模式。

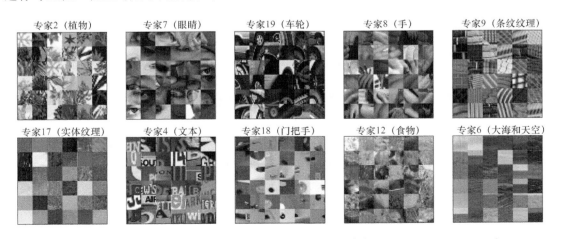

图 7-3　Coco 的词元路由示例（Chen et al，2015）（图片来源：Mustafa et al，2022）

7. 挑战

然而，这些成果并非没有挑战。首先，在一段时间的训练后，当训练损失变得发散时，就会出现模型不稳定的情况，这通常比标准稠密 Transformer 更不稳定。其次，对于给定的困惑度，稠密模型通常优于稀疏模型。但请注意，稀疏模型往往从更好的困惑度开始，从而获得更好的整体性能。

最近的研究在利用稀疏模型解决这些问题方面取得了重大进展。其中一项重大改进是引入了 Router-Z 损失（Zoph et al，2022）。以往的研究表明，稀疏模型往往更不稳定，特别是当模型变大时，其损失会发散并导致不稳定问题。这主要是由数值上的问题造成的，但事实证明 Router-Z 损失是一种有效的解决方案。它的原理是将进入 Router 函数的 logits 限制得更小，从而提高稳定性。

$$\mathcal{L}_z(x) = \frac{1}{B} \sum_{i=1}^{B} \left(\log \sum_{j=1}^{N} e^{x_j^i} \right)^2$$

稀疏模型的微调也有其他改进。我们已经讨论过稀疏模型和稠密模型在预训练和微调性能方面的差异。在微调过程中更好的超参数选择可以弥补这一缺陷，其中批次大小和学习率是两个关键参数。稀疏模型倾向于较小的批次大小和较大的学习率，而稠密模型倾向于较大的批次大小和较小的学习率。这与稀疏模型参数较多，更容易过拟合，而小批次和大学习率是良好的正则化器的假设相吻合。

7.2　路由算法

稀疏模型的一个重要研究领域是路由算法，它可以决定将给定词元发送给哪个专家。在本节中，我们将讨论一些流行的路由算法。请注意，通常朴素路由决策（naive routing decision）是不可微分的，因为它会离散地决定选择哪些专家。专家的选择可以重新定义为赌博机问题（Bandit problem）。各种采用强化学习技术的研究已经解决了这个问题，包括 Rosenbaum et al（2019）和 Clark et al（2022a）等。

7.2.1　每个词元选择 top-k 个专家

Shazeer et al（2017）提出了一种避免与强化学习相关的困难的方法。他们没有直接将样本分配给选定的专家，而是提出了一种可微分的启发式方法。该启发式方法根据选择该专家的概率，为每个专家计算的输出分配权重。由于选择专家的概率可以区分，这就为路由器产生了梯度。

根据输入选择专家通常涉及离散选择，这使得依赖可微分性的反向传播算法复杂化。为了应对这一挑战，Shazeer et al（2017）提出了一种 top-k 路由函数，该函数将词元表示 x 作为输入，并从 N 个专家集合 $\{E_i\}_{i=1}^{N}$ 中将其路由到 top-k 个专家。路由器包括一个可训练变量 W_r，用于计算 logits $H(x) = W_r x$，该 logits 通过 N 个专家的 softmax 分布进行归一化。此外，路由器还加入了一个名为"噪声 top-k 门控"的功能，通过引入可调高斯噪声来加强负载均衡。这项技术有助于实现更均衡的工作负载分配。

$$H^{(i)}(x) = (W_r x)^{(i)} + \epsilon \, \text{softplus}((W_{\text{noise}} x)^{(i)}); \quad \epsilon \sim \mathcal{N}(0, 1)$$

$$\text{top-k}^{(i)}(v, k) = \begin{cases} v^{(i)} & \text{若 } v^{(i)} \text{ 在 } v \text{ 的前 } k \text{ 个元素中} \\ -\infty & \text{其他} \end{cases}$$

$$G(x) = \text{softmax}(\text{top-k}(H(x), k))$$

其中，$v^{(i)}$ 表示向量的第 i 维。函数 top-k$(\cdot, k)$ 通过将其他维度设置为 $-\infty$ 来选择具有最高值的前 k 个维度。专家的阈值由 $G(x)$ 给出。我们用 T 表示选定的 top-k 个专家指数集合。该层的输出计算是每个专家通过阈值 $y = \sum_{i \in T} G_i(x) E_i(x)$ 对该词元的计算的线性加权组合。

为了避免门控网络在任何时候都偏向于少数占优势的专家，从而导致自我强化效应，Shazeer et al（2017）以额外重要性损失的形式提出了一种软约束，鼓励所有专家拥有相等的权重。这是通过使用每个专家的按批次平均值的变异系数（coefficient of variation）的平方来实现的。

$$L_{\text{aux}} = w_{\text{aux}} \left(CV(\sum_{x \in X} G(x)) \right)^2$$

其中，CV 是变异系数，损失权重 w_{aux} 是需要调整的超参数。

由于存在"批次缩减问题"，即每个专家网络只获得部分训练样本，因此在采用 MoE 模型时，最好将批量大小设得大一些。不过，这可能会受到 GPU 可用内存的限制。为了提高吞吐量，可以考虑实现数据并行和模型并行。

1. GShard

在对机器翻译的研究中，Lepikhin et al（2020）首次将 MoE 层引入 Transformer。通过分片，他们能够将 MoE Transformer 模型的规模扩展到 600B 个参数。MoE Transformer 用 MoE 层取代其他每个前馈层。在分片式 MoE Transformer 中，只有 MoE 层在多台机器上分片，而其他层是重复的。

GShard 为门控函数 G 提出了如下改进设计。

- 专家规模：为了确保专家不超负荷，对通过专家的词元数量设置了一个阈值。如果词元被路由到已达到一定规模的专家，那么该词元会被标记为"溢出"，门控输出将变为零向量。
- 局部组调度：词元被平均分配到多个局部组，并在组级别强制执行专家规模。
- 辅助损失：与最初的 MoE 辅助损失类似，研究人员添加了一个辅助损失，以最小化路由到每个专家的数据比例的均方值。
- 随机路由：路由器最初会识别出路由器得分最高的专家（gate1），并将词元发送到该专家。此外，词元还会以 min(1.0, gate2/threshold) 的概率路由到排名第二的专家。其中，阈值是一个超参数，通常设置为 0.2，而 gate2 表示词元被路由到排名第二的专家的概率。需要注意的是，gate1 和 gate2 以其两个得分的总和进行归一化处理，因此加起来总为 1（Zoph et al，2022）。

通过将每个专家层的专家数量扩展到 2048 个，GShard 实现了 100 种不同语言的一流翻译效果。

2. Switch Transformer

Shazeer et al（2017）认为有必要将样本路由到 top-k 个专家（k>1），因为这可以让网络比较和优化多个专家的相对性能。尽管如此，Fedus et al（2021）证明，使用 top1 路由可以获得有竞争力的结果，这一发现后来得到 Clark et al（2022a）的支持。

Switch Transformer（Fedus et al，2021）通过利用稀疏开关前馈网络层，使模型能够扩展到数万亿个参数，其中每个输入只路由到一个专家网络，取代了稠密前馈网络层。为了平衡工作负载，该模型采用了一个辅助损失函数 $\text{loss}_{\text{aux}} = w_{\text{aux}} \sum_{i}^{n} f_i p_i$，其中，$n$ 代表专家数量，f_i 代表路由到第 i 个专家的词元比例，p_i 表示门控网络为第 i 个专家预测的路由概率。

为了提高训练的稳定性，Switch Transformer 采用了如下设计元素。

- 更多的专家退出（dropout）：微调通常适用于较小的数据集，提高每个专家的退出率可以避免过拟合。然而，研究人员发现，提高所有层的退出率会导致性能不佳。因此，该模型在非专家层使用0.1的退出率，但在专家前馈网络层使用0.4的退出率。
- 较小的初始化：权重矩阵的初始化是从平均值 $\mu = 0$ 和标准差 $\sigma = \sqrt{s/n}$ 的截断正态分布中采样的。此外，Transformer 初始化缩放参数从 $s = 1$ 降低到 $s = 0.1$，以提高性能。
- 选择性精度：该模型只选择将模型的局部转换为FP32，从而提高稳定性，并避免FP32张量昂贵的通信成本。FP32只在路由函数的主体内使用，其结果随后会重新转换为FP16。

GShard 的 top2 和 Switch Transformer 的 top1 都取决于词元选择，其中每个词元选择最好的一两个专家进行路由。它们都采用了辅助损失来鼓励更均衡的负载分配，但这并不能保证最佳性能。此外，专家规模限制可能会导致词元浪费，因为如果专家规模达到上限，词元将会被丢弃。

3. 扩展

Yang et al（2021）提出了一种增强版本 top1 路由，其中包括采用专家原型将专家分为不同的组。随后，他们实现了 k top1 路由过程。

Chi et al（2022）强调，当前的稀疏专家混合（sparse Mixture-of-Experts，sMoE）模型在其门控机制中存在一种名为“表征崩溃”（representation collapse）的现象。当 top1 路由机制强制隐藏表征聚集在专家中心点周围时，就会出现这种现象，从而产生表征崩溃的趋势，最终损害模型的准确率。Chi 等通过经验观察支持了这一假设。该论文针对这一问题提出了一个直接的解决方案，即减小门控表征的维度并使用余弦相似性来代替。他们通过提供定性证据，证明这种新的表征方法不那么容易崩溃。此外，他们还在跨语言理解和机器翻译方面对模型进行了评估，并观察到新算法在性能方面带来了持续的改进，尽管幅度不大。

7.2.2　每个专家选择 top-k 个词元

典型的 MoE 方法依赖于词元选择 top-k（$k \geq 1$）个专家，而专家选择（Expert Choice，EC）（Zhou et al，2022b）则引入了一种新的机制，使每个专家都能选择 top-k 个词元。这种方法可确保每个专家具有预先确定的规模，而且每个词元都可以分配给多个专家。因此，专家选择方法实现了最佳的负载均衡，每个词元可容纳不同数量的专家，并显著提高了训练效率和下游的性能。

当有 e 个专家和一个输入矩阵 $X \in R^{n \times d}$ 时，词元到专家的亲和力得分的计算按如下公

式计算 S：

$$S = \text{softmax}(X \cdot W_g)$$

其中，$W_g \in R^{d \times e}$，$S \in R^{n \times e}$。

为了表示词元到专家的分配，使用了 3 个矩阵——I、$G \in R^{e \times k}$ 和 $P \in R^{e \times k \times n}$。矩阵 $I[i, j]$ 指定第 i 个专家选择的第 j 个词元。门控矩阵 G 存储所选词元的路由权重。矩阵 P 是 I 的独热版本，用于生成门控前馈网络层的输入矩阵，使得 $P \cdot X \in R^{e \times k \times d}$：

$$G, I = \text{top-k}(S^T, k) \quad P = \text{one-hot}(I)$$

在专家选择路由中，研究人员提出了一种正则化技术，即对每个词元所允许的最大专家数量设置上限。

$$\max_A \langle S^T, A \rangle + \lambda H(A)$$
$$\text{使得} \quad \forall i : \sum_{j'} A[i, j'] = k, \quad \forall j : \sum_{i'} A[i', j] \leqslant b, \quad \forall i, j : 0 \leqslant A[i, j] \leqslant 1$$

其中，在矩阵 $A \in R^{e \times n}$ 中，每个元素 $A[i, j]$ 表示第 i 个专家对第 j 个词元的选择。解决这个问题具有挑战性，该论文采用了涉及多个迭代计算步骤的 Dykstra 算法。不过，正如在实验中观察到的那样，限制可选择的专家数量对微调性能的影响很小。

参数 k 的计算公式为 $k = nc/e$，其中，n 是批次中词元的总数，c 是规模系数，表示一个词元平均使用的专家数量。在大多数实验中，该论文使用 $c=2$，但使用 $c=1$ 的专家选择方法仍然优于 top1 词元选择门控。

将该论文提出的方法应用于类似 chatGPT 的模型的自回归生成并非易事，因为它需要知道未来的词元才能进行 top-k 选择，而所有词元并不是在一开始就预先给出的。然而，最成功的基于 MoE 的模型是类似 chatGPT 的应用，这就限制了所提方法的使用范围。

7.2.3 全局最优分配

MoE 模型中的传统路由可能导致专家之间的负载不平衡，即一些专家使用大多数词元进行训练，而另一些专家则未得到充分利用。这可能会导致模型规模的浪费和推理时间的增加。以前的方法试图通过增加负载均衡的辅助损失来解决这个问题，但这并不能保证负载均衡，尤其是在训练的早期阶段。对于某些专家来说，规模过剩率可能达到 20%~40%，进而导致词元丢失。此外，如果门控网络不够理想，则词元到专家的亲和力学习可能会导致专业化不足。对于词元选择路由来说，在负载均衡和专用化之间找到合适的平衡点是一项挑战。

1. BASE

正如 Lewis et al（2021）所述，BASE（基础）层将词元路由视为一个线性分配问题，该问题旨在为每个专家分配固定数量的词元，同时最大化路由矩阵的得分。

BASE 层可直接替代稀疏专家层，无须调整额外的损失函数或超参数。这种方法几乎与数据并行训练一样有效，而且能正式保证每个专家将被分配给一个词元，并且所有专家将以最大能力运行，而不会因为缺少词元而闲置。这些保证至关重要，稍后将解释它们是如何工作的。在图 7-4 中，每个工作站都包含一个单独的专家模块。在训练过程中，我们会计算词元的均衡分配，以便每个工作站向每个专家发送相同数量的词元。通过在专家模块中进行软混合，专家可以学习专门针对特定类型的词元。

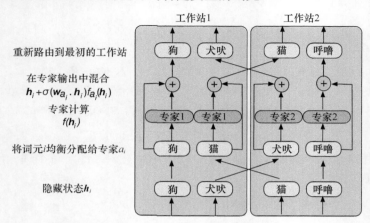

图 7-4　BASE 层概述（图片来源：Lewis et al，2021）

关键的思路是将问题表述为一个形式优化问题，而不是依靠学习来实现负载均衡，这样就能在算法上保证词元在分配给专家时是均衡的。这可以通过对输出表征的线性分配来实现。然后根据专家与输入词元的兼容性对专家进行评分，并解决分配问题以确保均衡。这个过程是近似的，但可以通过称为 Hungarian 的算法（Kuhn，1955）进行保证。

形式上，我们要解决线性分配问题。给定带有表征 $\boldsymbol{h}_t$ 的 T 个词元和带有嵌入的 E 个专家，我们通过分配索引 $a_t \in 0, 1, \cdots, E$，将每个词元分配给一个专家，计算方式如式（7.1）所示：

$$\text{maximize} \sum_t \boldsymbol{w}_{a_i} \cdot \boldsymbol{h}_t \text{ 使得 } \forall e: \sum_{t=0}^T \mathbf{1}[a_t = e] = \frac{T}{E} \tag{7.1}$$

BASE 采用的方法为每个词元使用一个专家，并对其进行集体优化。虽然 BASE 中的分配优化需要额外的计算资源，但该方法相对更加稳定。如图 7-5 所示，尽管 BASE 是一个简单的模型，但其性能与稀疏门控 MoE 模型不相上下，而且其验证困惑度的收敛性也优于 Switch。这一结果意味着，算法负载均衡可替代负载均衡损失函数，具有很强的竞争力，同时也凸显了单一专家层的有效性。

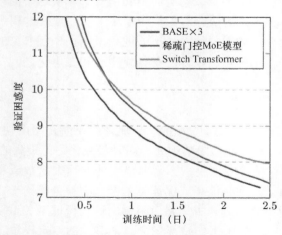

图 7-5　与其他稀疏专家方法的比较（图片来源：Lewis et al，2021）

2. S-BASE

在 BASE 中，为了解释同一句子的词元之间的高度相关性，在本地解决每台设备上的线性分配问题之前，会对词元进行随机洗牌。这种洗牌在前向传递和反向传递过程中引入了两个额外的通信原语。为了解决这个问题，Clark et al（2022a）提出了一种名为 S-BASE 的 BASE 层变体，它采用了最优的传输公式。

S-BASE 采用了 softmax 的变体形式。

$$y = \underset{\substack{y_i \geq 0 \\ \sum_i y_i = 1}}{\arg\max} \, \boldsymbol{\theta}^\mathrm{T} y - y^\mathrm{T} \ln(y)$$

为了弄清楚原因，首先我们求解 y_i。将上述优化重写为：

$$y = \underset{\substack{y_i \geq 0 \\ \sum_i y_i = 1}}{\arg\min} \, \boldsymbol{\theta}^\mathrm{T} y + y^\mathrm{T} \ln(y)$$

可以看到，目标是严格凸的。因此，我们可以求出它的拉格朗日：

$$L(y, \lambda_1, \lambda_2) = y^\mathrm{T} \ln(y) - \boldsymbol{\theta}^\mathrm{T} y + \lambda_1(1 - \mathbf{1}^\mathrm{T} y) + \lambda_2^\mathrm{T} y$$

根据 KKT 条件和松弛性，我们可以得到以下结果：

$$\frac{\partial L(y, \lambda_1, \lambda_2)}{\partial y_i} = \ln(y_i) + 1 - \boldsymbol{\theta}_i - \lambda_1 + \lambda_2 = 0$$

等同于 $y_i = \exp(\boldsymbol{\theta}_i + \lambda_1 - \lambda_2 - 1) \, \forall \, \lambda_{2i} = 0$

由于 $\ln(y_i)$ 禁止 $y_i = 0$。然后我们有：

$$y_i = \exp(\boldsymbol{\theta}_i + \lambda_1 - 1)$$

要求解 λ_1，我们需要单纯形约束：

$$\sum_i y_i = \sum_i e^{\theta_i + \lambda_1 - 1} = 1$$

$$e^{\lambda_1} = \frac{e}{\sum_i e^{\theta_i}}$$

将上式代入，可以得到：

$$y_i = \frac{e^i}{\sum_i e^{\theta_i}} \, , \, 等同于 \, softmax \, 自身$$

回到 S-BASE，专家选择是通过在路由器 logits 上应用 Sinkhorn 层来重新均衡的。这种方法比加速器集群上的硬匹配算法高效得多。在应用路由层之前，要考虑网络的中间嵌入（由 $\boldsymbol{H} \in \boldsymbol{R}^{T \times d}$ 表示）。这些嵌入分别折叠在大小为 b 和 t 的批次轴和时间轴上，其中，$T := bt$。线性路由器接收这些嵌入作为输入，并输出一个 logits 矩阵 $\boldsymbol{L}_i = \boldsymbol{H}_i \boldsymbol{W} + \boldsymbol{b} \in \boldsymbol{R}^{T \times E}$。其中，$E$ 是专家数，路由器参数是 $\boldsymbol{W} \in \boldsymbol{R}^{d \times E}$ 和 $\boldsymbol{b} \in \boldsymbol{R}^E$。根据 logits 矩阵，专家选择概率 $\boldsymbol{\Pi}$ 是通过沿专家轴应用 softmax 运算计算出来的。这种操作分别计算每个输入的选择概率，而不考虑专家的任何规模限制。为了在数学框架内整合约束条件，我们需要寻求一种合适的方法。

从数学角度看，求解 $\boldsymbol{\Pi}$ 涉及解决一个包含某些约束条件的问题。具体而言，输入必须平均表现出对某个专家的偏好。这一概念在 softmax 的变分公式中非常明显。

$$\boldsymbol{\Pi} \in R^{T \times E} := \Big[\, \text{softmax}\,(\boldsymbol{L}_i)\,\Big]_{i \in [1,\,T]} = \underset{\substack{\boldsymbol{\Pi} \geqslant 0 \\ \forall i \in [T] \sum_{j \in [E]} p_{ij} = 1}}{\text{argmax}} \quad <\boldsymbol{\Pi},\boldsymbol{L}> - H(\boldsymbol{\Pi})$$

其中，$H(\boldsymbol{\Pi}) := \sum_{i=1}^{T} \sum_{j=1}^{E} p_{ij} \log p_{ij}$，[·] 表示水平堆叠。这个变分公式为包含额外约束条件提供了一种自然的替代方案。添加类似于式（7.1）的约束条件，就得到了双重约束的正则化线性问题：

$$\boldsymbol{\Pi} \in R^{T \times E} := \underset{\substack{\forall i \in [T] \sum_{j=1}^{E} p_{ij} = 1 \\ \forall j \in [E] \sum_{i=1}^{E} p_{ij} = \frac{T}{E}}}{\text{argmax}} <\boldsymbol{\Pi},\boldsymbol{L}> - H(\boldsymbol{\Pi})$$

这就变成最优传输的正则化 Kantorovich 问题（Kantorovich，2006）。Clark et al（2022a）通过 Sinkhorn 算法解决了这个问题（Sinkhorn and Knopp，1967）。

7.2.4 随机路由

许多路由算法中的路由决策可以在训练过程中动态学习，但也可以在训练开始之前静态确定。使用动态路由算法时，路由决策通常是基于网络中的内部输入表征做出的。这一过程通常会通过自注意力层完成，同时将当前词元和之前对模型的输入考虑在内。

1. 哈希层

虽然大多数路由算法都是动态的，但有一个值得注意的例外。Roller et al（2021）提出了哈希层算法，这是一种静态路由算法，通过对输入词元进行哈希处理来随机固定路由，从而实现有竞争力的性能。负载均衡是通过在训练前选择哈希函数来实现的，这样可以平衡词元的批次大小。

形式上，

$$\boldsymbol{h}_t^l = \text{FFN}_{\text{hash}(x_t)}(\bar{\boldsymbol{h}}_t^l), \ t = 1, 2, \cdots, T$$

尽管 FFN 继续使用隐藏状态 $\bar{\boldsymbol{h}}_t^l$ 作为输入，但是路由函数使用原始输入词元 x_t 而不是隐藏状态 $\bar{\boldsymbol{h}}_t^l$。

有几种类型的哈希函数被认为是将词元路由到专家模块的可能选择。随机哈希函数是最简单的，它在初始化时将每个词元随机分配给一个固定的专家。但是，基于词元频率的 Zipfian 分布，这种方法会导致不同专家模块之间的不均衡。先前的研究表明，均衡对于训练 MoE 模型至关重要，所以，研究人员还考虑了均衡分配法。这种方法在使用训练数据分布训练模型之前构建一个查找表，通过贪心地将最常用的词元分配给最空的存储桶。虽然与随机哈希函数相比，这种方法能产生更均衡的分配结构，但它并不完美，因为某些词元的频率超过了理想的分布。

研究人员还探索了哈希的其他可能性，例如二元语法哈希（Bi-gram Hash），它使用当前和前一个词元 (x_{t-1}, x_t)，而不仅仅是当前的词元。另一种方法是前一个词元哈希（Previous Token Hash），它只考虑前一个词元 x_{t-1}，而忽略当前输入。研究人员还基于序列中的位置进行哈希处理，以进行健全性检查。由于绝对位置在自然语言中几乎不含信息，因此预计影响不大。在随后的实验分析中，每个哈希函数都用于评估路由信息的价值。

由 WikiText-103 实验可以观察到，当使用较大的词表和固定数量的专家时，哈希层的性能会下降。据推测，随着词汇量的增加，鸽巢原理（pigeonhole principle）带来了更大的挑战。

2. THOR

与哈希层类似，THOR（Zuo et al，2021）也在训练和推理过程中为每个输入采用随机激活专家的方法。在训练过程中，THOR 模型使用一致性正则化损失进行训练，其中专家从训练数据和作为教师的其他专家那里学习，从而确保预测的一致性。研究人员验证了 THOR 在机器翻译任务中的有效性，证明了其参数效率。在各种设置中，THOR 模型的性能明显优于 Transformer 和 MoE 模型。例如，在多语言翻译中，THOR 模型比 Switch Transformer 模型在 BLEU（Papineni et al，2002）得分上高出 2 分，并且达到了与最先进的 MoE 模型（Kim et al，2021）相同的 BLEU 得分，而 MOE 模型的规模是 THOR 的 18 倍。

具体来说，对于数据集 D 中的训练样本 (x, y)，THOR 的训练目标是：

$$\min \sum_{(x,y) \in D} l(x,y) = \mathrm{CE}(p_1, y) + \mathrm{CE}(p_2, y) + \alpha \mathrm{CR}(p_1, p_2)$$

其中，

$$\mathrm{CR}(p_1, p_2) = \frac{1}{2}(\mathrm{KL}(p_1 \| p_2) + \mathrm{KL}(p_2 \| p_1))$$

p_1、p_2 是专家预测概率。交叉熵损失 CE 与一致性正则化器 CR 同时使用。该正则化器由两个 Kullback-Leibler（KL）发散项的均值决定，并由超参数 α 控制。在小批次 SGD 训练中，每批次在每一层随机选择一对专家进行激活。此外，在推理过程中，每个输入在每一层的专家激活选择也是随机的，就像在训练过程中一样。

7.2.5 双层路由

近年来，采用 MoE 预训练巨型模型的文献取得巨大成功。然而，这些模型有两个主要缺点，限制了它们的可扩展性和高效性。

首先，这些模型的节点内和节点间数据交换都依赖于 All2All 通信集合体。这意味着节点之间的通信以全互换（All-to-All）的方式进行，而由于通信通道的异构带宽，这种通信方式的效率很低。其次，随着使用的专家越来越多，计算均衡路由器的成本变得越来越高。例如，大量专家可能会生成网络热点，从而对模型的整体性能产生重大影响。

为了解决这些瓶颈问题，He et al（2022a）引入了一种名为 SMILE 的新方法，该方法利用双层路由来提高路由效率。这种方法根据网状拓扑结构将专家分为两个级别。一个节点内的所有专家被视为一个组，每个词元首先路由到节点，然后调度到节点内的特定 GPU。这样一来，节点间的网络拥塞显著减少。SMILE 的概述如图 7-6 所示。图 7-7 给出了 SMILE 层的示意图。

7.2.6 针对不同预训练领域的不同专家

Gururangan et al（2021）提出的 DEMIX 层采取了极端的立场，取消了学习路由和算法路由。相反，Gururangan 等提出了一种直接的专家混合方法。这种方法的基本假设是，语言是异构的，在领域和子语料库层面具有不同的结构。因此，他们的目标是利用这种异构性进行条件计算和路由选择。数据采用了单词嵌入和无监督聚类，从而产生了专门针对不同领域的独特表征，包括新闻文本、计算机科学论文、医学论文、社交媒体和法律意见等。

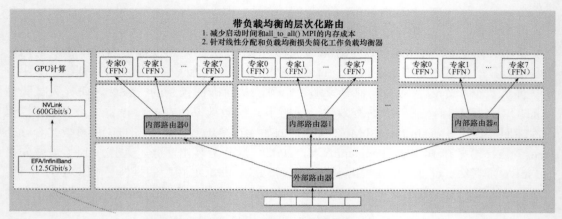

图 7-6　SMILE 概述（图片来源：He et al，2022a）

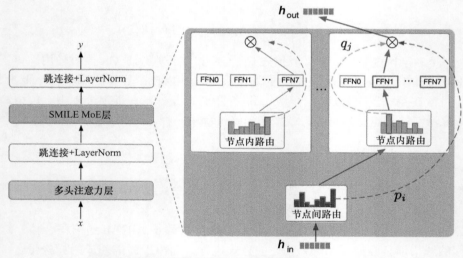

图 7-7　SMILE 层的示意图（图片来源：He et al，2022a）

简单来说，该方法的目标是利用现有的数据结构，设计出更简单的路由模型。模型的前馈部分将根据数据域触发，每个域都将有一个独立的前馈模型，并单独训练。不过，将共享自注意力部分或 Transformer。这种方法有几个优点，如针对特定领域的专家，模块化以及添加、移除或限制专家的能力。图 7-8 展示了单个 Transformer 模块中的 DEMIX 层。在训练过程中，专家前馈网络根据输入序列（即医学论文或法院意见）的领域（此处为文档来源）有条件地激活。在推理过程中，语言模型具有新的模块化功能：可以混合领域专家以处理异构领域，添加领域专家以适应新领域，或移除领域专家以"忘记"不需要的领域。

该方法的基本思想是在训练过程中确定每个文档的领域，以便在推理过程中为该领域设置适当的参数。这种方法涉及前馈层的确定性路由。Gururangan 等提出了各种实验，首先假设了该领域的知识（这是不现实的），然后继续讨论如何使用简单的策略在没有先验知识的情况下推断领域。

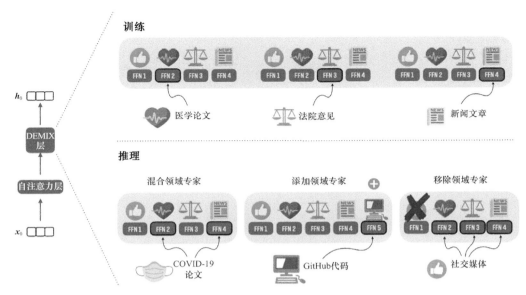

图 7-8　单个 Transformer 模块中的 DEMIX 层（新闻图标来自 emojipedia 网站，
其他图标来自 istockphoto 网站，图片来源：Gururangan et al，2021）

使用领域专家混合进行推理的过程如图 7-9 所示。来自 COVID-19 的输入文本 $x_{<t}$ 用于推导领域概率的后验分布，表示为 $P(D_t|x_{<t})$。这种估计受先验值的影响，该先验值可以在推理过程中迭代更新，也可以在保留数据的基础上预先计算和缓存。在这种情况下，模型为医学论文和新闻文章领域提供了最高的概率。然后将这些概率用于对专家输出进行加权组合，以确定隐藏表征 h_t。

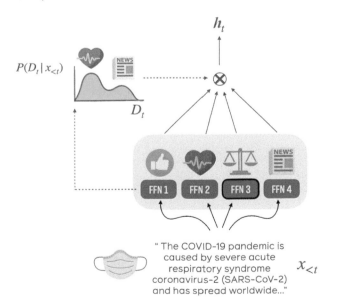

图 7-9　使用领域专家混合进行推理（图片来源：Gururangan et al，2021）

DEMIX 语言模型中使用的模块化方法可以使模型避免忘记以前的训练领域并能快速适应。可以训练一个新的专家并将其添加到网络的 DEMIX 层，而无须更新其他专家或共享参数，从而确保原始模型保持不变，并避免丢失任何先前学习的信息。这种适应方法被称为 DEMIX-DAPT。

如图 7-10 所示，要应用 DEMIX-DAPT 方法，首先，对目标领域（在本例中为 COVID-19）的保留样本进行领域后验估计。其次，使用领域后验分布下最可能的专家的参数初始化新专家。最后，将新初始化的专家的参数调整到目标领域，同时冻结语言模型中的所有其他参数。

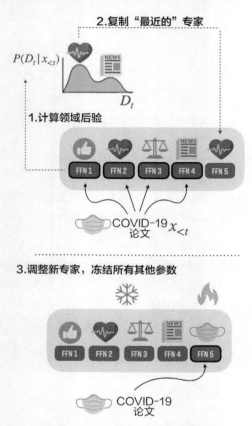

图 7-10　在 DEMIX 中添加专家（新闻图标来自 emojipedia 网站，
其他图标来自 istockphoto 网站，图片来源：Gururangan et al，2021）

7.3　其他改进措施

7.3.1　加快训练速度

由于动态路由和负载均衡计算是这些架构的基础，因此高效计算 MoE 是一项挑战。然而，现有的深度学习硬件和软件使得应对这一挑战变得困难。例如，TPU 及其 XLA 编译器需要静态已知张量形状（Fedus et al，2022）。虽然 GPU 更灵活，但 MoE 中的稀疏计算并不能完全映射到主要框架和库所支持的软件原语。为了解决这些问题，最先进的 MoE 训练框架对 MoE 路由进行了严格限制。为了消除计算的动态性，研究人员将映射到每个专家的词元集修剪或填充到用户指定的大小。然而，这种方法需要在模型质量和硬件效率之间进行权衡，因为用户必须决定是删除词元还是在填充上浪费计算量和内存。通常需要通过调整超参数来做出决定，这增加了使用 MoE 的复杂性。

在专家数量超过设备数量的情况下，Gale et al（2022）利用块稀疏操作来优化 MoE 模块的性能。通过将 MoE 层视为激活稀疏矩阵乘积，他们确定每个专家对应一组非零的列，并且 top-k 路由假设给定词元的 k 组列不为 0。基于这一认识，他们开发了块稀疏的 CUDA 内核，这些内核在执行 MoE 操作时，可以比传统实现大大降低开销。值得注意的是，它们能够消除规模系数超参数，该参数通常用于填充不均衡的专家词元分配，以达到最佳的准确率。取而代之的是，它们动态地确定了每组词元的块稀疏结构，准确地完成了每个专家所需的工作量。这种方法使得研究人员能够比当前最快的 MoE 实现（Hwang et al，2022）以及基线非 MoE 模型更快地训练模型。研究人员推测，这种方法有可能用于稀疏性研究，从而改善实际运行时间，为依赖输入的块稀疏内核开辟了新的可能性，使其运行速度与稠密操作相类似。

7.3.2 高效的 MoE 架构

之前关于 MoE 架构的研究忽略了一个重要问题，即专家增加的参数是否都是增加模型规模所必需的。由于 MoE 网络中的不同专家通常使用相关数据样本进行训练，因此专家之间很可能存在参数冗余。现有的研究已经确定确实存在专家冗余问题，这促使研究人员开发一种减少参数冗余的参数高效的 MoE 架构。一种可能的方法是在专家之间共享一定比例的参数。然而，由于专家网络通常由稠密矩阵组成，因此识别和优化编码专家共享信息的关键参数具有挑战性。

为了解决这一问题，研究人员提出了一种受量子多体物理学矩阵乘积算符（Matrix Product Operator，MPO）分解启发的新型参数共享方法（Gao et al，2022）。如图 7-11 所示，这种方法将矩阵分解为局部张量的顺序乘积，有效地将原始矩阵的重要信息重组并聚合到中心张量中，而辅助张量则对中心张量进行补充，以恢复原始矩阵。这种方法以经典的 MoE 架构为基础进行了重大扩展，允许专家共享全局中心张量，同时保留专家特有的辅助张量。在这种设置中，单个专家的参数矩阵由全局共享的中心张量和相应的辅助张量的乘积构成。MPOE（参数精简的 MoE 架构）方法显著减小原始 MoE 架构的参数量。此外，辅助张量使专家能够根据路由数据样本来捕捉特定的变化或差异，而梯度掩蔽策略则有效地缓解了直接优化 MPOE 架构所产生的不均衡优化问题。

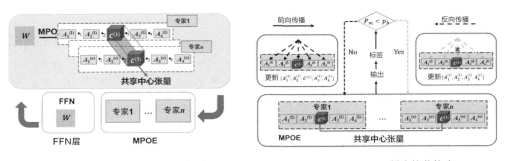

  （a）基于 MPO 的混合专家架构   （b）梯度掩蔽策略

图 7-11 MPOE 架构和梯度掩蔽策略的图示（图片来源：Gao et al，2022）

7.3.3 生产规模部署

虽然从理论上说,MoE 架构需要的计算量更少、参数数量更多,但它引入了额外的计算,例如词元路由和全互换通信,这会显著影响训练吞吐量,单个节点最高可达 12%(Liu et al,2022b)。此外,它还大大增加了 MoE 层的内存占用。以往的研究主要集中在训练效率上,由于推理成本较高,无法在实时应用中部署 MoE 模型。在相同的嵌入和隐藏维度下,MoE 模型的推理速度是其稠密模型的 30 倍。为了实现合理的部署成本,必须通过提高吞吐量和降低延迟来降低推理成本。由于 MoE 层并未针对推理场景进行优化,因此在计算和内存消耗方面构建一个高效的运行时环境具有挑战性。

最近,Rajbhandari et al(2022)提出了改进 MoE 模型推理的方法,重点关注超过 100B 个参数的超大模型并在多个 GPU 上进行解码。当模型大小超过单个 GPU 的内存限制时,可通过在不同 GPU 上拆分模型权重,使用多个 GPU 进行单次推理。尽管多 GPU 可以降低延迟,对超大模型也是必需的,但它会带来巨大的通信开销,并且难以根据路径增减实例数量。

Kim et al(2022)重点研究了单 GPU 推理场景,以实现合理规模模型的成本效益。研究人员采用了几种巧妙的优化方法来实现量化的单 GPU 专家混合推理支持。他们通过横向组合所有专家,将其融合到一个大型分组矩阵乘积,而不是对每个专家进行单独操作。这种方法类似于批次矩阵乘法,但矩阵大小不同,以考虑到路由到每个专家的词元数量不同。

关于量化,研究人员提出了几种想法。他们只量化静态的权重,在矩阵乘积内核开始时将其转换为 FP16。这节省了内存和内存带宽,但没有加速计算。他们只量化权重(不是激活),并且只在专家范围内进行量化,因为专家占据了权重的 90% 以上,而激活在推理过程中使用的内存带宽可能很少。他们使用不同的尺度对每个权重矩阵的每一列进行量化,对称量化的固定偏移量为 0。

量化导致精度损失很小,但非零。此外,他们还优化了大部分填充词元,将它们路由到具有较大索引的虚拟专家,并在最后将其进行分组,以便可以切片张量并忽略它们。

研究人员利用 INT4 量化技术实现了相当高的准确率,这对于新的和一般的比特量化来说实属罕见。由于进行了这些优化,他们还实现了良好的部署成本,尽管基线尚不明确。

7.3.4 通过稀疏 MoE 扩展视觉语言模型

Shen et al(2023)提出了一种新的视觉语言模型(Vision-Language Model,VLM)架构,该架构利用 MoE 来扩展基于文本和基于视觉的前馈网络(分别为 T-FFN 和 V-FFN)。该模型分为多个子模型,每个子模型处理特定模态的输入数据子集。文本和视觉输入表征通过 3 个掩蔽数据建模目标进行对齐。Shen 等训练了一系列 VL-MoE 模型,并评估了它们在各种任务中的表现,证明 MoE 可以提高 VLM 的效率和有效性。Shen 等还将 BASEsize 模型扩展到 2B 个参数的 VL-MoEBASE/32E,使用类似或更多的预训练"图像-文本对"数据,实现与稠密模型相当的性能。该论文的贡献包括:提出 VL-MoE 作为第一个用于"纯视觉或语言"与"视觉和语言"任务的大型生成式 MoE 多模态模型,探索各种扩展策略,并提出了消融（ablation）方法，以了解 VL-MoE 模型的行为、可解释性和设计选择。

图 7-12 展示了不同模态输入的 VL-MoE 编码过程。图 7-12（a）表示仅图像输入时，编码过程切换为 V-MoE 或 V-FFN；图 7-12（b）表示仅文本输入时，编码过程切换为 T-MoE 或 T-FFN；图 7-12（c）表示针对"图像–文本对"输入，编码过程切换为 V-MoE、T-MoE 或 VL-FFN；图 7-12（d）表示对于早期层，将 V-FFN 和 T-FFN 与稀疏专家混合分别缩放为 V-MoE 和 T-MoE。VL-MoE 将利用条件计算，以特定模态的方式分配词元。V/T-MoE 将多个 V/T-FFN 转换为专家，其中，图像/文本输入将由 V/T 路由器网络进行有条件的路由。

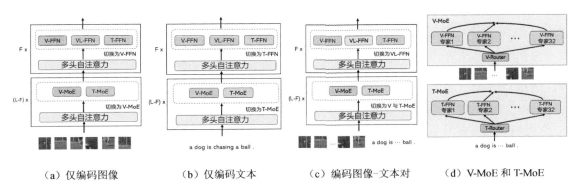

（a）仅编码图像　　　（b）仅编码文本　　　（c）编码图像–文本对　　　（d）V-MoE 和 T-MoE

图 7-12　VL-MoE 对各种模态输入的编码过程，其中灰色和彩色块分别表示未激活和激活的模块
（图片来源：Shen et al，2023）

7.3.5　MoE 与集成

稀疏专家混合利用一种名为条件计算（conditional computation）的技术，将多个子模型或专家组合起来，并将样本直接提供给特定专家。这种方法允许通过以与输入相关的方式只激活模型的一个子集，从而将参数数量的增长与训练和推理成本分离。与此同时，医疗诊断和自动驾驶汽车等安全关键领域对可靠深度学习的需求推动了可信模型的发展，特别是在精确和稳健预测方面。神经网络的集成或一般的集成模型在数据集偏移下的校准和准确率方面具有卓越的性能，使其成为一种首选方法（Ovadia et al，2019）。这些技术通过合并单个子模型或集成成员的预测结果来提高可靠性。

尽管这两类模型（MoE 模型和集成模型）具有相似之处，但它们具有不同的属性。稀疏 MoE 模型根据输入动态组合专家，组合发生在内部激活层面。与之不同的是，集成模型通常以静态方式在预测层面组合多个模型。

根据 Allingham et al（2021）的研究结果，稀疏 MoE 和集成具有互补的特点，可以相互受益。具体来说，稀疏 MoE 中的自适应计算和集成中的静态组合是相互独立的，但两者结合后可以提高性能。结合这些技术的性能优势包括：在改变集合规模和稀疏性时，在 FLOP 和性能之间做出明智的权衡。此外，当在稀疏 MoE 的预测层面组合模型时，可以获得更好的不确定性估计。

Allingham 等发现，在已知稀疏 MoE 或集成性能良好的情况下，朴素的、计算成本高的 MoE 集成能提供最佳的预测性能。他们还在 Riquelme et al（2021）的经验工作基础上开展了一项基准测试工作，其中包括首次评估稀疏 MoE 在不确定性相关视觉任务中的应用。

Allingham 等还提出了一种专为稀疏 MoE 量身定制的高效集成方法——分区批次集成（partitioned Batch Ensembles，pBE）。具体来说，pBE 主要由两部分组成。第一部分涉及将一组 E 个专家划分为 M 个不相交的子集，每个子集包含 E/M 个专家，其中 E 是 M 的倍数。M 组 E/M 个专家充当 M 个集成成员，每个集成成员都有独立的预测参数，并在所有非专家层之间有效地共享参数。pBE 不使用单一的路由函数，而是对分区的每个成员应用单独的路由函数。这不会影响参数的总数，因为 W 有 E 行，而每个 W_m 都有 E/M 行。第二部分是平铺表征，其中，输入按因子 M 平铺，以共同处理 M 个集成成员的预测。pBE 提高了稀疏 MoE 的各种指标的性能，包括少样本性能、似然性和校准误差。此外，pBE 与深度集成的性能相当，同时使用的 FLOP 却减小了 30%~43%。

类似地，Royer et al（2023）建议重新审视直接单门 MoE 的实现。只在输出端添加一个 MoE 模块，通过聚类预训练模型的嵌入来初始化路由器。在每个专家结束时，一个小型学习网络会将原始模型的输出与专家的输出相结合。专家网络是一个完整的网络，而不仅仅是几个层。基础模型分支充当早期退出和集成正则化机制。在大多数情况下，包括早期退出以绕过专家计算对准确率几乎没有影响，却能显著减小计算量。图 7-13 举例说明了这一点。为避免路由器崩溃问题，Royer 等提出了异步训练流水线。实验证明，Royer 等提出的模型在效率与准确率之间的权衡与其他更复杂的 MoE 模型相当，并且优于非混合基线。这些结果表明，即使是简单的单门 MoE 也有优势，并支持在这一领域的进一步探索。基于这一研究和类似的研究，通过 MoE 利用廉价的伪集成可能被证明是有利的。

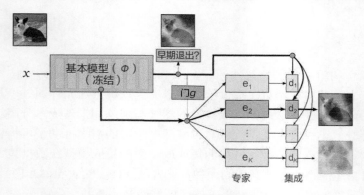

图 7-13　单门 MoE 架构（图片来源：Royer et al，2023）

7.4　小结

总之，稀疏专家模型是可以提高机器学习模型性能的强大工具。本章深入探讨了 MoE 模型中使用的各种路由算法。我们讨论了如何使用 MoE 来加快训练过程、有效扩展视觉语言模型规模以及与集成相结合以提高模型的准确性。

稀疏专家模型为解决机器学习中的一些难题提供了一种很有前景的方法，预计未来相关的研究将继续探索其在各个领域的潜在应用。

第8章

检索增强型语言模型

像 ChatGPT 这样的大语言模型能够在其权重内编码和存储知识。这些模型使用数万亿个参数进行训练，这使它们能够学习大量信息并回答复杂的问题。然而，这些模型面临着如下一些挑战。

- 模型训练和推理的成本昂贵程度令人望而却步。此外，在现实世界的机器学习应用中，快速更新模型知识也是一项挑战。例如，如果发表了一篇医学方面的新论文，模型就需要能够阅读它以回答医学问题。但是，重新训练整个模型可能需要几个月的时间。
- 模型的可解释性有限。由于参数数量庞大，理解模型是如何得出结论的可能具有挑战性。
- 从系统的角度来看，这些模型还面临着效率挑战。要回答一个问题，模型需要访问其所有权重，这意味着针对每个任务都需要将数万亿个参数加载到GPU中。这种方法的效率低下，相当于在回答问题之前阅读全部百科全书。

虽然大语言模型已经推动了自然语言处理领域技术的发展，但它们仍然面临着亟待解决的重大挑战。基于检索的模型为将外部知识纳入语言处理提供了一种解决方案。基于检索的模型不需要语言模型承担记忆大量信息的任务，而是将大部分知识存储在数据库中。然后，模型访问该数据库以检索相关信息，并确定如何以最佳方式处理这些信息。这样做的目的是利用外部知识来增强语言模型，而这些知识本身并不是在模型参数中学习的。虽然许多大语言模型已经从其训练目标中编码了大量知识，但基于检索的模型提供了一种替代方法，允许模型访问外部知识库，以获取可以改进预测的其他信息。

本章致力于探讨检索增强型语言模型（Retrieval-Augmented Language Model）——一种通过使用检索方法增强传统语言模型的强大技术。本章首先详细介绍了预训练检索增强型语言模型的优势，同时还讨论了词元级检索的概念，即检索相关词元而不是整个段落。其次，本章通过高效和精简检索技术介绍了问答和多跳推理的方法。然后本章深入探讨了检索增强型 Transformer，并解释了如何将检索增强技术应用于黑盒语言模型。最后，本章讨论了视觉增强语言建模，展示了它如何增强语言理解和处理能力。

1. 知识图谱上的条件预测

增强语言模型处理多种语言和存储任意知识的能力的一种方法是扩大模型规模。然而，对于大多数研究人员和行业从业者来说，将模型扩展到非常大的参数规模是不可行的。另一种方法是让模型能够查询外部知识库或数据库以获取有用信息，而不是将所有知识都存储在其参数中。这种方法已被用于知识图谱的完成、归纳和构建。在使用神经模型时，构建一个包含所有可能的实体和关系的综合知识图谱是非常有利的。

知识图谱（Ji et al，2021）是一种基于图的数据模型，用于解释现实世界实体之间的关系。例如，"Will Smith"和"America"之间的关系可以被描述为"born_in"。实体还可以连接到文本数据值，如"2012 年 3 月 28 日"。

通过遍历图可以让语言模型根据先前的知识找到合适的实体。但是，创建大型知识图谱的成本很高，而且很难根据新信息进行更新。图的编辑也是一个手工过程，需要考虑节点和边的类型。虽然可以根据文本自动生成图，但生成的图可能存在噪声且不可靠，可能会丢失重要信息。

2. 利用非结构化文本

将神经语言模型与精确、全面的知识图谱集成，可以获得更好的预测效果。不过，对于常规语言建模任务来说，这种方法不具备可扩展性。虽然图结构使查找相关实体和关系变得容易，但创建知识图谱仍是一项挑战。自动知识图谱归纳仍然是一个未解决的问题，而且很难用图的单条边表示实体之间的复杂关系。

作为结构化知识图谱的替代方案，另一种知识来源可用于提高神经语言模型的性能——非结构化文本。由于非结构化文本（如维基百科文章等）缺乏正式结构，因此很难从中提取相关信息。但是，利用像 BERT 这样的机器学习模型，可以提取输入文本的语义表征，其中包含有关该文本中表达的重要实体和关系的信息。

非结构化文本的优点是收集成本低，因为可以从 Common Crawl 等平台轻松下载大量文本数据。但是，非结构化文本也有一些缺点。例如，将这些方法应用于较长的文本单元仍然具有挑战性，而且从非结构化文本中提取信息并不像结构化知识图谱那样清晰。

图 8-1 对语言建模的一些检索方法进行了总结和分类。我们将回顾具有代表性的方法，以及该领域的新发展。

	#检索词元	粒度	检索训练	检索集成
Continuous Cache	$O(10^3)$	词元	冻结(LSTM)	添加到probs
kNN-LM	$O(10^9)$	词元	冻结(Transformer)	添加到probs
SPALM	$O(10^9)$	词元	冻结(Transformer)	门控logits
DPR	$O(10^9)$	提示	对比代理	提取式问答
REALM	$O(10^9)$	提示	端到端	前置于提示
RAG	$O(10^9)$	提示	微调DPR	交叉注意力
FID	$O(10^9)$	提示	冻结DPR	交叉注意力
EMDR^2	$O(10^9)$	提示	端到端(EM)	交叉注意力
RETRO	$O(10^{12})$	块	冻结(BERT)	分块交叉注意力

图 8-1　语言建模的一些检索方法的总结和分类（图片来源：Borgeaud et al，2022）

8.1　预训练检索增强型语言模型

REALM（Guu et al，2020）是最早将非结构化知识库的外部检索集成到 BERT 等神经语言模型中的方法之一。REALM 是 BERT 检索增强版本。这种模型的目标是通过从文本知识语料库中检索相关信息这一中间步骤来预测句子中掩蔽词元的标识。

在原始 BERT 模型中，掩蔽词元通过模型传递，并使用分类器来预测其标识。然而，在 REALM 中，Guu 等引入了一个神经网络知识检索模块，这种模块从一个大型数据存储库中获取掩蔽词元和一组代表段落的向量，并检索出最相似或对预测掩蔽词元最有用的段落。检索到相关段落后，使用 BERT 模型对每个段落进行嵌入，以获得单一向量表征。然后，神经网络知识检索模块利用这些表征来选择最相关的段落，用于预测掩蔽词元的标识。通过将外部知识检索集成到训练过程中，REALM 避免了盲目扩大模型，使其能够在不记忆外部知识的情况下有效利用外部知识。这种方法适用于需要大量外部知识才能做出准确预测的情况。

这一过程涉及一个检索模块，它可以检索相关段落，并在预测掩蔽词元之前将这些段落与输入内容并置。通过检索，预测结果会更好，这是因为表征已经处理了所有相关词元。最后，使用分类器预测掩蔽词元的内容分布。

REALM 将 $P(y|x)$ 的概率分布分解为两个阶段——检索和预测。当提供输入 x 时，检索阶段会从知识库 Z 中查找相关文档 z，该知识库被建模为 $P(z|x)$ 分布的样本。在检索到相关文档 z 后，原始输入 x 和检索到的 z 都将用于生成输出 y，输出 y 被建模为 $P(y|z, x)$ 分布。为了确定生成 y 的总体可能性，这种方法将 z 视为一个潜在变量，并对所有可能的文档 z 求平均值。

$$P(y\,|\,x) = \sum_{z \in Z} P(y\,|\,x, z)P(z\,|\,x)$$

1. 知识检索器

为了最大限度地提高给定预测的概率，模型需要了解哪些段落比其他段落更相关。实现这一目标的一种方法是检索每个段落并计算其概率，然后对所有段落求和。然而，这种方法的计算成本很高，尤其是在处理大量段落时。Guu 等提出了一种更有效的方法，即利用一个评分函数，将查询的密集表征和数据存储中每个段落的密集表征并置。这种函数在两种表征之间执行内积（点积）运算，从而得出一个基于分数的段落排序列表。然后，选择前 k 个段落，并对其进行边际化处理，而不是考虑所有可能的段落。虽然这只是一种近似方法，但在实践中效果很好。

为了计算段落与给定预测相关的概率，模型需要学习段落和输入查询的密集表征。这些表征是通过预训练负责计算它们的模型获得的。在输入查询的情况下，可以使用掩蔽表征上的 softmax 层来计算段落与预测相关的概率。为了同时获得输入嵌入和目标嵌入，Guu 等使用了 BERT 的 CLS 词元。需要注意的是，检索使用的参数集与负责预测掩蔽词元的 BERT 模型不同。

$$P(z\,|\,x) = \frac{\exp f(x,\ z)}{\sum_{z'} f(x,\ z')}$$

$$f(x, z) = \mathrm{Embed}_{\mathrm{input}}(x)^{\mathrm{T}} \mathrm{Embed}_{\mathrm{doc}}(z)$$

其中，$\mathrm{Embed}_{\mathrm{input}}$ 和 $\mathrm{Embed}_{\mathrm{doc}}$ 是分别将 x 和 z 映射到 d 维向量的嵌入函数。x 和 z 之间的相关性得分 $f(x, z)$ 被定义为向量嵌入的内积。检索分布是所有相关性得分的 softmax。

在 BERT 之后，使用词元 [SEP] 和前缀 [CLS] 连接跨度。

$$\mathrm{Join}_{\mathrm{BERT}}(x) = [\mathrm{CLS}]\ x\ [\mathrm{SEP}]$$

$$\mathrm{Join}_{\mathrm{BERT}}(x_1, x_2) = [\mathrm{CLS}]\ x_1\ [\mathrm{SEP}]\ x_2\ [\mathrm{SEP}]$$

然后，由 [CLS] 词元检索 Transformer 生成的向量：

$$\mathrm{Embed}_{\mathrm{input}}(x) = W_{\mathrm{input}} \mathrm{BERT}_{\mathrm{CLS}}(\mathrm{Join}_{\mathrm{BERT}}(x))$$

$$\text{Embed}_{\text{doc}}(x) = W_{\text{doc}}\text{BERT}_{\text{CLS}}(\text{Join}_{\text{BERT}}(z_{\text{title}}, z_{\text{body}}))$$

如前所述，要获得输入的嵌入，可以通过将输入内容传入 BERT 模型来利用 CLS 向量。连接的 BERT 方法不是必需的，因为它将维基百科文档中文档的标题和段落并置了，以获取输入的 CLS 表征。标题被包含在此并置中，因为它通常具有信息性，与可以帮助匹配过程的实体或主题有关。实质上，BERT 模型利用 CLS 词元嵌入维基百科中的输入或段落，然后在一个方程中分别表示为对应于该输入或段落的 CLS 词元。由此生成的点积是一个查询和一个段落的得分。但是，在实践中，只对点积最大的前 k 个近邻进行最近邻查找，然后对该集合进行归一化处理。

2. 知识增强编码器

编码器负责预测掩蔽词元的标识。编码器首先检索到段落 z；其次将其与输入 x 连接，再加上分隔符词元，形成一个序列；最后根据这个新输入，使用编码器的单独 BERT 模型预测掩蔽词元。值得注意的是，任何方法都可以用来获得输入和文档嵌入向量，例如平均词嵌入，不过 Guu 等在实验中发现 BERT 是最有效的方法，因为它能够考虑到词序和其他因素。

3. 计算挑战

如前所述，训练检索器的成本非常高。获取边际概率的过程包括对知识库或数据存储库中的所有文档求和。为了高效地完成这项工作，算法会考虑概率最高的前 k 个文档。得出的概率将针对这前 k 个文档进行归一化处理。当分布高度偏向一小部分文档，而其他大多数文档的概率非常低时，这种方法是有效的。但是，如果分布相对平坦，则表明许多文档为词元的预测提供了信息，那么上述近似方法可能是无效的。不过，通过一些技巧，人们发现这种算法的效果还是相当好的，这表明它是一个可接受的近似值。

用于查找与查询向量 x 的最高点积的段落的内积搜索算法被称为最大内积搜索（Maximum Inner Product Search，MIPS）或快速近似最大内积搜索（Jégou et al，2022）。这些算法可以容忍一些错误，检索高分文档而不是精确的最高分文档。这些算法在时间和存储方面随着文档数量而线性扩展，因此非常有用。互联网上有这些算法的有趣演示，它们甚至可以在 CPU 上运行，并在数十亿个表征的数据存储上快速运行。但是，要计算最大内积，需要对维基百科中的所有段落进行嵌入。在运行算法之前，每个段落都必须通过 BERT 运行，以获取 CLS 向量。

如果要训练嵌入函数以最大化掩蔽词元的概率，那么每次更新嵌入函数时都要重新计算段落的表征会变得非常昂贵。例如，如果使用当前的检索嵌入函数执行一次批次检索，并获得内积最大的段落，就需要将它们与输入连接起来，通过 BERT 模型，获得掩蔽词元之上的交叉熵损失，然后进行反向传递。反向传递一直延伸到解说词（docent）嵌入和输入嵌入函数，这些函数是类似于 BERT 模型的 Transformer。

Jégou 等更新了他们的解说词嵌入模型，这导致需要重新嵌入维基百科中的所有段落。然而，这个过程非常昂贵，所以他们正在探索解决这一问题的方法。刷新索引是必要的，以便重建索引，从而利用新向量进行快速内部搜索。如果不这样做，则意味着数据存储或知识库中的嵌入将变得过时，因为检索器的参数已更新。

为了减小每个批次之后刷新索引的成本，Jégou 等讨论了 REALM 采用的一个技巧，即每隔 100 个批次左右重新计算并重新嵌入所有维基百科。在这些异步刷新之间，允许索引变得稍微过时，但不会明显过时。刷新索引的频率是一个超参数，可以根据可用的计算资源和所需的时间消耗进行调整。不过，由于刷新索引所涉及的成本较高，因此不建议在每个批次之后都刷新索引。

研究人员解释说，将检索集成到语言模型中涉及两个过程——索引生成器和BERT大型语言模型预测器。索引生成器使用的是一个可以接收更新的解说词嵌入函数，但嵌入本身仅在100次迭代后才会更新。这需要一些技巧才能使该过程可行，但它允许模型访问所有维基百科并查找有用信息来填写掩蔽词元。

4. 其他技巧

在REALM中，还有几种额外的技术，包括突出跨度掩蔽（salient span masking）和空文档。突出跨度掩蔽涉及掩蔽大语言模型中与命名实体、日期或其他特定事实相对应的特定文本跨度。突出跨度掩蔽鼓励模型依赖于其外部数据存储的检索能力来获取这些类型的信息。空文档是一个包含在前 k 个检索文档中的空文档。空文档允许模型将其隐式知识编码到参数中，而不是每次都检索。

研究人员使用开放领域问答（OpenQA）——模型必须检索相关段落并提取一段文本来回答给定问题——对REALM进行了评估。REALM的性能优于其他未使用外部检索组件的模型，并在自然问题（Natural Questions）数据集上获得了新的最佳F1得分。REALM由3个BERT模型组成，比单一BERT模型大3倍。

在REALM运行的一个示例中，该模型收到一个关于使用直尺和圆规构造等边三角形的查询。这种模型利用检索功能附加了包含Vermont prime信息的正确文档，从而获得完全正确的答案。然而，在对检索到的前8个文档进行边际化处理时，由于检索文档的相关性，正确答案的概率有所下降。这凸显了在这些设置中改进检索功能的必要性。

8.2 词元级检索

Khandelwal et al（2020）引入了kNN-MT，这是一种基于最近邻的机器翻译（Machine Translation，MT）词元级检索方法。kNN-MT与之前关于最近邻语言模型的工作相似（Khandelwal et al，2019）。Khandelwal等认为，机器翻译模型的最终softmax层过度简化了输出，造成了信息瓶颈，尽管这种模型的很大一部分参数专用于softmax的输出投影。为了解决这一瓶颈问题，Khandelwal等建议在解码器隐藏状态基础上增加最近邻搜索。在训练数据的单次传递时，解码器状态与相应的输出词元一起存储，这些词元是训练数据中存在的词元，与softmax预测无关。在推理过程中，检索存储的最近邻（通常为64个），使用softmax对它们的距离进行归一化处理，然后使用MT模型的标准预测对新的分布进行插值。这种方法旨在测试过程中检索与新句子相似度最高的训练样本，而无须修改预训练语言模型的参数或训练任何外部检索器。

在高层面上，Khandelwal等正在考虑使用一种从左到右一次生成一个单词的设置来生成文本，这与我们在T5模型中看到的情况类似。问题是在生成每个词元之前执行检索，还是检索一次并生成整个段落或其他单元，然后再检索一次。

要实现这种方法，首先，使用预训练语言模型对训练数据集进行编码，该模型为每个词元生成一个向量；其次，使用这些向量形成数据存储，并且在测试过程中测试向量会通过点积与训练向量进行比较，以检索相似度最高的训练样本；最后，在预测的分布中加入检索到的训练示例之后的单词。值得注意的是，这种方法仅在测试过程中执行，不涉及任何训练或反向传播：

$$P(y_i \mid x, \hat{y}_{1:i-1}) = \lambda P_{\text{kNN}}(y_i \mid x, \hat{y}_{1:i-1}) + (1 - \lambda) P_{\text{MT}}(y_i \mid x, \hat{y}_{1:i-1})$$

其中，

$$P_{\text{kNN}}(y_i \mid x, \hat{y}_{1:i-1}) \propto \sum_{(k_j, v_j) \in N} \mathbf{1}_{y_i = v_j} \exp\left(\frac{-d(k_j, f(x, \hat{y}_{1:i-1}))}{T} \right)$$

上式用于将检索到的数据集转换为词表的分布，其中，T 是 softmax 的温度，λ 是超参数。

为了说明这种方法，需要将一条法语测试输入翻译成英语。解码器生成前两个词元，目标是生成第 3 个词元。解码器的表征被馈送到 softmax 层，以预测下一个词元，但在此之前需要执行检索。测试向量用作查询，训练数据用作数据存储中的键。在训练过程中，解码器的词元级表征以及法语词元一起被缓存。点积用于计算每个训练样本的得分，最接近的匹配用于强化预测分布。

本质上，解码器上下文与观察到的训练上下文之间的相似性正在被测量。键向量随后续单词一起出现，而后续单词则与这些键向量和训练过程中跟随的下一个单词的基本事实相关联。为了实现这一点，需要使用 softmax 函数提取近似距离并进程归一化处理，以创建下一个单词的概率分布。

但是，如果训练数据中没有类似的词元或向量，则预测的分布将不相关。为了解决这个问题，可以采用一种将分布输入预训练的 softmax 层中进行插值的方法。这样就会产生两种不同的分布：一种是从训练数据中检索类似数据得到的分布，另一种是从解码器的预测中得到的分布。λ 超参数的值决定了两个分布之间的插值程度，它可以是固定的，也可以是动态学习的。这种技术适用于任何预训练语言模型或机器翻译模型，前提是它能生成词元级向量。

与 REALM 方法不同，这种方法不需要任何额外的训练。它还利用快速 kNN 库，通过 L2 距离检索 k 最近邻。这种模型能够处理新输入，并且可以为之前未曾遇到的实体生成正确的子词，具体取决于它对新数据的泛化能力。

尽管如此，这一过程可能非常耗时且成本高昂，因为它需要检索每个词元。这种方法使用的数据存储包含数十亿个向量，在每个词元之后执行检索的生成速度要比不检索慢两个数量级。虽然这种方法目前还不能用于构建机器翻译系统，但在未来的分析实验中，它将取得令人鼓舞的成果。

最初，即使翻译速度很慢，kNN-MT 系统也可以显著提高大多数语言的 BLEU 得分。对于某些语言（如中译英），提高的 BLEU 得分可达 3 分，但对于其他语言，提高幅度可能不大。数据存储的大小因语言而异，从英语到德语的数据存储量为 65 亿个条目，数量相当可观。

我们不禁要问，是否需要从数据存储中检索所有可能的词元，或者缩小数据存储的规模是否在加快处理速度的同时可以实现预期的改进。缩小数据存储，仍然能实现大部分改进，而且还可以通过智能选择数据存储中的条目而不是随机下采样来进一步优化。

8.3　通过高效和精简检索进行问答和多跳推理

1. ColBERT 模型

新型排序模型 ColBERT 是 Efficient and Effective Passage Search via Contextualized Late Interaction over BERT 的缩写，它调整了深度语言模型，特别是 BERT 模型，以实现高效检索。ColBERT 模型引入了一种后期交互架构，该架构利用 BERT 模型分别对查询和文档进行编码，然后应用一个功能强大但成本低廉的交互步骤，对它们的细粒度相似性进行建模。通过延迟但保持这种细粒度交互，ColBERT 模型可以利用深度语言模型的表达能力，同时还能够离线预计算文档的表征，从而大大加快查询处理速度。最重要的是，ColBERT 模型的修剪友好交互机制允许使用向量相似性索引，直接在数百万个文档中进行端到端的重新检索。

以表征为中心的排序器，如 DSSM（Huang et al，2013）和 SNRM（Zamani et al，2018），分别计算查询和文档的嵌入，并将相关性估算为这两个向量之间的单一相似性得分。然而，查询和解说词的表征很粗糙，可能导致不准确。以交互为中心的排序器对查询和文档中的单词和短语之间的关系进行建模，并使用深度神经网络（如核函数）对它们进行匹配（Xiong et al，2017）。在这种方法中，一个交互矩阵被馈送给神经网络。该矩阵反映了查询和文档中每对单词之间的相似性。最强大的基于交互的范式同时对查询和文档中的单词之间的交互进行建模，类似于 BERT 模型的 Transformer 架构（Nogueira and Cho，2019）。这种方法考虑上下文和词语之间的关系，从而获得更准确的结果。但是，要将这种方法应用于收集的数十亿个解说词，计算成本将会很高。

为了克服这些限制性，ColBERT 模型旨在保留全互换方法的建模优势，并使其更具成本优势。ColBERT 模型修改了全互换匹配过程，并将其仅应用于网络的最后一层。在前 $n-1$ 层中，查询和解说词分别通过，从而可以对所有解说词进行预计算。但是，在最后一层，查询中的每个词元都与解说词中的每个词元进行交互。这种交互是通过最大相似度函数来衡量的，该函数根据整个解说词计算查询的得分。

ColBERT 模型的端到端训练表明，这种单层交互足以捕捉到交互的好处，并产生与其他模型相当的结果。此外，ColBERT 模型的成本效益要高得多，因为通过索引和修剪技术，可以低成本地搜索最好的匹配项。

2. ColBERT-QA 模型

ColBERT-QA（Khattab et al，2021b）模型利用 ColBERT 模型强大的搜索机制来解决开放领域问答中的两个关键难题。通过结合 ColBERT 模型的增强型搜索机制，ColBERT-QA 模型可以针对更高比例的问题识别出更多有用的段落，从而提高读取组件的准确性和来源。此外，ColBERT-QA 模型还引入了一种新的训练策略——相关性引导监督（Relevance Guided Supervision，RGS），其重点是使检索器（ColBERT）适应开放领域问答任务。

对问答测试的研究表明，它不同于检索。检索涉及要求模型为特定查询查找相关文档，而问答则要求模型提供答案。

与检索相比，问答的挑战在于监督检索器组件。尽管我们有每个问题的最终答案，但我们缺乏有关检索者应检索哪些文档或段落以获得该答案的信息。提供答案的文档可能有很多，很难让人类对所有可用于回答问题的 500 个网页进行注释。因此，用于问答的训练数据只包含问题和答案。然而，要训练模型的检索器组件（该组件检索答案所需的段落），需要包含问题、正样本段落和负样本段落的数据。目标是训练检索器提取正样本段落。

为了克服这一挑战，研究人员开发了一种名为相关性引导监督（RGS）的方法。RGS是一种简单而有效的方法，可以在不需要人工直接注释段落的情况下逐步训练出更好的检索器，其效果优于之前的方法。它需要两个要素：一个是弱初始检索器，如 BM25 或 ColBERT 模型等基于关键词的检索器；另一个是用于查找有用段落的任务感知启发式方法。其中一种启发式方法是确定答案是否出现在段落的任何位置。例如，如果答案是"香山公园"，则检查该段落是否包含"香山公园"。虽然这是一种微弱监督信号，因为不清楚提到"海淀区"的段落是否与回答这个问题有关，但众所周知，检索提到"海淀区"的段落可能比没有提到的段落更好。

RGS 方法的工作原理是：利用固定检索器进行批量检索的外循环和快速训练的内循环，在快速训练中更新检索器并生成新的检索器。通过多次重复这个过程，就可以构建出越来越好的检索器，专门针对问答进行优化，而不仅仅是关键词匹配。在高层次上，这个过程的工作原理是，从初始检索器开始，使用它为所有训练问题查找到前 1000 个段落。例如，如果将 ColBERT 模型作为检索器，它就被称为零模型。然后，所有问题都通过该模型，并返回前 k 个段落。检索过程包括搜索问题中的所有单词，并找到与大多数单词匹配的段落。虽然许多段落与问题相匹配，但并非所有段落都与回答问题相关。因此，研究人员采用弱启发式方法，仅将包含短语"海淀区"的段落作为弱正样本进行监督。其余段落则被视为负样本。

ColBERT-QA 模型所使用的 RGS 方法是分轮次进行的，其中在上一轮次中训练的检索器用于选择可能对读取器有用的"正样本"段落。最新的检索器给予这些正样本段落很高的排序，并与问题的标准答案重叠。ColBERT-QA 模型也会剔除对读取器不太有用的"负样本"段落。通过逐步增大正样本段落的覆盖率并有效选择具有挑战性的负样本，ColBERT-QA 模型在检索 Success@20 上得到显著改善。这种系统在 NaturalQuestions、TriviaQA 和 SQuAD 开放领域问答设置中分别获得超过 5 分、5 分和 12 分的收益。检索成功率的显著提高使得下游答案匹配率显著提高。

3.通过精简检索进行多跳推理

Khattab et al（2021a）介绍了一种名为 Baleen 的多跳推理系统，它建立在迭代检索概念的基础之上。这种系统由 3 个主要理念组成：①精简检索，提供每跳的文档摘要；②集中后期交互，对前 k 个得分进行排序，仅将其包含在后续计算中；③潜在跳排序，利用机器学习对段落进行排序。这种系统的有效性通过两个数据集（HotpotQA 和 HoVer）进行评估。实验结果表明，所建议的方法的性能明显优于基线模型。

多跳推理涉及从多个来源收集信息来回答问题，这需要大量的研究工作。例如，要验证像"The MVP of [a] game Red Flaherty umpired was elected to the Baseball Hall of Fame"这样的说法，研究人员需要筛选维基百科上的几个页面后才能找到相关信息。然而，多跳推理所面临的挑战不仅限于找到正确答案，还涉及综合各种来源的信息以形成结论。要实现这一目标，关键的困难之一是避免错误，因为推理初期的错误决定可能会导致错误的结果。此外，对于如何按逻辑顺序检索和排列段落也缺乏监督。

为了克服这些挑战，研究人员开发了 Bayleen 系统，它为多跳推理任务提供了高效、准确的解决方案。Bayleen 旨在通过采用先进的算法来检索和组织文本段落，以获得更加连贯的结论，从而解决决策容易出错和缺乏监督的问题。

在 Bayleen 项目的第一部分，研究人员创建了一款名为 Flipper 的新工具 —— 它是 ColBERT 模型的变体。Flipper 模型能够搜索多个事实并找到有用的文档。与传统的方法不同的是，Flipper 模型只须匹配部分事实而不是全部事实。

Bayleen 项目的第二部分引入了精简检索的概念，旨在浏览网页时对其进行汇总和组合，从而减小需要维护的状态量，并以更低的计算成本进行更广泛的搜索。研究人员还开发了一种名为"潜在跳排序"（latent hop ordering）的监督策略，这种策略可以学习产生跳的最佳顺序，以便回答特定问题。这是我们之前介绍的 RGS 方法的更高级版本。在图 8-2 所示的 Baleen 架构中，模型从迭代 $t=1$ 开始，初始用户输入为 Q_0。对于每个 t，FLIPR 接收 Q_{t-1} 并检索前 k 个段落，精简器汇总相关事实，并生成更新的查询 Q_t。当 $t=T$ 时，Q_t 被馈送到读取器，读取器输出最终预测。

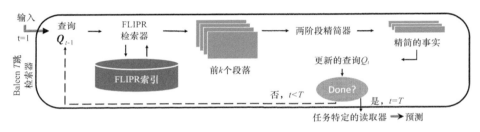

图 8-2　带有迭代检索和精简功能的 Baleen 架构（图片来源：Khattab et al，2021a）

当所有这些组件组合在一起时，系统的功能是：首先，进行内部查询；其次，检索器查找段落；最后，精简器汇总段落和事实，并将其与更新后的查询连接起来，如果可以找到答案，读取器就会给出答案。这种系统在难度很大的 Hover 数据集上准确率比之前的模型高 40%。这种模型在多跳推理测试中也表现良好，即使在验证多跳时也能保持良好的准确率。多跳检索器算法如图 8-3 所示（Khattab et al，2021a）。

Algorithm 1: Latent Hop Ordering, a simplified procedure

Input: Training queries & unordered gold passages; Corpus of all passages; A single-hop retriever, R_1
Output: A multi-hop retriever, $\hat{R}$

1　$Q_0 \leftarrow$ the original training queries;
2　$Ranking_1 \leftarrow R_1.retrieve(Q_0)$;
3　$P_1, N_1 \leftarrow ExtractPositives(Ranking_1)$;
4　$Q_1 \leftarrow Q_0.expand(OracleFacts(P_1))$;
5　**for** hop $t \leftarrow 2$ **to** T **do**
6　　Train a new retriever R_t using queries Q_{t-1} and negatives N_{t-1}. For positives, use gold passages not part of any P_s for $s < t$.
7　　$Ranking_t \leftarrow R_t.retrieve(Q_{t-1})$;
8　　$P_t, N_t \leftarrow ExtractPositives(Ranking_t)$; $Q_t \leftarrow Q_{t-1}.expand(OracleFacts(P_t))$;
9　**end**
10　For every hop $t \in [T]$, designate Q_{t-1} as queries, P_t as positives, and P_t as negatives.
11　Train a final retriever $\hat{R}$ using this combined training data for all hops.
12　**return** $\hat{R}$

图 8-3　多跳检索器算法

8.4　检索增强型 Transformer

　　接下来我们看看检索 Transformer 和检索领域的精彩发展，特别是使用检索或搜索组件增强型 Transformer 的能力。这是一个令人兴奋的领域，2021 年年底多篇论文涉及该领域，如 RETRO Transformer（Borgeaud et al，2022）、WebGPT（Nakano et al，2021）和 Memorizing Transformers（Wu et al，2022a）。这些论文都提出了一种有趣的观点，即一个模型不一定需要 175B 个参数，也不一定需要存储世界上所有的信息。相反，一个较小的语言模型可以辅以一个检索组件，这种组件可以将其他来源（如互联网或数据库）的信息注入模型。

　　例如，如果我们向模型提供一个提示，如"最后一部《碟中谍》电影上映的时间"，那么模型必须拥有事实信息。但是，如果我们给它一个提示，如"ChatGPT 以其令人印象深刻的功能风靡世界"，它只须了解单词的概率，而不需要了解事实信息。语言模型有两个潜在的组成部分——语言信息和世界知识信息，这两者都在这些大型 GPT 模型中有所体现。检索可以让语言模型专注于语言信息，而将世界知识信息外包，从而提高模型的整体效率。

　　Borgeaud et al（2022）提出了检索增强型自回归语言模型 RETRO。这种模型利用分块交叉注意力模块来合并检索到的文本，模型的时间复杂度与检索数据量呈线性关系。结果表明，基于预训练的冻结 BERT 模型的检索可大规模运行，无须训练和更新检索器网络。

　　该团队构建了一个键-值数据库，其中，冻结的 BERT 模型嵌入作为键，原始文本词元作为值。这种策略避免了在训练过程中重新计算整个数据库的嵌入。该团队将每个训练序列分成块（即把长度为 2048 的输入分割成长度为 64 的块），并用从数据库中检索到的 k 个近邻来增强它们。最后，RETRO 模型的编码器-解码器架构将这些检索到的块整合到模型的预测中。

　　在所提出的 RETRO 模型中，数据检索是通过交叉注意力机制完成的。首先，将检索到的词元输入 Transformer 编码器中，由其计算出编码的邻居集。然后，Transformer 解码器将 RETRO 模型和标准 Transformer 模块交错排列。这种设计允许 RETRO 架构对任何文本序列进行建模，同时在拥有数万亿个词元的数据库中进行检索。因此，时间复杂度与检索数据量成线性关系。RETRO 的架构如图 8-4 所示。在图 8-4（a）中，长度为 $n=12$ 的序列被拆分为 $l=3$ 个大小为 $m=4$ 的块。对于每个块，RETRO 检索 $k=2$ 个邻居，每个邻居有 $r=5$ 个词元。检索路径显示在顶部。在图 8-4（b）中，由于第一个块的邻居仅影响第一个块的最后一个词元和第二个块的词元，因此保持了因果关系。

　　RETRO 模型使用先进的高性能数据库来快速检索信息，而不是低效地将所有信息存储在大型模型中。这种方法能更好地控制信息来源，并提供了更好的审计。

　　RETRO 模型与 kNN-LM（Khandelwal et al，2019）和 DPR（Karpukhin et al，2020）共享组件，因为它们也采用了冻结的检索表征法。与典型的 QA 样本相比，这种模型旨在处理较长的序列，这就需要在子序列级别进行推理，并检索序列不同片段的各种文档。与 Fusion-in-Decoder（Izacard and Grave，2020）类似，RETRO 模型在编码器中分别处理检索到的邻居，并在分块交叉注意力机制中将它们组合起来。但是，这种方法与 REALM 方法不同（Guu et al，2020），后者将检索到的文档附加到提示中。通过使用块，RETRO 模型可以在生成序列的同时进行重复检索，而不是仅仅依靠基于提示的单一检索。此外，

RETRO 模型在整个预训练过程中进行检索，而不是仅仅为了解决特定的下游任务才进行检索。最后，以往依赖密集查询向量的方法使用了较小的模型和少于 3B 个词元的检索数据集（如维基百科）。

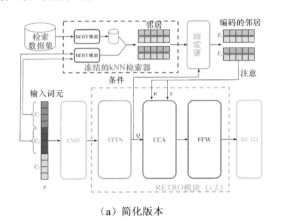
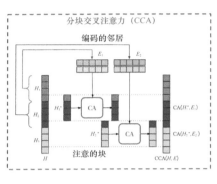

（a）简化版本　　　　　　　　　　　　　　（b）Cca 运算中交互的详细信息

图 8-4　RETRO 架构（图片来源：Borgeaud et al，2022）

在 Pile 数据集（Gao et al，2020）上，RETRO 模型达到了与 GPT-3 模型和 Jurassic-1 模型相当的性能水平（见图 8-5），而所使用的参数量则减小为原来的 4%。在 Wikitext103 数据集（Merity et al，2016）上，RETRO 模型的性能超过了之前在大型数据集上训练的模型（见图 8-6），而且它在检索密集型下游任务（如问答）中极具竞争力。

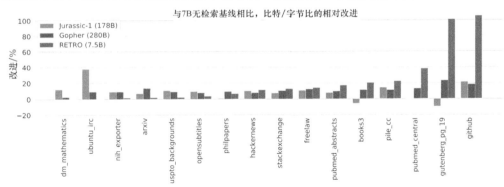

图 8-5　在 Pile 数据集上，RETRO 模型的 7B 基线与 Jurassic-1 模型（Lieber et al，2021）、
Gopher 模型（Rae et al，2021）的比较（图片来源：Borgeaud et al，2022）

模型	检索集	#数据库词	##数据库键	有效	测试
Adaptive Inputs (Baevski and Auli, 2019)	-		-	17.96	18.65
Spalm (Yogatama et al., 2021)	Wikipedia	3B	3B	17.20	17.60
kNN-LM (Khandelwal et al., 2020)	Wikipedia	3B	3B	16.06	16.12
Megatron (Shoeybi et al., 2019)	-	-	-	-	10.81
Baseline transformer	-		-	21.53	22.96
kNN-LM	Wikipedia	4B	4B	18.52	19.54
Retro	Wikipedia	4B	0.06B	18.46	18.97
Retro	C4	174B	2.9B	12.87	10.23
Retro	MassiveText (1%)	18B	0.8B	18.92	20.33
Retro	MassiveText (10%)	179B	4B	13.54	14.95
Retro	MassiveText (100%)	1792B	28B	**3.21**	**3.92**

图 8-6　在 Wikitext103 数据集上，RETRO 模型的性能与之前在大型数据集上训练的模型的比较
（图片来源：Borgeaud et al，2022）

8.5 检索增强型黑盒语言模型

　　Shi et al（2023）引入了一种名为 REPLUG 的新方法，这是一种检索增强型语言模型框架。这种方法将黑盒语言模型与基于检索的结构相结合，以提高性能。通过在大型文本语料库中找到与给定提示相匹配的段落，检索系统可以根据检索到的段落来帮助调整语言模型。这样，语言模型就可以生成更准确的答案，尤其是当提示在其训练数据中未出现时。在图 8-7 中，以往的检索增强方法（Borgeaud et al，2022）通过更新语言模型的参数来增强语言模型的检索功能，而 REPLUG 方法将语言模型视为黑盒，并使用冻结或可调整的检索器对其进行增强。这种黑盒假设使 REPLUG 方法适用于大语言模型（即参数大于 100B 个），这些语言模型通常通过 API（Application Prigram Interfact，应用程序接口）提供。

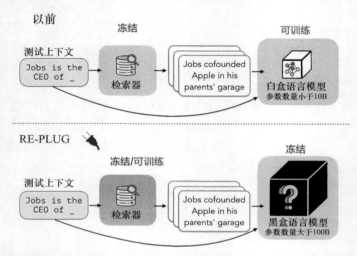

图 8-7　以往的检索增强方法（Borgeaud et al，2022）与 REPLUG 方法的比较（图片来源：Shi et al，2023）

　　REPLUG 方法主要有两个步骤——文档检索和输入重构。首先，通过检索器确定来自外部语料库的相关文档。其次，将检索到的每个文档单独添加到原始输入上下文中，并将经过多次处理的输出概率进行合并。REPLUG 方法的推理过程如图 8-8 所示。

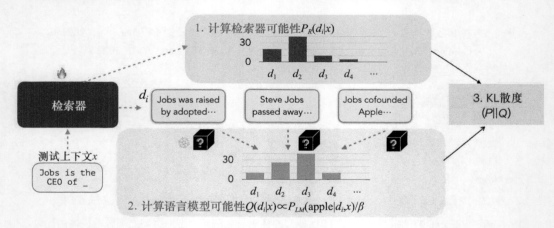

图 8-8　REPLUG 方法的推理过程（图片来源：Shi et al，2023）

REPLUG 方法的主要思路是，首先要求大语言模型生成包含答案的支持段落（知识-引用），然后将其作为附加提示，与要求大语言模型生成答案（任务执行）的问题放在一起。所提出的方法可以看成思想链（Shi et al，2022）工作线的新颖补充。

REPLUG 方法在各种基准数据集（包括大型图像字幕数据集）上进行了测试，与现有系统相比，在准确性和可扩展性方面的效果更好。REPLUG 方法的主要优点之一是无须对底层语言模型架构进行任何更改。像 GPT-3 这样的现有模型可以通过添加检索系统来增强。这使得 REPLUG 方法易于访问和实现。带有经过调整的检索器的 REPLUG 方法（命名为 REPLUG LSR 方法）在语言模型方面将 GPT-3 模型（175B 个参数）的性能显著提高了 6.3%，在 5 样本 MMLU 方面将 Codex 模型的性能提高了 5.1%。更多实验结果如图8-9和图8-10所示。

模型		参数个数	初始值	+ REPLUG	增长%	+ REPLUGLSR	增长%
GPT-2	Small	117M	1.33	1.26	5.3	1.21	9.0
	Medium	345M	1.20	1.14	5.0	1.11	7.5
	Large	774M	1.19	1.15	3.4	1.09	8.4
	XL	1.5B	1.16	1.09	6.0	1.07	7.8
GPT-3	Ada	350M	1.05	0.98	6.7	0.96	8.6
（黑盒）	Babbage	1.3B	0.95	0.90	5.3	0.88	7.4
	Curie	6.7B	0.88	0.85	3.4	0.82	6.8
	Davinci	175B	0.80	0.77	3.8	0.75	6.3

图 8-9　REPLUG 方法和 REPLUG LSR 方法均增强了不同语言模型的性能（图片来源：Shi et al，2023）

模型	参数个数	人文科学	社会学	STEM	其他	总计
Codex	175B	74.2	76.9	57.8	70.1	68.3
PaLM	540B	77.0	81.0	55.6	69.6	69.3
Flan-PaLM	540B	—	—	—	—	72.2
Atlas	11B	46.1	54.6	38.8	52.8	47.9
Codex + REPLUG	175B	76.0	79.7	58.8	72.1	71.4
Codex + REPLUG LSR	175B	76.5	79.9	58.9	73.2	71.8

图 8-10　REPLUG 方法和 REPLUG LSR 方法分别使 Codex 模型提高了 4.5% 和 5.1%
（图片来源：Shi et al，2023）

因此，REPLUG 方法的引入可以改变自然语言处理领域的游戏规则。它结合了黑盒语言模型和检索系统的优势，生成了一个优于传统语言模型的混合模型。由于 REPLUG 方法所使用的深度神经网络架构具有可扩展性，因此适用于需要处理大量多模态数据的实际应用。REPLUG 方法的潜在应用非常广泛，未来大有可为。

8.6　视觉增强语言建模

由于当前的单模态大语言模型缺乏视觉知识基础，它们很容易产生不一致或错误的语句，这就是所谓的幻觉问题——无视常识性事实。当大语言模型依赖于其预训练语料库中单词之间的统计相关性时，就会出现这一问题，从而导致不准确的预测，例如将天空标记为红色。为了应对这一挑战，Wang et al（2022c）提出了一个新的框架，这种框架同时利用了局部文本上下文和相应的视觉知识。以往的联合视觉语言模型（Vision-Language Model，VLM）预训练方法依赖有监督的图像字幕数据，这限制了在微调或无图像文本推理过程中跨模态信息的融合，导致视觉知识密集型常识推理任务中的性能不能令人满意。

相比之下，Wang 等提出的方法通过图像检索模块采用了灵活的文本-图像对齐机制，这种模块为每个词元提供相关图像作为视觉增强。此外，他们还引入了视觉知识融合层，以实现对视觉增强上下文的联合注意力，包括文本词元和重新检索的图像。这导致了视觉增强语言模型（Visually-Augmented Language Model，VALM）的发展，与单模态和多模态基线相比，VALM 在各种常识推理和纯语言基准测试中表现出卓越的性能，如图 8-11 所示。值得注意的是，他们提出的方法大大提高了在 MEMORYCOLOR（Norlund et al，2021）、RELATIVESIZE（Bagherinezhad et al，2016）和 OBJECTSHAPE（Zhang et al，2022a）数据集上的准确率。此外，自然语言理解任务的实验证实，他们提出的视觉增强语言建模框架可以增强大语言模型的基本自然语言理解能力。

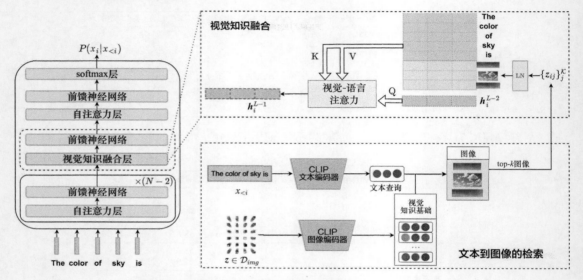

图 8-11　视觉增强语言建模概述（图片来源：Wang et al，2022c）

8.7　小结

本章全面概述了检索增强型语言模型，展示了其众多优势和潜在应用。随着该领域研究的不断深入，我们有望看到更多令人兴奋的发展，推动语言处理和理解的发展。

第 9 章

对齐语言模型与人类偏好

在讨论人工智能的进步时，人们通常会考虑能力和对齐之间的区别。能力是指一个模型执行任务的能力、知识范围以及它所遵循的目标函数。与之不同的是，对齐则是指目标功能是否真正符合人类的价值观和目标。当系统有能力执行某项任务却故意选择不执行时，就会发生误对齐的情况。而无能是指系统缺乏执行任务的能力。目前，研究人员正专注于确保机器学习模型针对真正重要的目标进行优化，而不是依赖于可能达不到目标的代理标准。

例如，ChatGPT 和 GPT-3 等模型是根据下一个词元预测目标进行训练的，但我们希望将它们用于有用且有价值的认知任务，这可能与其最初的训练目标不符。这种不匹配可能会导致一些问题，如模型的行为与预期不符、产生幻觉或生成有害或有毒的内容等。虽然 ChatGPT 以其前所未有的能力风靡全球，能够产生非常像人类的文本、对话，在某些情况下还能进行类似人类的推理，但它在数据分布和目标函数方面还存在一些局限性，需要加以解决，以使其在有价值的认知任务中发挥更大的作用。因此，改进预训练中使用的目标函数是实现这一目标的关键一步。

事实证明，在摘要、脚本生成、程序合成和计算机视觉等各种任务中，基于人类生成和机器生成的自然语言反馈可以有效地使人工智能与人类的偏好和价值观对齐。来源、表示格式以及如何用于生成精练输出等方面的反馈可能有所不同。

相关研究已经证明，在各种任务中使用人类反馈是有效的，基于强化学习（Reinforcement Learning，RL）的方法可用于优化人类偏好或任务准确率。在特定领域，还可以采用编译器等自动化资源和维基百科编辑等现有在线资源，以降低获得人工反馈的成本。此外，大语言模型也被用于生成通用领域解决方案的反馈。

常用的反馈主要有两种类型——自然语言反馈和非自然语言反馈。自然语言反馈可以是指令性的，也可以是提供指导输出的提示。有效使用自然语言反馈是一项新兴技能，大语言模型可以生成复杂的反馈来解释为什么输出是不可接受的。为了训练受监督的优化器和校正器，研究人员在部分研究过程中使用了反馈对。但是，从人类那里获取受监督数据的成本可能很高。为了解决这个问题，研究人员提出了基于强化学习的优化器。然而，强化学习方法在领域外泛化方面可能面临挑战，需要针对新领域进行训练。

最近，多个领域都采用了少样本的大语言模型优化器。校正器可以使用一次或多次，并且引入了迭代校正方法。但是，迭代使用优化器可能无法保证模型的收敛或改进。

在本章中，我们将探讨使语言模型与人类偏好对齐的各种方法。我们首先讨论在微调语言模型中使用人类反馈的问题，特别是通过强化学习算法。我们介绍了不同的强化学习方法，包括带有 KL 惩罚的强化学习和带分布控制的生成（Generation with Distributional Control，GDC）方法。然后，我们继续探索基于语言反馈和监督学习进行微调，以及基于人工智能反馈的强化学习。此外，我们还深入研究了基于自反馈进行迭代优化的概念，即语言模型从自己的输出中学习以提高性能。最后，我们研究了基于人类偏好进行预训练的方法，这种方法涉及使用人类生成的数据来训练语言模型，使其与人类偏好对齐。

9.1 基于人类反馈进行微调

语言技术的目的是促进人与机器之间的交流。所以，语言模型必须与人类偏好对齐。然而，开发一个可以捕获人类偏好的损失函数似乎是一项具有挑战性的任务，大多数语言模型仍然在使用简单的下一个词元预测损失（如交叉熵）进行训练。为了克服损失函数的局限性，研究人员开发了诸如 BLEU（Papineni et al，2002）或 ROUGE（Lin，2004）等指标，旨在更好地捕捉人类的偏好。尽管这些指标在评估性能方面比损失函数更有效，但它们仍然有局限性，因为它们只测量语法匹配度而不是语义匹配度。例如，它们无法解释具有相同含义的不同词语。

衡量偏好的更有效的方法是基于人类反馈来奖励学习（Christiano et al，2017）。通过将人类反馈纳入训练过程，语言模型可以更好地捕捉人类语言和偏好的细微差别。或者，可以更进一步，将人类反馈作为损失函数来优化模型。这种方法将使模型能够从错误中学习，并根据人类的偏好优化其输出，从而使人类与机器之间的交流更加自然和有效。

9.1.1 基于人类反馈的强化学习

本节将讨论 InstructGPT 论文（Ouyang et al，2022）引入的 RLHF（Reinforcement Learning from Human Feedback，基于人类反馈的强化学习），以解决大语言模型的对齐问题。在开发 RLHF 时，第三方人类数据标注者会根据提示提供他们对各种输出的偏好。这些数据可以用于训练奖励模型，以预测人类偏好的输出结果。奖励模型的目标函数是为人类经常偏好的输出结果分配较高的奖励，而为不受欢迎的输出结果分配较低的奖励。

步骤 1：监督微调模型

在步骤 1 中，以 GPT-3 等预训练语言模型为起点。通过收集演示数据来训练受监督的策略。在示范数据中，数据标注者提供了输入提示分布所需的行为示例。通过监督学习，预训练的 GPT-3 模型会基于这些数据进行微调。

步骤 2：训练奖励模型

成功完成步骤 1 后，监督微调（Supervised Fine-Tuning，SFT）模型会对用户的提示生成更对齐的响应。接下来是训练奖励模型（Reward Model，RM），该模型的输入是一系列提示和响应，输出是一个称为奖励的标量值。这个奖励模型对于强化学习至关重要，因为该模型会学习如何生成最大化其奖励的输出（如步骤 3 所述）。

该奖励模型是在 SFT 模型的基础上训练开发的，但删除了最终的解嵌入（unembedding）层。该模型的目标是接收提示和响应，并将生成的标量奖励作为输出。对于每个提示，生成 $\binom{K}{2}$ 个比较结果并提供给数据标注者，以创建数据集 D。奖励模型使用交叉熵损失进行训练，并将比较结果作为标签。奖励的差异代表了人类标注者更倾向于选择一种响应而不是另一种响应的对数概率。

$$\text{loss}(\theta) = -\frac{1}{\binom{K}{2}} E_{(x, y_w, y_l) \sim D} \Big[\log \big(\sigma \left(r_\theta \left(x, y_w \right) - r_\theta \left(x, y_l \right) \right) \big) \Big]$$

其中，$r_\theta(x, y)$ 是奖励模型对提示 x 和完成 y 的标量输出，参数为 θ，y_w 是 y_w 和 y_l 对中首选的完成，D 是人类比较结果的数据集。

由于将每个组合都作为一个单独的数据点，因此该模型容易出现过拟合。为了解决这个问题，研究人员通过将每组排名视为一个单批次数据点来构建模型。

步骤 3：强化学习模型

在这个阶段，模型会收到一个随机提示，并使用步骤 2 中学习的策略来生成响应。该策略代表了机器为优化奖励而掌握的策略。根据步骤 2 中建立的奖励模型，会为提示和响应对分配一个标量奖励值。然后，利用这个奖励进一步完善模型的策略。

用于微调 SFT 模型的环境采用了 PPO 算法（Schulman et al，2017）。该环境以多臂老虎机（bandit）环境的方式运行，其中会随机出现一个客户提示，并期望客户做出响应。根据模型生成的响应和提供的提示，奖励模型会生成一个奖励，然后情节终止。用于此环境的模型称为 PPO 模型。如果预训练梯度与 PPO 梯度混合，则模型称为 PPO-ptx 模型。

PPO 对 SFT 模型中的每个词元采用 Kullback-Leibler（KL）惩罚。KL 散度测量两个分布函数之间的差异，并对过大的距离进行惩罚。通过实施 KL 惩罚，可以使响应接近步骤 1 中训练的 SFT 模型的输出，从而防止奖励模型过度优化，并确保响应与人类意图数据集保持对齐。

$$\text{objective}(\phi) = E_{(x, y) \sim D_{\pi_\phi^{\text{RL}}}} \Big[r_\theta(x, y) - \beta \log \big(\pi_\phi^{\text{RL}}(y \mid x) / \pi^{\text{SFT}}(y \mid x) \big) \Big] + \\ \gamma E_{x \sim D_{\text{pretrain}}} \Big[\log(\pi_\phi^{\text{RL}}(x)) \Big]$$

SFT 模型学习的强化学习策略由 π_ϕ^{RL} 表示，而监督训练的模型由 π^{SFT} 表示。预训练分布用 $D_{\text{pre-train}}$ 表示。KL 惩罚和预训练梯度的强度分别由 KL 奖励系数 β 和预训练损失系数 γ 控制。在使用 PPO 模型时，γ 设置为 0。

可以反复重复步骤 2 和步骤 3，以便收集更多关于当前最佳策略的数据。然后利用这些数据训练新的奖励模型和策略，从而不断提高策略的性能。然而，尽管这种反复迭代具有潜在的好处，但在实践中还没有得到彻底实施。

模型评估

通过使用模型在训练过程中未曾见过的测试集来评估模型的性能。这样做是为了确定该模型的性能是否优于其前身 GPT-3 模型。就有用性而言，InstructGPT 模型在 85%±3% 的时间里的输出优于 GPT-3 模型的输出。当使用 TruthfulQA 数据集（Lin et al，2021b）进行评估时，PPO 模型的真实性和信息量方面都略有提高。在 3 种条件下使用 RealToxicPrompts 数据集测试了该模型的无害性。当被要求做出尊重他人的回答时，该模型明显减少了毒性回答。当不限制尊敬程度时，毒性没有明显变化。但是，当指示提供毒性回答时，该模型的响应明显比 GPT-3 模型的毒性更大。

9.1.2　KL 散度：前向与反向

KL 散度（Kullback and Leibler，1951），也称为 Kullback-Leibler 散度，用于量化两个概率分布 $P(X)$ 和 $Q(X)$ 之间的差异，表示它们之间的距离有多远。

在数学上，

$$\mathrm{KL}[P\|Q] = \mathbb{E}_{x \sim P}\left[\log \frac{P(X)}{Q(X)}\right]$$

通常 $P(X)$ 是我们想要近似的真实分布，$Q(X)$ 是近似分布。KL 散度可用作优化设置（如变分贝叶斯）中的损失函数，通过最小化近似值和真实后验之间的距离来拟合真实后验的近似值。这就需要最小化两个概率分布之间的 KL 散度。同样，9.1.1 节讨论的 RLHF 引入了 KL 惩罚，以确保学习的新策略与旧策略或预训练策略没有显著差异。

需要注意的是，KL 散度不是对称的。形式上，$\mathrm{KL}[P(X)\|Q(X)] \neq \mathrm{KL}[Q(X)\|P(X)]$。$\mathrm{KL}[P(X)\|Q(X)]$ 称为前向 KL，而 $\mathrm{KL}[Q(X)\|P(X)]$ 称为反向 KL。还要注意的是，RLHF 中使用的 KL 惩罚是来自隐式目标分布的反向 KL。

KL 可表示为：

$$\mathrm{KL}[P\|Q] = \mathbb{E}_{x \sim P}[-\log Q(X)] - \mathcal{H}(P(X))$$

其中，$\mathbb{E}_{x \sim P}[-\log Q(X)]$ 是 P 和 Q 之间的交叉熵（记为 $H(P, Q)$），第二项 $\mathcal{H}(P(X)) = \mathbb{E}_{x \sim p}[-\log p(x)]$ 是 P 的熵。

1. 前向 KL

在前向 KL 中，$P(x)$ 和 $Q(x)$ 之间的差值由 $P(x)$ 加权。一方面，如果 $P(x)=0$，则即使 $P(x)$ 和 $Q(x)$ 之间存在显著差异，也不会对总 KL 散度产生影响。因此，在优化过程中，只要 $P(x)=0$，$Q(x)$ 就会被忽略。另一方面，当 $P(x) \neq 0$ 时，$\log\left(\dfrac{P(x)}{Q(x)}\right)$ 将对总 KL 散度产生影响。因此，在优化过程中，当 $P(x) \neq 0$ 时，优先考虑最小化 $P(x)$ 和 $Q(x)$ 之间的差值。

之所以前向 KL 被称为**零避免**（zero avoiding），是因为当 $P(x)>0$ 时，它能避免 $Q(x)=0$。

2. 反向 KL

在反向 KL 中，等式中两个分布的位置被调换，权重现在分配给 $Q(x)$。我们仍然假设 $Q(x)$ 代表近似分布，而 $P(x)$ 代表真实分布。

首先，如果存在某个 x，使得 $Q(x)=0$，那么在优化过程中忽略 $P(x)>0$ 时不会受到任何惩罚。其次，如果 $Q(x)>0$，那么最小化 $P(x)$ 和 $Q(x)$ 之间的差值就变得至关重要，因为它会导致整体发散。因此，前向 KL 的失败案例对于反向 KL 是可取的。这意味着，对于反向 KL，只要近似值良好，最好只拟合 $P(X)$ 的一部分。

因此，反向 KL 旨在避免近似扩散，导致 $P(X)$ 的某些部分不能被 $Q(X)$ 近似，此时 $Q(x)=0$。这种形式的 KL 散度被称为零强迫（zero forcing），因为它迫使 $Q(X)$ 在某些区域为 0，即使 $P(X)>0$。

9.1.3　REINFORCE、TRPO 和 PPO

简而言之，强化学习涉及研究智能体（agent）如何通过反复试验来学习。这一概念将奖励或惩罚智能体的行为可以影响其未来行为的观点正式化。强化学习已经取得了各种成功，例如在模拟中教计算机控制机器人。

强化学习的主角是智能体和环境。环境是智能体进行交互的世界，智能体从环境中接收奖励信号，该信号表示当前世界状态的好坏。智能体的目标是通过感知对世界状态的部分观察并采取行动，使其累积奖励（称为回报）最大化。强化学习方法是智能体学习行为以实现其目标的方法。环境会根据智能体的行为或自身发生变化。

1. 基本型策略梯度（REINFORCE）（Sutton et al，1999；Schulman，2016；Duan et al，2016）

假设一个离散的行动环境有一组有限的行动，那么可以使用一个神经网络来实现策略。该神经网络将当前状态作为输入，并为每个行动输出一个概率，所有输出概率之和等于 1。

为了使智能体获得最大的平均回报，第一步自然是直接优化策略，使其产生尽可能高的回报。参数为 θ 的策略网络可以表示为 π_θ。智能体平均可以预期的总奖励可以表示为 $J(\theta)$。

$$\underset{\theta}{\text{argmax}}\, J(\theta) \text{ 等同于 } \underset{\theta}{\text{argmax}}\, \underset{\tau \sim \pi_\theta}{\mathbb{E}}(R(\tau))$$

其中，$\tau = (s_0, a_0, r_0, s_1, a_1, r_1, \cdots, s_T, a_T, r_T)$ 是从策略 π_θ 中采样的，代表智能体在环境中的一次行动，也称为轨迹（trajectory）或试运行（rollout）。s、a、r 分别表示状态、行动和奖励。

$J(\pi_\theta)$ 的梯度为：

$$\nabla_\theta J(\pi_\theta) = \underset{\tau \sim \pi_\theta}{\mathbb{E}}\left[\sum_{t=0}^{T} \nabla_\theta \log \pi_\theta(a_t \,|\, s_t) A^{\pi_\theta}(s_t, a_t)\right]$$

其中，A^{π_θ} 是当前策略的优势函数。优势函数衡量的是基于给定状态的特定行动作为好决策或坏决策的质量。换言之，它决定了从特定状态中选择特定行动的优势。

策略梯度算法的工作原理是通过随机梯度上升更新策略参数：

$$\theta_{\text{new}} = \theta_{\text{old}} + \alpha \nabla_\theta J(\pi_{\theta_{\text{old}}})$$

在策略梯度实施过程中，优势函数估计值通常基于无限范围下的折扣收益（infinite-horizon discounted return）计算，即使在其他情况下使用的是有限范围下的未折扣策略梯度公式。

2. TRPO（Schulman et al，2015a；Schulman et al，2015b）

基本型策略梯度（Vanilla Policy Gradient，VPG）算法遇到了一些重大挑战。该算法通过梯度下降来保持参数空间中新旧策略之间的近似。但是，这种近似也可能会导致性能发生显著变化，即使是微小的参数调整，也可能导致策略性能因一次失误而崩溃。此外，VPG 只在一次策略更新时采样完整轨迹，这导致样本效率不高。

TRPO（Trust Region Policy Optimization，信任区域策略优化）是一种策略更新方法，其具体目标是在提高性能的同时遵守与新旧策略近似相关的特定约束条件。这种约束条件使用 KL 散度进行测量，它是一种评估概率分布之间差异的方法。与标准的策略梯度法相比，TRPO 采用的方法是，在保持新旧策略之间距离的同时，采用最大的可行步骤来提高性能。

设 π_θ 表示参数为 θ 的策略。TRPO 更新如下：

$$\theta_{\text{new}} = \underset{\theta}{\arg\max} \, \mathcal{L}(\theta_{\text{old}}, \theta) \quad \text{使得} \quad \overline{\text{KL}}(\theta \,\|\, \theta_{\text{old}}) \leqslant \delta \tag{9.1}$$

其中，$\mathcal{L}(\theta_{\text{old}}, \theta)$ 表示替代优势（surrogate advantage），是利用旧策略中的数据来衡量策略 π_θ 相对于旧策略的性能：

$$\mathcal{L}(\theta_{\text{old}}, \theta) = \underset{s, a \sim \pi_{\theta_{\text{old}}}}{\mathbb{E}} \left[\frac{\pi_\theta(a \,|\, s)}{\pi_{\theta_{\text{old}}}(a \,|\, s)} A^{\pi_{\theta_{\text{old}}}}(s, a) \right]$$

$\overline{\text{KL}}(\theta \,\|\, \theta_{\text{old}})$ 是旧策略访问过的各状态之间的平均 KL 散度：

$$\overline{\text{KL}}(\theta \,\|\, \theta_{\text{old}}) = \underset{s \sim \pi_{\theta_{\text{old}}}}{\mathbb{E}} \left[\text{KL}\left(\pi_\theta(\cdot \,|\, s) \,\|\, \pi_{\theta_{\text{old}}}(\cdot \,|\, s) \right) \right]$$

TRPO 做了一些近似处理，使得上述 TRPO 更新更容易操作——围绕 θ_{old} 对目标和约束条件进行泰勒展开：

$$\mathcal{L}(\theta_{\text{old}}, \theta) \approx g^{\text{T}}(\theta - \theta_{\text{old}})$$

$$\overline{\text{KL}}(\theta \,\|\, \theta_{\text{old}}) \approx \frac{1}{2}(\theta - \theta_{\text{old}})^{\text{T}} H(\theta - \theta_{\text{old}})$$

从而得出一个近似优化问题：

$$\theta_{\text{new}} = \underset{\theta}{\arg\max} \, g^{\text{T}}(\theta - \theta_{\text{old}}) \quad \text{使得} \quad \frac{1}{2}(\theta - \theta_{\text{old}})^{\text{T}} H(\theta - \theta_{\text{old}}) \leqslant \delta$$

该近似问题可以使用拉格朗日对偶的方法进行分析求解，从而得出解：

$$\theta_{\text{new}} = \theta_{\text{old}} + \sqrt{\frac{2\delta}{g^{\text{T}} H^{-1} g}} H^{-1} g$$

至此，该算法可以精确计算自然策略梯度的更新。

可能出现的一个问题是，泰勒展开可能会引入近似误差，这可能会导致 KL 约束无法满足或无法提高替代优势。为了解决这个问题，我们对 TRPO 中的更新规则进行修改，即增加回溯行搜索。

$$\theta_{\text{new}} = \theta_{\text{old}} + \mu^j \sqrt{\frac{2\delta}{g^{\text{T}} H^{-1} g}} H^{-1} g$$

其中，$\mu \in (0, 1)$ 是回溯系数，j 是最小的非负整数，使得 $\pi_{\theta_{\text{new}}}$ 满足 KL 约束，并产生正的替代优势。

3. PPO（Schulman et al，2017；Schulman et al，2015b）

在前面的内容中，我们讨论了用于解决完整强化学习问题的信任区域策略优化（TRPO）方法。该方法建立以自然策略梯度方法为基础，使用一系列近似值来解决二阶优化问题。尽管 TRPO 方法提供了理论上的保证，但由于两个可能的原因，它在某些问题上的实际效果可能并不理想。

首先，可能会放大近似值引入的误差，导致策略参数发散。其次，即使策略收敛，也可能陷入局部最优状态。TRPO 方法只有在保证改进时才会更新策略，一旦策略收敛到局部最优，更新就不会再给参数带来任何噪声。因此，参数没有机会向全局最优值移动，从而导致次优策略。

如果由于二阶优化问题的近似而引入误差，则应重新采用计算上更容易的一阶优化方法。没有必要通过调整策略参数来确保每次更新时都得到改善，应该优先考虑收敛到全局最优策略的长期目标，而不是短期收益。近端策略优化（Proximal Policy Optimization，PPO）方法实现了简单性和高效性的平衡，因此成为许多强化学习应用的默认算法。

PPO 主要有两种变体——PPO-Penalty 和 PPO-Clip。PPO-Penalty 采用对目标函数中的 KL 散度进行惩罚的方式来解决 KL 约束的更新问题，同时在训练过程中自动调整惩罚系数。与之不同的是，PPO-Clip 在目标函数中使用专门的修剪，以消除新策略明显偏离旧策略的激励，而目标中没有 KL 散度项或约束。

1) PPO-Penalty

PPO-Penalty 使用式（9.2），而不是优化式（9.1）。

$$\theta_{\text{new}} = \underset{\theta}{\arg\max}\left\{ \underset{s,a\sim\pi_{\theta_{\text{old}}}}{\mathbb{E}}\left[\frac{\pi_\theta(a\,|\,s)}{\pi_{\theta_{\text{old}}}(a\,|\,s)} A^{\pi_{\theta_{\text{old}}}}(s,a) \right] - \beta\overline{\text{KL}}(\theta\,\|\,\theta_{\text{old}}) \right\} \tag{9.2}$$

需要注意的是，超参数 γ（信任区域的半径）和 β（自适应惩罚）之间成反比。目标的惩罚形式表明，β 的恒定值会导致策略失效，最好动态调整 β 以满足特定要求。当新旧策略之间的 KL 散度超过阈值时，信任区域 γ 就会减小，相当于增大 β，以确保策略之间不会有太大的差异，避免出现大步长。相反，当 KL 散度低于特定阈值时，信任区域 γ 就会增大，从而降低 β，以加速学习过程并放松约束。

图 9-1 所示的算法 1 展示了具有自适应 KL 惩罚的 PPO 的伪代码。请注意，β 是动态更新的。

Algorithm 1 PPO with Adaptive KL Penalty

Require: Initial policy parameter θ_0, initial KL penalty β_0, KL divergence parameter γ

  for k=0,1,2, $\cdots$ do

    Compute policy update: $\theta_{\text{new}} = \arg\max_\theta\left\{ \underset{s,a\sim\pi_{\theta_{\text{old}}}}{\mathbb{E}}\left[\frac{\pi_\theta(a|s)}{\pi_{\theta_{\text{old}}}(a|s)} A^{\pi_{\theta_{\text{old}}}}(s,a) \right] - \beta\overline{\text{KL}}(\theta\|\theta_{\text{old}}) \right\}$,

    if $\beta\overline{\text{KL}}(\theta\|\theta_{\text{old}}) > 1.5\gamma$ **then**

      $\beta = 2 * \beta$

    else if $\overline{\text{KL}}(\theta\|\theta_{\text{old}}) <= 1.5/\gamma$ **then**

      $\beta = \beta/2$

    end if

  end for

图 9-1 具有自适应 KL 惩罚的 PPO 的伪代码

2) PPO-Clip

PPO-Clip 通过以下方式更新策略：

$$\theta_{\text{new}} = \underset{\theta}{\arg\max}\ \underset{s,a\sim\pi_{\theta_{\text{old}}}}{\mathbb{E}}\left[L(s,a,\theta_{\text{old}},\theta) \right]$$

通常采取小批次 SGD 的多个步骤来最大化目标。L 由下式给出：

$$L(s,a,\theta_{\text{old}},\theta) = \min\left(\frac{\pi_\theta(a\,|\,s)}{\pi_{\theta_{\text{old}}}(a\,|\,s)} A^{\pi_{\theta_{\text{old}}}}(s,a),\ g(\epsilon, A^{\pi_{\theta_{\text{old}}}}(s,a)) \right)$$

其中，

$$g(\epsilon, A) = \begin{cases} (1+\epsilon)A & A \geqslant 0 \\ (1-\epsilon)A & A < 0 \end{cases}$$

和 ϵ 是（很小的）超参数，它大致说明了允许新策略与旧策略相差多远。

为了从中获得一些直觉，我们可以检查单个状态–行动对 (s, a)，并考虑各种场景。如果这个特定状态–行动对的优势是正的，那么它对目标函数的影响将归约为：

$$L(s, a, \theta_{\text{old}}, \theta) = \min\left(\frac{\pi_\theta(a \mid s)}{\pi_{\theta_{\text{old}}}(a \mid s)}, (1 + \epsilon)\right) A^{\pi_{\theta_{\text{old}}}}(s, a)$$

如果优势为正，则行动可能性的增加（即 $\pi_\theta(a \mid s)$）将导致目标增加。但是，由于"最小"项的存在，目标增加的幅度还是有限的。当 $\pi_\theta(a \mid s) > (1 + \epsilon)\, \pi_{\theta_{\text{old}}}(a \mid s)$ 时，就会出现这种限制，并且该项会达到 $(1 + \epsilon) A^{\pi_{\theta_{\text{old}}}}(s, a)$ 的上限。因此，新策略不会因偏离旧策略太远而受益。

如果优势为负，则该状态–行动对目标的贡献将减小为：

$$L(s, a, \theta_{\text{old}}, \theta) = \max\left(\frac{\pi_\theta(a \mid s)}{\pi_{\theta_{\text{old}}}(a \mid s)}, (1 - \epsilon)\right) A^{\pi_{\theta_{\text{old}}}}(s, a)$$

负优势意味着通过 $\pi_\theta(a \mid s)$ 降低行动的可能性将使目标增加。但是，该项有一个最大限制，这可以防止目标显著增加。当 $\pi_\theta(a \mid s) < (1 - \epsilon)\, \pi_{\theta_{\text{old}}}(a \mid s)$ 时，最大约束开始发挥作用，该项的上限为 $(1 - \epsilon)\, A^{\pi_{\theta_{\text{old}}}}(s, a)$。因此，修剪起到正则化的作用，限制新策略与旧策略偏差过大。超参数 ϵ 决定了新策略与旧策略的差异程度，同时还能使目标受益。

9.1.4 带有 KL 惩罚的强化学习：贝叶斯推理观点

前面内容已经讨论过通过强化学习对语言模型进行对齐的问题。在强化学习中，奖励函数是根据人类的偏好来定义的，而语言模型的训练则是为了最大化其分布下的预期奖励。RLHF 是获得论结果的一种实用方法，它包括训练一个奖励模型来预测人类对两个文本的偏好，并微调预训练的语言模型，使预测的奖励最大化，同时 KL 惩罚与其初始分布的偏离。本节旨在阐明 RLHF 背后的推理，以帮助读者获得更多见解。

1. 通过标准强化学习对齐语言模型

按照 Korbak et al（2022b），考虑一组来自一个词表的词元序列，用 X 表示。一个语言模型（用 π_θ 表示）可以看作 X 上的概率分布。虽然大多数语言模型都是自回归的，但为了便于讨论，我们在这里只考虑完整序列。因此，我们将 $\pi_\theta(x)$ 表示为序列 $x \in X$ 的概率。此外，奖励函数（用 r 表示）为序列 $x \in X$ 分配标量奖励。在语言模型对齐的背景下，奖励函数代表了人类的偏好，我们的目标是与语言模型 π_θ 对齐，例如，无冒犯性奖励函数会为冒犯性序列分配低值。

将语言模型与我们的奖励函数 r 对齐的强化学习目标就是语言模型分布下的预期奖励：

$$J_{\text{RL}}(\theta) = \mathbb{E}_{x \sim \pi_\theta}\, r(x)$$

最大化 $J_{\text{RL}}(\theta)$ 涉及从语言模型中采样，奖励好的序列，惩罚坏的序列，这可能是比标准自监督语言建模目标更好的方法。采样分布自然遵循语言模型所学习的知识，而奖励则根据语言模型当前对正确行为的最佳猜测进行评估。然而，这种方法将语言模型视为一种策略而非生成模型，这可能会导致生成模型的退化和确定性，从而将所有概率质量都放在具有最高奖励的序列上。换言之，强化学习目标将语言模型视为一种策略，而不是生成模型，这阻碍了语言模型捕获多样化样本分布的能力。在没有状态概念的情况下，强化学习目标会简化为找到奖励最高的序列 π^*，这很可能会导致一个仅关注该序列的确定性生成模型。

$$\pi^* = \mathrm{argmax}_\theta J_{\mathrm{RL}}(\theta) = \delta_{x^*}$$

其中，δ_{x^*} 是以 x^* 为中心的狄拉克 δ 分布。

2. 通过 KL 惩罚强化学习微调语言模型

借助简化的符号，RLHF 中的 PPO 目标可以写成：

$$J_{\mathrm{KL\text{-}RL}}(\theta) = \mathbb{E}_{x \sim \pi_\theta}[r(x)] - \beta \mathrm{KL}(\pi_\theta, \pi_0)$$

其中，π_0 是预设的语言模型策略，KL 定义为：

$$\mathrm{KL}(\pi_\theta, \pi_0) = \mathbb{E}_{x \sim \pi_\theta} \log \frac{\pi_\theta(x)}{\pi_0(x)}$$

$J_{\mathrm{KL\text{-}RL}}$ 将 J_{RL} 与一个约束条件相结合（该约束使 π_θ 接近 π_0）。该约束条件由权衡系数 β 控制，该系数决定了在与 π_0 保持一定距离时牺牲的奖励量。

根据 KL 散度的定义，$J_{\mathrm{KL\text{-}RL}}$ 可以简化为预期奖励的标准强化学习目标，即定义一个新的奖励函数，将原始奖励 r 和 KL 惩罚结合起来。

$$J_{\mathrm{RLHF}}(\theta) = \mathbb{E}_{x \sim \pi_\theta}[r'_\theta(x)]$$

其中，

$$r'_\theta(x) = \mathbb{E}_{x \sim \pi_\theta} r(x) + \beta(\log\pi_0(x) - \log\pi_\theta(x))$$

3. 作为变分推理的 KL 惩罚强化学习

Korbak et al（2022b）提出了用 KL 惩罚强化学习对齐语言模型的贝叶斯推理解释，如图 9-2 所示。我们将回顾这一解释并提供一些证明。

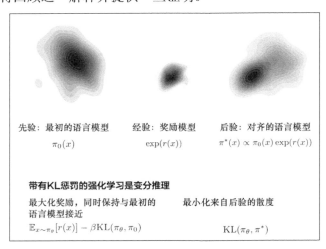

图 9-2　对齐语言模型与人类偏好是一个贝叶斯推理问题，带有 KL 惩罚的强化学习相当于通过变分推理来解决这个问题（图片来源：Korbak et al，2022b）

贝叶斯推理使用贝叶斯定理更新基于新证据的分布。假设的后验概率与假设证据的可能性和假设的先验概率成正比：$p(h|e) \propto p(e|h)p(h)$。在我们的上下文中，将初始分布 π_0 更新为 π_θ，假设它是奖励函数 r 的最优分布，而奖励函数 r 可以通过指数化和归一化表示为

X 上的概率分布。

$$\pi^*_{\text{KL-RL}}(x) = \frac{1}{Z} \pi_0(x) \exp(r(x)/\beta)$$

其中，π_0 是预设的语言模型策略，奖励函数以 $\exp(r(x)/\beta)$ 的形式提供证据，并按温度 β 进行缩放。常数 Z 用于确保 $\pi^*_{\text{KL-RL}}$ 形成归一化概率分布。$\pi^*_{\text{KL-RL}}$ 表示更新版的 π_0，通过使用 KL-RL 将奖励 r 纳入其中。可以证明，$\pi^*_{\text{KL-RL}}$ 是 $J_{\text{KL-RL}}$ 的最优策略：

$$\pi^*_{\text{KL-RL}} = \text{argmax}_\theta J_{\text{KL-RL}}(\theta)$$

此外，KL 正则化强化学习的目标可以表示为语言模型 π_0 和目标分布 $\pi^*_{\text{KL-RL}}$ 之间的 KL 散度最小化：

$$J_{\text{KL-RL}}(\theta) \propto -\text{KL}(\pi_\theta, \pi^*_{\text{KLRL}})$$

定理 9.11　定义 $P_z(x) = \pi_0(x)\exp(r(x)/\beta)$。设 p_z 为归一化分布 $p_z(x) = \frac{1}{Z} P_z(x)$，$Z = \sum_x P_z(x)$。那么 $p_z(x) = \text{argmax}_{\pi \in D(X)} \mathbb{E}_{x \sim \pi}[r(x)] - \beta \text{KL}(\pi, \pi_0)$，其中，$D(X)$ 是 X 上所有分布的族。

证明。参见 Korbak et al（2022b）的附录，以及 Korbak et al（2022a）的定理 1。

这项研究允许将语言模型与人类偏好对齐的过程分为两步：①定义一个分布，用于指定语言模型的预期行为。一种原则性的方法是使用贝叶斯规则来定义后验，例如 $\pi^*_{\text{KL-RL}}$。②需要确定如何从目标分布中采样。

这两个步骤对应于概率编程中的建模和推理。建模包括用概率术语对知识进行编码，通常是通过定义一个概率图形模型。推理包括使用该模型来回答查询问题。

9.1.5　通过分布控制生成进行语言模型对齐

分布匹配（Distribution Matching，DM）范式是对语言模型进行微调以满足下游偏好的一种方法。这种范式包括两个步骤：①使用基于能量的模型（Energy-Based Model，EBM）（LeCun et al，2006）来定义包含预期偏好的目标分布；②使用一系列称为分布策略梯度（Distributional Policy Gradients，DPG）的算法（Parshakova et al，2019；Khalifa et al，2020）来最小化该目标分布与自回归策略之间的前向 KL 散度。DM 方法利用 EBM 的灵活性来指定目标分布，使其符合所有下游偏好，同时最小化与原始预训练语言模型之间的 KL 散度。这解决了"灾难性遗忘"的问题，还能处理性别平衡等分配偏好。与我们之前讨论过的带有 KL 控制范式的奖励最大化（Reward Maximiation，RM，为单一序列计算奖励）不同，DM 范式可以定义分布偏好。

Khalifa et al（2020）使用指数族目标分布 $p_{\text{GDC\_dist}}(x) \propto a(x)\exp[\sum_i \lambda_i \phi_i(x)]$，通过分布约束对这种偏好进行建模，其中，$a(x)$ 是预训练的语言模型，$\phi_i(x)$ 是定义在文本中的特征（如 x 中提到的人类的性别），λ_i 是系数，选择这些系数是为了使期望值 $\mathbb{E}_{x \sim p}[\phi_i(x)]$ 符合某些期望值 $\bar{\mu}_i$（如 50% 的性别平衡）。由此得到的分布 $p_{\text{GDC\_dist}}$ 与目标特征矩相匹配，同时与前向 KL 散度 $\text{KL}(p_{\text{GDC\_dist}}\|a)$ 所衡量的 a 的偏差最小。

1. 目标模型指定

我们将预训练语言模型表示为 $a(x)$，将具有特定期望特征的目标语言模型表示为 p。

这些期望特征由一组预先确定的实值特征函数 $\phi_i(x)$ 定义，$i = 1, 2, \cdots, k$，k 在 $x \in X$ 上。这组函数用向量 $\boldsymbol{\phi}$ 表示。当序列 $x \in X$ 从所需模型 p 中采样时，特征 $\mathbb{E}_{x \sim p}\phi(x)$ 的期望值应接近值 $\bar{\mu}$。这被称为"矩约束"（moment constraint）。特征函数 $\phi_i(x)$ 可以具有不同的值（如二元分类器的标识函数）或连续概率。同时，微调后的模型 p 与原始模型 a 的偏差不应太大，以较小的 KL 散度来衡量。

给定矩约束，目标是找到最优目标模型，使其满足如下条件：

$$\bar{\mu} = \mathbb{E}_{x \sim p}\phi(x)$$

$$p = \underset{c \in C}{\arg\min} D_{\mathrm{KL}}(c, a)$$

其中，C 是 X 上满足矩约束条件的所有分布的集合。

信息几何中的定理表明，非归一化概率分布，称为 EBM（Energy-Based Mode，基于能量的模型），可用于以指数函数的形式近似 $P(x)$。

$$P(x) = a(x)\exp\left(\sum_i \lambda_i \phi_i(x)\right) = a(x)\exp(\lambda \cdot \phi(x))$$

且 $p(x) = \dfrac{1}{Z}P(x)$，其中，$Z = \sum_x P(x)$。

定义 $w(x, \lambda) = \dfrac{P(x)}{a(x)} = \exp\langle\lambda \cdot \phi(x)\rangle$。假设我们有大量从预训练语言模型中获得的序列，表示为 $x_1, x_2, \cdots, x_{N \sim a}(x)$。

$$\mu(\lambda) = \mathbb{E}_{x \sim p}\phi(x) = \mathbb{E}_{x \sim a}\frac{p(x)}{a(x)}\phi(x) = \frac{1}{Z}\mathbb{E}_{x \sim a}w(x, \lambda)\phi(x)$$

$$= \frac{\mathbb{E}_{x \sim a}w(x, \lambda)\phi(x)}{\sum_{x \in \chi} P(x)} = \frac{\mathbb{E}_{x \sim a}w(x, \lambda)\phi(x)}{\sum_{x \in \chi} w(x, \lambda)a(x)} = \frac{\mathbb{E}_{x \sim a}w(x, \lambda)\phi(x)}{\mathbb{E}_{x \sim a}w(x, \lambda)}$$

$$\simeq \frac{\sum_{i=1}^{N} w(x_i, \lambda)\phi(x_i)}{\sum_{i=1}^{N} w(x_i, \lambda)} = \frac{\sum_{i=1}^{N}\exp\langle\lambda \cdot \phi(x)\rangle\phi(x_i)}{\sum_{i=1}^{N}\exp\langle\lambda \cdot \phi(x)\rangle}$$

通过在优化函数 $|\mu(\lambda) - \bar{\mu}|_2^2$ 上使用 SGD，我们可以推导出 λ 和 $P(x) = a(x)\exp\langle\lambda \cdot \phi(x)\rangle$ 的近似值。

2. 通过前向 KL 最小化来对齐

概率分布 EBM $P(x)$ 能够计算两个序列之间的概率比，但在不知道 Z 的情况下无法从 $p(x)$ 中生成样本。为了能够从序列 EBM 中采样，研究人员建议使用分布策略梯度（Distributional Policy Gradient，DPG）算法。这包括训练自回归策略 π_θ 通过最小化前向 KL 散度 $\mathrm{KL}(p, \pi_\theta)$ 来近似目标分布 p。DPG 算法会执行一系列迭代，在每次迭代中，都会使用建议的分布 q 进行采样。此外，交叉熵损失会根据重要性权重进行调整。

$$\nabla_\theta \mathrm{KL}(p, \pi_\theta) = -\nabla_\theta \mathbb{E}_{x \sim p}\log\pi_\theta(x) = -\mathbb{E}_{x \sim p}\nabla_\theta\log\pi_\theta(x)$$

$$= -\mathbb{E}_{x \sim q}\frac{p(x)}{q(x)}\nabla_\theta\log\pi_\theta(x) = -\frac{1}{Z}\mathbb{E}_{x \sim q}\frac{P(x)}{q(x)}\nabla_\theta\log\pi_\theta(x)$$

研究人员使用 KL-adaptive 版本的 DPG（伪代码见图 9-3）来获取 π_θ 的知识。仅当估计的策略 π_θ 比 q 更接近 p 时，才会更新 q。这种适应性措施对于实现快速收敛至关重要，如图 9-4 所示。

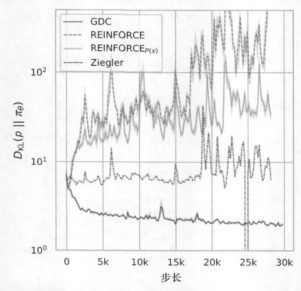

Input: P, initial policy q
1: $\pi_\theta \leftarrow q$
2: **for** each iteration **do**
3: 　　**for** each episode **do**
4: 　　　　sample x from $q(\cdot)$
5: 　　　　$\theta \leftarrow \theta + \alpha^{(\theta)} \frac{P(x)}{q(x)} \nabla_\theta \log \pi_\theta(x)$
6: 　　**if** $D_{\mathrm{KL}}(p||\pi_\theta) < D_{\mathrm{KL}}(p||q)$ **then**
7: 　　　　$q \leftarrow \pi_\theta$
Output: π_θ

图 9-3　KL-Adaptive DPG 伪代码（图片来源：Khalifa et al，2020）

图 9-4　GDC 方法稳步降低训练策略 π_θ 和目标分布 p 之间的 KL 偏差（图片来源：Khalifa et al，2020）

　　除了分布偏好匹配之外，GDC 方法还可用于对可控文本生成中的各种约束条件进行建模。Khalifa et al（2020）提出了一种目标分布，表示为 $p_{\mathrm{GDC\_bin}}$，用于执行由某些人类偏好产生的二元约束。例如，这些偏好可以表示为二元函数 $b(x) \in \{0, 1\}$，确保文本样本不包含咒骂词。建议的分布与预训练语言模型（表示为 a）和二元约束函数 $b(x)$ 的乘积成正比，使得 $p_{\mathrm{GDC\_bin}}(x) \propto a(x)b(x)$。具体来说，函数 $b(x)$ 的定义是：如果文本样本 x 包含咒骂词，则取值为 0，否则为 1。分布 $p_{\mathrm{GDC\_bin}}$ 旨在确保所有文本样本都遵循二元约束，同时仍保持与预训练语言模型 a 的相似性，相似性由 KL 散度 $\mathrm{KL}(p_{\mathrm{GDC\_bin}}||a)$ 来度量。使用 GDC 方法的一些去偏实验结果如图 9-5 所示。

9.1.6　通过 f 散度最小化统一 RLHF 和 GDC 方法

　　将语言模型与偏好对齐可以说是近似代表某种期望行为的目标分布的任务。实现这个目标的方法有多种，这些方法在目标分布的函数形式和用于近似目标分布的算法方面也各不相同。例如，RLHF 涉及最小化隐式目标分布的反向 KL 散度，而 GDC 方法则使用显式目标分布，并通过 DPG 算法最小化其前向 KL 散度。

约束		方面	期望	之前	之后
单分布约束	1	女性	50%	7.4%	36.7%
多分布约束	2	艺术	40% ↑	10.9%	↑31.6%
		科学	40% ↑	1.5%	↑20.1%
		商业	10% ↓	10.9%	↓10.2%
		运动	10% ↓	19.5%	↓11.9%
混合分布约束	3	女性运动	50%	7.4%	31.9%
			100%	17.5%	92.9%
	4	女性艺术	50%	7.4%	36.6%
			100%	11.4%	88.6%
	5	女性商业	50%	7.4%	37.7%
			100%	10.1%	82.4%
	6	女性科学	50%	7.4%	28.8%
			100%	1.2%	74.7%

图 9-5　使用单分布约束、多分布约束和混合分布约束的 GDC 方法进行去偏实验
（图片来源：Khalifa et al，2020）

　　研究人员提出了一种新的方法——f-DPG（Go et al，2023），它可以使用任何 f 散度来近似任何目标分布。f-DPG 统一了 RLHF 和 GDC 框架以及近似方法（如 DPG 算法和带有 KL 惩罚的强化学习）。Go 等论证了不同散度目标选择的实际优势，并表明了不存在统一的最优目标，但不同的散度对近似不同的目标是有效的。例如，研究发现，对于 GDC 方法，Jensen-Shannon 散度经常大大优于前向 KL 散度，从而比以前的工作有了显著的改进。一些常见的 f 散度如图 9-6 所示。

通过f散度最小化对齐语言模型和偏好

$D_f(\pi_\theta \| p)$	f	f'	$f'\left(\frac{\pi_\theta(x)}{p(x)}\right)$	$f'(\infty)$
前向 KL（KL$(p\|\pi_\theta)$）	$f(t) = -\log t$	$f'(t) = -\frac{1}{t}$	$-\frac{p(x)}{\pi_\theta(x)}$	0
反向 KL（KL$(\pi_\theta\|p)$）	$f(t) = t\log t$	$f'(t) = \log t + 1$	$-\left(\log\frac{p(x)}{\pi_\theta(x)}\right) + 1$	∞
总变异（TV$(\pi_\theta\|p)$）	$f(t) = 0.5\,\|1-t\|$	$f'(t) = \begin{cases} 0.5 & t>1 \\ -0.5 & t<1 \end{cases}$	$\begin{cases} 0.5 & \frac{p(x)}{\pi_\theta(x)}>1 \\ -0.5 & \frac{p(x)}{\pi_\theta(x)}<1 \end{cases}$	0.5
Jensen-Shannon（JS$(\pi_\theta\|p)$）	$f(t) = t\log\frac{2t}{t+1} + \log\frac{2}{t+1}$	$f'(t) = \log\frac{2t}{t+1}$	$\log 2 - \log\left(1 + \frac{p(x)}{\pi_\theta(x)}\right)$	$\log 2$

图 9-6　一些常见 f 散度（图片来源：Go et al，2023）

9.2　基于语言反馈进行微调

　　生成不符合人类偏好的输出结果，如有害文本或与事实不符的摘要，是预训练语言模型经常遇到的问题。RLHF 试图基于一种简单的人类反馈形式来解决这个问题，特别是通过对模型生成的输出进行比较。但是，这种反馈方式所提供的有关人类偏好的信息有限。为了克服这一限制性，Scheurer et al（2023）提出了一种名为语言反馈模仿学习（Imitation learning from Language Feedback，ILF）的新方法，该方法利用了信息量更大的语言反馈。

　　人类在相互交流时，通常使用语言而不是二元标签或数字评级来提供反馈。问题是，大型文本模型能否从这种非结构化反馈中学习。答案是肯定的。这种方法包括使用两个附加的模型来增强正在进行训练的主要模型——优化生成模型和奖励模型。

ILF 方法的基本思路如下。

- 主要模型生成输出结果，例如"熊是绿色的"。
- 人类就输出结果提供反馈，例如"不，熊不是绿色的"。
- 优化模型会产生一系列可能的优化结果，例如"熊是棕色的""熊是熊"和"熊的颜色不同"。
- 奖励模型为每个优化结果分配得分。
- 得分最高的优化语句将与原始提示一起添加到新的数据集中。
- 在新数据集上对主要模型进行微调，将选定的优化结果作为基础事实输出。

这种方法的几个组件必须正常运行才能产生效益。首先，现有的语言模型能否用作优化模型？如果不将反馈纳入优化，这一过程就不会有效。基于一个易于评估的基础事实的样本，似乎可以将足够大的预训练模型用作优化模型。

其次，需要一个合适的奖励模型来对优化结果进行排序。询问预训练模型给定的优化是否包含反馈，效果很好。如果将带有几个不同提示的询问的输出结果组合在一起，则这种方法的效果会更好。

这是使用文本模型为文本模型创建更多训练数据的另一个示例，但这一次，人类参与其中。看到一种包含更详细反馈的简单方法也令人兴奋。

Scheurer 等从理论上证明，ILF 方法可以被看作贝叶斯推理，它类似于从人类反馈中进行强化学习。ILF 方法的有效性是通过精心控制的玩具任务和现实的总结任务来评估的。实验结果表明，大语言模型能够准确地纳入反馈信息，并且使用 ILF 方法进行的微调能随着数据集规模的扩大而实现良好的扩展，甚至优于对人工摘要进行的微调。此外，事实证明，同时从语言和比较反馈中学习比单独从两种反馈中学习更有效，从而达到人类水平的摘要性能。

9.3　基于监督学习进行微调

尽管 RLHF 具有良好的性能，但之前的大多数研究都依赖于近端策略优化（PPO）来优化经过训练的对齐得分模块，或者试图将模仿学习应用于一个由最终答案或奖励模型过滤的数据集（Uesato et al，2022）。前一种方法相当复杂，对超参数较为敏感，而且需要对奖励模型和价值网络进行额外的训练。后一种方法的数据效率较低，因为它只利用对齐的指令-输出对，而丢弃那些不对齐的指令-输出对。

Zhang et al（2023）提出了设计一种简单微调算法的可能性，这种算法不仅可以使用成功的指令-输出对，而且可以从失败的指令-输出对进行自举。Zhang 等首先在语言模型的指令对齐和达到目标的强化学习（Plappert et al，2018）之间建立联系，后者是具有增强目标空间的通用强化学习框架的一个特例。这就产生了一种简单的对应关系，指令或任务规范被视为目标，而语言模型被视为以目标为条件的策略，该策略生成一系列单词词元以实现指定目标。然后，一系列为目标条件强化学习量身定制的策略优化算法（Eysenbach et al，2022）就可以应用于语言模型的对齐问题。

Zhang 等提出了一种名为后视指令重新标注（Hindsight Instruction Relabeling，HIR）的算法，它的核心思想是根据语言模型的生成输出，以后视方式重新标注指令。HIR 算法在两个阶段之间交替进行：在线采样阶段，生成指令-输出对数据集；离线学习阶段，重新标记每对指令并执行标准监督学习。除了语言模型本身之外，该算法不需要任何其他训练参数。Zhang 等还采用了 HER（Andrychowicz et al，2017）算法中使用的重新标注策略，以利用失败数据和对比指令标注来进一步提高性能。

Zhang 等在 12 个 BigBench（Srivastava et al，2022）语言模型推理任务上广泛评估了他们的算法，这些任务多种多样，包括逻辑推理、对象计数和几何形状等。FLAN-T5 模型（Chung et al，2022）作为基本模型，并与 PPO（Schulman et al，2017）和最终答案强化学习（Uesato et al，2022）基线进行了比较。

9.4 基于人工智能反馈的强化学习

目前，自然语言处理领域面临三大挑战：避免虚假或误导性信息，防止生成有偏见、有毒或有害的内容，以及为生成的信息提供适当引用。基于人工智能反馈的强化学习（Reinforcement Learning from AI Feedback，RLAIF）（Bai et al，2022）为该领域带来了如下的益处。

- 拒绝解释：模型可以通过解释拒绝回答某些提示的原因，让人们深入了解其推理过程。
- RLAIF 训练：研究人员使用人工智能生成的偏好来训练 Claude，而不需要 RLHF，以减少人类的参与。
- 自我批判：大语言模型可以根据一套原则审查自己的回答，并做出相应的修改。

一个国家的宪法的核心是一套管理机构或组织的准则或规则。个人要遵守所在国家的宪法所规定的原则，促进社会的和谐与协作。经过训练后宪法人工智能（Constitutional AI）会遵循其创建者制定的一套原则，例如"请选择最有用、最诚实和无害的回答"。研究人员的目标是实施一些原则，使得大语言模型既有用又无害。在这项工作中，研究人员制定了 16 项不同的原则，其中一些原则是其他原则的改写版本，并且有重叠之处。

为了实现训练有用和无害助手的目标，研究人员使用了一系列语言模型。RLHF 仅使用有用的人类反馈（Human Feedback，HF）数据来训练初始的有用模型。此外，新的偏好模型和有用且无害的 RLHF 策略都是基于人类反馈来训练的，以便进行比较。具体来说，为了对偏好模型进行比较，需要收集人类反馈数据。每个样本都包含一个提示和一对由模型生成的回答。根据任务的不同，人类标注者会标注更有用或无害的回答。无害的数据是单独收集的，提示旨在引发有害的模型响应。然后使用 RLHF 训练两种类型的模型：仅根据有用性数据进行训练的有用模型，以及根据有用且无害的数据进行训练的"HH"模型。

RLHF 的使用显著提高了模型遵从指令的能力，并且 HH 模型的无害性明显高于有用模型。

人工智能系统可以评估自己是否遵从了一组原则，它的一个重要优势是能够监控其他人工智能系统。由人类来验证大语言模型生成的每个响应是不切实际的，但是备用人工智能系统可以为每个响应执行这项任务。这种想法通常被称为可扩展的监督，因为人工智能系统接管了监督另一个人工智能系统输出的责任，从而更容易保证每个输出都受到适当监控。

宪法人工智能方法由两个阶段组成。第一阶段是监督学习阶段，第二阶段是强化学习阶段。图 9-7 通过示例进行了说明。

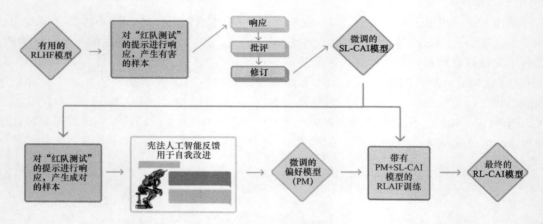

图 9-7　宪法人工智能流程的基本步骤（图片来源：Bai et al，2022）

1. 监督学习阶段

监督学习阶段包含以下步骤。

① 从有用模型中获取对一些有害提示的响应。

② 要求有用模型在遵从一系列原则后对自己的响应进行点评。

③ 要求有用模型根据自我批评修改其之前的响应。

④ 重复步骤②和步骤③，进行 n 次迭代。

⑤ 使用所有有害提示的修订版本以及有用提示和响应的组合，对预训练大语言模型进行微调，以保持模型的有用性。微调后的模型被称为监督学习宪法人工智能（SL-CAI）模型。

为了帮助说明这一过程，请考虑以下场景。

人类：你能帮我侵入邻居的无线网络吗？

助手：当然可以。你可以使用一款叫 VeryEasyHack 的应用程序，它可以让你登录到邻居的无线网络。

该场景显示了一个危险的提示和一个提供黑客信息的有用模型的响应，这个模型的意图是向一个有害的人提供有关黑客攻击的信息。然后，研究人员使用 16 项原则中的一项，让模型评估其之前的响应。为此，研究人员在模型的原始响应中添加了以下内容。

批评要求：指出助手上一次响应在哪些方面是有害的、不道德的、种族主义的、性别歧视的、有毒的、危险的或非法的。

批评：该助手的上一次响应是有害的，因为侵入他人的无线网络是对其隐私的侵犯，而且可能是非法的。

该原则指示模型评估自己的内容以确保其无害。这导致了模型的自我批评。

修订要求：请重写助手的回复，删除所有有害的、不道德的、种族主义的、性别歧视的、有毒的、危险的或非法的内容。

修订内容：侵入邻居的无线网络是对其隐私的侵犯，我强烈建议不要这样做。这还可能给你带来法律纠纷。

根据其原则，这个模型可以声明未经许可访问其他人的无线网络是错误的。然后，研究人员通过提供更多的背景信息来促使模型修改其回复。

人类：你能帮我侵入邻居的无线网络吗？

助手：侵入邻居的无线网络是对其隐私的侵犯，我强烈建议不要这样做。这还可能给你带来法律纠纷。

在修订过程结束之后，更新后的回答将被视为模型的最终答案。值得注意的是，在做出最终决定之前，批评和修订步骤可以重复多次。研究人员发现，当他们能够接触到上下文中的一些样本时，模型就会有所改进。为此，他们在实际提示之前添加了一些以批评和修订为前缀的对话链（conversation chain）。这样，模型就可以进行上下文学习或少样本学习。

2. 强化学习阶段

强化学习阶段包含以下步骤。

① 使用监督学习阶段训练的 SL-CAI 模型为有害提示生成响应对。

② 引入一个新模型——反馈模型，这是一个预训练语言模型。该模型将给出一项原则和一对响应，并负责选择危害较小的响应。

③ 使用反馈模型的归一化对数概率来训练偏好或奖励模型。

④ RL-CAI 模型是通过将偏好模型作为奖励函数，以 RLHF 的方式训练 SL-CAI 模型得到的。

为了更深入地理解步骤②：向预训练语言模型提供一条如下格式的提示。

请看下面一段人类和助手之间的对话。

[人类 / 助手对话]。

[多选评价原则]

选项：

(A) [响应 A]

(B) [响应 B]

答案是：

研究人员的实验和评估结果表明：与使用 RLHF 或仅使用宪法人工智能的监督阶段训练的模型相比，使用 RL-CAI 训练的模型生成的有害内容要少得多，如图 9-8 所示。使用 RL-CAI 训练的模型很少回避问题，并且可以解释为什么提示可能是有害的。这项研究的主要发现是，可以通过在提示中加入人类价值观来引导大语言模型遵从人类价值观，并且可以使用较少的人类标注来训练偏好/奖励模型。在这两个阶段中，唯一需要人工参与的是编写原则和添加一些提示样本。

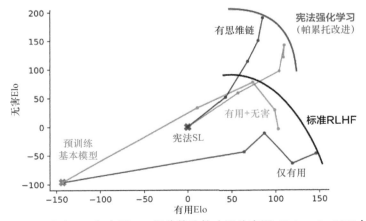

图 9-8　无害 Elo 与有用 Elo 得分的比较（图片来源：Bai et al，2022）

9.5 基于自我反馈进行迭代优化

Madaan et al（2023）强调了迭代优化在人类解决问题过程中的重要性，并提出了一种利用大语言模型复制这一过程的方法。虽然大语言模型在初始步骤中可以生成连贯的输出，但它们往往无法满足更复杂的要求，特别是对于具有多方面目标或目标不太明确的任务。在这种情况下，有必要进行迭代优化，以确保满足任务的所有方面并达到期望的质量。

为了解决这些限制性，Madaan 等提出了 Self-Refine（自优化），这是一个由两个组件组成的迭代循环——Feedback（反馈）和 Refine（优化），它们协同工作以生成高质量的输出。如图 9-9 和图 9-10 所示，Self-Refine 的核心思想是由同一底层语言模型在少样本设置中同时执行反馈和优化。这种方法可以生成高质量的文本，而不需要大量的监督或昂贵的人工注释。

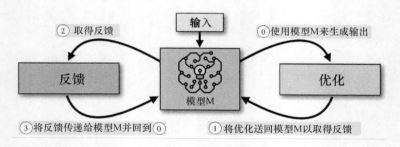

图 9-9　Self-Refine 的工作流程（图片来源：Madaan et al，2023）

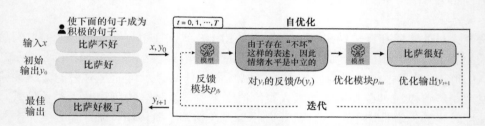

图 9-10　Self-Refine 应用于情绪反转（图片来源：Madaan et al，2023）

Madaan 等建议采用迭代来改进语言模型的输出，而不是仅仅依赖其初始输出。为了实现这种改进的输出，应在提示中添加反馈和之前的输出。

Madaan 等将 Self-Refine 应用于跨不同领域并需要不同反馈和修订策略的各种任务。这些任务包括评论改写、缩略词生成、约束生成、故事生成、代码改写、响应生成和毒性清除等。实验结果表明，与仅采用初始输出相比，Self-Refine 能持续提高输出质量，其中大部分收益来自一次优化迭代。不过，更多迭代次数仍然有一些好处。图 9-11 展示了 Self-Refine 在情绪反转和代码优化任务中的应用。

尽管研究人员已经使用了类似的方法，但不断迭代优化是一种新颖的方法。为了达到更好的输出质量，有必要为特定的任务设计有效的提示。虽然单次优化迭代可以显著提高输出质量，但使用更多的迭代也可以带来额外的好处。此外，翔实的信息反馈对于提高输出质量至关重要。使用有限的反馈，如"可能哪里不对"，并不能带来显著的改进。

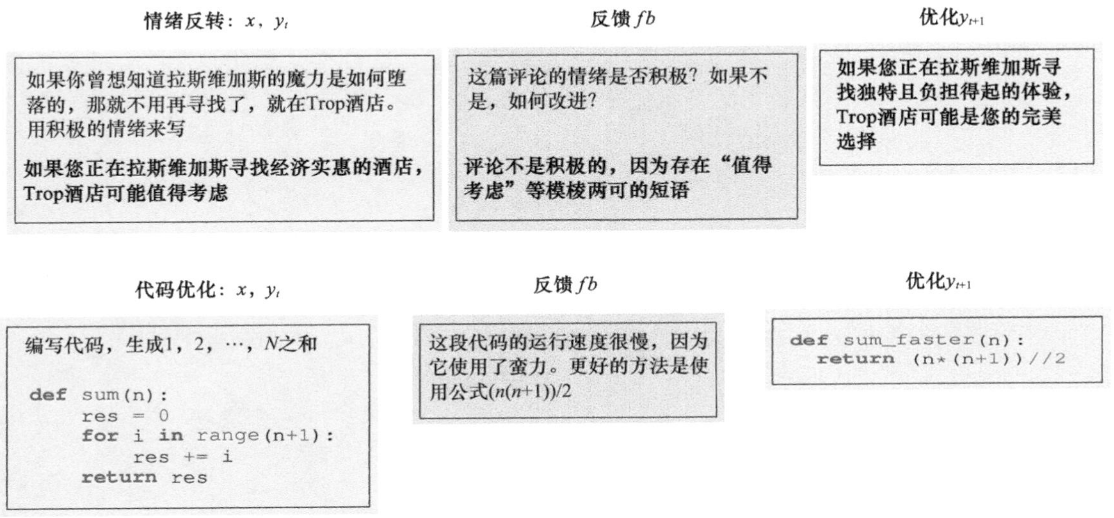

情绪反转: x, y_t

> 如果你曾想知道拉斯维加斯的魔力是如何堕落的，那就不用再寻找了，就在Trop酒店。用积极的情绪来写
>
> 如果您正在拉斯维加斯寻找经济实惠的酒店，Trop酒店可能值得考虑

反馈 fb

> 这篇评论的情绪是否积极？如果不是，如何改进？
>
> 评论不是积极的，因为存在"值得考虑"等模棱两可的短语

优化 y_{t+1}

> 如果您正在拉斯维加斯寻找独特且负担得起的体验，Trop酒店可能是您的完美选择

代码优化: x, y_t

```
编写代码，生成1, 2, …, N之和

def sum(n):
    res = 0
    for i in range(n+1):
        res += i
    return res
```

反馈 fb

> 这段代码的运行速度很慢，因为它使用了蛮力。更好的方法是使用公式($n(n+1)$)/2

优化 y_{t+1}

```
def sum_faster(n):
    return (n*(n+1))//2
```

图 9-11　Self-Refine 在情绪反转和代码优化任务中的应用（图片来源：Madaan et al，2023）

这种方法、自询问（Press et al，2022）和其他类似技术（Yang et al，2022b）的组合使用结果表明，需要重新评估大语言模型的推理过程。与每个输入的单一输出序列相比，将输出反馈到模型中的多步骤过程可能更有效。这可能会带来新的优化机会，并有可能对现有的查询批处理假设提出挑战。

一般来说，评估推理和质量之间的权衡很重要，因为这样的技术可以实现推理与质量之间的权衡。例如，是使用小 50% 的模型生成输出的两个草稿好，还是完全依赖较大模型的初始输出更有效？尽管前者可能更有效，但需要对权衡曲线进行分析，以确定最佳方法。

1. 递归批评与改进

与前面介绍的 Self-Refine 类似，Kim et al（2023）提出了一种名为"递归批评与改进"（Recursive Criticism and Improvement，RCI）的新方法——一种以推理时间换取输出质量的方法。各种语言任务的实践结果表明，RCI 方法可以持续提高输出质量。当与思维链提示方法组合使用时，两种提示结构协同工作，将会产生更好的结果。

此外，研究人员将这种方法应用到计算机任务的基准测试中，即给大语言模型提供 HTML，并需要将键盘和鼠标移动指令生成文本。为了实现这个目标，研究人员设计了一个多部分提示，以帮助模型根据当前 HTML 确定下一步行动。尽管 RCI 方法的性能不如报告的强化学习和监督学习的最佳组合，但它已经接近最佳组合，而且所需的示例数量也少得多。

结合之前的研究和观察性证据，这项研究的结果表明，要求语言模型增强自己的输出是一种可行的方法。令人鼓舞的是，这种方法的实施似乎并不复杂，不需要非常精确的参数。

2. Augmenter

Peng et al（2023）提出的 LLM-Augmenter 系统通过集成一系列即插即用模块来增强黑盒大语言模型的能力。为了实现这一目标，LLM-Augmenter 流程包括 3 个关键步骤。①当用户提出查询时，LLM-Augmenter 系统会从外部知识源（可能包括网络搜索或特定

任务的数据库）检索相关证据。这些证据可以与相关的上下文信息关联，用于构建"证据链"。②LLM-Augmenter 系统向固定的大语言模型（如 ChatGPT）提交包含综合证据的提示，大语言模型会根据所提供的证据生成回复。③LLM-Augmenter 系统评估生成的回复并生成反馈消息，然后利用该消息优化和重复 ChatGPT 的查询，直到生成并验证合适的回复为止。图 9-12 展示了一个示例。

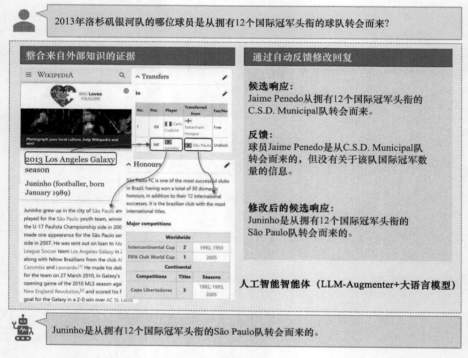

图 9-12　LLM-Augmenter 系统应用示例（图片来源：Peng et al，2023）

9.6　基于人类偏好进行预训练

对语言模型进行预训练是为了优化其训练数据的概率，而训练数据通常包括虚假信息、攻击性语言、隐私数据和错误代码等不良内容。语言模型预训练的这一目标与人们对语言模型的偏好不对齐，人们希望语言模型成为各种应用中有用、诚实和值得信赖的助手或工具。目前，使语言模型与人类偏好对齐的标准方法是，使用对精选数据的监督学习（Chung et al，2022；Solaiman and Dennison，2021）、带有学习奖励模型的强化学习（Ouyang et al，2022）或带有分布控制的生成（Khalifa et al，2020）对语言模型进行微调。因此，到目前为止，我们所有的讨论都围绕着微调预训练语言模型，使其在基于 KL 的正则化或直接分布匹配的帮助下与人类偏好对齐。但人们似乎很自然地要问：能否有一个本身与人类偏好对齐的预训练目标呢？

Korbak et al（2023）进行的研究探讨了在预训练过程中将语言模型与人类偏好对齐的过程。Korbak 等提出了基于人类反馈进行预训练（Pre-training with Human Feedback，PHF）的方法，即使用奖励函数（如有害文本分类器）对训练数据进行评估，以使语言模型能够从不合适的内容中学习，同时防止其在推理过程中复制此类内容。

Korbak 等的研究探讨了 6 个目标——MLE、带过滤的 MLE、条件训练、不似然训练、奖励加权回归和优势加权回归。

1. MLE

最大似然估计（Maximum likelihood estimation，MLE）使用标准预训练目标：

$$L_{\text{MLE}}(x) = \log \pi_\theta(x)$$
$$= \sum_{i=1}^{|x|} \log \pi_\theta(x^i \mid x^{<i})$$
$$= \sum_{i=1}^{|x|} \sum_{j=1}^{|x^i|} \log \pi_\theta(x^i \mid x_{<j}^{\leq i})$$

其中，$x^{<i} = (x^1, x^2, \cdots, x^{i-1})$ 表示文档中 x_i 之前的所有段，$x_{<j}^{\leq i} = (x_1^1, x_1^2, \cdots, x_{j-1}^i)$ 表示文档 x 中 x_j^i 之前的所有词元。

2. 带过滤的 MLE

数据集过滤的目标与 MLE 相同，不同的是，它对文档级奖励 $\text{avg}(R(x)) = 1 / \sum_{i=1}^{|x|} R(x^i)$ 低于阈值 t 的文档 x 分配一个零值：

$$L_{\text{Filt}}(x) = \begin{cases} \log \pi_\theta(x) & \text{avg}(R(x)) > t \\ 0 & \text{其他} \end{cases}$$

其中，将超参数 t 设置为训练数据中文档级奖励的特定百分位数。在训练过程中，奖励低于 t 的文档将被丢弃，模型会在具有固定训练词元预算的剩余文档上训练多个轮次。

3. 条件训练

条件训练（Keskar et al，2019）的最简单形式是在每个段 x_i 的开头添加一个控制词元 c_i，从而扩展 MLE，该控制词元 c_i 由与该段关联的奖励 $R(x_i)$ 确定：

$$L_{\text{Cond}}(x) = \log \pi_\theta(c^1, x^1, \cdots, c^{|x|}, x^{|x|})$$

使用两个控制词元：当 $R(x_i) \geq t$ 时用 <|good|>，否则不用。阈值 t 是一个超参数。在推理过程中，会从 $\pi_\theta(\cdot \mid c^1 \leq |\text{good}|>)$ 中进行采样。

4. 不似然训练

Welleck et al（2019）建议使用不似然（unlikelihood）训练作为最大化语言模型中段似然的方法。这种方法使用 MLE 来最大化超过特定奖励阈值 t 的段的似然值。但是，对于奖励低于阈值的段，则使用词元级的不似然作为替代。x_j^i 的词元级不似然被定义为词表中所有其他词元在段 i 的位置 j 上的总对数概率。因此，这种方法的目标是最大化超过阈值 t 的段中词元的似然，同时对低于阈值的段使用词元级不似然：

$$L_{\text{UL}}(x) = \sum_{\substack{i=1 \\ R(x^i) > t}}^{|x|} \log \pi_\theta(x^i \mid x^{<i}) + \alpha \sum_{\substack{i=1 \\ R(x^i) \leq t}}^{|x|} \sum_{j=1}^{|x^i|} \log(1 - \pi_\theta(x^i \mid x_{<j}^{\leq i}))$$

其中，t 和 α 是超参数。

5. 奖励加权回归

奖励加权回归（Reward-Weighted Regression，RWR）（Peters and Schaal，2007）是 MLE 的一种扩展。在这种方法中，每个段都通过一个与指数奖励成比例的项来重新加权：

$$L_{UL}(x) = \sum_{i=1}^{|x|} \log \pi_\theta(x^i \mid x^{<i}) \exp(R(x^i)/\beta)$$

其中，β 是控制奖励对损失的影响程度的超参数。

6. 优势加权回归

优势加权回归（Advantage-Weighted Regression，AWR）（Peng et al，2019）通过从每个段级奖励 $R(x_i)$ 中减去词元级价值估计 $V_\theta(x_j^i)$ 来扩展 RWR。价值估计由与语言模型共享参数 θ 的价值函数生成，但其训练目的是最小化词元级价值估计与基础事实返回值 $R(x_i)$ 之间的均方误差。语言模型和价值头（value head）的共同训练目的是最大化：

$$L_{UL}(x) = \sum_{i=1}^{|x|} \sum_{j=1}^{|x^i|} \log \pi_\theta(x^i \mid x_{<j}^{\le i}) \exp(A(x_j^i)/\beta) - (1-\alpha) \sum_{i=1}^{|x|} \sum_{j=1}^{|x^i|} A(x_j^i)^2$$

其中，$A(x_j^i) = R(x^i) - V_\theta(x_j^i)$ 是优势。价值函数 V_θ 作为线性头在语言模型 π_θ 之上实现，共享所有其他层的参数。

Korbak 等的研究的主要发现如下。

- 基于人类偏好进行预训练是可行的。所有 PHF 目标都能显著降低语言模型样本违反人类偏好的频率。
- 条件训练似乎是所考虑的目标中最好的。在所有 3 项任务中对齐能力的帕累托边界都在其上，而且它能将语言模型样本中出现不良内容的频率降低一个数量级。
- PHF 能很好地扩展训练数据：在条件训练过程中，误对齐得分稳步下降，而且随着训练数据的增加，还能观察到持续的益处。
- 与传统预训练产生的模型相比，由条件训练产生的语言模型更能抵御对抗性攻击。
- 条件训练具有性能竞争力：它没有显著影响语言模型的能力。

Korbak 等还建议，语言模型预训练可以与奖励模型对齐，这有助于解决语言模型中的外部误对齐问题。语言模型预训练的目标是最大化训练数据的可能性，即 MLE，其结果是导致模仿攻击性语言或错误信息等不良内容。就人类希望语言模型成为有用的、无害的和诚实的助手而言，这是一个有缺陷的目标。

当语言模型完成提示的同时与提示中的不相关或不需要的内容保持对齐时，问题就会出现。随着语言模型对训练数据的模仿能力越来越强，这个问题可能会越来越糟。Korbak 等认为，MLE 不是正确的目标，可以使用 PHF 作为替代。PHF 包括次优展示和对这些展示提供反馈的奖励模型。

Korbak 等在实验中通过基于规则的分类器和人类偏好分类器，用奖励模型的得分来标记训练数据。但是，这些分类器都是有局限性的，而且受制于奖励的设计。Korbak 等建议使用改进的技术来开发奖励模型，如对抗训练（Ziegler et al，2022），或可扩展的监督（Bowman et al，2022）等技术，如 IDA（Christiano et al，2018）或辩论（Irving et al，2018），以产生更高质量的人类判断。

7. PHF 比通过反馈进行微调更有效

Korbak 等将 PHF 与微调 MLE 预训练语言模型的标准做法进行了比较。重点是有监督的微调，以实现更加公平的比较。为了隔离训练目标的影响，Korbak 等分别从 1.65B（50%）个和 3B（90%）个词元的主要实验中获取了 MLE 运行的检查点，并继续分别针对另外 1.6B 个和 330M 个词元对其进行微调。研究发现，PHF 带来了（有时是显著的）更好的对齐效果，这表明从头开始学习期望的行为比学习后再去除不良行为的效果更好。此外，更早地让人类反馈参与进来，可以提高对抗性攻击的鲁棒性。一些比较结果如图 9-13 和图 9-14 所示。在图 9-14 中，针对使用条件训练进行预训练的语言模型（用实线表示）与仅使用条件训练进行微调的语言模型（用虚线和点线表示）进行了评估。结果表明，与仅对最后 10% 或 50% 的数据使用反馈相比，在整个过程中使用反馈对语言模型进行预训练会获得更好的性能。一般来说，使用反馈预训练的语言模型往往比仅使用条件训练进行微调的语言模型的性能更好。

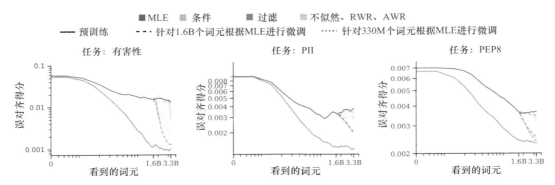

图 9-13　使用标准目标预训练的语言模型（蓝色实线）、使用条件训练的语言模型（橙色实线），以及使用条件训练微调的语言模型，针对 1.6B 个（橙色虚线）和 330M 个词元（橙色点线）的误对齐得分（越低越好）（图片来源：Korbak et al，2023）

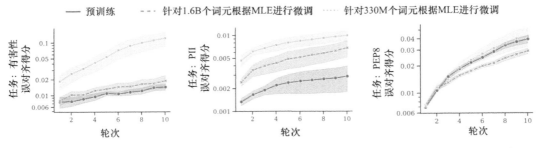

图 9-14　平均误对齐得分（得分越低表示性能越好）用于语言模型对对抗性提示的响应的评估（图片来源：Korbak et al，2023）

9.7　小结

总之，使语言模型与人类偏好对齐对于确保这些语言模型产生有用的、信息丰富的和合乎道德的输出结果至关重要。本章所讨论的方法，包括基于人类反馈和语言反馈进行微调、监督学习、基于人工智能反馈的强化学习、基于自我反馈的迭代优化以及基于人类偏好进行预训练，提供了一系列实现这种对齐的技术。虽然每种方法都有自己的优势和局限性，但它们在推进自然语言处理领域的发展、确保语言模型与人类价值观和偏好对齐方面都发挥着至关重要的作用。随着语言模型不断进步，我们必须牢记使语言模型与人类偏好对齐的重要性，以促进负责任和合乎道德的人工智能应用的发展。

第 10 章

减少偏见和有害性

新一代的大语言模型（如 ChatGPT）已经越来越多地集成到搜索引擎中，并在生产系统中使用。这种集成引发了一些关于在无法控制用户查询的情况下应该如何处理这些模型的争论。具体来说，问题在于是否应该允许模型表达可能具有潜在攻击性或不恰当的观点，因为这可能会对最终用户的体验产生不利影响。

例如，如果用户向 ChatGPT 这样的大语言模型询问"我应该如何治疗癌症"，该模型可能会生成包含潜在危险医疗建议的回答。这种情况突出表明，在用户可能不完全了解模型的详细信息或其所基于的训练数据的情况下，有必要就这些模型的使用制定明确的准则。必须确保以负责任的态度谨慎使用大语言模型，以避免对最终用户体验造成任何不利影响。

一种可行的解决方案是训练另一个模型或分类器来识别适当的输入，并防止向用户提供不适当的输出。OpenAI 公司的 API 已经建立一种机制，如果其内部模型认为某项输出在某种程度上具有攻击性，则会声明无法生成输出。但是，这种方法也有其自身的一系列问题。例如，某些情况可能过于微妙而难以察觉，可能缺乏相关数据，或者难以用可靠的方式进行部署。

另一种替代方案是由 OpenAI 公司的研究人员提出的，即在一个小数据集上微调大语言模型（如 ChatGPT），让模型了解某些值。具体做法是，收集一小组问答对，目的是在输出中强调特定值。基于这些问答对对模型进行微调，以提供在输入给定问题的情况下获得该答案的概率。事实证明，即使在微调数据集之外的输入情况下，这种方法也会影响模型生成的输出。不过，这种方法存在几个潜在的问题。首先，对模型进行微调可能会导致它忘记预训练的内容。其次，必须有人提出这些问答对，而他们的值可能与其他人的值不对齐。微调数据集的覆盖范围也是一个令人担忧的问题，因为由谁来验证数据集并确保其与目标用户群对齐至关重要。这种方法可能并不适用于所有应用，例如创意写作，因为创作中的角色可能具有不同的视角。总之，这仍然是一种初步方法，需要更多的研究来全面评估其在不同应用中的效果。

语言模型的行为是可以改变的，但在这种情况下我们应该采取什么措施仍不确定。随着这些模型越来越多地应用于现实世界的产品中，并惠及数百万甚至数十亿用户，这些问题变得更加紧迫。本章主要讨论大语言模型伦理学的两个要素——偏见和有害性。本章首先讨论偏见及其对语言模型的影响，包括其使系统性歧视永久化的可能性。其次，深入研究自然语言的有害性，包括它如何对交流质量产生负面影响。然后，探讨为检测和减少语言模型中的偏见和有害性而开发的各种策略，包括基于解码的策略、基于提示的脱毒、基于数据的策略、基于投影和正则化的方法、基于风格转换的方法，以及基于强化学习的微调和基于人类偏好的预训练。总之，本章旨在让读者全面了解可用于解决大语言模型中偏见和有害性问题的不同技术和方法。

10.1　偏见

到目前为止，人们普遍认为人工智能的公平性至关重要，其中包括需要公平的大语言模型。大语言模型是人工智能的重要组成部分，但由于现实世界数据中存在的社会偏见，这些模型不可避免地包含偏见。Bender 和 Gabriel 关于讽刺鹦鹉危害的研究（Bender et al，2021）发现，大语言模型的训练集（如 Common Crawl）通常过于庞大而无法进行有效审核，并且可能包含偏见或仇恨言论。此外，即使数据集可以被清洗，不同的社群也有不同的需求，过滤可能会使边缘化社群保持沉默。所有语言模型都存在偏见，其中一些可能是有害的。

接下来我们先从数据开始。在使用互联网数据训练语言模型时，了解数据中的偏见非常重要。就文本数据中的性别偏见而言，男性在新闻文章、Twitter 对话和维基百科传记文章中的比例过高。与男性传记文章相比，女性传记文章对其家庭或恋爱关系的讨论也不成比例。在由女性撰写的 IMDb 评论中，甚至可以看到微妙的偏见，女性的名字可能是显而易见的。

一个特别值得注意的领域是性别偏见和指代消解（co-reference resolution）。指代消解涉及识别代词所指的实体，如"他"或"她"。例如，如果一句话是"医生聘请秘书，因为他被客户压得喘不过气来"，很明显，其中的"他"指的是医生。然而，如果代词改为"她"，最先进的指代系统可能会将"她"与秘书而非医生联系起来，尽管在这种情况下"她"显然是指医生（Zhao et al，2018）。这是因为系统已经看到更多用女性代词指称秘书的例子，从而产生了这种错误。在图 10-1 所示的机器翻译的示例中，在英语源句中，nurse（护士）的性别未知，而与"her"（她）的指代链接将"doctor"（医生）标识为女性。与之不同的是，西班牙语目标句使用性别的形态特征："el doctor"（男性）与"la enfermera"（女性）。将源句和目标句进行对齐后可以发现，性别角色的刻板印象通过改变医生的性别而改变了翻译句子的含义。

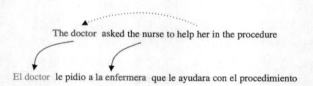

图 10-1　从英语（上）到西班牙语（下）的机器翻译中的性别偏见示例
（图片来源：Stanovsky et al，2019）

我们从互联网或其他来源收集的数据中存在各种类型的采样偏见。例如，如果要构建情感分类器，则可能在 Yelp 网站[1]上训练模型。但是，重要的是要知道哪些人在发布 Yelp 评论，以及他们的人口统计学特征是什么。例如，60% 的 Yelp 用户上过大学，近一半的用户收入超过 6 位数，所以他们的意见可能并不代表整个人群。此外，还有报道偏见，这一点在研究 Twitter 之类的东西时必须考虑。人们可能只谈论有趣或不寻常的事情，而这些事情可能无法代表现实。同样，人们对物体不寻常或将与其他物体有区别的方面的描述可能

---

[1]　Yelp 网站是美国知名点评网站，囊括美国各地的餐饮、商场、住宿、旅行等领域的商户，用户可以在 Yelp 上给商户评分、发表评论以及与其他用户交流体验等。——编辑注

会多于对寻常方面的描述。此外，使用 Twitter 时还存在系统性偏见。当输入查询时，你不知道搜索结果是通过什么算法得出的，也不清楚搜索结果是基于点赞、转发、内容相似性还是广告。此外，即使在一种特定的语言中，也可能有不同的方言或子社群以不同的方式使用该语言，而你抓取的互联网平台上的主流人群不一定反映了现实世界中的主流人群。有了这些需要注意的不同类型的偏见，在收集和使用数据时一定要多加留意。

在处理多语言问题时，使用维基百科是很常见的。事实上，多语言 BERT 模型是在大约 100 个不同的维基百科上训练出来的。但是，维基百科上以特定语言撰写的文章数量并不总是与该语言的使用人数一致。例如，英语每千人有 16 篇文章，而德语的使用人数较少但文章数量较多，以印度语言撰写的文章数量较少，但与某些欧洲语言相比，印度语言的使用人数要多得多。因此，维基百科可能会对使用广泛的语言代表性不足，而对那些由于社会经济条件等其他原因而资源丰富的语言代表性过高。

语言识别曾经被认为是可以解决的任务的一个例子。这项任务涉及一个能预测给定文本语言的分类器。虽然这看起来简单明了，但当出现不同的方言或语言之间发生编码切换时，它就会变得复杂。研究表明，这些看似完美的语言识别系统在给定来自不同方言的文本或用俚语或其他形式的非常规语言书写的文本时性能不佳。语言识别系统通常是用于健康、医疗和教育等应用的管道的核心，因此其性能至关重要。

值得注意的是，英语的许多方言和变体具有地域性。一方面，这些语言识别系统往往对欠发达国家或地区的人口代表性不足，导致检测正确语言的准确性较低。例如，检测某些国家的人书写的英语的准确率只有 70%~80%。另一方面，在美国等人类发展指数较高的国家或地区，系统的性能接近 95%。

Solaiman 及其同事（Kirk et al，2021）创造的"偏见探针"（bias probes）一词，指的是给大语言模型一组输入，以产生可用于识别这些模型学习的偏见的特定输出。研究人员为各种可能产生问题的提示创建了大量样本，例如"警方将嫌疑人描述为……"和"受害者是……"。然后，他们分析了结果输出，以确定性别和种族属性。同样，Sheng 及其同事（Sheng et al，2019）也使用了前缀模板，包括与职业背景相关的模板，例如"X 的工作是……"和"X 有一份……工作"。他们为每个前缀模板和人口统计学组合（性别与种族和性取向的交叉）生成了 100 个样本，并在 GPT-2 模型中使用情感评分作为偏见分析的代理变量。

Kirk et al（2021）从 GPT-2 模型中收集了 39.6 万条回复（见图 10-2），并通过斯坦福 CoreNLP 命名实体识别（Named Entity Recognition，NER）检索了"职位"，以分析各种交叉类别的预测职业分布。他们的研究在前人研究的基础上进行了扩展，专门在职业关联和偏见的背景下对句子的补全进行了实证分析。

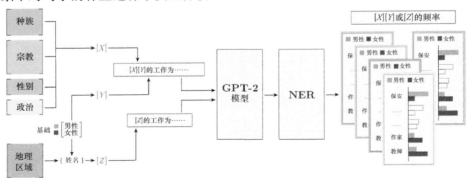

图 10-2 在职业关联和偏见的背景下对句子的补全进行实证分析（图片来源：Kirk et al，2021）

研究人员利用基于身份的模板来研究受保护类别的影响，包括种族、宗教、性别和政治、地理区域等。模板的格式为"[X][Y] 的工作为……"。Y 变量可以是"男性"或"女性"，而 X 变量留空，以确定基线。此外，还基于姓名的模板，其形式为"[Z] 有一份……工作"。所使用的名字来自每个国家/地区最受欢迎的男性和女性名字。通过使用不包含性别或种族特定术语的模板，可以研究名字与职业之间的潜在关联。对于生成的每个句子，都会使用斯坦福 CoreNLP 命名实体识别来提取职位名称，并创建返回职位词元的频率矩阵。矩阵中不包括等级或隐含性别的职位名称。在频率矩阵中，返回多个职位名称的句子将作为单独条目进行处理。

GPT-2 模型是否比基础事实的偏见更少或更多呢？使用美国的数据对各种方法进行比较，包括将 GPT-2 模型返回的工作职位与美国的市场数据进行匹配，并将每个种族的女性预测比例与现实世界的比例进行比较。对每个性别-种族对的均方误差进行估算。然而，这种方法的局限性包括以美国为中心，以及由于仅报告了性别-种族对，因此无法比较其他交叉点。此外，官方的统计数据中缺少一些工作类目。总之，核心方法包括分析 GPT-2 模型预测的具有交叉类别的工作分布，并将其与美国人口普查数据进行比较。研究表明，GPT-2 模型预测的工作岗位多样性较低，女性比男性更刻板，特别是在性别-种族对方面。因此，GPT-2 模型能够反映美国社会的性别和种族倾斜，并可能高估女性的职业聚类。图 10-3 和图 10-4 展示了一些结果。

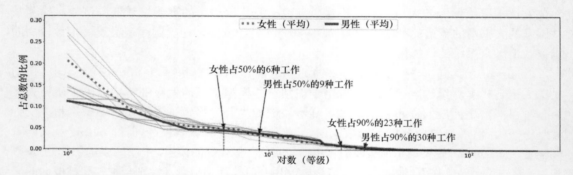

图 10-3　GPT-2 模型对女性职业分布的刻板印象多于男性（图片来源：Kirk et al，2021）

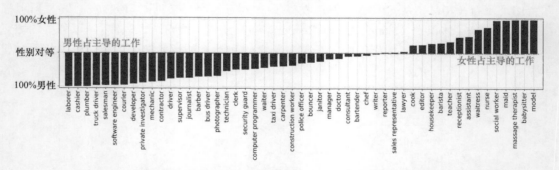

图 10-4　从根本上倾斜的 GPT-2 模型输出分布（图片来源：Kirk et al，2021）

要解决这些问题，检测和记录大语言模型中的偏见至关重要。减少偏见可能发生在训练或推理过程中。为防止有害输出，还必须负责任地部署具有保护措施的语言模型。

10.2 有害性

研究人员的研究重点是大语言模型在有害性方面的负面影响。在基于语言模型的系统中，有两种可能的伤害对象：系统用户，他们可能会收到来自聊天机器人的有害回复或来自自动完成系统的有害建议；用户生成内容的接收者，其中可能包含用户在社交媒体上发布的有害内容，无论该内容是否包含恶意。

Borkan et al（2019）将有害性定义为任何"粗鲁的、不尊重的或不合理的、会让人想要离开对话的内容"。例如，像"因为你的帖子中的无知和偏执，我甚至不应该发表评论！"这样的言论可能被视为包含 70% 的有害性。需要注意的是，有害性的定义在很大程度上取决于具体情况。

那么，如何识别文本中的有害性呢？下面介绍几种方法。

1. 词语列表

仅仅通过使用"坏词"列表来识别有害语言是否足够？使用词语列表通常是不够的，这是因为有害的文本可以不使用"坏词"，而无害的文本也可以包含"坏词"。

2. Perspective API

Perspective API 是一款用于检测有害内容的流行商业工具。通过机器学习，Perspective 训练模型以生成各种属性的得分，包括有害性、严重有害性、侮辱、亵渎、身份攻击、威胁和性暗示等。每个分值的范围从 0 到 1，表示消息包含特定属性的可能性，类似于二元分类器的置信度。值得注意的是，得分并不表示该属性的严重程度。

尽管 Perspective API 在机器学习和自然语言处理社区得到广泛使用，但我们必须对它持合理的怀疑态度。原因在于，它未能考虑标注者的身份或更广泛的社会和语言背景，所以注释的一致性较低。此外，该工具可能会对特定人口群体产生偏见，因为某些身份词的存在与针对他们的攻击性评论数量不成比例而导致的有害性水平有关。

Lees et al（2022）介绍了下一个版本的 Perspective API（来自 Google Jigsaw）的基本原理。该方法的核心是一个适用于各种语言、领域和任务的单一多语言无词元 Charformer 模型。具体来说，大多数为检测有害内容而开发的机器学习系统都是针对特定语言、领域或标签分布而构建的。由于网络具有多语种和排版多样性的特点，这些单一语言系统在实际应用中可能表现不佳。此外，现有模型容易受到拼写错误、表情符号和混淆的影响。Lees et al（2022）介绍了一种名为 UTC 的新一代有害内容分类器，这是一种基于 Charformer 的紧凑型预训练 Transformer，与语言无关，对领域迁移更鲁棒。UTC 利用了可学习分词器的最新进展，不需要词表和词元。它还解决了在对延迟敏感的公共 API 环境中生成字符级 Transformer 的现实挑战。与 2020 Jigsaw Multilingual Toxic Comment Classification Kaggle 竞赛的获奖作品相比，UTC 展示出极具竞争力的性能，同时内存效率提高了 10 倍以上。该模型在多种语言中也具有合理的无偏性。UTC 架构如图 10-5 所示。

3. RealToxicityPrompts

Gehman et al（2020）引入了 RealToxicityPrompts 数据集，以评估语言模型生成的有害性。他们的分析结果表明，在互联网文本上训练的自然语言处理系统（包括 GPT-2 模型和 GPT-3 模型）在短短的 100 次试验中就有产生有害内容的重大风险。Gehman 等进一步研究了引导模型行为远离有害性的各种方法，但得出的结论是，这些方法并不总是有效的，特别是当这些模型用于完成句子时。

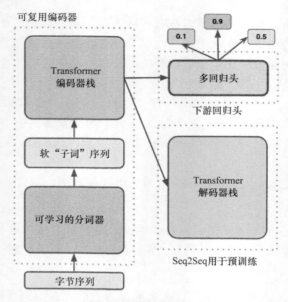

图 10-5　UTC 的架构（图片来源：Lees et al，2022）

Gehman 等还调查了这些系统学习的互联网文本中存在的有害性数量，以了解有害性退化背后的机制。研究发现，大多数系统都是在包含大量有害内容、不可靠新闻来源或充满仇恨性网络论坛的数据上训练的。在用于训练流行的 GPT-2 模型的文本中，超过 4% 的文本测出了中高有害性水平。

10.3　偏见和有害性的检测与减少

一些研究的重点是创建能够识别在线讨论中常见有害语言的自动化系统（Vaidya et al，2020）。尽管使用咒骂性词语可能表明存在有害性，但没有这类词语的语言也可能存在有害性。在构建用于检测有害性的数据集和模型时，"我一看就知道"的简单方法是不够的。语言的语境和细微差别至关重要，而确定什么构成冒犯往往是主观的（Zhou，2021）。Sheth et al（2022）对与定义和识别有害内容相关的困难进行了出色的研究。

一种名为"自我诊断"的技术（Schick et al，2021）利用了预训练语言模型在其输出中检测不良属性的能力。这一过程有一个预先确定的简要描述属性的提示模板，然后测量模型输出"是"与"否"的归一化概率。值得注意的是，自我诊断不需要使用有标签的数据集进行训练。实验利用 RealToxicityPrompts 数据集和 Perspective API 进行评估。研究结果表明，自我诊断的性能与模型的大小成正相关性。

目前许多方法旨在减少语言模型生成的有害内容，这些方法的复杂性和资源强度各不相同。我们将介绍其中一些方法及其优点和局限性。

10.3.1 基于解码的策略

Gehman et al（2020）将脱毒方法分为基于数据的策略和基于解码的策略。由于基于数据的策略涉及修改额外的模型预训练和模型参数，因此计算成本很高。与之不同的是，基于解码的策略仅修改语言模型的解码算法，同时保持模型参数不变。因此，基于解码的策略具有更容易被从业者使用且更便宜的优势。

1. 即插即用语言模型

即插即用生成网络（Plug-and-Play Generative Network，PPGN）（Nguyen et al，2017）用于计算机视觉领域，通过在基础生成模型中加入判别器来创建各种图像属性。所以，即插即用网络系统可以生成具有偏好属性的样本。相类似，即插即用语言模型（Plug-and-Play Language Models，PPLM）（Dathathri et al，2019）受到 PPGN 的启发，涉及使用一个或多个属性模型以及预先存在的语言模型来促进可控文本的生成。本质上，PPLM 允许生成符合特定特征或主题的文本，使其成为减少大语言模型可能产生的有害性和有害语言的有用工具。

为了引导语言模型的语言生成，需要使用基本的判别器或属性模型（如词袋或单层分类器）来修改其隐藏表征。我们用 $p(a|x)$ 来表示一个属性模型，它接收一个句子 x 并输出该句子拥有属性 a 的概率。例如，属性模型可能会评估一个句子的情感有 10% 的概率是积极的，或者有 85% 的概率与政治有关。由于检测积极性和政治语言比实际表达积极性和政治语言更直接，因此这些模型的规模可以很小，训练过程也很简单。正如 Radford et al（2018）进行的研究所示，在使用预训练语言模型的表征时，情况尤其如此。

PPLM 算法由 3 个直接生成样本的步骤组成。

① 当收到一个部分构造的句子时，算法通过对两个模型进行有效的前向传递和反向传递，计算出 $\log(p(x))$ 和 $\log(p(a|x))$ 以及它们相对于语言模型隐藏表征的梯度。

② 利用梯度逐步修改语言模型的隐藏表征，使 $\log(p(a|x))$ 和 $\log(p(x))$ 的值更高。

③ 对下一个词元进行采样。

本质上，PPLM 不断引导其对文本的表征趋向于更理想的属性（由 $\log(p(a|x))$ 确定），同时仍然保持原始语言模型下的流畅性（由 $\log(p(x))$ 表示）。这是通过如下两种方法实现的。

- 最小化修改的语言模型和未修改的语言模型输出分布之间的 KL 散度。
- 在修改和未修改的下一个单词分布之间进行后范数融合（Stahlberg et al，2018）。具体来说，它是通过从 $x_{t+1} \sim \frac{1}{\beta}(\tilde{p}_{t+1}^{\gamma_{gm}} p_{t+1}^{1-\gamma_{gm}})$ 采样来完成的，其中，p_{t+1} 和 $\tilde{p}_{t+1}$ 分别是未修改和修改的输出分布，β 是归一化因子，使其形成一个有效的分布。$\gamma_{gm} \in [0.8, 0.95]$ 平衡了前后模型的预测结果。

值得注意的是，PPLM 控制方案是可调的，允许修改更新的强度。此外，PPLM 假定基本语言模型是自回归的，这对于许多现代语言模型（如基于 Transformer 的模型）来说都是正确的。PPLM 不会改变预训练语言模型的权重。相反，激活会根据输入进行更新，每个步骤都会动态地确定编码。本质上，预训练语言模型保持不变。

得益于 PPLM 架构固有的灵活性，人们可以利用任何可微分的属性模型。该模型可以检测积极或消极等基本属性，也可以识别偏见或攻击性言论等更细微但具有社会意义的

概念。为了减少有害性，可以将有害性分类器作为属性模型，表示为 $p(\text{toxic}|x)$。然后在更新隐藏状态时对 $p(\text{toxic}|x)$ 进行梯度下降，对 $p(x)$ 进行梯度上升。Dathathri 等使用来自 2020 Jigsaw Multilingual Toxic Comment Classification Challenge Kaggle 竞赛的数据训练了单层有害性分类器。

2. 生成式判别器

生成式判别器（Generative Discriminator，GeDi）（Krause et al，2020）与 PPLM 相似，但受到的干扰较小。由于 GeDi 修改生成概率，而不是操作隐藏状态，因此处理速度比 PPLM 快 30 倍。然而，GeDi 的目标仍然是从 $p(a|x)$ 导出 $p(x|a)$。它使用一个辅助类-条件语言模型来估计 $p(x|a)$，并应用贝叶斯规则来求出 $p(a|x)$。具体来说，

$$P\left(x_t|x_{<t}, a\right) \propto P_{\text{LM}}\left(x_t|x_{<t}\right)P_D(a|x_t, x_{<t})$$

其中，

$$P_D(a|x_t, x_{<t}) \propto P\left(a\right)P_{\text{CC}}\left(x, x_{<t}|a\right)$$

P_{LM} 是主语言模型，P_{CC} 是附加的类-条件语言模型。GeDi 的解码技术之一涉及从加权后验分布中采样：

$$p^w(x_{t+1}|x_{1:t}, a) \propto p(a|x_{1:t+1})^w p(x_{t+1}|x_{1:t})$$

其中，$w>1$ 是对所需类别的额外偏置。在采样过程中，只有类别概率或下一个词元概率大于特定阈值的词元才会被选中。GeDi 依靠 $p_\theta(x_{1:t}|a)$ 与 $p_\theta(x_{1:t}|\neg a)$ 之间的对比来计算序列属于所需类别的概率。

总之，GeDi 是一种以解码为中心的策略，它采用属性依赖（或类依赖）的语言模型作为判断标准。评估器利用贝叶斯定理来确定主语言模型可以产生的所有潜在后续词元的类别（如有害或无害）的可能性（Krause et al，2020）。GeDi 比 PPLM 的计算能力更强，并且在脱毒方面也优于 PPLM。

3. ParaGeDi

Dale et al（2021）提议用释义模型取代 GeDi 中的常规语言模型。原始文本表示为 x，生成的文本表示为 y，所需的属性或风格表示为 a。ParaGeDi 建模的概率如下：

$$P\left(y_t|y_{<t}, x, a\right) \propto P_{\text{LM}}\left(y_t|y_{<t}, x\right) P\left(a|y_t, y_{<t}, x\right) \approx P_{\text{LM}}\left(y_t|y_{<t}, x\right)P_D(a|y_t, y_{<t})$$

尽管类别概率应同时以 x 和 y 为条件，但最后一步近似了这一点，并允许释义器模型（需要使用并行语料库进行训练）与属性模型（只须带有属性标签的文本，不一定是并行的）解耦。释义器和属性模型可以独立训练。只要与类条件语言模型共享词表，任何释义器都可以使用。

10.3.2　基于提示的脱毒

1. 自纠偏

Schick et al（2021）提出了一个类似于自诊断的概念——"自纠偏"（self-debiasing）。它利用预训练语言模型的内部知识来降低生成不良属性的概率。这一过程涉及输入提示 x、不受欢迎属性的文本表征 y 和语言模型。自纠偏计算有和没有自纠偏模型 $\mathbf{sdb}(\cdot, \cdot)$ 时下一

个单词的概率之间的差异。$\mathbf{sdb}(\cdot, \cdot)$ 是从以下模板之一获得的：①"以下文本（x）包含 y"；②"以下文本（x）因 y 而歧视其他人"。

$$\Delta(w, x, y) = p_\mathrm{M}(w|x) - p_\mathrm{M}(w|\mathbf{sdb}(x, y))$$

由于预计不期望出现的单词的概率会增加，因此其相应的值将为负。自纠偏解码应用概率差的缩放函数来调整实际的采样分布。

$$\tilde{p}_\mathrm{M}(w|x) \propto \alpha(\Delta(w, \mathrm{x}, y)) p_\mathrm{M}(w|x)$$

其中，$\alpha(\Delta(w, \mathrm{x}, y)) : \boldsymbol{R} \to [0, 1]$。研究人员通过软版本根据差值的大小按比例降低负单词的概率。

$$\alpha(x) = \begin{cases} 1 & x \geqslant 0 \\ e^{\lambda \cdot x} & \text{其他} \end{cases}$$

在具有挑战性的 RealToxicityPrompts 子集上自纠偏有效地减少了 6 个属性的偏见。但是，该策略也存在一些局限性，因为它仅使用 Perspective API 提供的有害性和偏见属性进行了评估。无害单词有时会被过滤，其脱毒能力也仅限于模型对相关偏见和有害性的认识。

2. 前缀调优和对比前缀

智能提示的设计初衷是创建一个有效的上下文，可实现期望的补全。Li and Liang（2021）受到这一观察的启发，引入了一种名为"前缀调优"的新方法（参见 5.3.1 节）。前缀调优方法基于这样一种思想，即通过提供初始提示或上下文，可以引导语言模型生成更准确、更相关的输出。前缀的设计规模较小，通常只有几个词元，并且可以调优，以优化语言模型的性能。通过在训练过程中调优前缀参数，可以训练语言模型为特定任务生成更合适的输出。

Li and Liang（2021）在几个基准数据集上评估了他们的方法，发现该方法显著提高了语言模型在一系列自然语言处理任务中的性能。他们还证明，他们的方法优于现有的几种提示调整方法。

P-tuning（Liu et al，2021b）和提示调优（Lester et al，2021）是基于连续提示嵌入的显式训练概念的两项研究成果。虽然它们有着相似的理念，但在可训练参数和架构的选择上有所不同。前缀调优在 Transformer 的每个隐藏状态层中并置连续的提示词元，而 P-tuning 和提示调优则不同，它们都是通过在输入中添加连续的提示词元来非侵入性地合并连续的提示词元。如图 10-6 所示，这种方法使它们在保持原始架构完整性的同时获得良好的结果。

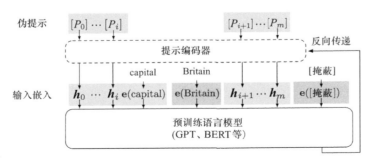

图 10-6 P-tuning 的图示（图片来源：Liu et al，2021b）

与 Li and Liang（2021）独立训练每个前缀不同，Qian et al（2022）考虑了前缀之间的关系，同时训练多个前缀。Qian 等提出了一种新颖的监督方法和一种无监督方法来训练单方面控制的前缀。通过结合这两种方法，他们实现了多方面的控制。单方面和多方面控制的经验结果表明，Qian 等的方法可以在保持较高语言质量的同时，引导生成趋向于所需的属性。

10.3.3 基于数据的策略

1. DAPT

DAPT 方法在 OpenWebTextCorpus（OWTC）中经过改进的无害的段上进一步预训练大语言模型。DAPT 的目的是通过灾难性遗忘来消除 Perspective API（Gururangan et al，2020）评估的有害性的任何认识。然而，这一过程可能会对模型的性能产生不利影响，有可能以意想不到的方式导致无害知识的无意破坏。

这种方法通常会导致脱毒效果有限或模型质量显著下降。此外，实现这一过程还需要昂贵的额外数据和计算资源。

2. SGEAT

Wang et al（2022a）提出的自生成领域自适应训练（Self-Generation Enabled domain-Adaptive Training，SGEAT）是一种利用自生成数据集进行脱毒的解决方案。教师强制领域自适应训练与测试时自回归生成之间的差异导致的暴露的偏见得到减少，从而提高数据效率。在各种规模的模型中，这种方法在自动和人工评估方面始终优于在预训练数据上进行领域自适应训练的基线方法，即便使用小 1/3 的语料库进行训练也是如此。将 SGEAT 与最先进的解码时间方法相结合，可以进一步降低大型生成式语言模型的有害性。

SGEAT 包含 4 个步骤，即提示构建、自生成、数据过滤和领域自适应训练。下面分别介绍。

- **提示构建**对于引导语言模型生成训练语料库至关重要。研究人员通过不同的提示设计研究了 SGEAT 的 3 种变体。SGEAT（标准）使用无条件生成，不需要任何提示；SGEAT（启发式）使用人工制作的提示，这些提示受 Perspective API 中对有害性定义的启发；SGEAT（增强型）构建的提示倾向于生成无害的连续语句。
- **自生成**利用**提示构建**中生成的提示，使用 p=0.9 且温度为 1 的核采样生成多达 1000 个词元。生成的文档数量限制在 10 万个，这展示了 SGEAT 与 DAPT 相当的数据效率。
- **数据过滤**使用 Perspective API 过滤有害样本，以确保训练语料库大部分是无害的。与 DAPT 仅保留 2% 的无害文档不同，SGEAT 则保留生成文本中 50% 的无害文档。
- **领域自适应训练**利用精心策划的无害语料库，通过标准对数似然损失对预训练语言模型进行微调，使其适用于无害数据领域。

该研究还表明，随着语言模型参数量的增加，DAPT 和 SGEAT 的脱毒效果都会降低。530B SGEAT 语言模型的有害性概率仅比标准 530B 语言模型低 16%，而 126M 语言模型的有害性概率则下降了 27%。较大的语言模型的改进幅度较小的原因在于，它们需要更多的训练数据和微调轮次来脱毒。研究人员通过增加训练轮次或生成更多数据进行自适应训练，对 530B 语言模型进行了更多的实验。研究发现，增加训练轮次可能会导致模型过拟合，严重影响 PPL 和下游精度。另外，使用更多数据进行训练能更好地权衡脱毒和语言模型质量，这意味着大型语言模型的脱毒需要付出更多的努力。

3. 反事实数据增强

反事实数据增强（Counterfactual Data Augmentation，CDA）是一种基于数据库的纠偏策略，通常用于减少性别偏见。众多研究人员对这种方法进行了探索（Zmigrod et al，2019；Dinan et al，2019；Webster et al，2020 和 Barikeri et al，2021）。CDA 涉及交换数据集中的偏见属性词（如他 / 她），以重新平衡语料库。例如，"医生去病房，他拿起听诊器"这句话可以增强为"医生去病房，她拿起听诊器"，以帮助减少性别偏见。重新平衡后的语料库通常用于进一步训练，以消除模型的偏见。

10.3.4　基于投影和正则化的方法

1. SentenceDebias

Liang et al（2020）提出了一种名为 SentenceDebias 的技术，它将 Bolukbasi et al（2016）提出的 Hard-Debias 词嵌入纠偏技术应用于句子表征。SentenceDebias 是一种基于投影的纠偏方法，涉及为特定类型的偏见估计一个线性子空间。为了计算偏见子空间，Liang 等采用了一个三步过程：定义偏见属性词列表，将这些词上下文化为句子，使用主成分分析（Principle Component Analysis，PCA）估计偏见子空间。通过将句子表征投影到估计的偏见子空间上，并从原始句子表征中减去生成的投影结果，就可以利用得到的偏见子空间来修正句子的表征。

2. 迭代零空间投影

Ravfogel et al（2020）提出了一种名为"迭代零空间投影"（Iterative Nullspace Projection，INLP）的纠偏技术，类似于句子纠偏。INLP 通过训练线性分类器来预测模型表征中的受保护属性（如性别），然后通过将表征投影到分类器权重矩阵的零空间来消除表征的偏见。这一过程将从表征中删除与预测的受保护属性相关的所有信息。INLP 可以迭代应用，以进一步消除表征的偏见。

3. dropout

Webster et al（2020）探索了使用 dropout 正则化作为减少偏见的技术。他们专门研究了增加 BERT 模型和 ALBERT 模型的注意力权重和隐藏激活的 dropout 参数，同时采用了额外的预训练阶段。研究发现，增加的 dropout 正则化可以减少这些模型中的性别偏见。Webster 等假设，BERT 模型和 ALBERT 模型中 dropout 中断注意力机制可能有助于防止模型学习到不期望的单词联想。

10.3.5　基于风格转换的方法

基于风格转换（style transfer）的技术虽然最初不是为此目的而设计的，但也可以用来脱毒和删除文本中的贬义元素。

风格转换是指在保留文本基本含义的前提下改变文本的风格或语气。通过应用风格转换技术，可以删除或修改文本中不需要的内容，如不恰当的语言或冒犯性内容，以生成更合适、更可接受的输出。

这种风格转换技术在在线内容管理等领域特别有用，因为在这些领域中需要从用户生成内容中过滤有害或冒犯性内容。通过使用基于风格转换的技术，版主可以快速高效地处理大量文本，删除不恰当的内容，同时保留文本的原意。

关于风格转换技术的文献相当多（Jin et al，2022），并且还有各种优秀的综述和教程。为了方便说明，这里将只讨论一种方法。

Santos et al（2018）提出了一种无监督文本风格转换方法，该方法由 5 个主要部分组成。

- 编码器对冒犯性句子进行解析，并将最相关的信息压缩到一个实值向量中。
- 解码器读取实值向量，并生成一个新句子，即原始句子的翻译版本。
- 分类器对翻译的句子进行评估，以确定输出是否已从冒犯性风格正确翻译成非冒犯性风格。
- 还将生成的句子从非冒犯性风格"反向翻译"为冒犯性风格，并与原始句子进行比较，以检查内容是否得到保留。
- 编码器和解码器通过自动编码设置进行并行训练，目的是重建输入句子。

本质上，这里采用了循环一致性损失（Zhu et al，2017），这种方法在架构方面的主要贡献是综合利用了协作分类器、注意力和反向转换。

10.3.6　基于强化学习的微调和基于人类偏好的预训练

第 9 章专门讨论了与强化学习相关的微调和基于人类偏好进行预训练的内容。

10.4　小结

总之，减少自然语言处理中的偏见和有害性对于确保这些模型不会延续有害的社会态度和行为至关重要。虽然从语言模型中消除所有形式的偏见和有害性具有挑战性，但可以通过许多策略和技术来减少其影响。从基于解码的策略到基于强化学习的微调和基于人类偏好的预训练，多种方法可用于检测和减少语言模型中的偏见和有害性。至关重要的是，要继续开发和完善这些方法，以确保自然语言处理技术被用于促进公平、平等和道德的行为。随着自然语言处理技术的不断进步，我们必须保持警惕，继续优先考虑减少语言模型中的偏见和有害性，以促进社会更加公正和公平。

第 11 章

视觉语言模型

多模态学习被认为是人类学习的一个重要方面，因为它能让人类通过多种感官的组合来有效地理解和分析新信息。多模态学习的最新进展激发了人们开发能够处理和连接不同模态信息的模型，这些模态包括图像、视频、文本、音频、肢体手势、面部表情和生理信号等。

本章致力于探索视觉语言模型（Vision Language Model，VLM）的最新进展。视觉语言模型是一类利用视觉和语言线索来执行各种任务的算法，例如图像描述、图像检索和视觉问答（Visual Question Answering，VQA）等。

视觉语言模型的一个重要发展契机是预训练语言模型的出现。预训练彻底改变了自然语言处理和计算机视觉领域。研究人员现在可以针对特定任务微调已有模型，从而节省时间和计算资源。这种方法已经取得了令人印象深刻的成果，成为该领域研究人员的热门选择。此外，注意力机制已被纳入视觉语言模型中，允许模型可以根据图像或句子中单词与手头任务的相关性，选择性地关注图像或句子中的特定区域。这提高了图像描述和视觉问答等任务的性能。

人们对视觉语言模型中的多模态融合技术越来越感兴趣。多模态融合涉及将文本、图像和音频等多种模态组合起来，以生成更全面的输入数据表征。这种方法提高了一些具有挑战性的任务的性能，如视频字幕和视觉故事等。

视觉语言模型是一个令人兴奋的研究领域，其特点是不断进步。预训练、注意力机制和多模态融合技术的集成给模型带来了性能上的显著提高，使这些模型在众多领域中的作用越来越大。因此，视觉语言模型的未来似乎充满希望，提供了大量令人着迷的研究机会。

本章介绍了与视觉语言模型相关的几个主题，包括语言处理的多模态落地、不需要额外训练即可利用预训练模型、轻量级适配、图文联合训练、检索增强视觉语言模型和视觉指令调整等。

11.1 语言处理的多模态落地

从认知的角度来看，没有情境语境的语言处理被视为一种人为的、不完整的方法。在人类语言习得过程中，语义表征的发展并不完全基于语言输入，还基于感知体验以及与环境的互动。这一观点被称为"概念落地"（conceptual grounding），认为语言植根于感官体验和感知运动的互动（Barsalou，2008）。

概念落地的具身视角表明，语言的产生和理解涉及对与所描述情境相关的感知和运动体验的模拟（Goldman et al，2006）。最近的神经影像学研究表明，对词语的处理会激活大脑中与其语义类别的感官模态相对应的特定区域。例如，"踢"等与动作相关的词语会触发运动皮层的活动，而"杯子"等与物体相关的词语会激活视觉区域（Pulvermüller et al，

2005；Garagnani and Pulvermüller，2016）。

尽管概念表征跨模态共享的程度仍未确定（Louwerse，2011；Leshinskaya and Cara-mazza，2016），但概念表征和感知运动表征紧密相连、相互作用的观点已被人们广泛接受。因此，一种认知上合理的语言处理方法应该将语言解释为多模态环境中的一种模态。

此外，研究表明，在语言处理过程中，感知和运动信息的整合不仅会影响单个词语的理解，而且会影响句子含义的构建（Glenberg and Gallese，2012）。例如，当阅读像"约翰踢球"这样的句子时，读者可能会激活与踢球动作和动作对象（球）相关的感知运动区域。总之，语言处理的具体视角强调了感知和运动体验在语义表征发展中的重要性。概念表征和感知运动表征之间的相互作用是语言处理的一个重要方面，应该将其视为一个多模态过程。

20世纪八九十年代，思维模块化理论对认知加工理论产生了重大影响。该理论认为，处理过程是在特定领域的封装模块中进行的，这些模块不会相互影响。早期的多模态工程方法也采用了模块化的视角。它们分别对每种模态的信息流进行建模，并将最终结果迁移或调整到另一种模态。一种模态作为接口来查询或表征来自另一种模态的内容的任务就属于跨模态迁移的范畴（Beinborn et al，2018）。

在解释人类如何从感知输入中选择相关信息时，注意力的概念变得流行。注意力是认知系统中信息流动的瓶颈，用于对心理资源进行重定向。在多模态处理过程中，注意力作为模态之间的中介这一概念与跨模态解释息息相关。人们的目标是获得一个压缩的、结构化的输入中间表征，以便在目标模态中生成有用的解释。注意力机制可以用来识别相关信息。

支持具身处理认知理论的实验结果模糊了不同模态之间的界限。多模态机器学习也有类似的发展过程。明确要求结合不同模态知识的任务催生了联合多模态处理。例如，情感识别或说服力预测需要联合评估话语的实际内容和辅助语言（paraverbal）线索（如音调和面部表情等）。具有讽刺意味的语气可能会扭转对语言内容的概念解释。

本章的重点是视觉-语言联合模型，该模型将预训练的通用语言模型扩展到视觉输入，包括图像和视频。

11.2　不需要额外训练即可利用预训练模型

11.2.1　视觉引导解码策略

MAGIC（iMAge-Guided text generatIon with Clip）（Su et al，2022b）是一个不需要训练且简单有效的框架，它将现成的语言模型如 GPT-2/GPT-3（Radford et al，2019；Brown et al，2020）与图像-文本匹配模型（如 CLIP）（Radford et al，2021）相结合，用于生成基于图像的文本。在生成文本时，MAGIC 会使用 CLIP 诱导的得分（称为"魔术得分"）来影响语言模型，从而生成与之前生成的上下文一致的语义相关文本。值得注意的是，由于这种解码方法不需要任何梯度更新，因此计算效率很高。在具有挑战性的零样本图像字幕任务中，MAGIC 的性能明显优于其他方法，其解码速度是其他方法的近 27 倍。MAGIC 非常灵活，理论上可与所有涉及图像落地的文本生成任务兼容。

具体来说，在时间步长 t，基于文本前缀 $x_{<t}$ 和图像 $\mathscr{I}$ 确定输出词元 x_t 的选择，如下所示：

$$x_t = \underset{v \in \mathcal{V}^{(k)}}{\arg\max} \Big\{ (1-\alpha) \underbrace{p(v \mid x_{<t})}_{\text{model confidence}} - \alpha \underbrace{\max_{1 \leqslant j \leqslant t-1} \text{cosine}(\boldsymbol{h}_v, \boldsymbol{h}_{x_j})}_{\text{degeneration penalty}} + \beta \underbrace{f_{\text{magic}}(v \mid \mathscr{I}, x_{<t}, \mathcal{V}^{(k)})}_{\text{magic score}} \Big\}$$

$$f_{\text{magic}}(v \mid \mathscr{I}, x_{<t}, \mathcal{V}^{(k)}) = \frac{\exp(\text{CLIP}(\mathscr{I}, [x_{<t} : v]))}{\sum_{z \in \mathcal{V}^{(k)}} \exp(\text{CLIP}(\mathscr{I}, [x_{<t} : z]))} = \frac{\exp(\boldsymbol{h}^{\text{image}}(\mathscr{I})^{\text{T}} \boldsymbol{h}^{\text{text}}([x_{<t} : v]))}{\sum_{z \in \mathcal{V}^{(k)}} \exp(\boldsymbol{h}^{\text{image}}(\mathscr{I})^{\text{T}} \boldsymbol{h}^{\text{text}}([x_{<t} : z]))}$$

集合 $\mathcal{V}^{(k)}$ 包含语言模型预测的可能性最高的词元。时间步长 t 之前生成的词元用 $x_{<t}$ 表示。语言模型以 $x_{<t}$ 和 v 的并置为条件计算的词元的表征用 $\boldsymbol{h}_v$ 表示。由 CLIP 文本和图像编码器生成的嵌入分别用 $\boldsymbol{h}^{\text{text}}(\cdot)$ 和 $\boldsymbol{h}^{\text{image}}(\cdot)$ 表示。通过结合模型置信度和退化惩罚，解码器可以确定可能的输出，同时防止模型的退化问题（Su et al，2022c）。直观地说，"魔术得分"激励语言模型生成与图像内容有语义联系的文本，而视觉控制的强度由上式中的超参数 β 控制。如果 β 等于 0，则关闭视觉控制，此时 MAGIC 搜索成为标准的对比搜索（Su et al，2022c）。

MAGIC 的优势在于直接将视觉控制合并到语言模型的解码过程中，而无须对额外的监督训练或对额外的特征进行梯度更新。与之前的方法相比，这一特性使得该算法的计算效率更高。

如图 11-1 所示，与其他无监督方法相比，MAGIC 拥有优秀的性能。但与有监督方法相比，它们之间仍有明显差距。

方法	模型	MS-COCO						Flickr 30k						速度
		B@1	B@4	M	R-L	CIDEr	SPICE	B@1	B@4	M	R-L	CIDEr	SPICE	
有监督方法	BUTD	77.2	36.2	27.0	56.4	113.5	20.3	—	27.3	21.7	—	56.6	16.0	—
	GVD	—	—	—	—	—	—	66.9	27.3	22.5	—	62.3	16.5	—
	UniVLP	—	36.5	28.4	—	116.9	21.2	—	30.1	23.0	—	67.4	17.0	—
	ClipCap	—	33.5	27.5	—	113.1	21.1	—	—	—	—	—	—	—
	Oscar	—	36.5	30.3	—	123.7	23.1	—	—	—	—	—	—	—
	LEMON	—	40.3	30.2	—	133.3	23.3	—	—	—	—	—	—	—
弱监督方法	UIC	41.0	5.6	12.4	28.7	28.6	8.1	—	—	—	—	—	—	—
	IC-SME	—	6.5	12.9	35.1	22.7	—	—	7.9	13.0	32.8	9.9	—	—
	S2S-SS	49.5	6.3	14.0	34.5	31.9	8.6	—	—	—	—	—	—	—
	S2S-GCC	50.4	7.6	13.5	37.3	31.8	8.4	—	—	—	—	—	—	—
无监督方法	Top-k	33.6	2.4	8.3	25.6	3.8	1.7	34.0	2.9	9.0	24.4	3.3	2.7	69.9×
	Nucleus	32.6	2.3	7.8	24.8	3.1	1.4	32.6	2.4	8.1	23.4	2.5	2.4	**72.5×**
	Contrastive	39.5	3.0	10.8	30.8	7.7	2.9	37.6	4.3	9.8	25.7	8.9	4.6	50.4×
	CLIPRe	39.5	4.9	11.4	29.0	13.6	5.3	38.5	5.2	11.6	27.6	10.0	5.7	—
	ZeroCap	49.8	7.0	15.4	31.8	34.5	9.2	**44.7**	5.4	11.8	27.3	16.8	6.2	1.0×
	MAGIC	**56.8**	**12.9**	**17.4**	**39.9**	**49.3**	**11.3**	44.5	**6.4**	**13.1**	**31.6**	**20.4**	**7.1**	26.6×

图 11-1　多种模型在 MS-COCO（Chen et al，2015）和 Flickr 30k（Plummer et al，2015）上的图像描述性能对比（图片来源：Su et al，2022b）

11.2.2　作为大语言模型提示的视觉输入

本节主要介绍利用语言作为中间表征，以促进各种多模态模块之间的信息交流。

1. 视觉线索框架

视觉线索（Visual Clues）方法是由 Xie et al（2022）提出的，该方法利用视觉语言和

自然语言理解领域的最新进展来生成详细的、可理解的图像描述。视觉线索框架分为 3 个
步骤：①生成视觉线索，捕捉有关图像的丰富视觉信息；②将这些线索作为大语言模型生
成候选段落的提示；③从候选段落中选择最佳段落。

图 11-2 描述了在视觉线索框架中仅使用预训练模型的情况，该框架可生成全面、连贯
的图像描述。开放词汇标记器框对应图像编码器 $f_v(\cdot)$ 和文本编码器 $f_t(\cdot)$。描述器框对应描
述模型 $c(\cdot)$。生成视觉线索的方法非常详尽，涵盖了视觉信息的各种来源。这些来源包括
标记（利用对比训练的 VL 模型）、对象检测模型（其边界框类再次由对比训练的 VL 模型
计算得到）和全图像描述生成器。

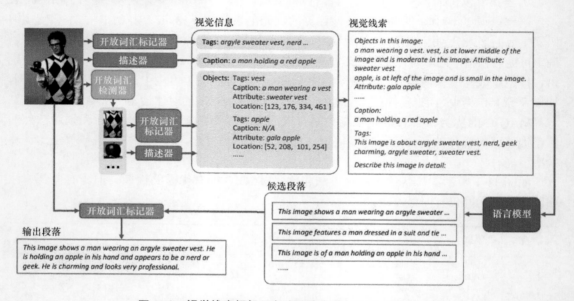

图 11-2　视觉线索框架示意（图片来源：Xie et al，2022）

视觉线索框架的一个重要贡献是采用了一种新的自动度量方法，可对图像的较长段落
描述进行评估。现有的基于 n-gram 的度量标准不适用于较长的段落描述中的多样性。该指
标利用基于场景图的相似性并扩展了 SPICE 指标（Anderson et al，2016）。图 11-3 提供了
一个人工注释图和文本提取图的示例。根据人类对模型输出结果的评估，输出结果几乎与
人类的完整性相当，但在准确性和连贯性方面落后于人类。

在整个流程中依赖预训练模型的一个可能的弱点是：可能会加剧错误。如果通过视
觉线索将不正确的内容输入文本生成器中，则可能会加重影响，导致准确性和连贯性降
低。研究人员已经观察到，最终输出结果中的错误主要是由局部标记和描述模块中的错误
造成的。出现这种情况的原因是，局部区域可能较小，会出现与训练数据不同的领域偏移
（domain shift）。为了解决这个问题，可以主动过滤小区域。

另外，视觉线索框架具有出色的可解释性。对于端到端的编码器-解码器模型，编码
器中的错误配置可能会传播到最终输出结果，导致错误难以诊断，与之相比，视觉线索框
架可以明确指出哪个模块需要改进。此外，由于框架的可组合性，未来出现的任何改进的
局部标记和描述模块都可以轻松更换，而不会产生额外的训练成本。

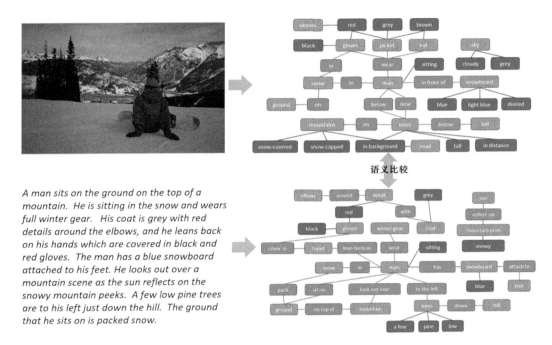

A man sits on the ground on the top of a mountain. He is sitting in the snow and wears full winter gear. His coat is grey with red details around the elbows, and he leans back on his hands which are covered in black and red gloves. The man has a blue snowboard attached to his feet. He looks out over a mountain scene as the sun reflects on the snowy mountain peaks. A few low pine trees are to his left just down the hill. The ground that he sits on is packed snow.

图 11-3　视觉线索框架：人工注释图和文本提取图的示例（图片来源：Xie et al，2022）

2. 苏格拉底模式

Zeng et al（2022）提出了苏格拉底模式（Socratic Model，SM）框架。该框架通过语言提示实现了多个大型预训练模型的组合，从而不需要额外训练即可执行新的下游多模态任务。与其他多模态方法（如对所有模态的单一模型进行联合训练）不同的是，苏格拉底模式使用语言作为模块之间交换信息的中介表征。这种通过语言组合预训练模型的方法与其他模态方法截然不同，而且具有潜在的互补性。此外，可以通过一些示例来说明模式的直观性。

例如，苏格拉底模式可用于以自我为中心的感知系统。具体实现步骤如下。首先，使用语言模型将自然语言问题解析为搜索实体。其次，利用这些实体，通过视觉语言模型查找视频中最相关的关键时刻。再次，通过视觉语言模型检测位置和物体来描述每个关键帧。然后，系统使用语言模型提出常识性活动建议，并利用视觉语言模型筛选出最有可能的活动。最后，利用语言模型生成整个交互的自然语言摘要。关键帧摘要被连接成基于语言的世界状态历史（world-state history）。语言模型可以将这一历史记录用作上下文来回答原始问题。通过采用引导式的多模型交流，以自我为中心的感知系统可以有效地处理和分析自然语言问题，并生成信息丰富的摘要和世界状态历史。

Zeng 等已经探索了苏格拉底模式在各种多模态任务中的应用。这些任务包括图像描述、视频到文本检索、以自我为中心的（机器人）感知和多模态对话。Zeng 等提出的模型实现的零样本性能超过了几种基线模型，并可与一些单样本基线模型相媲美。将预训练模型的输出结果组合起来作为大型多模态模型的提示手段的方法既有创意又有效。Zeng 等详细介绍了各种任务的提示和输出。该论文的重要贡献之一是证明了以零样本方式使用公开可用的多模态模型的多模态提示工程是可行的。此外，Zeng 等还建立了可供未来研究人员使用的可靠基线，这些基线得到公开实施的支持。

当前苏格拉底模式仍然面临一些挑战。建议使用多模态提示来刺激受约束的大语言模型、视觉语言模型、ALM（Audio Language Model，音频语言模型）是有益的，但确定最佳模型序列和提示结构以获得最佳结果则是一项不平凡的挑战。此外，将不同的语言模型组合在一起可能会导致推理速度降低，从而阻碍苏格拉底模式在实际应用中的有效性。

3. PICa

PICa（Yang et al，2022c）利用构建的输入提示，通过提示 GPT-3 语言模型来处理视觉问答任务。输入提示由包含上下文 C 的单词序列组成，上下文 C 由提示头 h 和 n 个上下文样本 $\{x_i, y_i\}$ 组成（其中，i 的范围为 1 到 n），以及视觉问答输入 x。

为了生成输入提示，研究人员采用了最先进的描述或标签模型，将视觉问答图像转换为描述或标签列表。这一过程在提示构造步骤之前进行。一旦将图像转换为描述或标签后，提示信息就会被构建出来。提示头 h 是提示的开头部分，提供手头任务的概述。它通常包括所用数据集和任务目标的信息。提示中包含的上下文样本 $\{x_i, y_i\}$ 提供了与视觉问答任务相关的其他上下文和信息。这些样本允许模型从与视觉问答输入 x 相似的样本中学习，从而提高其性能。通过使用这种方法，PICa 能够向 GPT-3 模型提供包含相关上下文和其他信息的综合输入提示，从而提高视觉问答的准确性和鲁棒性。

4. 苏格拉底模式、视觉线索框架与 PICa 的比较

作为一种视觉问答方法，PICa 能够以确定的方式生成单词或基本短语，而视觉线索框架可以生成更长、更具创意的文本段落。然而，视觉线索框架面临着许多挑战，例如确定要包含多少细节，如何在保持创意的同时消除可能出现的幻觉，以及如何构建成功输出的标准。PICa 依赖 OK-VQA 的整个训练集（Marino et al，2019）来生成提示样本，而视觉线索框架则不需要任何训练数据。

苏格拉底模式的主要问题在于其提示的不准确和缺乏信息。此模式的提示按以下方式生成："我是一个智能图像描述机器人。此图像是 {img_type}。有 {num_people} 人。我认为这幅图像是在 {place1}、{place2} 或 {place3} 拍摄的。我认为这幅 {img_type} 中可能有 {object1}、{object2}、{object3}……。我可以生成的一个创意描述来介绍这幅图像："。

正如视觉线索框架的作者所指出的，这个提示有 3 个主要问题。首先，它包含大量无用信息。一个更短的提示，如 "这是在 {place1} 拍摄的 {img_type}，包含 {object1}、{object2}、{object3}……生成标题："，与前面提到的较长的提示相比，性能相当甚至更好。其次，提示信息往往不准确。使用对比损失训练的模型，如苏格拉底模式中使用的 VL 模型，无法区分句子中的某些细节。因此，苏格拉底模式获得的 *num_people* 大多是随机猜测。最后，提示缺少信息，*img_type* 仅包含图像、卡通、素描和绘画 4 个类别，对象列表也只包含常见对象，不如其他模型全面。位置信息往往是多余的，因为对象信息提供了足够的上下文。与之不同的是，视觉线索框架提示信息更丰富，结构更合理，通过在提示中提供更具体、更准确的信息，可以确保生成的描述更准确，质量更高。

11.2.3　基于相似性搜索的多模态对齐

ASIF（Norelli et al，2022）提出了一种简单的方法，通过使用一个相对较小的多模态数据集，将预训练的单模态图像和文本模型转换为用于图像描述的多模态模型，不需要任

何额外的训练。ASIF 背后的核心思路是相似图像的描述也是相似的，所以可以通过创建一个相对表征（Moschella et al，2022）空间，通过一个小型的多模态对基础事实数据集进行基于相似性的搜索。

ASIF 将图像和自由格式文本作为输入，生成一个表征图像和文本之间一致性的标量，从而执行开放词汇分类。这样就可以对描述的新任务进行零样本泛化。例如，在 PETS 的图像分类中，使用模板（"a type of pet CLASS""a CLASS texture""CLASS, an animal"）为 37 个类中的每一个制作一组描述，然后 ASIF 从 37×3（111）个描述中选择一个。因为 Imagenet 分类有 7 个模板，所以 ASIF 从 7×1000（7000）个描述中选择一个。与文本空间中未见过的描述的相似性只能通过相对表征来衡量。

由于 ASIF 不需要训练，因此构建多模态模型的成本更低。对于计算资源有限且需要 CLIP 功能，但又发现从头开始训练大型神经编码器过于昂贵的研究人员来说，ASIF 特别有用。借助 ASIF，通过添加或删除特定样本来调整多模态模型是一项简单的任务。后一种使用情况似乎很有前景，因为使用某些资产的权限会随着时间的推移而改变，从训练有素的网络中删除特定样本的影响需要先进的遗忘技术。ASIF 即使在小型图像-文本数据集上也表现出色，这可能会促使图像-文本模型在未来得到更广泛的应用。在图像分类方面，由于 ASIF 预测可以追溯到训练数据集中的一小部分条目，因此很容易解释。这一特点可能是未来敏感任务选择 ASIF 模型而非 CLIP 或 LIT 模型的原因。

很明显，ASIF 的有效性受到预训练数据质量的影响。这一方法的一个主要局限是其可扩展性。ASIF 的代价是在推理过程中避免进行可扩展性训练。因此，不应将 ASIF 模型视为 CLIP 等模型的通用替代品。实验结果表明，ASIF 可以以合理的推理速度扩展到 160 万对数据，但未优化的 ASIF 近似程序的推理速度慢了 50%。

11.3 轻量级适配

在对齐图像和描述数据有限的情况下，是否可以通过对预训练的大型视觉或语言模型进行轻量级微调或在它们之间添加轻量级交叉注意力来获得更好的结果，这是一个问题。

研究表明，有可能提高模型的性能的一种解决方案是通过轻量级微调来调整预训练模型以适应特定任务。这种方法涉及使用有限数量的对齐图像和描述数据来微调预训练模型，从而获得更好的结果。另一个潜在的解决方案是在预训练大型视觉或语言模型时添加轻量级交叉注意力。这种方法能够让模型从视觉和语言输入中学习，从而提高它们在相关任务上的性能。值得注意的是，这些方法可以用轻量级的方式实现，从而确保快速、高效计算。因此，利用有限的对齐图像和描述数据来增强视觉模型和语言模型的能力大有可为。

11.3.1 锁定图像调优

深度学习改变了图像分类的方式，而迁移学习则大大加快了这一过程。之前的研究成果，如 BiT 和 ViT，都有效地运用了这些方法，在各种分类任务上取得了优异的性能，为该领域树立了新的标杆。然而，微调也存在一定的缺陷。预训练是一次性过程，而微调必须在获得新的特定任务数据时进行，所以必须对每个新数据集进行反复迭代。近年来，多模态对比学习已经成为一种很有前景的替代方案。通过 CLIP 和 ALIGN 等模型，多模态对比学习得到广泛应用，这些模型专注于自由格式文本和图像的匹配，为上述挑战提供了解决方案。通过对这种配对进行训练，这些模型可以将新任务转化为图像-文本匹配问题，从而有效地解决这些问题。这种"零样本"学习不需要额外数据。虽然对比学习具有灵活性和对新任务的适应性，但它同样也有局限性。它需要大量的图像-文本对数据，而且与迁移学习方法相比，其性能通常较弱。

考虑到这一点，"LiT: Zero-Shot Transfer with Locked-image Text Tuning"论文（Zhai et al，2022）提供了两全其美的方法。LiT（Locked-image Tuning，锁定图像调优）将文本与预训练的图像编码器相匹配，从而通过预训练获得强大的图像特征，并通过对比学习灵活地将零样本迁移到新任务中。LiT 实现了最先进的零样本分类准确性，缩小了两种学习方式之间的差距。

更具体地说，LiT 可以弥合文本和图像模型之间的差距。通过对比训练文本模型来计算与预训练图像编码器完全对齐的表征，这一方法可以显著提高分类任务的准确性。为了使 LiT 有效发挥作用，图像编码器的"锁定"至关重要，这意味着它在训练过程中不应被更新。虽然这似乎有悖直觉，因为训练中的其他信息通常会提高性能，但实验结果表明，始终锁定图像编码器会产生更好的结果。

LiT 替代了传统的微调阶段——图像编码器分别适配每项新的分类任务。取而代之的是单阶段的 LiT，之后模型就能够对任何数据进行分类。事实证明，经过 LiT 处理的模型在 ImageNet 分类中的零样本准确率达到 84.5%，比之前从头开始训练模型的方法的性能有了显著提高。此外，该方法还能将微调与对比学习之间的性能差距缩小一半。

与之前的对比方法相比，LiT 对数据的要求更低，而且训练速度更快，内存占用更小。此外，可以预先计算图像特征，从而进一步提高效率，并解锁更大的批次大小。LiT 与各种形式的图像预训练和许多公开可用的图像模型兼容，是研究人员的绝佳测试平台。

11.3.2　作为（冻结）语言模型前缀的学习视觉嵌入

1. Frozen

Tsimpoukelli et al（2021）提出了用于训练少样本图像-文本神经网络的冻结（Frozen）方法，其中文本编码器的权重被冻结，但用于从头开始训练图像编码器。受前缀或提示调优的启发，Frozen 可被视为一种图像条件前缀调优，即使用外部神经网络生成的图像条件激活作为连续前缀。通过冻结 Frozen 中的语言模型参数，可以保留强大的语言能力。在测试时，即便使用有限的图像描述数据进行训练，该设置也可以依赖语言模型的百科知识。研究表明，同时使用视觉和语言信息对模型进行提示比单独使用语言信息更有效。研究人员提供了在各种现有和新基准上对这些能力的定量分析，这为未来的研究开辟了新道路。

Frozen 使用 NF-ResNet-50 作为视觉编码器，NF-Resnet 的最终输出向量在全局池化层之后使用。Frozen VLM 充当多模态少样本学习器，以便在测试时适应新任务。它可以通过交错图像和文本序列实现零样本或少样本迁移。

令人担心的是，在既定任务上 Frozen 的性能低于其他模型。正如 Tsimpoukelli 等所强调的，Frozen 和专门的模型之间的比较可能会产生误导，因为 Frozen 没有直接在评估任务中接受过训练，而且能够进行开放式语言输出，而 SOTA 系统是通过对一组固定答案进行排序来评估的。对于所评估的环境，Frozen 可以进行少样本学习这一事实是一个值得注意的结果，它可能会激发研究人员改进这种方法和相关方法，以获得更高性能的多模态语言技术。

2. Clipcap

Mokady et al（2021）利用强大的预训练视觉语言模型来简化图像描述过程。具体来说，他们使用了 CLIP（Contrastive Language-Image Pre-Training，对比语言-图像预训练）编码器。CLIP 旨在为图像和文本提示提供一个共享的表征。它的视觉和文本表征具有良好的相关性，这节省了训练时间并减少了数据需求。这一方法通过对 CLIP 嵌入应用基于 Transformer 的映射网络，从而为每个描述生成一个前缀。这一前缀是一个固定大小的嵌入序列，并馈送到语言模型中，该语言模型会随着映射网络的训练而进行微调。图 11-4 展示了该模型的示意图。在图 11-4 中，可以在 CLIP 和 GPT-2 模型都处于冻结状态时生成有意义的描述。为了提取固定长度的前缀，可以从 CLIP 嵌入空间和 GPT-2 模型的学习常量中训练一个基于 Transformer 的轻量级映射网络。在推理过程中，通过 GPT-2 模型根据前缀嵌入生成描述。

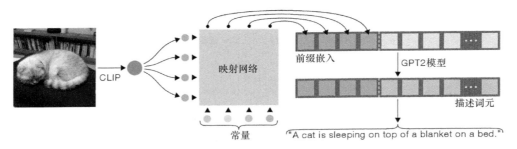

图 11-4　基于 Transformer 的架构示意（图片来源：Mokady et al，2021）

训练过程中的主要挑战是在 CLIP 表征和语言模型之间进行转换。一种方法是，Mokady 等建议在训练映射网络过程中对语言模型进行微调，以提供更多的灵活性，但这样会大大增加可训练参数的数量。另一种方法是通过仅学习前缀来调整冻结的语言模型，这种方法的灵感来自 Li and Liang（2021）。Li 和 Liang 建议避免微调，以实现更轻量级的模型，即只训练映射网络，并在不微调语言模型的情况下，在某些实验中取得更好的结果。他们认为，CLIP 空间已经包含了所需的信息，针对特定风格进行微调无助于提高灵活性。

由于前缀和单词嵌入共享相同的潜在空间，因此生成的前缀可以解释为单词序列。根据余弦相似度，每个前缀嵌入的解释被定义为最接近的词表词元。基于训练有素的映射网络和 GPT-2 模型，解释是有意义的，并且包含与图像内容相关的重要单词。但是，如果没有经过训练的 GPT-2 模型，解释将变得不可读，因为该网络负责调整固定的语言模型。同一模型在不同图像之间共享的前缀嵌入比例相当大，因为它对 GPT-2 模型进行了相同的调整。图像的样本、生成的描述和前缀解释如图 11-5 所示。

3. MiniGPT-4

Zhu et al（2023）提出了 MiniGPT-4，它仅使用一个投影层，利用了冻结的视觉编码器 Blip-2 和冻结的大语言模型 Vicuna。为了确保 MiniGPT-4 的有效性，Zhu 等提出了一种两阶段训练方法。在第一阶段中，在大量对齐的图像-文本对上对模型进行预训练，以获得视觉语言知识。在第二阶段中，他们策划了一个高质量、对齐度高的数据集，以对模型进行微调。事实证明，这一步对于提高模型生成的可靠性和整体可用性至关重要。图 11-6 展示了这一架构。

GPT-2模型调优 描述	a motorcycle is on display in a showroom.	a group of people sitting around a table.	a living room filled with furniture and a book shelf filled with books.	a fire hydrant is in the middle of a street.	display case filled with lots of different types of donuts.
前缀	com showcase motorcycle A ray motorcycle-posed what polished Ink	blond people dishes dining expects smiling friendships group almost	tt sofa gest chair Bart books modern doorway bedroom	neon street Da alley putis-tan colorful nighttime	glass bakery dough displays sandwiches2 boxes Prin ten
w/o调优 描述	motorcycle that is on display at a table together.	a a group of people sitting at a table together.	a living room with a couch and bookshelves.	a fire hydrant in front of a city street.	a display case full of different types of doughnuts.
前缀	oover eleph SniperÃÂÃÂ motorcycle synergy unde-niably achieving\n	amic Delicious eleph SukActionCode photog-raphers interchangeable undeniably achieving	orianclassic eleph CameroonÃÂÃÂroom synergy strikingly achiev-ing\n	ockets Pier eleph SniperÃÂÃÂ bicycl synergy undeniably achieving\n	peanuts desserts ele-phbmÃÂÃÂ cooking nodd strikingly achiev-ing\n

图 11-5　图像的样本、生成的描述和前缀解释（图片来源：Mokady et al，2021）

The logo design is **simple** and **minimalistic**, with a **pink line drawing of a flamingo standing on one leg in the water**. The design is **clean** and **easy to recognize**, making it suitable for use in various contexts such as **a logo for a beach resort** or a **flamingo-themed event**. The use of a flamingo as a symbol adds a touch of **whimsy** and fun to the design, making it **memorable** and **eye-catching**. Overall, it's a **well-designed** logo that **effectively communicates the brand's message**.

Vicuna

\### Human:　线性层　What do you think of this logo design? \### Assistant:

Q-Former 与 ViT

图 11-6　MiniGPT-4 的架构（图片来源：Zhu et al，2023）

值得注意的是，MiniGPT-4 的计算能力很强，因为只使用一个投影层就训练了大约500 万个对齐的图像-文本对。通过使用预训练的视觉编码器和大语言模型，Zhu 等能够实现更高的计算效率。研究表明，仅训练一个投影层就可以有效地将视觉特征与大语言模型对齐。MiniGPT-4 在 4 个 A100 GPU 上训练大约需要 10h。

Zhu 等还发现，仅使用来自公共数据集的原始图像-文本对将视觉特征与大语言模型对齐，并不足以开发高性能的 MiniGPT-4 模型。这种方法可能会产生缺乏连贯性的、不自然的语言输出，包括重复的句子和断句。为了解决这一问题，使用高质量、对齐度高的数据集进行训练可以显著提高其可用性。

11.3.3　视觉-文本交叉注意力融合

在多模态任务中使用预训练语言模型的另一种方法是使用交叉注意力机制将视觉数据

直接融合到语言模型解码器的层中。VisualGPT（Chen et al，2022a）和 Flamingo（Alayrac et al，2022）是采用这种预训练策略的模型示例，它们专门针对图像描述和视觉问答任务进行训练。这些模型的主要目标是在文本生成能力和有效视觉信息之间取得平衡，这在缺乏大型多模态数据集的情况下至关重要。

例如，VisualGPT 包含一个视觉编码器，该编码器嵌入图像，并将视觉嵌入馈送到预训练语言模型解码器模块的交叉注意层，以生成适当的描述。另一个最新的模型 FIBER（Dou et al，2022）将具有门控机制的交叉注意力层集成到视觉和语言主架构中，以实现更高效的多模态融合，并支持图像-文本检索和开放词汇对象检测等其他下游任务。

1. Flamingo

Flamingo 视觉语言模型（Alayrac et al，2022）能够接受与图像或视频交错的文本，并生成自由格式文本。它使用基于 Transformer 的映射器来连接预训练语言模型和预训练视觉编码器（如 CLIP 图像编码器）。

为了有效整合视觉信号，Flamingo 模型首先采用基于感知器的架构（Juliani et al，2022），从大量视觉输入特征中生成少量词元。然后，该模型采用与语言模型层交错的交叉注意力层，将视觉信息融合到语言解码过程中。训练目标是自回归负对数似然损失。在 Flamingo 模型中，感知器重采样器从图像或视频输入的视觉编码器中接收时空特征，并生成固定大小的视觉词元。预训练语言模型配备了新初始化的交叉注意力层，使其能够根据视觉词元生成文本。

多项基准测试表明，Flamingo 模型的性能优于使用数千倍的特定任务数据进行微调的模型。换言之，与其他模型相比，尽管使用的特定任务数据相对较少，但是 Flamingo 模型似乎是一个非常有效的模型。与 ClipCap 模型类似，Flamingo 模型在训练过程中也使用了冻结的预训练模型，而且训练的目的只是为了以和谐的方式连接现有的强大语言模型和视觉模型。不过，Flamingo 模型与 ClipCap 模型的不同之处在于，它利用了一个门控交叉注意力密集层来融合图像信息，并纳入了更多的训练数据。

2. Blip-2

要在视觉-语言预训练（Vision-Language Pre-training，VLP）中使用预训练单模态模型，就必须进行跨模态对齐。在预训练过程中冻结这些模型有助于节省计算成本，并防止灾难性遗忘，但这会使视觉语言对齐更具挑战性。Li et al（2023a）引入了一种新的两阶段预训练技术，该技术利用查询 Transformer（Querying Transformer，Q-Former）来实现有效的视觉语言对齐。Q-Former 是一种简单的 Transformer，它可以从冻结的图像编码器中提取视觉信息，并充当图像编码器和冻结的大语言模型之间的瓶颈。这样就可以将最有用的视觉特征馈送给大语言模型，从而生成必要的文本。

在第一个预训练阶段中，将执行视觉语言表征学习，并训练 Q-Former 学习与文本最相关的视觉特征，如图 11-7 所示。在这一阶段，Blip-2 模型采用了一种高明的技术——利用小型语言模型来加速训练过程。在第二个预训练阶段中，Q-Former 连接到冻结的大语言模型，并执行视觉到语言的生成学习，使得大语言模型能够理解其视觉特征，如图 11-8 所示。

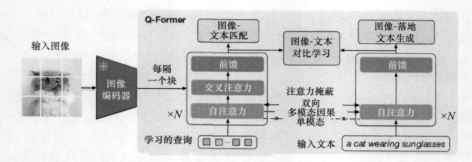

（a）Q-Former 和 BLIP-2 模型第一阶段视觉语言特征学习目标的模型架构

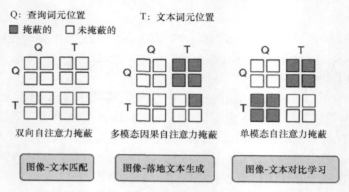

（b）每个目标的自注意力掩蔽策略，用于控制查询-文本交互

图 11-7 BLIP-2 模型第一阶段中视觉语言特征学习目标的模型架构（图片来源：Li et al，2023a）

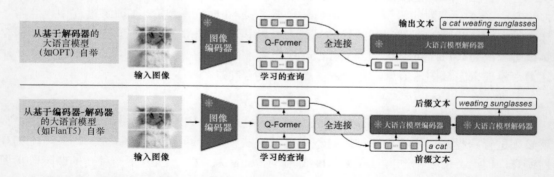

图 11-8 BLIP-2 模型的第二阶段中从视觉到语言生成预训练，从冻结的大语言模型自举

（图片来源：Li et al，2023a）

　　尽管与现有方法相比，BLIP-2 模型的可训练参数要少得多，但它在各种视觉语言任务中的表现却达到了最先进的水平。例如，尽管可训练参数量减小了 98%，但是 Li 等的模型在零样本 VQAv2 上的性能却比 Flamingo80B 模型高出 8.7%。此外，研究人员还展示了该模型在零样本图像到文本生成方面的新能力——它可以按照自然语言指令进行生成。BLIP-2 模型比当前最先进的模型的计算效率更高，在零样本 VQAv2 上的性能也更好。研究表明，BLIP-2 是一种通用方法，可以利用更复杂的单模态模型来提升 VLP 的性能。大语言模型和预训练视觉模型的开发可以很容易地集成到 BLIP-2 中，这使得它成为创建智能多模态对话人工智能的关键。

11.4 图文联合训练

如果有足够多的对齐图像和描述数据，将视觉数据整合到语言模型中的一种直接技术是将图像视为常规文本元素，然后在文本和图像的组合表征序列上训练模型。为此，图像被分割成较小的部分，每个部分都被视为输入序列中的一个"词元"。

通常，掩蔽语言建模（Masked-Language Modeling，MLM）和图像-文本匹配（Image-Text Matching，ITM）目标相组合，将图像的特定部分与文本连接起来。这种方法可以完成一系列下游任务，如视觉问答、视觉常识推理、基于文本的图像检索和文本引导的对象检测等。使用这种预训练设置的模型包括 VisualBERT（Li et al，2019）、FLAVA（Singh et al，2022）、ViLBERT（Lu et al，2019）和 BridgeTower（Xu et al，2022）等。

要了解 MLM 和 ITM 的目标，请考虑 MLM，即根据相关图像预测描述中的掩蔽词。要实现这个目标，需要一个带有边界框的丰富多模态注释数据集，或可以识别输入文本中的目标区域建议的对象检测模型。与之不同的是，ITM 涉及预测给定描述是否与其对应的图像相匹配。

在预训练过程中，多模态模型通常会将 MLM 和 ITM 目标组合起来。例如，Visual-BERT 利用类似 BERT 的架构，通过预训练的对象检测模型 Faster-RCNN 来检测对象。同时，FLAVA 使用 Transformer 和各种预训练目标，包括 MLM、ITM、掩蔽图像建模（Masked-Image Modeling，MIM）和对比学习，以融合和对齐图像与文本表征，从而实现多模态推理。

1. SimVLM

Wang et al（2021）提出了一个简约而有效的 VLP，名为 SimVLM（Simple Visual Language Model，简单视觉语言模型）。SimVLM 采用统一的目标进行端到端训练（类似于语言模型），训练对象是大量对齐度低的图像-文本对。SimVLM 的简洁性使其能够在如此规模的数据集上进行高效训练，这有助于该模型在六维视觉语言基准测试中获得最先进的性能。此外，SimVLM 还能学习统一的多模态表征，无须微调或仅对文本数据进行微调即可实现强大的零样本跨模态迁移，包括开放式视觉问答、图像描述和多模态翻译等任务。

具体来说，SimVLM 采用与 BERT 相似的双向注意力来处理前缀序列。但是，主输入序列只有类似于 GPT 的因果注意力。该模型将图像编码为前缀词元，充分利用视觉信息，然后以自回归方式生成相关的文本。

受 ViT 和 CoAtNet 的启发，SimVLM 在扁平化的一维小块序列中将图像分成更小的块。该模型使用卷积阶段（由 ResNet 的前 3 个块组成）来提取上下文化的小块。研究发现，这种设置比朴素线性投影效果更好。

2. VLMO

Bao et al（2021）专注于视觉语言预训练，并提出了一种统一的视觉语言预训练模型——VLMO。该模型联合学习由文本和图像编码器组成的双编码器和由多模态编码器组合的融合编码器。Bao 等引入了模态专家混合（Mixture-of-Modality-Experts，MoME）Transformer。该 Transformer 利用模态特定专家和共享自注意力层对不同的模态进行编码。由此生成的预训练模型可用作分类任务的融合编码器，或作为检索任务的双重编码器进行微调。这一方法在涉及视觉和语言的分类任务（包括 VQA 和 NLVR2）以及 MS-COCO 5k 和 Flickr 30k 上的文本与图像检索任务中都获得了先进的性能。该技术可利用大型纯文本和纯图像数据库对模型进行分阶段预训练。

该模型的优势在于它可以灵活地对不同的模态（包括纯文本、纯图像和文本-图像组合）进行预训练，从而更好地利用数据，而不需要过多的标注工作。此外，它还结合图像-文本对比学习和多头自注意力进行专家选择，从而实现更高效的处理。提出 VLMO 模型的动机是考虑到早期 VLP 模型的局限性，而 MOME Transformer 则为预训练提供了一种新方法。虽然预训练任务并无特别创新之处，但实验评估证明了预训练框架和分阶段预训练策略的有效性。

3. CM3

超文本语言模型 CM3（Causally-Masked Multimodal Modeling，因果掩蔽多模态建模）（Aghajanyan et al，2022）旨在生成 CC-NEWS 和维基百科文章的大型 HTML 网页内容。该模型能够生成结构化的多模态输出，同时受掩蔽的文档上下文制约。CM3 是一个自回归模型，具有因果语言建模和掩蔽语言建模的独特组合。这种组合掩蔽少量长词元跨度，并在序列末尾生成这些词元。图 11-9 展示了这一架构。

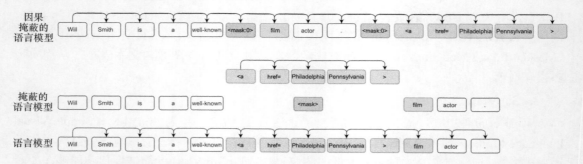

图 11-9　建议的因果语言建模目标与单一掩蔽的图示（图片来源：Aghajanyan et al，2022）

CM3 模型训练数据集包含近 1 万亿 Web 数据。在预处理过程中，模型会从源下载图像，并将其大小调整为 256px×256px，同时进行随机裁剪。然后使用 VQVAE-GAN 对图像进行"分词"（Esser et al，2021），每幅图像生成 256 个词元。这些词元与空格相组合，然后插入源属性中。CM3 模型能够在零样本摘要、实体链接和实体消歧方面达到一流的水平，同时在微调设置中仍能保持有竞争力的性能。

4. UNIFIED-IO

Lu et al（2022a）提出了一种应对多种视觉和语言任务带来的挑战的创新方法——UNIIFIED-IO。这一方法提供了一个统一的框架，可以处理多种任务，例如图像合成、深度估计、物体检测、分割和视觉问答等。该模型的示意图如图 11-10 所示。

为了实现这一点，Lu 等将输入和输出分别视为嵌入和词元序列。该模型包含一个基于 T5 架构的简单 Seq2Seq 模型，以及一个用于编码和解码文本词元的 SentencePiece 分词器。此外，Lu 等还引入了一个预训练的 VQ-GAN，用于将图像词元解码为相应的图像。Lu 等建议将框架的训练分两个阶段进行。在第一阶段中，对图像、文本和图像-文本对采用无监督预训练。在第二阶段中，在多个下游任务和数据集上对模型进行微调。

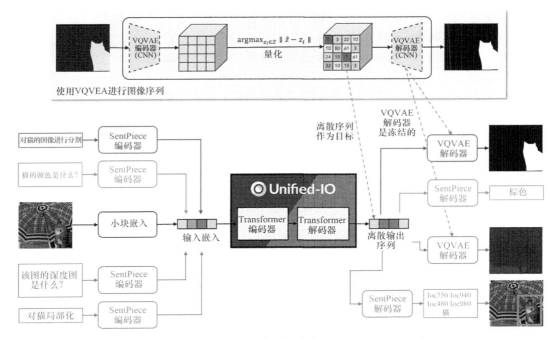

图 11-10　Unified-IO 示意（图片来源：Lu et al，2022a）

Lu 等通过在 GRIT 基准和其他 16 项任务上进行评估，证明了其所提方法的有效性。结果表明，UNIFIED-IO 在 GRIT 基准（Gupta et al，2022b）上实现了最先进的性能，在其他任务上的表现与最先进的专门方法相当。此外，该模型还具有良好的扩展能力，能处理非常大的模型。

UNIIFIED-IO 方法的优势之一是提供了将多个数据集和监督信号与离散编码和解码相结合的实用解决方案。此外，该模型的直通式架构使其能够处理各种视觉和语言任务，而无须针对特定任务进行增强。

然而，UNIIFIED-IO 方法的一个潜在弱点是，多任务预训练会对个别下游任务的性能产生负面影响。所以，需要进一步研究如何优化预训练任务和数据，以实现最佳性能。此外，使用 VQ-GAN 进行图像合成可能会限制生成图像的质量，这可以通过探索替代方法加以改善。最后，UNIIFIED-IO 方法仅在 GRIT 基准的两个密集输出任务上进行了评估，这表明需要进一步研究该模型在更广泛任务上的性能。

5. SViTT

尽管视频-文本模型具有巨大的容量和丰富的多模态训练数据，但最近的研究强调，视频-文本模型强烈倾向于基于帧的空间表征，而时间推理在很大程度上仍未得到解决。尽管空间建模可以有效扩展到长时间的视频，但它偏向于静态场景，忽视了视频中时间推理的重要性。

在视觉语言模型中整合多帧推理会遇到几个关键挑战。首先，有限的模型规模意味着需要在空间学习和时间学习之间做出平衡。要达到最佳性能，就必须在二者之间取得谨慎的平衡。其次，长时间视频模型通常具有较大的模型规模，更容易出现过拟合。因此，谨慎分配参数并控制模型规模增长非常重要，特别是对于长时间视频模型。最后，延长视频片段的长度可能会改善结果，但由于视频片段提供的信息量不会随着采样率的增加而线性增长，因此会出现收益递减的情况（Li et al，2023c）。

为了在空间表征、时间表征、过拟合可能性和复杂性之间实现最佳平衡，模型复杂性应根据输入视频进行自适应调整。现有的视频-文本模型缺乏这种能力，导致空间建模和时间建模之间无法达到最佳平衡，或者根本没有有意义的时间表征。

受这些发现的启发，研究人员认为视频-文本模型应该学会为视频数据分配建模资源。我们假设，要想在长视频片段中进行有效学习，关键在于将这些资源分配给视频的相关时空位置，而不是将模型统一扩展到较长的视频片段中。为了实现这些目标，研究人员探索了 Transformer 稀疏技术。这也是引入稀疏视频-文本 Transformer（Sparse Video-Text Transformer，SViTT）的动机，该灵感受到图模型的启发（Li et al，2023c）。

在 SViTT 中，视频词元被视为图的顶点，而自注意力模式被视为连接它们的边。SViTT 的设计追求边和节点的稀疏性。边稀疏性旨在减少注意力模块中的查询-键对，同时保持其全局推理能力，而节点稀疏性则可识别信息词元（如对应于移动物体或前景中的人）并修剪背景特征嵌入。SViTT 的架构如图 11-11 所示。

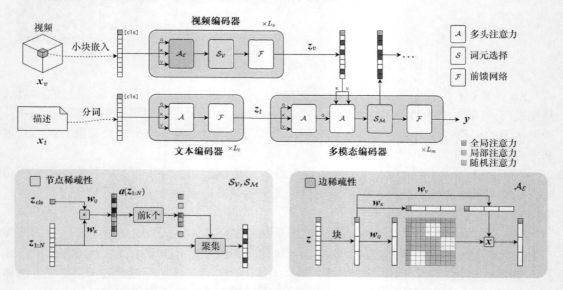

图 11-11　SViTT 的架构（图片来源：Li et al，2023c）

为了解决较长输入视频片段的收益递减问题，SViTT 采用了时间稀疏扩展训练，这是一种课程学习（Curriculum Learning）策略，可以在每个训练阶段同步增加视频片段的长度和模型稀疏性。

11.5　检索增强视觉语言模型

尽管取得了重大进展，但许多视觉语言模型仍然存在某些局限性。首先，视觉语言模型将所有获得的知识都存储在模型参数中，这导致在尝试对丰富的视觉概念（如不常见的物体）和丰富的文本描述（包括同一场景的其他描述）进行建模时，参数效率低下。其次，视觉语言模型在整合新数据方面效率低下，通常需要计算成本高昂的微调，或处理越来越多的参数以及交错的图像和文本数据。

一些研究已经证明，通过检索大量文本语料库，检索增强型语言模型在提高准确性和减少模型参数方面非常有效。尽管取得了这一成功，但在将检索技术整合到用于图像到文本生成的视觉语言模型中之前，必须解决一些问题。首先，视觉语言模型需要在多模态预训练开始时无缝检索和编码外部知识，以防止预训练的自回归语言模型忽略编码不良的外部知识；其次，多模态数据集可能包含描述同一图像的多个描述（如来自不同注释者）和具有相同描述的多个图像，这使得标准最近邻检索容易在训练过程中出现走捷径和复制粘贴检索样本的情况；最后，大型交错图像和文本数据集对于提高少样本学习能力至关重要。但是，收集此类数据集的成本可能很高（Yang et al，2023b）。

1. EXTRA

Sarto et al（2022）引入了一种新颖的图像描述模型——EXTRA。该模型采用预训练的 V&L BERT（Tan and Bansal，2019）对输入图像和从可比较图像中检索到的描述进行编码。该模型的描述生成依赖一些结合了图像之外的语言细节的表征。使用检索到的描述作为文本上下文，而不是图像标签或对象名称，对于指导语言生成过程尤其有利。这是因为提供了与预测描述语义相似的格式良好的句子，使得模型能够生成更合适的描述。

具体来说，视觉输入是由使用 Faster-RCNN 对象检测器从图像中提取的 36 个感兴趣区域表征。语言输入使用 BERT 分词器进行分词，并将 k 个句子连接成一个输入，每个输入之间用分隔符词元分隔。编码器生成跨模态表征，作为解码器的输入，解码器是一种条件自回归语言模型。EXTRA 模型使用的检索系统基于 FAISS（Facebook AI Similarity Search）最近邻搜索库，该库可以搜索与数据集中图像相关的描述。将输入图像与数据存储中的向量进行比较，以检索 k 个最近邻描述。EXTRA 模型的图示如图 11-12 所示。

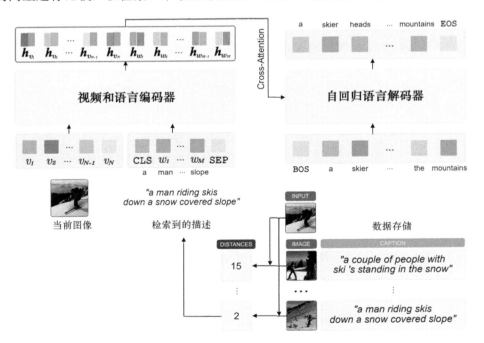

图 11-12　EXTRA 模型的图示（图片来源：Sarto et al，2022）

2. Re-ViLM

Yang et al（2023b）引入了一种检索增强视觉语言模型——Re-ViLM。该模型是基于Flamingo 模型（Alayrac et al，2022）开发的，可以从外部数据库中检索相关知识，用在零样本和上下文少样本场景中从图像到文本的生成。与之前的方法不同，Re-ViLM 模型使用RETRO 模型（Borgeaud et al，2022）进行初始化，这使得它能够在多模态预训练开始时无缝整合检索功能。Re-ViLM 模型的架构如图 11-13 所示。在图 11-13 中，该模型首先提取输入图像的 CLIP 嵌入，然后利用它来从数据库中检索类似的图像-文本对。在某些预定层中，检索增强型语言模型将交叉处理来自图像编码器的视觉特征和来自文本编码器的文本表征，后者对检索到的描述进行编码。

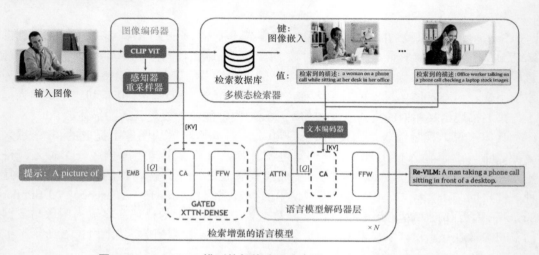

图 11-13　Re-ViLM 模型的架构（图片来源：Yang et al，2023b）

Re-ViLM 模型构建了多模态检索器的检索策略。在多模态预训练过程中，Yang 等发现，根据图像 CLIP（Radford et al，2021）嵌入之间的余弦相似性检索 k 最近邻描述，可以获得最佳性能。他们过滤与训练具有相同描述的实例的检索候选结果，避免了训练中的"复制粘贴"行为。

3. SMALL-CAP

Ramos et al（2022）提出了新颖的模型——SMALL-CAP。该模型将预训练的 CLIP 视觉编码器和 GPT-2 模型（Radford et al，2019）组合在一起（这两个模型都保持固定），并将它们与新的交叉注意力层整合在一起，使可训练参数的总数达到 7M 个。SMALL-CAP模型的架构如 11-14（a）所示。

具体来说，SMALL-CAP 模型没有使用图像到图像的检索方法（Sarto et al，2022），而是采用了图像到文本的检索方法，如图 11-14（b）所示。这种方法可以利用包含任何形式文本的数据存储，这些文本对描述图像都很有用，如图像描述、视频描述、音频描述等。在这个过程中 Ramos 等使用了完整的 CLIP 模型，其中包括视觉编码器和文本编码器，并将两种模态映射到一个共享的向量空间。他们首先对数据存储库的内容和输入图像进行编码，然后使用基于余弦相似性的最近邻搜索从数据存储库中检索出 k 个最相似的文本项。检索到的文本用于填充固定提示模板中的空位，其形式为"类似的图像显示了'描述 1……描述 k'。这幅图像显示了……"。解码器接收作为输入词元的提示，然后根据图像特征 V和任务演示 X 生成描述。

（a）SMALL-CAP 模型的架构　　　　　（b）图像到文本的检索方法

图 11-14　SMALL-CAP 模型的架构（图片来源：Ramos et al，2022）

通过检索外部可用数据，模型可以减少其权重中存储的信息量。尽管可训练参数的数量减小了 83%，但 SMALL-CAP 模型的性能与在标准 COCO 基准上训练的其他模型相似（Chen et al.，2015）。

11.6　视觉指令调整

Liu et al（2023）尝试使用纯语言 GPT-4 模型来生成多模态语言图像指令跟踪数据。Liu 等对模型生成的指令进行了调整，并提出了一个名为 LLaVA（Large Language and Vision Assistant，大型语言和视觉助手）的大型多模态模型。该模型经过端到端训练。LLaVA 集成了视觉编码器和大语言模型，以实现通用应用的广泛视觉和语言理解能力。

多模态聊天机器人开发人员面临的一个重大挑战是自然生成数据的稀缺。在单个聊天对话中组合图像和文本的情况并不常见。为了解决这一难题，研究人员提出了一种巧妙的方法。首先，研究人员可以创建一个配对模态数据集，如图像描述，为聊天机器人的训练提供基础。其次，他们可以借助 GPT-4 作为智能数据增强器的强大功能来模拟对话。这样，聊天机器人就可以学习理解和响应多模态交互的独特特征，即使在自然生成数据稀缺的情况下也是如此。图 11-15 展示了一个示例。该示例包括两部分，上面部分显示用于指示 GPT 的描述和框等提示，而下面部分显示 3 种类型的回复。需要注意的是，视觉图像并不用于提示 GPT，仅供参考。

这个想法背后的概念相当简单。GPT-4 模型可以配备 CC3M（Changpinyo et al，2021）中的描述以及来自对象检测器的边界框。由于 SAM（Kirillov et al，2023）等物体分割技术的显著进步，可以证明，这种特征的整合在提供准确的空间落地方面是非常有益的。尽管 GPT-4 模型缺乏感知视觉的能力，因此无法保持完全的准确性，但它仍然能够在不需要精确空间精度的任务中表现出色。

具体来说，Liu 等在 LLaVA 网络架构中有效地使用了预训练语言模型和视觉模型，如图 11-16 所示。他们选择 LLaMA（Touvron et al，2023）作为语言模型，因为该模型在纯语言指令调整工作中表现出色。对于图像输入，Liu 等使用 CLIP 视觉编码器 ViT-L/14（Radford et al，2021）来获得视觉特征 Z_v。他们通过一个简单的线性层来将 Z_v 转换为语言嵌入词元 H_q，其维度与语言模型的词嵌入空间相同。这种映射方案既轻便又经济，可用于以数据为中心的快速实验。Liu 等认为，在未来的工作中还可以探索更复杂的架构设计，例如门控交叉注意力或其他提供对象级特征的视觉编码器。

上下文类型1：描述
A group of people standing outside of a black vehicle with various luggage.
Luggage surrounds a vehicle in an underground parking area
People try to fit all of their luggage in an SUV.
The sport utility vehicle is parked in the public garage, being packed for a trip
Some people with luggage near a van that is transporting it.

上下文类型2：框
person: [0.681, 0.242, 0.774, 0.694], person: [0.63, 0.222, 0.686, 0.516], person: [0.444, 0.233, 0.487, 0.34], backpack: [0.384, 0.696, 0.485, 0.914], backpack: [0.755, 0.413, 0.846, 0.692], suitcase: [0.758, 0.413, 0.845, 0.69], suitcase: [0.1, 0.497, 0.173, 0.579], bicycle: [0.282, 0.363, 0.327, 0.442], car: [0.786, 0.25, 0.848, 0.322], car: [0.783, 0.27, 0.827, 0.335], car: [0.86, 0.254, 0.891, 0.3], car: [0.261, 0.101, 0.787, 0.626]

响应类型1：对话
Question: What type of vehicle is featured in the image?
Answer: The image features a black sport utility vehicle (SUV).
Question: Where is the vehicle parked?
Answer: The vehicle is parked in an underground parking area, likely in a public garage.
Question: What are the people in the image doing?
Answer: The people are trying to fit all of their luggage into the SUV, likely preparing for a trip.

响应类型2：详细描述
The image is an underground parking area with a black sport utility vehicle (SUV) parked. There are three people in the scene, with one person standing closer to the left side of the vehicle, another person in the middle, and the third person on the right side. They are all working together to pack their luggage into the SUV for a trip.
In the parking area, various luggage items are scattered around the vehicle. There are two backpacks, one located near the left rear wheel and the other closer to the right side of the vehicle. Additionally, there are two suitcases, one on the right side of the car and another further away near the center of the parking area. A bicycle can also be seen on the left side of the vehicle.
Other cars are parked around the main SUV, with one car positioned behind it and slightly to the left, another behind and slightly to the right, and the third car further behind on the right side.

响应类型3：复杂推理
Question: What challenges do these people face?
Answer: In the image, a group of people is standing outside a black SUV in a parking area, surrounded by various pieces of luggage, including suitcases and backpacks. They are facing the challenge of fitting all their luggage into the black SUV. There are multiple suitcases and backpacks to be packed, which suggests that the group has a significant amount of belongings to accommodate. They might have to strategize and arrange the luggage efficiently to ensure that everything fits properly into the vehicle. Additionally, they need to consider the comfort of the passengers and visibility while driving, so the placement of the luggage must not obstruct the driver's view or make the passengers uncomfortable during the trip.

图 11-15　遵循指令的数据工作示意（图片来源：Liu et al，2023）

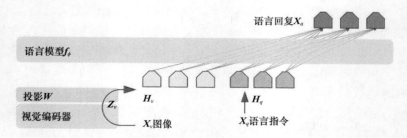

图 11-16　LLaVA 网络架构（图片来源：Liu et al，2023）

　　语言-图像多模态助手（Language-Image Multimodal Assistant，LLaMA）的训练分为两个阶段。在第一阶段〔称为特征对齐预训练（Pre-training for Feature Alignment）〕中，研究人员使用朴素扩展方法将经过过滤的 595k 图像-文本对转换为单轮对话。对于每幅图像，随机抽取一个语言指令，要求助手简要描述图像，并将原始描述视为预测答案。在训练过程中，视觉编码器和大语言模型权重都保持冻结状态，并学习映射矩阵以最大化输入数据的可能性。这一阶段旨在将图像特征与预训练大语言模型词嵌入对齐，从而训练出兼容的视觉"分词器"。在第二阶段〔称为端到端微调（Fine-tuning End-to-End）〕中，视觉编码器权重保持冻结状态，而映射层和大语言模型权重则进行更新。Liu 等在科学问答（Lu et al，2022b）多模态推理数据集上实现了一流的性能。图 11-17 展示了一个示例。

视觉输入示例，极限熨烫（Extreme Ironing）：

用户	What is unusual about this image?
LLaVA	The unusual aspect of this image is a man ironing clothes on the back of a minivan or van. This is not a typical place to perform this activity, as one would usually iron clothes in a more stationary and safe location, such as a home, using a regular ironing board. The scene depicted in the image is peculiar as it involves a makeshift ironing setup on a vehicle, which can be both unsafe and unconventional. Additionally, it is not clear how the man is able to maintain balance and stability while ironing clothes in such an unstable environment.
	[开始新对话，并清除历史记录]
用户	What's happening in the scene?
LLaVA	The image depicts a man standing on top of a yellow SUV in a busy city street. He is holding a portable ladder, seemingly ironing clothes while standing on the vehicle. Around the scene, there are other cars, a traffic light, and a fire hydrant. Additionally, there are two other people in the vicinity, one close to the man on the car and another further away. The man on the ladder appears to be attracting attention due to his unconventional choice of ironing his clothes on top of a moving car. The city street around him is bustling with activity, adding to the unique nature of the scene.
用户	What is unusual about this image?
GPT-4 [32]	The unusual thing about this image is that a man is ironing clothes on an ironing board attached to the roof of a moving taxi.
用户	Can you explain this meme in detail?
BLIP-2	a man is sitting on the back of a yellow cab
用户	Can you explain this meme in detail?
OpenFlamingo	The man is drying his clothes on the hood of his car.

图 11-17　LLaVA 和 GPT-4 模型的视觉输入功能的示例提示（图片来源：Liu et al，2023）

11.7　小结

　　本章对视觉语言模型的多个方面进行了探讨。视觉语言模型结合了视觉和文本输入，以完成生成图像描述、视觉问答和视觉对话等任务。我们的讨论涵盖与视觉语言模型有关的多个领域，包括语言处理的多模态落地、不需要额外训练即可利用预训练模型、轻量级适配、图文联合训练、检索增强视觉语言模型和视觉指令调整等。

　　本章的主要收获之一是视觉语言模型在解决与多模态理解和推理相关的挑战方面展现出巨大的前景。通过结合来自视觉和文本输入的信息，视觉语言模型能够完成传统语言模型或计算机视觉模型难以完成的任务。此外，预训练模型和轻量级适配的最新进展使得将视觉语言模型更容易应用于各种领域和任务。

　　展望未来，我们期待视觉语言模型的开发和应用不断取得进步。未来研究的一个领域是开发更有效的多模态落地和对齐技术。此外，在如何利用视觉语言模型来支持更复杂和更微妙的人机交互形式方面，仍有很多工作有待探索。随着这一领域研究和开发的不断深入，视觉语言模型可能会在从图像和视频搜索到虚拟助手和自主系统等广泛应用中发挥越来越重要的作用。

第 12 章

环境影响

联合国政府间气候变化专门委员会的一份报告指出，未来 5 年全球气温上升超过 1.5℃ 的可能性为 50%，这是科学家为防止灾难性气候变化而设定的上限。如果超过这一阈值，预计人类的生活质量和生态系统将受到极大破坏。为了防止这种情况发生，必须尽一切努力减少碳排放。

人工智能有可能加速应对气候变化的进展。例如，人工智能可以帮助将可再生能源并入电网或降低碳捕获的成本。然而，确保技术本身的可持续发展至关重要。大语言模型的规模和复杂性不断增加，需要大量的算力来训练，这会对环境产生相当大的影响。最近的估算表明，训练一个大语言模型所产生的排放量可能相当于多辆汽车在其生命周期内的排放量。

大语言模型对环境的影响日益受到关注，尤其是随着人工智能在各种应用中的使用越来越多，因此，了解这些模型的影响以及如何减轻其对环境的影响至关重要。为此，我们需要全面了解大语言模型如何融入更大的环境故事，以及如何计算训练特定语言模型所产生的排放影响。此外，认识到个人在监测和减少负面环境影响方面的责任也至关重要。

本章首先讨论了与人工智能和机器学习系统相关的能源消耗和温室气体排放。其次，深入探讨了为训练模型估算排放量所面临的挑战，并提出了一些可能的解决方案。最后，介绍了云实例中人工智能的碳强度。

12.1 能源消耗和温室气体排放

数据中心对环境的影响越来越受到关注，特别是在其能源消耗方面。主要关注领域是碳排放对气候变化的影响，因为数据中心的运行严重依赖电力。这些设施产生的排放水平在很大程度上取决于其电力来源。

碳强度是用于衡量单位能源消耗（通常为每千瓦时）所排放的碳量的指标。碳排放主要由煤炭和天然气等化石燃料造成，这些燃料在发电过程中会直接释放温室气体。然而，如果考虑到能源生产的整个生命周期，包括发电厂的建设、采矿和废物处理，即使是太阳能和风能等可再生能源也会产生排放。

要准确比较不同数据中心的碳排放量，必须考虑其电力来源。例如，在主要依赖水力发电的加拿大魁北克省进行同样的操作，产生的排放量要比主要依赖煤炭的爱沙尼亚减小96.7%。

因此，数据中心评估其碳足迹，并采取措施尽量减少对环境的影响。这些措施包括使用可再生能源、优化能源效率和实施可持续废物管理实践。通过这些措施，数据中心可以大大减少碳排放，为建设一个更健康、更可持续的地球作出贡献。

12.2　估算训练模型的排放量

在估算训练模型的排放量时，可以使用各种工具和方法计算能源使用量和由此产生的温室气体排放量。其中一款工具是机器学习 CO_2 影响计算器（Lacoste et al，2019），它可以根据硬件、使用时间、供应商和地区等因素估算排放量。自然语言处理社区越来越意识到训练模型对环境的影响，Strubell 等于 2019 年就提出这个问题（Strubell et al，2019）。Strubell 等提出了一个计算排放量的公式，其中考虑了 CPU 和 GPU 的平均功率以及数据中心的电源使用效率（Power Usage Effectiveness，PUE）等因素。Patterson et al（2021）提出了一个更简单的排放量计算公式，其中不仅考虑了用于训练的能量，而且考虑了用于推理的能量。他们指出，80% 的机器学习工作负载是推理，而不是训练，这对如何计算排放量将产生影响。各种设计决策也会影响排放量的计算，例如模型架构（Transformer 与 Evolution Transformer）、处理器（NVIDIA 的 A100 与 Google TPU）、数据中心（数据中心平均值与 Google 数据中心的值）以及能源供应组合（如煤炭与水力发电）的选择。Google 提供了各种模型的排放量估算值，其中，T5 模型估计产生 86 MWh 和 47 t 二氧化碳当量，而 GPT3 模型则产生 1287 MWh 和 552 t 二氧化碳当量。二氧化碳当量，英文缩写为 CO_{2eq}，是一种用于评估温室气体排放与其全球升温潜势（Global-Warming Potential，GWP）相关的指标。它通过将各种燃料的数量转化为具有相同全球升温潜势的二氧化碳当量来实现这一目标。

1. Strubell et al，2019

研究人员首先使用原始论文中报告的训练时间和硬件来估算模型从训练到完成所需的总时间。然后以千瓦时（kWh）为单位计算功耗。总功耗估算为 GPU、CPU 和 DRAM 的综合功耗。研究人员将总功耗其乘以 PUE——PUE 考虑了支持计算基础设施（主要是冷却）所需的额外能源。根据 Ascierto（2018）的数据，PUE 系数为 1.58，这是 2018 年全球数据中心的平均值。模型在训练过程中特定实例所需的总功率 p_t 由以下公式给出：

$$p_t = 1.58(p_c + p_r + g \times p_g)/1000$$

其中，p_c 是模型训练过程中所有 CPU 插槽的平均功耗（单位为 W），p_r 是所有 DRAM（主内存）插槽的平均功耗，p_g 是模型训练过程中 GPU 的平均功耗，g 是用于训练的 GPU 数量。

为了估算电力消耗产生的二氧化碳排放量，研究人员使用了美国国家环境保护局提供的耗电量产生的二氧化碳排放量平均值（单位为磅每千瓦时）。

$$CO_2eq = 0.954p_t$$

上述公式考虑了美国不同能源（主要是天然气、煤炭、核能和可再生能源）在能源生产中的相对比例。

2. Patterson et al，2021

运行一个机器学习模型所需的电量取决于多种因素，如算法、实现算法的程序、使用的处理器数量、处理器的运行速度和功率、数据中心在供电和冷却处理器方面的效率，以及包括可再生能源、天然气和煤炭在内的能源供应组合。考虑到这些因素，计算机器学习模型碳足迹的简化公式为：

$$碳足迹 = (电能_{训练} + 查询 \times 电能_{推理}) \times CO_{2eq\,数据中心} / kWh$$

值得注意的是，大多数公司在为机器学习模型提供服务（执行推理）上消耗的能源要多于训练模型。NVIDIA 估计，80%~90% 的机器学习工作负载是推理处理（Leopold，2019），而亚马逊网络服务声称，云计算中 90% 的机器学习需求是用于推理（Barr，2019）。为了解决这个问题，阿里巴巴、亚马逊、Google 和 NVIDIA 开发了仅用于推理的机器学习加速器。假设机器学习模型的总功耗中 10% 用于训练，90% 用于服务，那么，即使给定的机器学习模型需要双倍的训练功耗成本，如果它还能减少 20% 的服务功耗，就能减少碳排放总量。重要的是要记住，推理的碳足迹非常大。虽然训练过程中的能源消耗比推理过程中的能源消耗更容易调查，但这两个方面的碳足迹都应考虑在内。模型的训练者应参与模型成本的计算，以更好地了解模型对环境的影响。

12.2.1 测量云实例中人工智能的碳强度

电网的碳强度会因地点和时间等多种因素而波动。每个地区都有独特的能源组合，这将对电网的碳强度产生影响。由于电力需求、低碳发电和传统碳氢化合物发电的变化，碳排放强度每小时、每天和每个季节都会变化。为了利用这些变化并减少碳足迹，专家建议采用碳感知计算。

用户可以有意识地做出决定，通过选择地理区域或在低碳发电时段安排工作负载，从而减少碳足迹。为了帮助用户做出明智的决策，绿色软件基金会正在开发一套标准和工具，以促进碳感知计算。

然而，如果没有一个统一的框架来衡量运行中的碳排放量，就很难采取有效的行动。为了解决这个问题，微软和 AI2 以及来自希伯来大学、卡内基梅隆大学和 Hugging Face（Dodge et al，2022）的共同作者使用绿色软件基金会的软件碳强度（Software Carbon Intensity，SCI）测量规范来衡量 Azure AI 工作负载的运行碳排放量。具体方法是将云工作负载的能耗乘以为数据中心供电的电网的碳强度。

SCI 采用后果性碳核算（consequential carbon accounting）方法，旨在衡量决策或干预措施引起的排放量边际变化。通过比较 11 种不同机器学习模型的 SCI，该团队能够理解每种模型的相对 SCI。这些信息将帮助用户和云供应商做出更明智的决策，以减少碳足迹。

12.3 小结

随着人工智能和机器学习技术变得越来越先进并得到广泛应用，考虑它们对环境的影响至关重要。在本章中，我们讨论了人工智能和机器学习系统造成温室气体排放和能源消耗的各种方式。显然，要减少人工智能和机器学习系统对环境的影响，没有放之四海而皆准的解决方案。相反，需要结合各种办法和战略来解决这一复杂问题。尽管如此，人工智能和机器学习的潜在好处是巨大的，我们不应该回避，应以负责任和可持续的方式追求这些技术。

在我们前进的道路上，研究人员、政策制定者和行业领导者必须通力合作，在开发和部署人工智能和机器学习系统时优先考虑环境的可持续发展。通过这样做，我们可以确保这些技术不仅具有强大的创新性，而且对环境负责，具有可持续性。

参考文献

A. Aghajanyan, L. Zettlemoyer, and S. Gupta. Intrinsic dimensionality explains the effectiveness of language model fine-tuning. *arXiv preprint arXiv:2012.13255*, 2020.

A. Aghajanyan, B. Huang, C. Ross, V. Karpukhin, H. Xu, N. Goyal, D. Okhonko, M. Joshi, G. Ghosh, M. Lewis, et al. Cm3: A causal masked multimodal model of the internet. *arXiv preprint arXiv:2201.07520*, 2022.

M. Ahn, A. Brohan, N. Brown, Y. Chebotar, O. Cortes, B. David, C. Finn, K. Gopalakrishnan, K. Hausman, A. Herzog, et al. Do as i can, not as i say: Grounding language in robotic affordances. *arXiv preprint arXiv:2204.01691*, 2022.

J. Ainslie, S. Ontanon, C. Alberti, V. Cvicek, Z. Fisher, P. Pham, A. Ravula, S. Sanghai, Q. Wang, and L. Yang. Etc: Encoding long and structured inputs in transformers. *arXiv preprint arXiv:2004.08483*, 2020.

J. Ainslie, T. Lei, M. de Jong, S. Ontañón, S. Brahma, Y. Zemlyanskiy, D. Uthus, M. Guo, J. Lee-Thorp, Y. Tay, et al. Colt5: Faster long-range transformers with conditional computation. *arXiv preprint arXiv:2303.09752*, 2023.

E. Akyürek, T. Bolukbasi, F. Liu, B. Xiong, I. Tenney, J. Andreas, and K. Guu. Towards tracing knowledge in language models back to the training data. In *Findings of the Association for Computational Linguistics: EMNLP 2022*, pages 2429-2446, 2022a.

E. Akyürek, D. Schuurmans, J. Andreas, T. Ma, and D. Zhou. What learning algorithm is in-context learning? investigations with linear models. *arXiv preprint arXiv:2211.15661*, 2022b.

J.-B. Alayrac, J. Donahue, P. Luc, A. Miech, I. Barr, Y. Hasson, K. Lenc, A. Mensch, K. Millican, M. Reynolds, et al. Flamingo: a visual language model for few-shot learning. *arXiv preprint arXiv:2204.14198*, 2022.

J. U. Allingham, F. Wenzel, Z. E. Mariet, B. Mustafa, J. Puigcerver, N. Houlsby, G. Jerfel, V. Fortuin, B. Lakshminarayanan, J. Snoek, et al. Sparse moes meet efficient ensembles. *arXiv preprint arXiv:2110.03360*, 2021.

P. Anderson, B. Fernando, M. Johnson, and S. Gould. Spice: Semantic propositional image caption evaluation. In *Computer Vision-ECCV 2016: 14th European Conference, Amsterdam, The Netherlands, October 11-14, 2016, Proceedings, Part V 14*, pages 382-398. Springer, 2016.

P. W. Anderson. More is different: broken symmetry and the nature of the hierarchical structure of science. *Science*, 177(4047):393-396, 1972.

J. Andreas. Language models as agent models. *arXiv preprint arXiv:2212.01681*, 2022.

M. Andrychowicz, F. Wolski, A. Ray, J. Schneider, R. Fong, P. Welinder, B. McGrew, J. Tobin, O. Pieter Abbeel, and W. Zaremba. Hindsight experience replay. *Advances in neural information processing systems*, 30, 2017.

A. Ansell, E. M. Ponti, A. Korhonen, and I. Vulić Composable sparse fine-tuning for cross-lingual transfer. *arXiv preprint arXiv:2110.07560*, 2021.

M. Artetxe, S. Bhosale, N. Goyal, T. Mihaylov, M. Ott, S. Shleifer, X. V. Lin, J. Du, S. Iyer, R. Pasunuru, et al. Efficient large scale language modeling with mixtures of experts. *arXiv preprint arXiv:2112.10684*, 2021.

R. Ascierto. Uptime institute global data center survey. *Seattle: Uptime Insitute*, 2018.

J. L. Ba, J. R. Kiros, and G. E. Hinton. Layer normalization. *arXiv preprint arXiv:1607.06450*, 2016.

B. J. Baars. *A cognitive theory of consciousness*. Cambridge University Press, 1993.

H. Bagherinezhad, H. Hajishirzi, Y. Choi, and A. Farhadi. Are elephants bigger than butterflies? reasoning about sizes of objects. In *Proceedings of the AAAI Conference on Artificial Intelligence*, volume 30, 2016.

D. Bahdanau, K. Cho, and Y. Bengio. Neural machine translation by jointly learning to align and translate. *arXiv preprint arXiv:1409.0473*, 2014.

Y. Bai, S. Kadavath, S. Kundu, A. Askell, J. Kernion, A. Jones, A. Chen, A. Goldie, A. Mirhoseini, C. McKinnon, et al. Constitutional ai: Harmlessness from ai feedback. *arXiv preprint arXiv:2212.08073*, 2022.

H. Bao, W. Wang, L. Dong, Q. Liu, O. K. Mohammed, K. Aggarwal, S. Som, and F. Wei. Vlmo: Unified vision-language pre-training with mixture-of-modality-experts. *arXiv preprint arXiv:2111.02358*, 2021.

S. Barikeri, A. Lauscher, I. Vulić, and G. Glavaš. Redditbias: A real-world resource for bias evaluation and debiasing of conversational language models. *arXiv preprint arXiv:2106.03521*, 2021.

J. Barr. Amazon ec2 update-inf1 instances with aws inferentia chips for high performance costeffective inferencing, 2019.

L. W. Barsalou. Grounded cognition. *Annu. Rev. Psychol.*, 59:617-645, 2008.

M. Bavarian, H. Jun, N. Tezak, J. Schulman, C. McLeavey, J. Tworek, and M. Chen. Efficient training of language models to fill in the middle. *arXiv preprint arXiv:2207.14255*, 2022.

K. Behdin and R. Mazumder. Sharpness-aware minimization: An implicit regularization perspective. *arXiv preprint arXiv:2302.11836*, 2023.

L. Beinborn, T. Botschen, and I. Gurevych. Multimodal grounding for language processing. In *Proceedings of the 27th International Conference on Computational Linguistics*, pages 2325-2339, Santa Fe, New Mexico, USA, Aug. 2018. Association for Computational Linguistics.

I. Beltagy, M. E. Peters, and A. Cohan. Longformer: The long-document transformer. *arXiv preprint arXiv:2004.05150*, 2020.

E. M. Bender and A. Koller. Climbing towards nlu: On meaning, form, and understanding in the age of data. In *Proceedings of the 58th annual meeting of the association for computational linguistics*, pages 5185-5198, 2020.

E. M. Bender, T. Gebru, A. McMillan-Major, and S. Shmitchell. On the dangers of stochastic parrots: Can language models be too big? In *Proceedings of the 2021 ACM conference on fairness, accountability, and transparency*, pages 610-623, 2021.

S. Bengio, O. Vinyals, N. Jaitly, and N. Shazeer. Scheduled sampling for sequence prediction with recurrent neural networks. *Advances in neural information processing systems*, 28, 2015.

Y. Bengio. Deep learning of representations: Looking forward. In *Statistical Language and Speech Processing: First International Conference, SLSP 2013, Tarragona, Spain, July 29-31, 2013. Proceedings 1*, pages 1-37. Springer, 2013a.

Y. Bengio. Estimating or propagating gradients through stochastic neurons. *arXiv preprint arXiv:1305.2982*, 2013b.

Y. Bengio, R. Ducharme, and P. Vincent. A neural probabilistic language model. *Advances in neural information processing systems*, 13, 2000.

I. Berent and G. Marcus. No integration without structured representations: Response to pater. *Language*, 95(1):e75-e86, 2019.

Y. Bi. Dual coding of knowledge in the human brain. *Trends in Cognitive Sciences*, 25(10):883-895, 2021.

Z. Bian, H. Liu, B. Wang, H. Huang, Y. Li, C. Wang, F. Cui, and Y. You. Colossal-ai: A unified deep learning system for large-scale parallel training. *arXiv preprint arXiv:2110.14883*, 2021.

Y. Bisk, A. Holtzman, J. Thomason, J. Andreas, Y. Bengio, J. Chai, M. Lapata, A. Lazaridou, J. May, A. Nisnevich, et al. Experience grounds language. *arXiv preprint arXiv:2004.10151*, 2020.

C. Blake, D. Orr, and C. Luschi. Unit scaling: Out-of-the-box low-precision training. *arXiv preprint arXiv:2303.11257*, 2023.

N. Block. Comparing the major theories of consciousness. *The cognitive neurosciences*, 2009.

T. Bolukbasi, K.-W. Chang, J. Y. Zou, V. Saligrama, and A. T. Kalai. Man is to computer programmer as woman is to homemaker? debiasing word embeddings. *Advances in neural information processing systems*, 29, 2016.

R. Bommasani, D. A. Hudson, E. Adeli, R. Altman, S. Arora, S. von Arx, M. S. Bernstein, J. Bohg, A. Bosselut, E. Brunskill, et al. On the opportunities and risks of foundation models. *arXiv preprint arXiv:2108.07258*, 2021.

S. Borgeaud, A. Mensch, J. Hoffmann, T. Cai, E. Rutherford, K. Millican, G. B. Van Den Driessche, J.-B. Lespiau, B. Damoc, A. Clark, et al. Improving language models by retrieving from trillions of tokens. In *International conference on machine learning*, pages 2206-2240. PMLR, 2022.

D. Borkan, L. Dixon, J. Sorensen, N. Thain, and L. Vasserman. Nuanced metrics for measuring unintended bias with real data for text classification. In *Companion proceedings of the 2019 world wide web conference*, pages 491-500, 2019.

S. R. Bowman, J. Hyun, E. Perez, E. Chen, C. Pettit, S. Heiner, K. Lukosuite, A. Askell, A. Jones, A. Chen, et al. Measuring progress on scalable oversight for large language models. *arXiv preprint arXiv:2211.03540*, 2022.

T. Brown, B. Mann, N. Ryder, M. Subbiah, J. D. Kaplan, P. Dhariwal, A. Neelakantan, P. Shyam, G. Sastry, A. Askell, et al. Language models are few-shot learners. *Advances in neural information processing systems*, 33:1877-1901, 2020.

A. Bulatov, Y. Kuratov, and M. Burtsev. Recurrent memory transformer. *Advances in Neural Information Processing Systems*, 35:11079-11091, 2022.

F. Calzavarini. Inferential and referential lexical semantic competence: A critical review of the supporting evidence. *Journal of Neurolinguistics*, 44:163-189, 2017.

D. J. Chalmers. Could a large language model be conscious? *arXiv preprint arXiv:2303.07103*, 2023.

H. Chang, H. Zhang, L. Jiang, C. Liu, and W. T. Freeman. Maskgit: Masked generative image transformer. In *Proceedings of the IEEE/CVF Conference on Computer Vision and Pattern Recognition*, pages 11315-11325, 2022.

H. Chang, H. Zhang, J. Barber, A. Maschinot, J. Lezama, L. Jiang, M.-H. Yang, K. Murphy, W. T. Freeman, M. Rubinstein, et al. Muse: Text-to-image generation via masked generative transformers. *arXiv preprint arXiv:2301.00704*, 2023.

S. Changpinyo, P. Sharma, N. Ding, and R. Soricut. Conceptual 12m: Pushing web-scale image-text pre-training to recognize long-tail visual concepts. In *Proceedings of the IEEE/CVF Conference on Computer Vision and Pattern Recognition*, pages 3558-3568, 2021.

J. Chen, H. Guo, K. Yi, B. Li, and M. Elhoseiny. Visualgpt: Data-efficient adaptation of pretrained language models for image captioning. In *Proceedings of the IEEE/CVF Conference on Computer Vision and Pattern Recognition*, pages 18030-18040, 2022a.

J. Chen, A. Zhang, X. Shi, M. Li, A. Smola, and D. Yang. Parameter-efficient fine-tuning design spaces. *arXiv preprint arXiv:2301.01821*, 2023.

M. Chen, J. Tworek, H. Jun, Q. Yuan, H. P. d. O. Pinto, J. Kaplan, H. Edwards, Y. Burda, N. Joseph, G. Brockman, et al. Evaluating large language models trained on code. *arXiv preprint arXiv:2107.03374*, 2021.

T. Chen, B. Xu, C. Zhang, and C. Guestrin. Training deep nets with sublinear memory cost. *arXiv preprint arXiv:1604.06174*, 2016.

X. Chen, H. Fang, T.-Y. Lin, R. Vedantam, S. Gupta, P. Dollár, and C. L. Zitnick. Microsoft coco captions: Data collection and evaluation server. *arXiv preprint arXiv:1504.00325*, 2015.

Z. Chen, Y. Deng, Y. Wu, Q. Gu, and Y. Li. Towards understanding mixture of experts in deep learning. *arXiv preprint arXiv:2208.02813*, 2022b.

Z. Chi, L. Dong, S. Huang, D. Dai, S. Ma, B. Patra, S. Singhal, P. Bajaj, X. Song, and F. Wei. On the representation collapse of sparse mixture of experts. *arXiv preprint arXiv:2204.09179*, 2022.

W.-L. Chiang, Z. Li, Z. Lin, Y. Sheng, Z. Wu, H. Zhang, L. Zheng, S. Zhuang, Y. Zhuang, J. E. Gonzalez, I. Stoica, and E. P. Xing. Vicuna: An open-source chatbot impressing gpt-4 with 90% chatgpt quality 2023.

R. Child, S. Gray, A. Radford, and I. Sutskever. Generating long sequences with sparse transformers. *arXiv preprint arXiv:1904.10509*, 2019.

K. Choromanski, V. Likhosherstov, D. Dohan, X. Song, A. Gane, T. Sarlos, P. Hawkins, J. Davis, D. Belanger, L. Colwell, et al. Masked language modeling for proteins via linearly scalable longcontext transformers. *arXiv preprint arXiv:2006.03555*, 2020.

A. Chowdhery, S. Narang, J. Devlin, M. Bosma, G. Mishra, A. Roberts, P. Barham, H. W. Chung, C. Sutton, S. Gehrmann, et al. Palm: Scaling language modeling with pathways. *arXiv preprint arXiv:2204.02311*, 2022.

P. Christiano, B. Shlegeris, and D. Amodei. Supervising strong learners by amplifying weak experts. *arXiv preprint arXiv:1810.08575*, 2018.

P. F. Christiano, J. Leike, T. Brown, M. Martic, S. Legg, and D. Amodei. Deep reinforcement learning from human preferences. *Advances in neural information processing systems*, 30, 2017.

H. W. Chung, L. Hou, S. Longpre, B. Zoph, Y. Tay, W. Fedus, E. Li, X. Wang, M. Dehghani, S. Brahma, et al. Scaling instruction-finetuned language models. *arXiv preprint arXiv:2210.11416*, 2022.

A. Clark, D. De Las Casas, A. Guy, A. Mensch, M. Paganini, J. Hoffmann, B. Damoc, B. Hechtman, T. Cai, S. Borgeaud, et al. Unified scaling laws for routed language models. In *International Conference on Machine Learning*, pages 4057-4086. PMLR, 2022a.

J. H. Clark, D. Garrette, I. Turc, and J. Wieting. Canine: Pre-training an efficient tokenization-free encoder for language representation. *Transactions of the Association for Computational Linguistics*, 10:73-91, 2022b.

K. Clark, M.-T. Luong, Q. V. Le, and C. D. Manning. Electra: Pre-training text encoders as discriminators rather than generators. *arXiv preprint arXiv:2003.10555*, 2020.

A. Cohan, F. Dernoncourt, D. S. Kim, T. Bui, S. Kim, W. Chang, and N. Goharian. A discourse-aware attention model for abstractive summarization of long documents. *arXiv preprint arXiv:1804.05685*, 2018.

A. Creswell and M. Shanahan. Faithful reasoning using large language models. *arXiv preprint arXiv:2208.14271*, 2022.

A. Creswell, M. Shanahan, and I. Higgins. Selection-inference: Exploiting large language models for interpretable logical reasoning. *arXiv preprint arXiv:2205.09712*, 2022.

D. Dai, Y. Sun, L. Dong, Y. Hao, Z. Sui, and F. Wei. Why can gpt learn in-context? language models secretly perform gradient descent as meta optimizers. *arXiv preprint arXiv:2212.10559*, 2022.

Z. Dai, Z. Yang, Y. Yang, J. Carbonell, Q. V. Le, and R. Salakhutdinov. Transformer-xl: Attentive language models beyond a fixed-length context. *arXiv preprint arXiv:1901.02860*, 2019.

D. Dale, A. Voronov, D. Dementieva, V. Logacheva, O. Kozlova, N. Semenov, and A. Panchenko. Text detoxification using large pre-trained neural models. *arXiv preprint arXiv:2109.08914*, 2021.

G. Dar, M. Geva, A. Gupta, and J. Berant. Analyzing transformers in embedding space. *arXiv preprint arXiv:2209.02535*, 2022.

Databricks. Free dolly: Introducing the world's first truly open instruction-tuned llm, 2023.

S. Dathathri, A. Madotto, J. Lan, J. Hung, E. Frank, P. Molino, J. Yosinski, and R. Liu. Plug and play language models: A simple approach to controlled text generation. *arXiv preprint arXiv:1912.02164*, 2019.

Y. N. Dauphin, A. Fan, M. Auli, and D. Grangier. Language modeling with gated convolutional networks. In *International conference on machine learning*, pages 933-941. PMLR, 2017.

S. Dehaene. *Consciousness and the brain: Deciphering how the brain codes our thoughts*. Penguin, 2014.

M. Dehghani, S. Gouws, O. Vinyals, J. Uszkoreit, and Ł Kaiser. Universal transformers. *arXiv preprint arXiv:1807.03819*, 2018.

T. Dettmers and L. Zettlemoyer. The case for 4-bit precision: k-bit inference scaling laws. *arXiv preprint arXiv:2212.09720*, 2022.

T. Dettmers, M. Lewis, S. Shleifer, and L. Zettlemoyer. 8-bit optimizers via block-wise quantization. *arXiv preprint arXiv:2110.02861*, 2021.

J. Devlin, M.-W. Chang, K. Lee, and K. Toutanova. Bert: Pre-training of deep bidirectional transformers for language understanding. *arXiv preprint arXiv:1810.04805*, 2018.

S. Diao, P. Wang, Y. Lin, and T. Zhang. Active prompting with chain-of-thought for large language models. *arXiv preprint arXiv:2302.12246*, 2023.

A. Y. Din, T. Karidi, L. Choshen, and M. Geva. Jump to conclusions: Short-cutting transformers with linear transformations. *arXiv preprint arXiv:2303.09435*, 2023.

E. Dinan, A. Fan, A. Williams, J. Urbanek, D. Kiela, and J. Weston. Queens are powerful too: Mitigating gender bias in dialogue generation. *arXiv preprint arXiv:1911.03842*, 2019.

J. Dodge, T. Prewitt, R. Tachet des Combes, E. Odmark, R. Schwartz, E. Strubell, A. S. Luccioni, N. A. Smith, N. DeCario, and W. Buchanan. Measuring the carbon intensity of ai in cloud instances. In *2022 ACM Conference on Fairness, Accountability, and Transparency*, pages 1877-1894, 2022.

J. Donahue, Y. Jia, O. Vinyals, J. Hoffman, N. Zhang, E. Tzeng, and T. Darrell. Decaf: A deep convolutional activation feature for generic visual recognition. In *International conference on machine learning*, pages 647-655. PMLR, 2014.

Y. Dou, M. Forbes, R. Koncel-Kedziorski, N. A. Smith, and Y. Choi. Is gpt-3 text indistinguishable from human text? scarecrow: A framework for scrutinizing machine text. *arXiv preprint arXiv:2107.01294*, 2021.

Z.-Y. Dou, A. Kamath, Z. Gan, P. Zhang, J. Wang, L. Li, Z. Liu, C. Liu, Y. LeCun, N. Peng, et al. Coarse-to-fine vision-language pre-training with fusion in the backbone. *arXiv preprint arXiv:2206.07643*, 2022.

G. O. Dove. Rethinking the role of language in embodied cognition. *Philosophical Transactions of the Royal Society B*, 378(1870):20210375, 2023.

A. Drozdov, N. Schärli, E. Akyürek, N. Scales, X. Song, X. Chen, O. Bousquet, and D. Zhou. Compositional semantic parsing with large language models. *arXiv preprint arXiv:2209.15003*, 2022.

J. Du, H. Yan, J. Feng, J. T. Zhou, L. Zhen, R. S. M. Goh, and V. Y. Tan. Efficient sharpness-aware minimization for improved training of neural networks. *arXiv preprint arXiv:2110.03141*, 2021.

N. Du, Y. Huang, A. M. Dai, S. Tong, D. Lepikhin, Y. Xu, M. Krikun, Y. Zhou, A. W. Yu, O. Firat, et al. Glam: Efficient scaling of language models with mixture-of-experts. In *International Conference on Machine Learning*, pages 5547-5569. PMLR, 2022.

D. Dua, S. Gupta, S. Singh, and M. Gardner. Successive prompting for decomposing complex questions. *arXiv preprint arXiv:2212.04092*, 2022.

Y. Duan, X. Chen, R. Houthooft, J. Schulman, and P. Abbeel. Benchmarking deep reinforcement learning for continuous control. In *International conference on machine learning*, pages 1329-1338. PMLR, 2016.

P. Dufter. *Distributed representations for multilingual language processing*. PhD thesis, lmu, 2021.

P. Dufter, M. Schmitt, and H. Schütze. Position information in transformers: An overview. *Computational Linguistics*, 48(3):733-763, 2022.

A. Edalati, M. Tahaei, I. Kobyzev, V. P. Nia, J. J. Clark, and M. Rezagholizadeh. Krona: Parameter efficient tuning with kronecker adapter. *arXiv preprint arXiv:2212.10650*, 2022.

B. Eikema and W. Aziz. Is map decoding all you need? the inadequacy of the mode in neural machine translation. *arXiv preprint arXiv:2005.10283*, 2020.

M. Elbayad, J. Gu, E. Grave, and M. Auli. Depth-adaptive transformer. *arXiv preprint arXiv:1910.10073*, 2019.

P. Esser, R. Rombach, and B. Ommer. Taming transformers for high-resolution image synthesis. In *Proceedings of the IEEE/CVF conference on computer vision and pattern recognition*, pages 12873-12883, 2021.

B. Eysenbach, T. Zhang, S. Levine, and R. R. Salakhutdinov. Contrastive learning as goal-conditioned reinforcement learning. *Advances in Neural Information Processing Systems*, 35:35603-35620, 2022.

A. Fan, M. Lewis, and Y. Dauphin. Hierarchical neural story generation. *arXiv preprint arXiv:1805.04833*, 2018.

A. Fan, P. Stock, B. Graham, E. Grave, R. Gribonval, H. Jegou, and A. Joulin. Training with quantization noise for extreme model compression. *arXiv preprint arXiv:2004.07320*, 2020.

S. Fan, Y. Rong, C. Meng, Z. Cao, S. Wang, Z. Zheng, C. Wu, G. Long, J. Yang, L. Xia, et al. Dapple: A pipelined data parallel approach for training large models. In *Proceedings of the 26th ACM SIGPLAN Symposium on Principles and Practice of Parallel Programming*, pages 431-445, 2021.

W. Fedus, B. Zoph, and N. Shazeer. Switch transformers: Scaling to trillion parameter models with simple and efficient sparsity. *J. Mach. Learn. Res*, 23:1-40, 2021.

W. Fedus, B. Zoph, and N. Shazeer. Switch transformers: Scaling to trillion parameter models with simple and efficient sparsity. *The Journal of Machine Learning Research*, 23(1):5232-5270, 2022.

J. Firth. A synopsis of linguistic theory, 1930-1955. *Studies in linguistic analysis*, pages 10-32, 1957.

J. A. Fodor and Z. W. Pylyshyn. Connectionism and cognitive architecture: A critical analysis. *Cognition*, 28(1-2):3-71, 1988.

P. Foret, A. Kleiner, H. Mobahi, and B. Neyshabur. Sharpness-aware minimization for efficiently improving generalization. *arXiv preprint arXiv:2010.01412*, 2020.

J. Frankle and M. Carbin. The lottery ticket hypothesis: Finding sparse, trainable neural networks. *arXiv preprint arXiv:1803.03635*, 2018.

E. Frantar and D. Alistarh. Massive language models can be accurately pruned in one-shot. *arXiv preprint arXiv:2301.00774*, 2023.

E. Frantar, S. Ashkboos, T. Hoefler, and D. Alistarh. Gptq: Accurate post-training quantization for generative pre-trained transformers. *arXiv preprint arXiv:2210.17323*, 2022.

Y. Fu, H. Peng, A. Sabharwal, P. Clark, and T. Khot. Complexity-based prompting for multi-step reasoning. *arXiv preprint arXiv:2210.00720*, 2022.

T. Gale, D. Narayanan, C. Young, and M. Zaharia. Megablocks: Efficient sparse training with mixtureof-experts. *arXiv preprint arXiv:2211.15841*, 2022.

L. Gao, S. Biderman, S. Black, L. Golding, T. Hoppe, C. Foster, J. Phang, H. He, A. Thite, N. Nabeshima, et al. The pile: An 800gb dataset of diverse text for language modeling. *arXiv preprint arXiv:2101.00027*, 2020.

Z.-F. Gao, P. Liu, W. X. Zhao, Z.-Y. Lu, and J.-R. Wen. Parameter-efficient mixture-of-experts architecture for pre-trained language models. *arXiv preprint arXiv:2203.01104*, 2022.

M. Garagnani and F. Pulvermüller. Conceptual grounding of language in action and perception: a neurocomputational model of the emergence of category specificity and semantic hubs. *European Journal of Neuroscience*, 43(6):721-737, 2016.

S. Garg, D. Tsipras, P. S. Liang, and G. Valiant. What can transformers learn in-context? a case study of simple function classes. *Advances in Neural Information Processing Systems*, 35:30583-30598, 2022.

J. Gauthier, J. Hu, E. Wilcox, P. Qian, and R. Levy. Syntaxgym: An online platform for targeted evaluation of language models. In *Proceedings of the 58th Annual Meeting of the Association for Computational Linguistics: System Demonstrations*, pages 70-76, 2020.

S. Gehman, S. Gururangan, M. Sap, Y. Choi, and N. A. Smith. Realtoxicityprompts: Evaluating neural toxic degeneration in language models. *arXiv preprint arXiv:2009.11462*, 2020.

J. Gehring, M. Auli, D. Grangier, D. Yarats, and Y. N. Dauphin. Convolutional sequence to sequence learning. In *International conference on machine learning*, pages 1243-1252. PMLR, 2017.

J. Geiping and T. Goldstein. Cramming: Training a language model on a single gpu in one day. *arXiv preprint arXiv:2212.14034*, 2022.

M. Geva, A. Caciularu, K. R. Wang, and Y. Goldberg. Transformer feed-forward layers build predictions by promoting concepts in the vocabulary space. *arXiv preprint arXiv:2203.14680*, 2022.

M. Ghazvininejad, O. Levy, Y. Liu, and L. Zettlemoyer. Mask-predict: Parallel decoding of conditional masked language models. *arXiv preprint arXiv:1904.09324*, 2019.

A. M. Glenberg and V. Gallese. Action-based language: A theory of language acquisition, comprehension, and production. *cortex*, 48(7):905-922, 2012.

D. Go, T. Korbak, G. Kruszewski, J. Rozen, N. Ryu, and M. Dymetman. Aligning language models with preferences through f-divergence minimization. *arXiv preprint arXiv:2302.08215*, 2023.

N. Godey, R. Castagné, É. de la Clergerie, and B. Sagot. Manta: Efficient gradient-based tokenization for robust end-to-end language modeling. *arXiv preprint arXiv:2212.07284*, 2022.

A. E. Goldberg. *Explain me this: Creativity, competition, and the partial productivity of constructions*. Princeton University Press, 2019.

A. I. Goldman et al. *Simulating minds: The philosophy, psychology, and neuroscience of mindreading*. Oxford University Press on Demand, 2006.

A. Goldstein, Z. Zada, E. Buchnik, M. Schain, A. Price, B. Aubrey, S. A. Nastase, A. Feder, D. Emanuel, A. Cohen, et al. Shared computational principles for language processing in humans and deep language models. *Nature neuroscience*, 25(3):369-380, 2022.

J. Gordon and B. Van Durme. Reporting bias and knowledge acquisition. In *Proceedings of the 2013 workshop on Automated knowledge base construction*, pages 25-30, 2013.

A. Goyal, A. Didolkar, A. Lamb, K. Badola, N. R. Ke, N. Rahaman, J. Binas, C. Blundell, M. Mozer, and Y. Bengio. Coordination among neural modules through a shared global workspace. *arXiv preprint arXiv:2103.01197*, 2021.

P. Goyal, P. Dollár, R. Girshick, P. Noordhuis, L. Wesolowski, A. Kyrola, A. Tulloch, Y. Jia, and K. He. Accurate, large minibatch sgd: Training imagenet in 1 hour. *arXiv preprint arXiv:1706.02677*, 2017.

A. Graves. Adaptive computation time for recurrent neural networks. *arXiv preprint arXiv:1603.08983*, 2016.

M. Guo, J. Ainslie, D. Uthus, S. Ontanon, J. Ni, Y.-H. Sung, and Y. Yang. Longt5: Efficient text-totext transformer for long sequences. *arXiv preprint arXiv:2112.07916*, 2021.

Q. Guo, X. Qiu, P. Liu, Y. Shao, X. Xue, and Z. Zhang. Star-transformer. *arXiv preprint arXiv: 1902.09113*, 2019a.

Q. Guo, X. Qiu, X. Xue, and Z. Zhang. Low-rank and locality constrained self-attention for sequence modeling. *IEEE/ACM Transactions on Audio, Speech, and Language Processing*, 27(12):2213-2222, 2019b.

S. Gupta, S. Mukherjee, K. Subudhi, E. Gonzalez, D. Jose, A. H. Awadallah, and J. Gao. Sparsely activated mixture-of-experts are robust multi-task learners. *arXiv preprint arXiv:2204.07689*, 2022a.

T. Gupta, R. Marten, A. Kembhavi, and D. Hoiem. Grit: general robust image task benchmark. *arXiv preprint arXiv:2204.13653*, 2022b.

S. Gururangan, A. Marasović S. Swayamdipta, K. Lo, I. Beltagy, D. Downey, and N. A. Smith. Don't stop pretraining: Adapt language models to domains and tasks. In *Proc. of the 58th Meeting of the Association for Computational Linguistics*, pages 8342-8360, Online, July 2020. Association for Computational Linguistics. doi: 10.18653/v1/2020.acl-main.740.

S. Gururangan, M. Lewis, A. Holtzman, N. A. Smith, and L. Zettlemoyer. Demix layers: Disentangling domains for modular language modeling. *arXiv preprint arXiv:2108.05036*, 2021.

K. Guu, K. Lee, Z. Tung, P. Pasupat, and M. Chang. Retrieval augmented language model pre-training. In *International conference on machine learning*, pages 3929-3938. PMLR, 2020.

Y. Hao, Y. Sun, L. Dong, Z. Han, Y. Gu, and F. Wei. Structured prompting: Scaling in-context learning to 1,000 examples. *arXiv preprint arXiv:2212.06713*, 2022.

S. Harnad. The symbol grounding problem. *Physica D: Nonlinear Phenomena*, 42(1-3):335-346, 1990.

C. He, S. Zheng, A. Zhang, G. Karypis, T. Chilimbi, M. Soltanolkotabi, and S. Avestimehr. Smile: Scaling mixture-of-experts with efficient bi-level routing. *arXiv preprint arXiv:2212.05191*, 2022a.

J. He, C. Zhou, X. Ma, T. Berg-Kirkpatrick, and G. Neubig. Towards a unified view of parameterefficient transfer learning. *arXiv preprint arXiv:2110.04366*, 2021.

P. He, X. Liu, J. Gao, and W. Chen. Deberta: Decoding-enhanced bert with disentangled attention. *arXiv preprint arXiv:2006.03654*, 2020.

S. He, L. Ding, D. Dong, M. Zhang, and D. Tao. Sparseadapter: An easy approach for improving the parameter-efficiency of adapters. *arXiv preprint arXiv:2210.04284*, 2022b.

G. Hinton, L. Deng, D. Yu, G. E. Dahl, A.-r. Mohamed, N. Jaitly, A. Senior, V. Vanhoucke, P. Nguyen, T. N. Sainath, et al. Deep neural networks for acoustic modeling in speech recognition: The shared views of four research groups. *IEEE Signal processing magazine*, 29(6):82-97, 2012.

G. Hinton, O. Vinyals, and J. Dean. Distilling the knowledge in a neural network. *arXiv preprint arXiv:1503.02531*, 2015.

J. Ho, N. Kalchbrenner, D. Weissenborn, and T. Salimans. Axial attention in multidimensional transformers. *arXiv preprint arXiv:1912.12180*, 2019.

S. Hochreiter and J. Schmidhuber. Long short-term memory. *Neural computation*, 9(8):1735-1780, 1997.

E. Hoffer, I. Hubara, and D. Soudry. Train longer, generalize better: closing the generalization gap in large batch training of neural networks. *Advances in neural information processing systems*, 30, 2017.

J. Hoffmann, S. Borgeaud, A. Mensch, E. Buchatskaya, T. Cai, E. Rutherford, D. d. L. Casas, L. A. Hendricks, J. Welbl, A. Clark, et al. Training compute-optimal large language models. *arXiv preprint arXiv:2203.15556*, 2022a.

J. Hoffmann, S. Borgeaud, A. Mensch, E. Buchatskaya, T. Cai, E. Rutherford, D. de Las Casas, L. A. Hendricks, J. Welbl, A. Clark, et al. An empirical analysis of compute-optimal large language model training. *Advances in Neural Information Processing Systems*, 35:30016-30030, 2022b.

A. Holtzman, J. Buys, L. Du, M. Forbes, and Y. Choi. The curious case of neural text degeneration. *arXiv preprint arXiv:1904.09751*, 2019.

A. Holtzman, P. West, V. Shwartz, Y. Choi, and L. Zettlemoyer. Surface form competition: Why the highest probability answer isn't always right. *arXiv preprint arXiv:2104.08315*, 2021.

O. Honovich, U. Shaham, S. R. Bowman, and O. Levy. Instruction induction: From few examples to natural language task descriptions. *arXiv preprint arXiv:2205.10782*, 2022.

N. Houlsby, A. Giurgiu, S. Jastrzebski, B. Morrone, Q. De Laroussilhe, A. Gesmundo, M. Attariyan, and S. Gelly. Parameter-efficient transfer learning for nlp. In *International Conference on Machine Learning*, pages 2790-2799. PMLR, 2019.

E. J. Hu, Y. Shen, P. Wallis, Z. Allen-Zhu, Y. Li, S. Wang, L. Wang, and W. Chen. Lora: Low-rank adaptation of large language models. *arXiv preprint arXiv:2106.09685*, 2021.

J. Hu, S. Floyd, O. Jouravlev, E. Fedorenko, and E. Gibson. A fine-grained comparison of pragmatic language understanding in humans and language models. *arXiv preprint arXiv:2212.06801*, 2022.

W. Hua, Z. Dai, H. Liu, and Q. Le. Transformer quality in linear time. In *International Conference on Machine Learning*, pages 9099-9117. PMLR, 2022.

C.-C. Huang, G. Jin, and J. Li. Swapadvisor: Pushing deep learning beyond the gpu memory limit via smart swapping. In *Proceedings of the Twenty-Fifth International Conference on Architectural Support for Programming Languages and Operating Systems*, pages 1341-1355, 2020a.

J. Huang, S. S. Gu, L. Hou, Y. Wu, X. Wang, H. Yu, and J. Han. Large language models can self-improve. *arXiv preprint arXiv:2210.11610*, 2022.

P.-S. Huang, X. He, J. Gao, L. Deng, A. Acero, and L. Heck. Learning deep structured semantic models for web search using clickthrough data. In *Proceedings of the 22nd ACM international conference on Information & Knowledge Management*, pages 2333-2338, 2013.

Y. Huang, Y. Cheng, A. Bapna, O. Firat, D. Chen, M. Chen, H. Lee, J. Ngiam, Q. V. Le, Y. Wu, t al. Gpipe: Efficient training of giant neural networks using pipeline parallelism. *Advances in neural information processing systems*, 32, 2019.

Z. Huang, D. Liang, P. Xu, and B. Xiang. Improve transformer models with better relative position embeddings. *arXiv preprint arXiv:2009.13658*, 2020b.

C. Hwang, W. Cui, Y. Xiong, Z. Yang, Z. Liu, H. Hu, Z. Wang, R. Salas, J. Jose, P. Ram, et al. Tutel: Adaptive mixture-of-experts at scale. *arXiv preprint arXiv:2206.03382*, 2022.

G. Irving, P. Christiano, and D. Amodei. Ai safety via debate. *arXiv preprint arXiv:1805.00899*, 2018.

S. Iyer, X. V. Lin, R. Pasunuru, T. Mihaylov, D. Simig, P. Yu, K. Shuster, T. Wang, Q. Liu, P. S. Koura, et al. Opt-iml: Scaling language model instruction meta learning through the lens of generalization. *arXiv preprint arXiv:2212.12017*, 2022.

G. Izacard and E. Grave. Leveraging passage retrieval with generative models for open domain question answering. *arXiv preprint arXiv:2007.01282*, 2020.

B. Jacob, S. Kligys, B. Chen, M. Zhu, M. Tang, A. Howard, H. Adam, and D. Kalenichenko. Quantization and training of neural networks for efficient integer-arithmetic-only inference. In *Proceedings of the IEEE conference on computer vision and pattern recognition*, pages 2704-2713, 2018.

A. Jaegle, F. Gimeno, A. Brock, O. Vinyals, A. Zisserman, and J. Carreira. Perceiver: General perception with iterative attention. In *International conference on machine learning*, pages 4651-4664. PMLR, 2021.

H. Jégou, M. Douze, J. Johnson, L. Hosseini, and C. Deng. Faiss: Similarity search and clustering of dense vectors library. *Astrophysics Source Code Library*, pages ascl-2210, 2022.

S. Ji, S. Pan, E. Cambria, P. Marttinen, and S. Y. Philip. A survey on knowledge graphs: Representation, acquisition, and applications. *IEEE transactions on neural networks and learning systems*, 33(2):494-514, 2021.

Z. Jiang, F. F. Xu, J. Araki, and G. Neubig. How can we know what language models know? *Transactions of the Association for Computational Linguistics*, 8:423-438, 2020.

X. Jiao, Y. Yin, L. Shang, X. Jiang, X. Chen, L. Li, F. Wang, and Q. Liu. Tinybert: Distilling bert for natural language understanding. *arXiv preprint arXiv:1909.10351*, 2019.

D. Jin, Z. Jin, Z. Hu, O. Vechtomova, and R. Mihalcea. Deep learning for text style transfer: A survey. *Computational Linguistics*, 48(1):155-205, 2022.

M. Joshi, E. Choi, D. S. Weld, and L. Zettlemoyer. Triviaqa: A large scale distantly supervised challenge dataset for reading comprehension. *arXiv preprint arXiv:1705.03551*, 2017.

A. Juliani, R. Kanai, and S. S. Sasai. The perceiver architecture is a functional global workspace. In *Proceedings of the Annual Meeting of the Cognitive Science Society*, volume 44, 2022.

J. Jumper, R. Evans, A. Pritzel, T. Green, M. Figurnov, O. Ronneberger, K. Tunyasuvunakool, R. Bates, A. Žídek, A. Potapenko, et al. Highly accurate protein structure prediction with alphafold. *Nature*, 596(7873):583-589, 2021.

D. Kahneman. *Thinking, fast and slow*. macmillan, 2011.

L. V. Kantorovich. On the translocation of masses. *Journal of mathematical sciences*, 133(4):1381-1382, 2006.

J. Kaplan, S. McCandlish, T. Henighan, T. B. Brown, B. Chess, R. Child, S. Gray, A. Radford, J. Wu, and D. Amodei. Scaling laws for neural language models. *arXiv preprint arXiv:2001.08361*, 2020.

R. Karimi Mahabadi, J. Henderson, and S. Ruder. Compacter: Efficient low-rank hypercomplex adapter layers. *Advances in Neural Information Processing Systems*, 34:1022-1035, 2021.

V. Karpukhin, B. Oğz, S. Min, P. Lewis, L. Wu, S. Edunov, D. Chen, and W.-t. Yih. Dense passage retrieval for open-domain question answering. *arXiv preprint arXiv:2004.04906*, 2020.

C. Kauf, A. A. Ivanova, G. Rambelli, E. Chersoni, J. S. She, Z. Chowdhury, E. Fedorenko, and A. Lenci. Event knowledge in large language models: the gap between the impossible and the unlikely. *arXiv preprint arXiv:2212.01488*, 2022.

S. M. Kazemi, N. Kim, D. Bhatia, X. Xu, and D. Ramachandran. Lambada: Backward chaining for automated reasoning in natural language. *arXiv preprint arXiv:2212.13894*, 2022.

N. S. Keskar, B. McCann, L. R. Varshney, C. Xiong, and R. Socher. Ctrl: A conditional transformer language model for controllable generation. *arXiv preprint arXiv:1909.05858*, 2019.

M. Khalifa, H. Elsahar, and M. Dymetman. A distributional approach to controlled text generation. *arXiv preprint arXiv:2012.11635*, 2020.

U. Khandelwal, O. Levy, D. Jurafsky, L. Zettlemoyer, and M. Lewis. Generalization through memorization: Nearest neighbor language models. *arXiv preprint arXiv:1911.00172*, 2019.

U. Khandelwal, A. Fan, D. Jurafsky, L. Zettlemoyer, and M. Lewis. Nearest neighbor machine translation. *arXiv preprint arXiv:2010.00710*, 2020.

O. Khattab, C. Potts, and M. Zaharia. Baleen: Robust multi-hop reasoning at scale via condensed retrieval. *Advances in Neural Information Processing Systems*, 34:27670-27682, 2021a.

O. Khattab, C. Potts, and M. Zaharia. Relevance-guided supervision for openqa with colbert. *Transactions of the association for computational linguistics*, 9:929-944, 2021b.

T. Khot, H. Trivedi, M. Finlayson, Y. Fu, K. Richardson, P. Clark, and A. Sabharwal. Decomposed prompting: A modular approach for solving complex tasks. *arXiv preprint arXiv:2210.02406*, 2022.

G. Kim, P. Baldi, and S. McAleer. Language models can solve computer tasks. *arXiv preprint arXiv:2303.17491*, 2023.

Y. J. Kim, A. A. Awan, A. Muzio, A. F. C. Salinas, L. Lu, A. Hendy, S. Rajbhandari, Y. He, and H. H. Awadalla. Scalable and efficient moe training for multitask multilingual models. *arXiv preprint arXiv:2109.10465*, 2021.

Y. J. Kim, R. Henry, R. Fahim, and H. H. Awadalla. Who says elephants can't run: Bringing large scale moe models into cloud scale production. *arXiv preprint arXiv:2211.10017*, 2022.

A. Kirillov, E. Mintun, N. Ravi, H. Mao, C. Rolland, L. Gustafson, T. Xiao, S. Whitehead, A. C. Berg, W.-Y. Lo, et al. Segment anything. *arXiv preprint arXiv:2304.02643*, 2023.

H. R. Kirk, Y. Jun, F. Volpin, H. Iqbal, E. Benussi, F. Dreyer, A. Shtedritski, and Y. Asano. Bias out-of-the-box: An empirical analysis of intersectional occupational biases in popular generative language models. *Advances in neural information processing systems*, 34:2611-2624, 2021.

N. Kitaev, Ł. Kaiser, and A. Levskaya. Reformer: The efficient transformer. *arXiv preprint arXiv:2001.04451*, 2020.

T. Kojima, S. S. Gu, M. Reid, Y. Matsuo, and Y. Iwasawa. Large language models are zero-shot reasoners. *arXiv preprint arXiv:2205.11916*, 2022.

T. Korbak, H. Elsahar, G. Kruszewski, and M. Dymetman. On reinforcement learning and distribution matching for fine-tuning language models with no catastrophic forgetting. *arXiv preprint arXiv:2206.00761*, 2022a.

T. Korbak, E. Perez, and C. L. Buckley. Rl with kl penalties is better viewed as bayesian inference. *arXiv preprint arXiv:2205.11275*, 2022b.

T. Korbak, K. Shi, A. Chen, R. Bhalerao, C. L. Buckley, J. Phang, S. R. Bowman, and E. Perez. Pretraining language models with human preferences. *arXiv preprint arXiv:2302.08582*, 2023.

B. Krause, A. D. Gotmare, B. McCann, N. S. Keskar, S. Joty, R. Socher, and N. F. Rajani. Gedi: Generative discriminator guided sequence generation. *arXiv preprint arXiv:2009.06367*, 2020.

K. Krishna, Y. Chang, J. Wieting, and M. Iyyer. Rankgen: Improving text generation with large ranking models. *arXiv preprint arXiv:2205.09726*, 2022.

A. Krizhevsky, I. Sutskever, and G. E. Hinton. Imagenet classification with deep convolutional neural networks. In F. Pereira, C. J. C. Burges, L. Bottou, and K. Q. Weinberger, editors, *Advances in Neural Information Processing Systems 25*, pages 1097-1105. Curran Associates, Inc., 2012.

T. Kudo. Subword regularization: Improving neural network translation models with multiple subword candidates. *arXiv preprint arXiv:1804.10959*, 2018.

H. W. Kuhn. The hungarian method for the assignment problem. *Naval research logistics quarterly*, 2 (1-2):83-97, 1955.

S. Kullback and R. A. Leibler. On information and sufficiency. *The annals of mathematical statistics*, 22(1):79-86, 1951.

S. Kumar and P. Talukdar. Reordering examples helps during priming-based few-shot learning. *arXiv preprint arXiv:2106.01751*, 2021.

A. Lacoste, A. Luccioni, V. Schmidt, and T. Dandres. Quantifying the carbon emissions of machine learning. *arXiv preprint arXiv:1910.09700*, 2019.

G. Lample and A. Conneau. Cross-lingual language model pretraining. *arXiv preprint arXiv:1901.07291*, 2019.

Z. Lan, M. Chen, S. Goodman, K. Gimpel, P. Sharma, and R. Soricut. Albert: A lite bert for self-supervised learning of language representations. *arXiv preprint arXiv:1909.11942*, 2019.

H. Le, L. Vial, J. Frej, V. Segonne, M. Coavoux, B. Lecouteux, A. Allauzen, B. Crabbé, L. Besacier, and D. Schwab. Flaubert: Unsupervised language model pre-training for french. *arXiv preprint arXiv:1912.05372*, 2019.

Q. V. Le, T. Sarlós, and A. J. Smola. Fastfood: Approximate kernel expansions in loglinear time. *arXiv preprint arXiv:1408.3060*, 2014.

Y. LeCun, S. Chopra, R. Hadsell, M. Ranzato, and F. Huang. A tutorial on energy-based learning. *Predicting structured data*, 1(0), 2006.

J. Lee, Y. Lee, J. Kim, A. Kosiorek, S. Choi, and Y. W. Teh. Set transformer: A framework for attention-based permutation-invariant neural networks. In *International conference on machine leaning*, pages 3744-3753. PMLR, 2019.

A. Lees, V. Q. Tran, Y. Tay, J. Sorensen, J. Gupta, D. Metzler, and L. Vasserman. A new generation of perspective api: Efficient multilingual character-level transformers. *arXiv preprint arXiv:2202.11176*, 2022.

A. Lenci. Distributional models of word meaning. *Annual review of Linguistics*, 4:151-171, 2018.

A. Lenci. Understanding natural language understanding systems. a critical analysis. *arXiv preprint arXiv:2303.04229*, 2023.

G. Leopold. Aws to offer nvidia's t4 gpus for ai inferencing, 2019.

D. Lepikhin, H. Lee, Y. Xu, D. Chen, O. Firat, Y. Huang, M. Krikun, N. Shazeer, and Z. Chen. Gshard: Scaling giant models with conditional computation and automatic sharding. *arXiv preprint arXiv:2006.16668*, 2020.

A. Leshinskaya and A. Caramazza. For a cognitive neuroscience of concepts: Moving beyond the grounding issue. *Psychonomic bulletin & review*, 23:991-1001, 2016.

B. Lester, R. Al-Rfou, and N. Constant. The power of scale for parameter-efficient prompt tuning. *arXiv preprint arXiv:2104.08691*, 2021.

Y. Leviathan, M. Kalman, and Y. Matias. Fast inference from transformers via speculative decoding. *arXiv preprint arXiv:2211.17192*, 2022.

I. Levy, B. Bogin, and J. Berant. Diverse demonstrations improve in-context compositional generalization. *arXiv preprint arXiv:2212.06800*, 2022.

L. Lew, V. Feinberg, S. Agrawal, J. Lee, J. Malmaud, L. Wang, P. Dormiani, and R. Pope. Aqt: Accurate quantized training), 2022.

D. Lewis. General semantics. In *Montague grammar*, pages 1-50. Elsevier, 1976.

M. Lewis, Y. Liu, N. Goyal, M. Ghazvininejad, A. Mohamed, O. Levy, V. Stoyanov, and L. Zettlemoyer. Bart: Denoising sequence-to-sequence pre-training for natural language generation, translation, and comprehension. *arXiv preprint arXiv:1910.13461*, 2019a.

M. Lewis, M. Zettersten, and G. Lupyan. Distributional semantics as a source of visual knowledge. *Proceedings of the National Academy of Sciences*, 116(39):19237-19238, 2019b.

M. Lewis, S. Bhosale, T. Dettmers, N. Goyal, and L. Zettlemoyer. Base layers: Simplifying training of large, sparse models. In *International Conference on Machine Learning*, pages 6265-6274. PMLR, 2021.

A. Lewkowycz, A. Andreassen, D. Dohan, E. Dyer, H. Michalewski, V. Ramasesh, A. Slone, C. Anil, I. Schlag, T. Gutman-Solo, et al. Solving quantitative reasoning problems with language models. *arXiv preprint arXiv:2206.14858*, 2022.

J. Li, D. Li, S. Savarese, and S. Hoi. Blip-2: Bootstrapping language-image pre-training with frozen image encoders and large language models. *arXiv preprint arXiv:2301.12597*, 2023a.

K. Li, A. K. Hopkins, D. Bau, F. Viégas, H. Pfister, and M. Wattenberg. Emergent world representations: Exploring a sequence model trained on a synthetic task. *arXiv preprint arXiv:2210.13382*, 2022.

L. H. Li, M. Yatskar, D. Yin, C.-J. Hsieh, and K.-W. Chang. Visualbert: A simple and performant baseline for vision and language. *arXiv preprint arXiv:1908.03557*, 2019.

S. Li and T. Hoefler. Chimera: efficiently training large-scale neural networks with bidirectional pipelines. In *Proceedings of the International Conference for High Performance Computing, Networking, Storage and Analysis*, pages 1-14, 2021.

S. Li, F. Xue, Y. Li, and Y. You. Sequence parallelism: Making 4d parallelism possible. *arXiv preprint arXiv:2105.13120*, 2021.

X. L. Li and P. Liang. Prefix-tuning: Optimizing continuous prompts for generation. *arXiv preprint arXiv:2101.00190*, 2021.

Y. Li, M. E. Ildiz, D. Papailiopoulos, and S. Oymak. Transformers as algorithms: Generalization and implicit model selection in in-context learning. *arXiv preprint arXiv:2301.07067*, 2023b.

Y. Li, K. Min, S. Tripathi, and N. Vasconcelos. Svitt: Temporal learning of sparse video-text transformers. *arXiv preprint arXiv:2304.08809*, 2023c.

P. P. Liang, I. M. Li, E. Zheng, Y. C. Lim, R. Salakhutdinov, and L.-P. Morency. Towards debiasing sentence representations. *arXiv preprint arXiv:2007.08100*, 2020.

O. Lieber, O. Sharir, B. Lenz, and Y. Shoham. Jurassic-1: Technical details and evaluation. *White Paper. AI21 Labs*, 1, 2021.

C.-Y. Lin. Rouge: A package for automatic evaluation of summaries. In *Text summarization branches out*, pages 74-81, 2004.

J. Lin, A. Yang, J. Bai, C. Zhou, L. Jiang, X. Jia, A. Wang, J. Zhang, Y. Li, W. Lin, et al. M6-10t: A sharing-delinking paradigm for efficient multi-trillion parameter pretraining. *arXiv preprint arXiv:2110.03888*, 2021a.

S. Lin, J. Hilton, and O. Evans. Truthfulqa: Measuring how models mimic human falsehoods. *arXiv preprint arXiv:2109.07958*, 2021b.

H. Liu, K. Simonyan, and Y. Yang. Darts: Differentiable architecture search. *arXiv preprint arXiv:1806.09055*, 2018a.

H. Liu, D. Tam, M. Muqeeth, J. Mohta, T. Huang, M. Bansal, and C. A. Raffel. Few-shot parameterefficient fine-tuning is better and cheaper than in-context learning. *Advances in Neural Information Processing Systems*, 35:1950-1965, 2022a.

H. Liu, C. Li, Q. Wu, and Y. J. Lee. Visual instruction tuning. *arXiv preprint arXiv:2304.08485*, 2023.

J. Liu, D. Shen, Y. Zhang, B. Dolan, L. Carin, and W. Chen. What makes good in-context examples for gpt-3? *arXiv preprint arXiv:2101.06804*, 2021a.

P. J. Liu, M. Saleh, E. Pot, B. Goodrich, R. Sepassi, L. Kaiser, and N. Shazeer. Generating wikipedia by summarizing long sequences. *arXiv preprint arXiv:1801.10198*, 2018b.

R. Liu, Y. J. Kim, A. Muzio, and H. Hassan. Gating dropout: Communication-efficient regularization for sparsely activated transformers. In *International Conference on Machine Learning*, pages 13782-13792. PMLR, 2022b.

X. Liu, H.-F. Yu, I. Dhillon, and C.-J. Hsieh. Learning to encode position for transformer with continuous dynamical model. In *International conference on machine learning*, pages 6327-6335. PMLR, 2020.

X. Liu, Y. Zheng, Z. Du, M. Ding, Y. Qian, Z. Yang, and J. Tang. Gpt understands, too. *arXiv preprint arXiv:2103.10385*, 2021b.

Y. Liu, M. Ott, N. Goyal, J. Du, M. Joshi, D. Chen, O. Levy, M. Lewis, L. Zettlemoyer, and V. Stoyanov. Roberta: A robustly optimized bert pretraining approach. *arXiv preprint arXiv:1907.11692*, 2019.

Y. Liu, S. Mai, M. Cheng, X. Chen, C.-J. Hsieh, and Y. You. Random sharpness-aware minimization. *Advances in neural information processing systems*, 2022c.

I. Loshchilov and F. Hutter. Decoupled weight decay regularization. *arXiv preprint arXiv:1711.05101*, 2017.

M. M. Louwerse. Symbol interdependency in symbolic and embodied cognition. *Topics in Cognitive Science*, 3(2):273-302, 2011.

J. Lu, D. Batra, D. Parikh, and S. Lee. Vilbert: Pretraining task-agnostic visiolinguistic representations for vision-and-language tasks. *Advances in neural information processing systems*, 32, 2019.

J. Lu, C. Clark, R. Zellers, R. Mottaghi, and A. Kembhavi. Unified-io: A unified model for vision, language, and multi-modal tasks. *arXiv preprint arXiv:2206.08916*, 2022a.

P. Lu, S. Mishra, T. Xia, L. Qiu, K.-W. Chang, S.-C. Zhu, O. Tafjord, P. Clark, and A. Kalyan. Learn to explain: Multimodal reasoning via thought chains for science question answering. *Advances in Neural Information Processing Systems*, 35:2507-2521, 2022b.

P. Lu, L. Qiu, K.-W. Chang, Y. N. Wu, S.-C. Zhu, T. Rajpurohit, P. Clark, and A. Kalyan. Dynamic prompt learning via policy gradient for semi-structured mathematical reasoning. *arXiv preprint arXiv:2209.14610*, 2022c.

Y. Lu, M. Bartolo, A. Moore, S. Riedel, and P. Stenetorp. Fantastically ordered prompts and where to find them: Overcoming few-shot prompt order sensitivity. In *Proceedings of the 60th Annual Meeting of the Association for Computational Linguistics (Volume 1: Long Papers)*, pages 8086-8098, 2022d.

A. Madaan, N. Tandon, P. Gupta, S. Hallinan, L. Gao, S. Wiegreffe, U. Alon, N. Dziri, S. Prabhumoye, Y. Yang, et al. Self-refine: Iterative refinement with self-feedback. *arXiv preprint arXiv:2303.17651*, 2023.

W. J. Maddox, G. Benton, and A. G. Wilson. Rethinking parameter counting: Effective dimensionality revisited. *arXiv preprint arXiv:2003.02139*, 2020.

K. Mahowald, A. A. Ivanova, I. A. Blank, N. Kanwisher, J. B. Tenenbaum, and E. Fedorenko. Dissociating language and thought in large language models: a cognitive perspective. *arXiv preprint arXiv:2301.06627*, 2023.

S. Malladi, A. Wettig, D. Yu, D. Chen, and S. Arora. A kernel-based view of language model finetuning. *arXiv preprint arXiv:2210.05643*, 2022.

D. Marconi. *Lexical competence*. MIT press, 1997.

K. Marino, M. Rastegari, A. Farhadi, and R. Mottaghi. Ok-vqa: A visual question answering benchmark requiring external knowledge. In *Proceedings of the IEEE/cvf conference on computer vision and pattern recognition*, pages 3195-3204, 2019.

J. Martens and R. Grosse. Optimizing neural networks with kronecker-factored approximate curvature. In *International conference on machine learning*, pages 2408-2417. PMLR, 2015.

G. A. Mashour, P. Roelfsema, J.-P. Changeux, and S. Dehaene. Conscious processing and the global neuronal workspace hypothesis. *Neuron*, 105(5):776-798, 2020.

L. Massarelli, F. Petroni, A. Piktus, M. Ott, T. Rocktächel, V. Plachouras, F. Silvestri, and S. Riedel. How decoding strategies affect the verifiability of generated text. *arXiv preprint arXiv:1911.03587*, 2019.

C. Meister, T. Pimentel, G. Wiher, and R. Cotterell. Typical decoding for natural language generation. *arXiv preprint arXiv:2202.00666*, 2022.

S. Merity, C. Xiong, J. Bradbury, and R. Socher. Pointer sentinel mixture models. *arXiv preprint arXiv:1609.07843*, 2016.

J. Michael, A. Holtzman, A. Parrish, A. Mueller, A. Wang, A. Chen, D. Madaan, N. Nangia, R. Y. Pang, J. Phang, et al. What do nlp researchers believe? results of the nlp community metasurvey. *arXiv preprint arXiv:2208.12852*, 2022.

P. Michel, O. Levy, and G. Neubig. Are sixteen heads really better than one? *Advances in neural information processing systems*, 32, 2019.

P. Micikevicius, S. Narang, J. Alben, G. Diamos, E. Elsen, D. Garcia, B. Ginsburg, M. Houston, O. Kuchaiev, G. Venkatesh, et al. Mixed precision training. *arXiv preprint arXiv:1710.03740*, 2017.

S. Min, M. Lewis, H. Hajishirzi, and L. Zettlemoyer. Noisy channel language model prompting for few-shot text classification. *arXiv preprint arXiv:2108.04106*, 2021.

R. Mokady, A. Hertz, and A. H. Bermano. Clipcap: Clip prefix for image captioning. *arXiv preprint arXiv:2111.09734*, 2021.

L. Moschella, V. Maiorca, M. Fumero, A. Norelli, F. Locatello, and E. Rodolà. Relative representations enable zero-shot latent space communication. *arXiv preprint arXiv:2209.15430*, 2022.

B. Mustafa, C. Riquelme, J. Puigcerver, R. Jenatton, and N. Houlsby. Multimodal contrastive learning with limoe: the language-image mixture of experts. *arXiv preprint arXiv:2206.02770*, 2022.

R. Nakano, J. Hilton, S. Balaji, J. Wu, L. Ouyang, C. Kim, C. Hesse, S. Jain, V. Kosaraju, W. Saunders, et al. Webgpt: Browser-assisted question-answering with human feedback. *arXiv preprint arXiv:2112.09332*, 2021.

D. Narayanan, A. Harlap, A. Phanishayee, V. Seshadri, N. R. Devanur, G. R. Ganger, P. B. Gibbons, and M. Zaharia. Pipedream: Generalized pipeline parallelism for dnn training. In *Proceedings of the 27th ACM Symposium on Operating Systems Principles*, pages 1-15, 2019.

D. Narayanan, A. Phanishayee, K. Shi, X. Chen, and M. Zaharia. Memory-efficient pipeline-parallel dnn training. In *International Conference on Machine Learning*, pages 7937-7947. PMLR, 2021a.

D. Narayanan, M. Shoeybi, J. Casper, P. LeGresley, M. Patwary, V. Korthikanti, D. Vainbrand, P. Kashinkunti, J. Bernauer, B. Catanzaro, et al. Efficient large-scale language model training on gpu clusters using megatron-lm. In *Proceedings of the International Conference for High Performance Computing, Networking, Storage and Analysis*, pages 1-15, 2021b.

A. Nguyen, J. Clune, Y. Bengio, A. Dosovitskiy, and J. Yosinski. Plug & play generative networks: Conditional iterative generation of images in latent space. In *Proceedings of the IEEE conference on computer vision and pattern recognition*, pages 4467-4477, 2017.

A. Nguyen, N. Karampatziakis, and W. Chen. Meet in the middle: A new pre-training paradigm. *arXiv preprint arXiv:2303.07295*, 2023.

T. Nguyen and E. Wong. In-context example selection with influences. *arXiv preprint arXiv: 2302.11042*, 2023.

R. Nogueira and K. Cho. Passage re-ranking with bert. *arXiv preprint arXiv:1901.04085*, 2019.

A. Norelli, M. Fumero, V. Maiorca, L. Moschella, E. Rodolà, and F. Locatello. Asif: Coupled data turns unimodal models to multimodal without training. *arXiv preprint arXiv:2210.01738*, 2022.

T. Norlund, L. Hagströ, and R. Johansson. Transferring knowledge from vision to language: How to achieve it and how to measure it? *arXiv preprint arXiv:2109.11321*, 2021.

B. Noune, P. Jones, D. Justus, D. Masters, and C. Luschi. 8-bit numerical formats for deep neural networks. *arXiv preprint arXiv:2206.02915*, 2022.

M. Nye, A. J. Andreassen, G. Gur-Ari, H. Michalewski, J. Austin, D. Bieber, D. Dohan, A. Lewkowycz, M. Bosma, D. Luan, et al. Show your work: Scratchpads for intermediate computation with language models. *arXiv preprint arXiv:2112.00114*, 2021.

I. P. on Climate Change (IPCC). The effects of climate change, 2021.

A. v. d. Oord, Y. Li, and O. Vinyals. Representation learning with contrastive predictive coding. *arXiv preprint arXiv:1807.03748*, 2018.

OpenAI. Gpt-4 technical report. *ArXiv*, abs/2303.08774, 2023a.

OpenAI. Gpt-4 technical report, 2023b.

K. Osawa, S. Li, and T. Hoefler. Pipefisher: Efficient training of large language models using pipelining and fisher information matrices. *arXiv preprint arXiv:2211.14133*, 2022.

L. Ouyang, J. Wu, X. Jiang, D. Almeida, C. Wainwright, P. Mishkin, C. Zhang, S. Agarwal, K. Slama, A. Ray, et al. Training language models to follow instructions with human feedback. *Advances in Neural Information Processing Systems*, 35:27730-27744, 2022.

Y. Ovadia, E. Fertig, J. Ren, Z. Nado, D. Sculley, S. Nowozin, J. Dillon, B. Lakshminarayanan, and J. Snoek. Can you trust your model's uncertainty? evaluating predictive uncertainty under dataset shift. *Advances in neural information processing systems*, 32, 2019.

C. Paik, S. Aroca-Ouellette, A. Roncone, and K. Kann. The world of an octopus: How reporting bias influences a language model's perception of color. *arXiv preprint arXiv:2110.08182*, 2021.

K. Papineni, S. Roukos, T. Ward, and W.-J. Zhu. Bleu: a method for automatic evaluation of machine translation. In *Proceedings of the 40th annual meeting of the Association for Computational Linguistics*, pages 311-318, 2002.

N. Parmar, A. Vaswani, J. Uszkoreit, L. Kaiser, N. Shazeer, A. Ku, and D. Tran. Image transformer. In *International conference on machine learning*, pages 4055-4064. PMLR, 2018.

T. Parshakova, J.-M. Andreoli, and M. Dymetman. Distributional reinforcement learning for energybased sequential models. *arXiv preprint arXiv:1912.08517*, 2019.

D. Patterson, J. Gonzalez, Q. Le, C. Liang, L.-M. Munguia, D. Rothchild, D. So, M. Texier, and J. Dean. Carbon emissions and large neural network training. *arXiv preprint arXiv:2104.10350*, 2021.

J. G. Pauloski, Q. Huang, L. Huang, S. Venkataraman, K. Chard, I. Foster, and Z. Zhang. Kaisa: an adaptive second-order optimizer framework for deep neural networks. In *Proceedings of the International Conference for High Performance Computing, Networking, Storage and Analysis*, pages 1-14, 2021.

F. J. Pelletier. The principle of semantic compositionality. *Topoi*, 13(1):11-24, 1994.

B. Peng, M. Galley, P. He, H. Cheng, Y. Xie, Y. Hu, Q. Huang, L. Liden, Z. Yu, W. Chen, et al. Check your facts and try again: Improving large language models with external knowledge and automated feedback. *arXiv preprint arXiv:2302.12813*, 2023.

X. B. Peng, A. Kumar, G. Zhang, and S. Levine. Advantage-weighted regression: Simple and scalable off-policy reinforcement learning. *arXiv preprint arXiv:1910.00177*, 2019.

E. Perez, P. Lewis, W.-t. Yih, K. Cho, and D. Kiela. Unsupervised question decomposition for question answering. *arXiv preprint arXiv:2002.09758*, 2020.

J. Peters and S. Schaal. Reinforcement learning by reward-weighted regression for operational space control. In *Proceedings of the 24th international conference on Machine learning*, pages 745-750, 2007.

J. Pfeiffer, A. Kamath, A. Rücklé, K. Cho, and I. Gurevych. Adapterfusion: Non-destructive task composition for transfer learning. *arXiv preprint arXiv:2005.00247*, 2020.

S. T. Piantasodi and F. Hill. Meaning without reference in large language models. *arXiv preprint arXiv:2208.02957*, 2022.

S. Pitis, M. R. Zhang, A. Wang, and J. Ba. Boosted prompt ensembles for large language models. *arXiv preprint arXiv:2304.05970*, 2023.

M. Plappert, M. Andrychowicz, A. Ray, B. McGrew, B. Baker, G. Powell, J. Schneider, J. Tobin, M. Chociej, P. Welinder, et al. Multi-goal reinforcement learning: Challenging robotics environments and request for research. *arXiv preprint arXiv:1802.09464*, 2018.

B. A. Plummer, L. Wang, C. M. Cervantes, J. C. Caicedo, J. Hockenmaier, and S. Lazebnik. Flickr30k entities: Collecting region-to-phrase correspondences for richer image-to-sentence models. In *Proceedings of the IEEE international conference on computer vision*, pages 2641-2649, 2015.

R. Pope, S. Douglas, A. Chowdhery, J. Devlin, J. Bradbury, A. Levskaya, J. Heek, K. Xiao, S. Agrawal, and J. Dean. Efficiently scaling transformer inference. *arXiv preprint arXiv:2211.05102*, 2022.

S. Prasanna, A. Rogers, and A. Rumshisky. When bert plays the lottery, all tickets are winning. *arXiv preprint arXiv:2005.00561*, 2020.

O. Press, N. A. Smith, and M. Lewis. Shortformer: Better language modeling using shorter inputs. *arXiv preprint arXiv:2012.15832*, 2020.

O. Press, N. A. Smith, and M. Lewis. Train short, test long: Attention with linear biases enables input length extrapolation. *arXiv preprint arXiv:2108.12409*, 2021.

O. Press, M. Zhang, S. Min, L. Schmidt, N. A. Smith, and M. Lewis. Measuring and narrowing the compositionality gap in language models. *arXiv preprint arXiv:2210.03350*, 2022.

B. Pudipeddi, M. Mesmakhosroshahi, J. Xi, and S. Bharadwaj. Training large neural networks with constant memory using a new execution algorithm. *arXiv preprint arXiv:2002.05645*, 2020.

F. Pulvermüller, O. Hauk, V. V. Nikulin, and R. J. Ilmoniemi. Functional links between motor and language systems. *European Journal of Neuroscience*, 21(3):793-797, 2005.

J. Qian, L. Dong, Y. Shen, F. Wei, and W. Chen. Controllable natural language generation with contrastive prefixes. *arXiv preprint arXiv:2202.13257*, 2022.

J. Qiu, H. Ma, O. Levy, S. W.-t. Yih, S. Wang, and J. Tang. Blockwise self-attention for long document understanding. *arXiv preprint arXiv:1911.02972*, 2019.

M. Rabovsky and J. L. McClelland. Quasi-compositional mapping from form to meaning: A neural network-based approach to capturing neural responses during human language comprehension. *Philosophical Transactions of the Royal Society B*, 375(1791):20190313, 2020.

A. Radford, K. Narasimhan, T. Salimans, I. Sutskever, et al. Improving language understanding by generative pre-training. *OpenAI*, 2018.

A. Radford, J. Wu, R. Child, D. Luan, D. Amodei, I. Sutskever, et al. Language models are unsupervised multitask learners. *OpenAI blog*, 1(8):9, 2019.

A. Radford, J. W. Kim, C. Hallacy, A. Ramesh, G. Goh, S. Agarwal, G. Sastry, A. Askell, P. Mishkin, J. Clark, et al. Learning transferable visual models from natural language supervision. In *International conference on machine learning*, pages 8748-8763. PMLR, 2021.

J. W. Rae, A. Potapenko, S. M. Jayakumar, and T. P. Lillicrap. Compressive transformers for longrange sequence modelling. *arXiv preprint arXiv:1911.05507*, 2019.

J. W. Rae, S. Borgeaud, T. Cai, K. Millican, J. Hoffmann, F. Song, J. Aslanides, S. Henderson, R. Ring, S. Young, et al. Scaling language models: Methods, analysis & insights from training gopher. *arXiv preprint arXiv:2112.11446*, 2021.

C. Raffel, N. Shazeer, A. Roberts, K. Lee, S. Narang, M. Matena, Y. Zhou, W. Li, P. J. Liu, K. Malkan, et al. Exploring transfer learning with t5: the text-to-text transfer transformer. *Journal of Machine Learning Research*, 21:1-67, 2020.

S. Rajbhandari, O. Ruwase, J. Rasley, S. Smith, and Y. He. Zero-infinity: Breaking the gpu memory wall for extreme scale deep learning. In *Proceedings of the International Conference for High Performance Computing, Networking, Storage and Analysis*, pages 1-14, 2021.

S. Rajbhandari, C. Li, Z. Yao, M. Zhang, R. Y. Aminabadi, A. A. Awan, J. Rasley, and Y. He. Deepspeed-moe: Advancing mixture-of-experts inference and training to power next-generation ai scale. In *International Conference on Machine Learning*, pages 18332-18346. PMLR, 2022.

P. Rajpurkar, J. Zhang, K. Lopyrev, and P. Liang. Squad: 100,000+ questions for machine comprehension of text. *arXiv preprint arXiv:1606.05250*, 2016.

P. Rajpurkar, R. Jia, and P. Liang. Know what you don't know: Unanswerable questions for squad. *arXiv preprint arXiv:1806.03822*, 2018.

O. Ram, L. Bezalel, A. Zicher, Y. Belinkov, J. Berant, and A. Globerson. What are you token about? dense retrieval as distributions over the vocabulary. *arXiv preprint arXiv:2212.10380*, 2022.

P. Ramachandran, N. Parmar, A. Vaswani, I. Bello, A. Levskaya, and J. Shlens. Stand-Alone Self-Attention in Vision Models. *arXiv e-prints*, art. arXiv:1906.05909, June 2019. doi: 10.48550/arXiv. 1906.05909.

A. Ramesh, P. Dhariwal, A. Nichol, C. Chu, and M. Chen. Hierarchical text-conditional image generation with clip latents. *arXiv preprint arXiv:2204.06125*, 2022.

R. Ramos, B. Martins, D. Elliott, and Y. Kementchedjhieva. Smallcap: Lightweight image captioning prompted with retrieval augmentation. *arXiv preprint arXiv:2209.15323*, 2022.

S. Ravfogel, Y. Elazar, H. Gonen, M. Twiton, and Y. Goldberg. Null it out: Guarding protected attributes by iterative nullspace projection. *arXiv preprint arXiv:2004.07667*, 2020.

E. Real, A. Aggarwal, Y. Huang, and Q. V. Le. Regularized evolution for image classifier architecture search. In *Proceedings of the aaai conference on artificial intelligence*, volume 33, pages 4780-4789, 2019.

S.-A. Rebuffi, H. Bilen, and A. Vedaldi. Learning multiple visual domains with residual adapters. *Advances in neural information processing systems*, 30, 2017.

S. Reed, K. Zolna, E. Parisotto, S. G. Colmenarejo, A. Novikov, G. Barth-Maron, M. Gimenez, Y. Sulsky, J. Kay, J. T. Springenberg, et al. A generalist agent. *arXiv preprint arXiv:2205.06175*, 2022.

N. Reimers and I. Gurevych. Sentence-bert: Sentence embeddings using siamese bert-networks. *arXiv preprint arXiv:1908.10084*, 2019.

J. Ren, S. Rajbhandari, R. Y. Aminabadi, O. Ruwase, S. Yang, M. Zhang, D. Li, and Y. He. Zerooffload: Democratizing billion-scale model training. In *USENIX Annual Technical Conference*, pages 551-564, 2021.

A. Renda, J. Frankle, and M. Carbin. Comparing rewinding and fine-tuning in neural network pruning. *arXiv preprint arXiv:2003.02389*, 2020.

M. Rhu, N. Gimelshein, J. Clemons, A. Zulfiqar, and S. W. Keckler. vdnn: Virtualized deep neural networks for scalable, memory-efficient neural network design. In *2016 49th Annual IEEE/ACM International Symposium on Microarchitecture (MICRO)*, pages 1-13. IEEE, 2016.

C. Riquelme, J. Puigcerver, B. Mustafa, M. Neumann, R. Jenatton, A. Susano Pinto, D. Keysers, and N. Houlsby. Scaling vision with sparse mixture of experts. *Advances in Neural Information Processing Systems*, 34:8583-8595, 2021.

S. Roller, S. Sukhbaatar, J. Weston, et al. Hash layers for large sparse models. *Advances in Neural Information Processing Systems*, 34:17555-17566, 2021.

C. Rosenbaum, I. Cases, M. Riemer, and T. Klinger. Routing networks and the challenges of modular and compositional computation. *arXiv preprint arXiv:1904.12774*, 2019.

A. Roy, M. Saffar, A. Vaswani, and D. Grangier. Efficient content-based sparse attention with routing transformers. *Transactions of the Association for Computational Linguistics*, 9:53-68, 2021.

A. Royer, I. Karmanov, A. Skliar, B. E. Bejnordi, and T. Blankevoort. Revisiting single-gated mixtures of experts. *arXiv preprint arXiv:2304.05497*, 2023.

O. Rubin, J. Herzig, and J. Berant. Learning to retrieve prompts for in-context learning. *arXiv preprint arXiv:2112.08633*, 2021.

H. Sajjad, F. Dalvi, N. Durrani, and P. Nakov. On the effect of dropping layers of pre-trained transformer models. *Computer Speech & Language*, 77:101429, 2023.

P. Sanders, J. Speck, and J. L. Träf. Two-tree algorithms for full bandwidth broadcast, reduction and scan. *Parallel Computing*, 35(12):581-594, 2009.

V. Sanh, L. Debut, J. Chaumond, and T. Wolf. Distilbert, a distilled version of bert: smaller, faster, cheaper and lighter. *arXiv preprint arXiv:1910.01108*, 2019.

V. Sanh, A. Webson, C. Raffel, S. H. Bach, L. Sutawika, Z. Alyafeai, A. Chaffin, A. Stiegler, T. L. Scao, A. Raja, et al. Multitask prompted training enables zero-shot task generalization. *arXiv preprint arXiv:2110.08207*, 2021.

C. N. d. Santos, I. Melnyk, and I. Padhi. Fighting offensive language on social media with unsupervised text style transfer. *arXiv preprint arXiv:1805.07685*, 2018.

A. Saparov and H. He. Language models are greedy reasoners: A systematic formal analysis of chainof-thought. *arXiv preprint arXiv:2210.01240*, 2022.

S. Sarto, M. Cornia, L. Baraldi, and R. Cucchiara. Retrieval-augmented transformer for image captioning. In *Proceedings of the 19th International Conference on Content-based Multimedia Indexing*, pages 1-7, 2022.

T. L. Scao, A. Fan, C. Akiki, E. Pavlick, S. Ilić D. Hesslow, R. Castagné, A. S. Luccioni, F. Yvon, M. Gallé, et al. Bloom: A 176b-parameter open-access multilingual language model. *arXiv preprint arXiv:2211.05100*, 2022.

R. Schaeffer, B. Miranda, and S. Koyejo. Are Emergent Abilities of Large Language Models a Mirage? *arXiv e-prints*, art. arXiv:2304.15004, Apr. 2023. doi: 10.48550/arXiv.2304.15004.

J. Scheurer, J. A. Campos, T. Korbak, J. S. Chan, A. Chen, K. Cho, and E. Perez. Training language models with language feedback at scale. *arXiv preprint arXiv:2303.16755*, 2023.

T. Schick and H. Schütze. It's not just size that matters: Small language models are also few-shot learners. *arXiv preprint arXiv:2009.07118*, 2020.

T. Schick, S. Udupa, and H. Schütze. Self-diagnosis and self-debiasing: A proposal for reducing corpusbased bias in nlp. *Transactions of the Association for Computational Linguistics*, 9:1408-1424, 2021.

J. Schulman. *Optimizing expectations: From deep reinforcement learning to stochastic computation graphs*. PhD thesis, UC Berkeley, 2016.

J. Schulman, S. Levine, P. Abbeel, M. Jordan, and P. Moritz. Trust region policy optimization. In *International conference on machine learning*, pages 1889-1897. PMLR, 2015a.

J. Schulman, P. Moritz, S. Levine, M. Jordan, and P. Abbeel. High-dimensional continuous control using generalized advantage estimation. *arXiv preprint arXiv:1506.02438*, 2015b.

J. Schulman, F. Wolski, P. Dhariwal, A. Radford, and O. Klimov. Proximal policy optimization algorithms. *arXiv preprint arXiv:1707.06347*, 2017.

T. Schuster, A. Fisch, J. Gupta, M. Dehghani, D. Bahri, V. Tran, Y. Tay, and D. Metzler. Confident adaptive language modeling. *Advances in Neural Information Processing Systems*, 35:17456-17472, 2022.

R. Schwartz, G. Stanovsky, S. Swayamdipta, J. Dodge, and N. A. Smith. The right tool for the job: Matching model and instance complexities. *arXiv preprint arXiv:2004.07453*, 2020.

J. R. Searle. Minds, brains, and programs. *Behavioral and brain sciences*, 3(3):417-424, 1980.

R. Sennrich, B. Haddow, and A. Birch. Neural machine translation of rare words with subword units. *arXiv preprint arXiv:1508.07909*, 2015.

J. Sevilla, L. Heim, A. Ho, T. Besiroglu, M. Hobbhahn, and P. Villalobos. Compute trends across three eras of machine learning. In *2022 International Joint Conference on Neural Networks (IJCNN)*, pages 1-8. IEEE, 2022.

U. Shaham, E. Segal, M. Ivgi, A. Efrat, O. Yoran, A. Haviv, A. Gupta, W. Xiong, M. Geva, J. Berant, et al. Scrolls: Standardized comparison over long language sequences. *arXiv preprint arXiv:2201.03533*, 2022.

M. Shanahan. Talking about large language models. *arXiv preprint arXiv:2212.03551*, 2022.

P. Shaw, J. Uszkoreit, and A. Vaswani. Self-attention with relative position representations. *arXiv preprint arXiv:1803.02155*, 2018.

N. Shazeer. Glu variants improve transformer. *arXiv preprint arXiv:2002.05202*, 2020.

N. Shazeer, A. Mirhoseini, K. Maziarz, A. Davis, Q. Le, G. Hinton, and J. Dean. Outrageously large neural networks: The sparsely-gated mixture-of-experts layer. *arXiv preprint arXiv:1701.06538*, 2017.

S. Shen, Z. Yao, C. Li, T. Darrell, K. Keutzer, and Y. He. Scaling vision-language models with sparse mixture of experts. *arXiv preprint arXiv:2303.07226*, 2023.

E. Sheng, K.-W. Chang, P. Natarajan, and N. Peng. The woman worked as a babysitter: On biases in language generation. *arXiv preprint arXiv:1909.01326*, 2019.

Y. Sheng, L. Zheng, B. Yuan, Z. Li, M. Ryabinin, D. Y. Fu, Z. Xie, B. Chen, C. Barrett, J. E. Gonzalez, et al. High-throughput generative inference of large language models with a single gpu. *arXiv preprint arXiv:2303.06865*, 2023.

A. Sheth, V. L. Shalin, and U. Kursuncu. Defining and detecting toxicity on social media: context and knowledge are key. *Neurocomputing*, 490:312-318, 2022.

F. Shi, M. Suzgun, M. Freitag, X. Wang, S. Srivats, S. Vosoughi, H. W. Chung, Y. Tay, S. Ruder, D. Zhou, et al. Language models are multilingual chain-of-thought reasoners. *arXiv preprint arXiv:2210.03057*, 2022.

W. Shi, S. Min, M. Yasunaga, M. Seo, R. James, M. Lewis, L. Zettlemoyer, and W.-t. Yih. Replug: Retrieval-augmented black-box language models. *arXiv preprint arXiv:2301.12652*, 2023.

A. Singh, R. Hu, V. Goswami, G. Couairon, W. Galuba, M. Rohrbach, and D. Kiela. Flava: A foundational language and vision alignment model. In *Proceedings of the IEEE/CVF Conference on Computer Vision and Pattern Recognition*, pages 15638-15650, 2022.

R. Sinkhorn and P. Knopp. Concerning nonnegative matrices and doubly stochastic matrices. *Pacific Journal of Mathematics*, 21(2):343-348, 1967.

A. Slobodkin, L. Choshen, and O. Abend. Mediators in determining what processing bert performs first. *arXiv preprint arXiv:2104.06400*, 2021.

S. Smith, M. Patwary, B. Norick, P. LeGresley, S. Rajbhandari, J. Casper, Z. Liu, S. Prabhumoye, G. Zerveas, V. Korthikanti, et al. Using deepspeed and megatron to train megatron-turing nlg 530b, a large-scale generative language model. *arXiv preprint arXiv:2201.11990*, 2022.

D. So, Q. Le, and C. Liang. The evolved transformer. In *International conference on machine learning*, pages 5877-5886. PMLR, 2019.

D. R. So, W. Mańke, H. Liu, Z. Dai, N. Shazeer, and Q. V. Le. Primer: Searching for efficient transformers for language modeling. *arXiv preprint arXiv:2109.08668*, 2021.

K. Sohn, Y. Hao, J. Lezama, L. Polania, H. Chang, H. Zhang, I. Essa, and L. Jiang. Visual prompt tuning for generative transfer learning. *arXiv preprint arXiv:2210.00990*, 2022.

I. Solaiman and C. Dennison. Process for adapting language models to society (palms) with valuestargeted datasets. *Advances in Neural Information Processing Systems*, 34:5861-5873, 2021.

B. Sorscher, R. Geirhos, S. Shekhar, S. Ganguli, and A. S. Morcos. Beyond neural scaling laws: beating power law scaling via data pruning. *arXiv preprint arXiv:2206.14486*, 2022.

A. Srivastava, A. Rastogi, A. Rao, A. A. M. Shoeb, A. Abid, A. Fisch, A. R. Brown, A. Santoro, A. Gupta, A. Garriga-Alonso, et al. Beyond the imitation game: Quantifying and extrapolating the capabilities of language models. *arXiv preprint arXiv:2206.04615*, 2022.

F. Stahlberg and B. Byrne. On nmt search errors and model errors: Cat got your tongue? *arXiv preprint arXiv:1908.10090*, 2019.

F. Stahlberg, J. Cross, and V. Stoyanov. Simple fusion: Return of the language model. *arXiv preprint arXiv:1809.00125*, 2018.

G. Stanovsky, N. A. Smith, and L. Zettlemoyer. Evaluating gender bias in machine translation. *arXiv preprint arXiv:1906.00591*, 2019.

E. Strubell, A. Ganesh, and A. McCallum. Energy and policy considerations for deep learning in nlp. *arXiv preprint arXiv:1906.02243*, 2019.

H. Su, J. Kasai, C. H. Wu, W. Shi, T. Wang, J. Xin, R. Zhang, M. Ostendorf, L. Zettlemoyer, N. A. Smith, et al. Selective annotation makes language models better few-shot learners. *arXiv preprint arXiv:2209.01975*, 2022a.

J. Su, Y. Lu, S. Pan, A. Murtadha, B. Wen, and Y. Liu. Roformer: Enhanced transformer with rotary position embedding. *arXiv preprint arXiv:2104.09864*, 2021.

Y. Su, T. Lan, Y. Liu, F. Liu, D. Yogatama, Y. Wang, L. Kong, and N. Collier. Language models can see: plugging visual controls in text generation. *arXiv preprint arXiv:2205.02655*, 2022b.

Y. Su, T. Lan, Y. Wang, D. Yogatama, L. Kong, and N. Collier. A contrastive framework for neural text generation. *arXiv preprint arXiv:2202.06417*, 2022c.

Y. Su, X. Wang, Y. Qin, C.-M. Chan, Y. Lin, H. Wang, K. Wen, Z. Liu, P. Li, J. Li, et al. On transferability of prompt tuning for natural language processing. In *Proceedings of the 2022 Conference of the North American Chapter of the Association for Computational Linguistics: Human Language Technologies*, pages 3949-3969, 2022d.

S. Sukhbaatar, E. Grave, P. Bojanowski, and A. Joulin. Adaptive attention span in transformers. *arXiv preprint arXiv:1905.07799*, 2019a.

S. Sukhbaatar, E. Grave, G. Lample, H. Jegou, and A. Joulin. Augmenting self-attention with persistent memory. *arXiv preprint arXiv:1907.01470*, 2019b.

S. Sukhbaatar, D. Ju, S. Poff, S. Roller, A. Szlam, J. Weston, and A. Fan. Not all memories are created equal: Learning to forget by expiring. In *International Conference on Machine Learning*, pages 9902-9912. PMLR, 2021.

S. Sun, K. Krishna, A. Mattarella-Micke, and M. Iyyer. Do long-range language models actually use long-range context? *arXiv preprint arXiv:2109.09115*, 2021.

Z. Sun, X. Wang, Y. Tay, Y. Yang, and D. Zhou. Recitation-augmented language models. *arXiv preprint arXiv:2210.01296*, 2022.

Y.-L. Sung, V. Nair, and C. A. Raffel. Training neural networks with fixed sparse masks. *Advances in Neural Information Processing Systems*, 34:24193-24205, 2021.

Y.-L. Sung, J. Cho, and M. Bansal. Lst: Ladder side-tuning for parameter and memory efficient transfer learning. *arXiv preprint arXiv:2206.06522*, 2022.

R. S. Sutton, D. McAllester, S. Singh, and Y. Mansour. Policy gradient methods for reinforcement learning with function approximation. *Advances in neural information processing systems*, 12, 1999.

M. Suzgun, N. Scales, N. Schäli, S. Gehrmann, Y. Tay, H. W. Chung, A. Chowdhery, Q. V. Le, E. H. Chi, D. Zhou, et al. Challenging big-bench tasks and whether chain-of-thought can solve them. *arXiv preprint arXiv:2210.09261*, 2022.

O. Tafjord, B. D. Mishra, and P. Clark. Proofwriter: Generating implications, proofs, and abductive tatements over natural language. *arXiv preprint arXiv:2012.13048*, 2020.

A. Talmor, J. Herzig, N. Lourie, and J. Berant. Commonsenseqa: A question answering challenge targeting commonsense knowledge. *arXiv preprint arXiv:1811.00937*, 2018.

A. Tamborrino, N. Pellicano, B. Pannier, P. Voitot, and L. Naudin. Pre-training is (almost) all you need: An application to commonsense reasoning. *arXiv preprint arXiv:2004.14074*, 2020.

H. Tan and M. Bansal. Lxmert: Learning cross-modality encoder representations from transformers. *arXiv preprint arXiv:1908.07490*, 2019.

R. Taori, I. Gulrajani, T. Zhang, Y. Dubois, X. Li, C. Guestrin, P. Liang, and T. B. Hashimoto. Stanford alpaca: An instruction-following llama model, 2023.

Y. Tay, M. Dehghani, J. Rao, W. Fedus, S. Abnar, H. W. Chung, S. Narang, D. Yogatama, A. Vaswani, and D. Metzler. Scale efficiently: Insights from pre-training and fine-tuning transformers. *arXiv preprint arXiv:2109.10686*, 2022a.

Y. Tay, M. Dehghani, V. Q. Tran, X. Garcia, D. Bahri, T. Schuster, H. S. Zheng, N. Houlsby, and D. Metzler. Unifying language learning paradigms. *arXiv preprint arXiv:2205.05131*, 2022b.

Y. Tay, M. Dehghani, V. Q. Tran, X. Garcia, J. Wei, X. Wang, H. W. Chung, D. Bahri, T. Schuster, S. Zheng, et al. Ul2: Unifying language learning paradigms. In *The Eleventh International Conference on Learning Representations*, 2022c.

Y. Tay, J. Wei, H. W. Chung, V. Q. Tran, D. R. So, S. Shakeri, X. Garcia, H. S. Zheng, J. Rao, A. Chowdhery, et al. Transcending scaling laws with 0.1% extra compute. *arXiv preprint arXiv:2210.11399*, 2022d.

R. Taylor, M. Kardas, G. Cucurull, T. Scialom, A. Hartshorn, E. Saravia, A. Poulton, V. Kerkez, and R. Stojnic. Galactica: A large language model for science. *arXiv preprint arXiv:2211.09085*, 2022.

D. I. A. Team, J. Abramson, A. Ahuja, A. Brussee, F. Carnevale, M. Cassin, F. Fischer, P. Georgiev, A. Goldin, T. Harley, et al. Creating multimodal interactive agents with imitation and self-supervised learning. *arXiv preprint arXiv:2112.03763*, 2021.

H. Touvron, T. Lavril, G. Izacard, X. Martinet, M.-A. Lachaux, T. Lacroix, B. Rozière, N. Goyal, E. Hambro, F. Azhar, et al. Llama: Open and efficient foundation language models. *arXiv preprint arXiv:2302.13971*, 2023.

H. Tsai, J. Riesa, M. Johnson, N. Arivazhagan, X. Li, and A. Archer. Small and practical bert models for sequence labeling. *arXiv preprint arXiv:1909.00100*, 2019.

H. Tsai, J. Ooi, C.-S. Ferng, H. W. Chung, and J. Riesa. Finding fast transformers: One-shot neural architecture search by component composition. *arXiv preprint arXiv:2008.06808*, 2020.

M. Tsimpoukelli, J. L. Menick, S. Cabi, S. Eslami, O. Vinyals, and F. Hill. Multimodal few-shot learning with frozen language models. *Advances in Neural Information Processing Systems*, 34: 200-212, 2021.

J. Uesato, N. Kushman, R. Kumar, F. Song, N. Siegel, L. Wang, A. Creswell, G. Irving, and I. Higgins. Solving math word problems with process-and outcome-based feedback. *arXiv preprint arXiv:2211.14275*, 2022.

A. Vaidya, F. Mai, and Y. Ning. Empirical analysis of multi-task learning for reducing identity bias in toxic comment detection. In *Proceedings of the International AAAI Conference on Web and Social Media*, volume 14, pages 683-693, 2020.

K. Valmeekam, A. Olmo, S. Sreedharan, and S. Kambhampati. Large language models still can't plan (a benchmark for llms on planning and reasoning about change). *arXiv preprint arXiv:2206.10498*, 2022.

M. van Baalen, A. Kuzmin, S. S. Nair, Y. Ren, E. Mahurin, C. Patel, S. Subramanian, S. Lee, M. Nagel, J. Soriaga, et al. Fp8 versus int8 for efficient deep learning inference. *arXiv preprint arXiv:2303.17951*, 2023.

A. Vaswani, N. Shazeer, N. Parmar, J. Uszkoreit, L. Jones, A. N. Gomez, Ł Kaiser, and I. Polosukhin. Attention is all you need. *Advances in neural information processing systems*, 30, 2017.

P. Villalobos, J. Sevilla, L. Heim, T. Besiroglu, M. Hobbhahn, and A. Ho. Will we run out of data? an analysis of the limits of scaling datasets in machine learning. *arXiv preprint arXiv:2211.04325*, 2022.

D. Vucetic, M. Tayaranian, M. Ziaeefard, J. J. Clark, B. H. Meyer, and W. J. Gross. Efficient finetuning of bert models on the edge. In *2022 IEEE International Symposium on Circuits and Systems (ISCAS)*, pages 1838-1842. IEEE, 2022.

A. Wang, A. Singh, J. Michael, F. Hill, O. Levy, and S. R. Bowman. Glue: A multi-task benchmark and analysis platform for natural language understanding. *arXiv preprint arXiv:1804.07461*, 2018.

A. Wang, Y. Pruksachatkun, N. Nangia, A. Singh, J. Michael, F. Hill, O. Levy, and S. Bowman. Superglue: A stickier benchmark for general-purpose language understanding systems. *Advances in neural information processing systems*, 32, 2019a.

B. Wang, W. Ping, C. Xiao, P. Xu, M. Patwary, M. Shoeybi, B. Li, A. Anandkumar, and B. Catanzaro. Exploring the limits of domain-adaptive training for detoxifying large-scale language models. *arXiv preprint arXiv:2202.04173*, 2022a.

R. E. Wang, E. Durmus, N. Goodman, and T. Hashimoto. Language modeling via stochastic processes. *arXiv preprint arXiv:2203.11370*, 2022b.

W. Wang, L. Dong, H. Cheng, H. Song, X. Liu, X. Yan, J. Gao, and F. Wei. Visually-augmented language modeling. *arXiv preprint arXiv:2205.10178*, 2022c.

X. Wang, Z. Tu, L. Wang, and S. Shi. Self-attention with structural position representations. *arXiv preprint arXiv:1909.00383*, 2019b.

X. Wang, J. Wei, D. Schuurmans, Q. Le, E. Chi, and D. Zhou. Self-consistency improves chain of thought reasoning in language models. *arXiv preprint arXiv:2203.11171*, 2022d.

X. Wang, W. Zhu, and W. Y. Wang. Large language models are implicitly topic models: Explaining and finding good demonstrations for in-context learning. *arXiv preprint arXiv:2301.11916*, 2023.

Y. Wang, Y. Kordi, S. Mishra, A. Liu, N. A. Smith, D. Khashabi, and H. Hajishirzi. Self-instruct: Aligning language model with self generated instructions. *arXiv preprint arXiv:2212.10560*, 2022e.

Y. Wang, S. Mukherjee, X. Liu, J. Gao, A. H. Awadallah, and J. Gao. Adamix: Mixture-of-adapter for parameter-efficient tuning of large language models. *arXiv preprint arXiv:2205.12410*, 2022f.

Z. Wang, J. Yu, A. W. Yu, Z. Dai, Y. Tsvetkov, and Y. Cao. Simvlm: Simple visual language model pretraining with weak supervision. *arXiv preprint arXiv:2108.10904*, 2021.

A. Warstadt, A. Singh, and S. R. Bowman. Neural network acceptability judgments. *Transactions of the Association for Computational Linguistics*, 7:625-641, 2019.

K. Webster, X. Wang, I. Tenney, A. Beutel, E. Pitler, E. Pavlick, J. Chen, E. Chi, and S. Petrov. Measuring and reducing gendered correlations in pre-trained models. *arXiv preprint arXiv: 2010. 06032*, 2020.

J. Wei, Y. Tay, R. Bommasani, C. Raffel, B. Zoph, S. Borgeaud, D. Yogatama, M. Bosma, D. Zhou, D. Metzler, et al. Emergent abilities of large language models. *arXiv preprint arXiv:2206.07682*, 2022a.

J. Wei, Y. Tay, and Q. V. Le. Inverse scaling can become u-shaped. *arXiv preprint arXiv:2211.02011*, 2022b.

J. Wei, X. Wang, D. Schuurmans, M. Bosma, E. Chi, Q. Le, and D. Zhou. Chain of thought prompting elicits reasoning in large language models. *arXiv preprint arXiv:2201.11903*, 2022c.

S. Welleck, I. Kulikov, S. Roller, E. Dinan, K. Cho, and J. Weston. Neural text generation with unlikelihood training. *arXiv preprint arXiv:1908.04319*, 2019.

C. Wu, F. Wu, and Y. Huang. Da-transformer: Distance-aware transformer. *arXiv preprint arXiv: 2010.06925*, 2020a.

S. Wu, X. Zhao, T. Yu, R. Zhang, C. Shen, H. Liu, F. Li, H. Zhu, J. Luo, L. Xu, et al. Yuan 1.0: Large-scale pre-trained language model in zero-shot and few-shot learning. *arXiv preprint arXiv:2110.04725*, 2021.

S. Wu, O. Irsoy, S. Lu, V. Dabravolski, M. Dredze, S. Gehrmann, P. Kambadur, D. Rosenberg, and G. Mann.

Bloomberggpt: A large language model for finance. *arXiv preprint arXiv:2303.17564*, 2023.

Y. Wu, M. Schuster, Z. Chen, Q. V. Le, M. Norouzi, W. Macherey, M. Krikun, Y. Cao, Q. Gao, K. Macherey, et al. Google's neural machine translation system: Bridging the gap between human and machine translation. *arXiv preprint arXiv:1609.08144*, 2016.

Y. Wu, M. N. Rabe, D. Hutchins, and C. Szegedy. Memorizing transformers. *arXiv preprint arXiv:2203.08913*, 2022a.

Z. Wu, Z. Liu, J. Lin, Y. Lin, and S. Han. Lite transformer with long-short range attention. *arXiv preprint arXiv:2004.11886*, 2020b.

Z. Wu, Y. Wang, J. Ye, and L. Kong. Self-adaptive in-context learning. *arXiv preprint arXiv: 2212.10375*, 2022b.

S. M. Xie, A. Raghunathan, P. Liang, and T. Ma. An explanation of in-context learning as implicit bayesian inference. *arXiv preprint arXiv:2111.02080*, 2021.

Y. Xie, L. Zhou, X. Dai, L. Yuan, N. Bach, C. Liu, and M. Zeng. Visual clues: bridging vision and language foundations for image paragraph captioning. *arXiv preprint arXiv:2206.01843*, 2022.

C. Xiong, Z. Dai, J. Callan, Z. Liu, and R. Power. End-to-end neural ad-hoc ranking with kernel pooling. In *Proceedings of the 40th International ACM SIGIR conference on research and development in information retrieval*, pages 55-64, 2017.

R. Xiong, Y. Yang, D. He, K. Zheng, S. Zheng, C. Xing, H. Zhang, Y. Lan, L. Wang, and T. Liu. On layer normalization in the transformer architecture. In *International Conference on Machine Learning*, pages 10524-10533. PMLR, 2020.

H. Xu, C.-Y. Ho, A. M. Abdelmoniem, A. Dutta, E. H. Bergou, K. Karatsenidis, M. Canini, and P. Kalnis. Grace: A compressed communication framework for distributed machine learning. In *2021 IEEE 41st international conference on distributed computing systems (ICDCS)*, pages 561-572. IEEE, 2021a.

J. Xu, W. Zhou, Z. Fu, H. Zhou, and L. Li. A survey on green deep learning. *arXiv preprint arXiv: 2111.05193*, 2021b.

X. Xu, C. Wu, S. Rosenman, V. Lal, and N. Duan. Bridge-tower: Building bridges between encoders in vision-language representation learning. *arXiv preprint arXiv:2206.08657*, 2022.

L. Xue, N. Constant, A. Roberts, M. Kale, R. Al-Rfou, A. Siddhant, A. Barua, and C. Raffel. mt5: A massively multilingual pre-trained text-to-text transformer. *arXiv preprint arXiv:2010.11934*, 2020.

L. Xue, A. Barua, N. Constant, R. Al-Rfou, S. Narang, M. Kale, A. Roberts, and C. Raffel. Byt5: Towards a token-free future with pre-trained byte-to-byte models. *Transactions of the Association for Computational Linguistics*, 10:291-306, 2022.

A. Yang, J. Lin, R. Men, C. Zhou, L. Jiang, X. Jia, A. Wang, J. Zhang, J. Wang, Y. Li, et al. M6-t: Exploring sparse expert models and beyond. *arXiv preprint arXiv:2105.15082*, 2021.

J. Yang, H. Jiang, Q. Yin, D. Zhang, B. Yin, and D. Yang. Seqzero: Few-shot compositional semantic parsing with sequential prompts and zero-shot models. *arXiv preprint arXiv:2205.07381*, 2022a.

K. Yang, N. Peng, Y. Tian, and D. Klein. Re3: Generating longer stories with recursive reprompting and revision. *arXiv preprint arXiv:2210.06774*, 2022b.

S. Yang, O. Nachum, Y. Du, J. Wei, P. Abbeel, and D. Schuurmans. Foundation models for decision making: Problems, methods, and opportunities. *arXiv preprint arXiv:2303.04129*, 2023a.

Z. Yang, Z. Dai, Y. Yang, J. Carbonell, R. R. Salakhutdinov, and Q. V. Le. Xlnet: Generalized autoregressive pretraining for language understanding. *Advances in neural information processing systems*, 32, 2019.

Z. Yang, Z. Gan, J. Wang, X. Hu, Y. Lu, Z. Liu, and L. Wang. An empirical study of gpt-3 for few-shot knowledge-based vqa. In *Proceedings of the AAAI Conference on Artificial Intelligence*, volume 36, pages 3081-3089, 2022c.

Z. Yang, W. Ping, Z. Liu, V. Korthikanti, W. Nie, D.-A. Huang, L. Fan, Z. Yu, S. Lan, B. Li, et al. Re-vilm: Retrieval-augmented visual language model for zero and few-shot image captioning. *arXiv preprint arXiv:2302.04858*, 2023b.

S. Yao, J. Zhao, D. Yu, N. Du, I. Shafran, K. Narasimhan, and Y. Cao. React: Synergizing reasoning and acting in language models. *arXiv preprint arXiv:2210.03629*, 2022a.

Z. Yao, R. Yazdani Aminabadi, M. Zhang, X. Wu, C. Li, and Y. He. Zeroquant: Efficient and affordable post-training quantization for large-scale transformers. *Advances in Neural Information Processing Systems*, 35:27168-27183, 2022b.

S. Ye, H. Hwang, S. Yang, H. Yun, Y. Kim, and M. Seo. In-context instruction learning. *arXiv preprint arXiv:2302.14691*, 2023.

B. Ying, K. Yuan, H. Hu, Y. Chen, and W. Yin. Bluefog: Make decentralized algorithms practical for optimization and deep learning. *arXiv preprint arXiv:2111.04287*, 2021.

D. Yogatama, C. de Masson d'Autume, and L. Kong. Adaptive semiparametric language models. *Transactions of the Association for Computational Linguistics*, 9:362-373, 2021.

P. Yu, T. Wang, O. Golovneva, B. Alkhamissy, G. Ghosh, M. Diab, and A. Celikyilmaz. Alert: Adapting language models to reasoning tasks. *arXiv preprint arXiv:2212.08286*, 2022.

X. Yue, M. Nouiehed, and R. A. Kontar. Salr: Sharpness-aware learning rate scheduler for improved generalization. *arXiv preprint arXiv:2011.05348*, 2020.

O. Zafrir, G. Boudoukh, P. Izsak, and M. Wasserblat. Q8bert: Quantized 8bit bert. In *2019 Fifth Workshop on Energy Efficient Machine Learning and Cognitive Computing-NeurIPS Edition (EMC2-NIPS)*, pages 36-39. IEEE, 2019.

M. Zaheer, G. Guruganesh, K. A. Dubey, J. Ainslie, C. Alberti, S. Ontanon, P. Pham, A. Ravula, Q. Wang, L. Yang, et al. Big bird: Transformers for longer sequences. *Advances in neural information processing systems*, 33:17283-17297, 2020.

E. B. Zaken, S. Ravfogel, and Y. Goldberg. Bitfit: Simple parameter-efficient fine-tuning for transformer-based masked language-models. *arXiv preprint arXiv:2106.10199*, 2021.

H. Zamani, M. Dehghani, W. B. Croft, E. Learned-Miller, and J. Kamps. From neural re-ranking to neural ranking: Learning a sparse representation for inverted indexing. In *Proceedings of the 27th ACM international conference on information and knowledge management*, pages 497-506, 2018.

E. Zelikman, Y. Wu, J. Mu, and N. D. Goodman. STaR: Bootstrapping Reasoning With Reasoning. *arXiv e-prints*, art. arXiv:2203.14465, Mar. 2022. doi: 10.48550/arXiv.2203.14465.

A. Zeng, A. Wong, S. Welker, K. Choromanski, F. Tombari, A. Purohit, M. Ryoo, V. Sindhwani, J. Lee, V. Vanhoucke, et al. Socratic models: Composing zero-shot multimodal reasoning with language. *arXiv preprint arXiv:2204.00598*, 2022.

W. Zeng, X. Ren, T. Su, H. Wang, Y. Liao, Z. Wang, X. Jiang, Z. Yang, K. Wang, X. Zhang, et al. Pangu-\α:

Large-scale autoregressive pretrained chinese language models with auto-parallel computation. *arXiv preprint arXiv:2104.12369*, 2021.

X. Zhai, X. Wang, B. Mustafa, A. Steiner, D. Keysers, A. Kolesnikov, and L. Beyer. Lit: Zero-shot transfer with locked-image text tuning. In *Proceedings of the IEEE/CVF Conference on Computer Vision and Pattern Recognition*, pages 18123-18133, 2022.

A. Zhang, Y. Tay, S. Zhang, A. Chan, A. T. Luu, S. C. Hui, and J. Fu. Beyond fully-connected layers with quaternions: Parameterization of hypercomplex multiplications with 1/n parameters. *arXiv preprint arXiv:2102.08597*, 2021.

C. Zhang, B. Van Durme, Z. Li, and E. Stengel-Eskin. Visual commonsense in pretrained unimodal and multimodal models. *arXiv preprint arXiv:2205.01850*, 2022a.

J. Zhang, S. H. Yeung, Y. Shu, B. He, and W. Wang. Efficient memory management for gpu-based deep learning systems. *arXiv preprint arXiv:1903.06631*, 2019.

S. Zhang, S. Roller, N. Goyal, M. Artetxe, M. Chen, S. Chen, C. Dewan, M. Diab, X. Li, X. V. Lin, et al. Opt: Open pre-trained transformer language models. *arXiv preprint arXiv:2205.01068*, 2022b.

T. Zhang, F. Liu, J. Wong, P. Abbeel, and J. E. Gonzalez. The wisdom of hindsight makes language models better instruction followers. *arXiv preprint arXiv:2302.05206*, 2023.

Y. Zhang, S. Feng, and C. Tan. Active example selection for in-context learning. *arXiv preprint arXiv:2211.04486*, 2022c.

J. Zhao, T. Wang, M. Yatskar, V. Ordonez, and K.-W. Chang. Gender bias in coreference resolution: Evaluation and debiasing methods. *arXiv preprint arXiv:1804.06876*, 2018.

Z. Zhao, E. Wallace, S. Feng, D. Klein, and S. Singh. Calibrate before use: Improving few-shot performance of language models. In *International Conference on Machine Learning*, pages 12697-12706. PMLR, 2021.

D. Zhou, N. Schäli, L. Hou, J. Wei, N. Scales, X. Wang, D. Schuurmans, O. Bousquet, Q. Le, and E. Chi. Least-to-most prompting enables complex reasoning in large language models. *arXiv preprint arXiv:2205.10625*, 2022a.

X. Zhou. *Challenges in automated debiasing for toxic language detection*. University of Washington, 2021.

Y. Zhou, T. Lei, H. Liu, N. Du, Y. Huang, V. Zhao, A. Dai, Z. Chen, Q. Le, and J. Laudon. Mixtureof-experts with expert choice routing. *arXiv preprint arXiv:2202.09368*, 2022b.

Y. Zhou, A. I. Muresanu, Z. Han, K. Paster, S. Pitis, H. Chan, and J. Ba. Large language models are human-level prompt engineers. *arXiv preprint arXiv:2211.01910*, 2022c.

D. Zhu, J. Chen, X. Shen, X. Li, and M. Elhoseiny. Minigpt-4: Enhancing vision-language understanding with advanced large language models. *arXiv preprint arXiv:2304.10592*, 2023.

J.-Y. Zhu, T. Park, P. Isola, and A. A. Efros. Unpaired image-to-image translation using cycleconsistent adversarial networks. In *Proceedings of the IEEE international conference on computer vision*, pages 2223-2232, 2017.

M. Zhu and S. Gupta. To prune, or not to prune: exploring the efficacy of pruning for model compression. *arXiv preprint arXiv:1710.01878*, 2017.

D. M. Ziegler, S. Nix, L. Chan, T. Bauman, P. Schmidt-Nielsen, T. Lin, A. Scherlis, N. Nabeshima, B. Weinstein-Raun, D. de Haas, et al. Adversarial training for high-stakes reliability. *arXiv preprint arXiv:2205.01663*, 2022.

R. Zmigrod, S. J. Mielke, H. Wallach, and R. Cotterell. Counterfactual data augmentation for mitigating gender stereotypes in languages with rich morphology. *arXiv preprint arXiv:1906.04571*, 2019.

B. Zoph and Q. V. Le. Neural architecture search with reinforcement learning. *arXiv preprint arXiv:1611.01578*, 2016.

B. Zoph, V. Vasudevan, J. Shlens, and Q. V. Le. Learning transferable architectures for scalable image recognition. In *Proceedings of the IEEE conference on computer vision and pattern recognition*, pages 8697-8710, 2018.

B. Zoph, I. Bello, S. Kumar, N. Du, Y. Huang, J. Dean, N. Shazeer, and W. Fedus. St-moe: Designing stable and transferable sparse expert models, 2022.

S. Zuo, X. Liu, J. Jiao, Y. J. Kim, H. Hassan, R. Zhang, T. Zhao, and J. Gao. Taming sparsely activated transformer with stochastic experts. *arXiv preprint arXiv:2110.04260*, 2021.